NON-CO OFFICER

해군부사관
한방에 끝내기

정훈 미디어정훈
www.정훈에듀.com

머리말

부사관은 부대의 전통을 유지하고 명예를 지키며, 전투력발휘의 중추이자 부대 운영의 최일선에 서 있는 간부이다. 또한, 부사관은 장교를 보좌하며, 부대 운영·계획의 실질적인 이행과 그 중간 관리자로서의 역할과 임무를 수행한다.

최근 병사 급여가 상승하면서 군 간부에 대한 여건도 개선해야 한다는 목소리가 나오는 바, 군 간부 주택 수당 및 단기복무장려금, 소대지휘 활동비 등 간부 활동비, 수당 등에 대해 전반적으로 개선이 이루어질 예정임이 국회예산정책처 예산안 및 국방예산안을 통해 확인되고 있다. 최근 몇 년간 부사관 초급간부, 하사 및 임기제부사관의 운용율이 90%를 밑돌고 있고, 인구 감소로 군자원 획득이 점차 어려워짐에 따라 차후 군 간부에 대한 지원 방안은 점차 늘어날·것으로 전망된다.

다만 아무리 채용규모와 지원을 확대하여도 군 간부는 장병들의 지휘자로서 필요한 소양과 능력이 있기 때문에 채용시험의 난이도가 이전보다 크게 낮아지는 등의 변화는 나타나지 않을 것으로 보인다.

해군 부사관 시험은 2021년 9월 영어시험이 없어졌으며, 2022년 6월 1일부터 한국사시험은 국사편찬위원회 '한국사능력검정시험'으로 대체하게 되었다. 따라서 시험 전에 미리 준비할 수 있게 된 한국사 과목 외에 KIDA 간부선발도구 시험이 경쟁시험의 특성상 중요도가 올랐다고 할 수 있다. 부사관 시험은 전체적으로 고등학교 수준의 문제로 출제되기에 기본적인 소양을 갖고 이 책을 통해 열심히 공부한다면 누구나 고득점을 노릴 수 있을 것이다

부사관 시험을 효과적으로 대비할 수 있도록 한 이 책의 특징은 다음과 같다.

이 책의 특징

❶ 공간지각 신유형 반영(전개도, 블록)
❷ 문제유형별 핵심이론과 예시문제 학습을 통해 필기시험 기초 다지기 명쾌한 동영상 강의
❸ 최근 기출유형을 반영한 적중예상문제 수록
❹ 직무성격검사, 상황판단검사 수록
❺ 실전모의고사를 통한 최종 마무리

여러분 모두가 합격하기를 바라는 간절한 마음으로 여러 전문가들이 참여하여 적중도 높은 문제를 만들고 구성을 참신하게 하려고 노력하였다. 시험을 준비하는 모든 수험생에게 합격의 영광이 함께 하길 기원한다.

JH부사관시험연구소

해군부사관 소개

부사관은 군대에서 장교와 병 사이에 교량적 역할을 수행하는 간부로서 사회적인 인간으로서 지켜야 할 도리를 자각하면서 행동할 수 있어야 하며, 개인보다는 상대를 배려할 줄 아는 공동체 의식을 견지해야 한다. 또한 매사 올바른 사고와 판단으로 건설적인 제안을 함으로써 자신이 속한 부대와 군에 기여하는 전문성을 겸비해야 한다.

(1) 부사관이 되는 길

지원대상	민간인	현역병	군 가산복무 지원금 지급대상자
지원자격	고졸이상 학력소지자로서 임관일 기준 만18~27세인 자	임관일 기준 만 27세를 초과하지 않는 자로 대령급 부대장의 추천을 받은자 * 타군의 경우 참모총장	전문/기능대학 이상 대학의 최종학년 재학생
교육기간	11주	11주	11주(졸업 후 입대)
복무기간	임관후 4년	임관후 4년	임관후 4년 + 장학금 수혜기간 ※ 재학시 등록금 전액지원
모집시기	년 3~4회	민간모집 시 지원	연 1회(4~5월)

(2) 부사관 임관 혜택

① 국가공무원에 준하는 급여 및 근무여건에 상응하는 각종 수당 지급
② 장기복무 선발 시 직업성 보장(원사 정년 : 55세)
③ 복무 중 대학(교) 또는 대학원 국비 위탁교육 및 외국 유학의 기회 부여(선발시)
④ 학점 은행제 시행으로 부사관 기본교육(초급반) 수료 시 학점 취득 가능
⑤ 장기 복무자의 경우 추가로 중급반 + 개인취득(자격증, 사이버수업 등) 학점으로 군복무만으로도 전문 학사 학위 취득 가능
⑥ 복무 중 전문 기술 습득 및 다양한 국가기술자격증 취득 가능
⑦ 복무 중 순항훈련, 연합훈련 등 외국 방문 기회 부여(해당함점 승조 시)
⑧ 대부분 중·소도시 근무로 문화생활 및 학원수강 등 자기계발 가능
⑨ 장교 지원 기회 부여(학사 학위 취득 시 만 30세까지)
⑩ 중·장기 복무 후 전역 시 민간 학원 위탁교육 및 취업 알선
⑪ 각종 복지 혜택
  - 의료 보험 및 군 의료시설 이용 가능(가족 포함)
  - 휴가 및 출장 시 군 콘도 및 휴양시설 이용 가능
  - 영외 거주시 독신자 숙소, 군 관사(기혼자) 제공
  - 장기복무자 주택 특별분양권 부여(군인공제회, 국민주택 등)

해군부사관 시험안내

부사관 후보생

(1) 2023 선발일정

기수	지원서 접수	1차전형 (필기시험)	1차합격자 발표	2차전형(신체검사, 면접 등)	최종합격자 발표	임 영 (임관)
281기 (남/여)	3.13.(월)~ 4.12.(수)	5. 6.(토)	5.25.(목)	6.12.(월)~ 6.23.(금)	8.29.(화)	9.11.(월) [12. 1.(금)]
282기 (남/여)	6.5.(월) ~ 7. 5.(수)	7.29.(토)	8.24.(목)	9.11.(월)~ 9.22.(금)	11.28.(화)	12.11.(월) [24.3.1(금)]
283기 (특전·잠수포함)	9.11.(월) ~ 10.11.(수)	11.4.(토)	11.23.(목)	12.11.(월)~ 12.22.(금)	24.2.27(화)	24.3.11(월) [24.6.1(금)]

(2) 지원자격

① 연령 : 임관일 기준 만 18세~만 27세의 대한민국 남녀

※ 단, 군 복무를 필한 자는 제대군인지원에 관한 법률 시행령 제19조에 따라 지원 상한연령 연장

복무 기간	군미필자	1년 미만	1년 이상 2년 미만	2년 이상
지원 상한연령	만 27세	만 28세	만 29세	만 30세

② 학력

   ㉠ 고등학교 졸업(예정자 포함) 또는 이와 동등 이상의 학력을 소지한 사람

   ㉡ 중학교 이상의 학교를 졸업한 사람으로서 「국가기술자격법」에 따른 자격증 소지자

③ 현역병의 지원자격 : 5개월 이상 복무 중인 일병~병장으로 소속 부대장의 추천을 받은 자 (개인신상관리등급이 양호한 자)

  * 해군/해병대 : 영관급 이상 부대장* 육/공군 : 해당 군 참모총장 / 전환복무 및 대체복무자 : 복무기관의 장

(3) 평가항목 및 배점

○ 일반전형

구 분	계	필기시험	면 접		가산점	신체/인성검사(신원조사)
일반계열	170	130	40		총점의 20%	합·불
			AI면접 20%반영			

○ 현역병의 부사관

계	필기시험	면 접		특기교육	지휘관 추천	가산점	신체/인성검사 (신원조사)
185	65	80		20	20	총점의 20%	합·불
		AI면접 20%반영					

(4) 전형절차

지원서 접수 ➡ 1차전형 (필기시험) ➡ 신원조사 및 결격사유조회 AI영상면접 ➡ 2차 전형 (신체검사/면접) ➡ 최종합격자 발표 ➡ 입영 및 임관

① 지원서 접수 : 인터넷 해군모집 홈페이지 및 「한국사능력검정시험 인증서」 우편제출

② 1차 전형

평가 항목	계	KIDA 간부선발도구							한국사 (인증서)
		소계	언어 논리	자료 해석	공간 능력	지각 속도	상황 판단	직무 성격	
배 점	130	100	35	35	10	10	10	면접참고	30

③ 2차 전형 : 신체검사, 인성검사, 면접

  ㅇ신체검사 (세부 선발기준은 해군 건강관리규정 제3장 신체검사 참고)

    • 일정 / 장소 : 1차 합격발표 후 해군 모집공고 게시판 공지

    • 합격기준 : 종합판정 결과 1 ~ 3급

      * 유공신체장애 병사 특별전형 지원자는 지원가능 신체기준 충족여부 확인

  ㅇ 인성검사 : 신체검사 대기장소에서 시행

  ㅇ 면접/실기평가

    • 면접점수 = 대면 면접(80%) + AI면접(20%)

    • 면접관별 평가를 종합한 결과 1개 분야 이상 "가"(0점)로 평가되었거나,

                    평균"미"(성적50%)미만인 자는 불합격 처리

    • 대면면접 분야 및 배점

평가분야	배 점	평가중점
군인 기본자세	16	국가 · 안보관 · 해군지식(10), 외적자세 · 발성/발음(6)
적응력	12	태도/품성(6), 의지력(6)
자기표현력	12	표현력 · 논리성(6), 순발력 · 창의성(6)

    * 면접 불참자는 불합격 처리

    ※ 신원조사 결과는 최종선발 시 참고자료로 활용

④ 3차 전형 ; 최종합격자 발표

⑤ 입영 전형 : 최종합격 후 해군 교육사에 입영하여 신체검사 및 체력측정 실시

⑥ 임관 전형 : 교육 10주차에 「임관종합평가」 시행, 기준성적 미달자는 임관 불가

      * 5개 과목 평가 : 체력검정, 전투수영(종합생존), 정신전력, 제식, 긴급조치

학군부사관(RNTC)

(1) 선발일정

연 1회

(2) 지원자격

① 대상 : 경기과학기술대학교/대림대학교에 재학중인 1학년생(2년제 학과) 또는 2학년생(3년제 학과)

② 연령 : 임관일 기준 만 18 ～ 27세의 대한민국 국적의 남·여 그리고 군인사법 제 10조 2항 "임용 결격사유"에 해당되지 않는 자

(3) 전형절차

① 세부 평가항목 및 배점

구 분	계	1차 시험				2차 시험			
		필기시험				체력 검정	면접	신체 검사	신원 조회
		KIDA 간부선발도구	한국사	인성 검사	가산점 (배점外)				
점수	100점	55점	10점	합·불	10점	15점	20점	합·불	활 용

② 1차 전형 : KIDA 간부선발도구, 한국사, 인성검사, 가산점

배 점	인지능력 적성검사				상황판단 검사	직무성격 검사
	언어논리	자료해석	지각속도	공간능력		
55점	35%	35%	10%	10%	10%	면접 참고

* 언어논리, 자료해석 : 해당과목 배점의 30% 미만인 자는 불합격

* 한국사 능력검정시험 인증서 제출

배 점	심화과정(등급)			기본과정(등급)			6급 미만	
	1급	2급	3급	4급	5급	6급	시험응시	미응시
10점	10점	9.5점	9점	8.5점	8점	7.5점	3점	0점

* 서류제출 마감일('23. 5. 3.) 기준 3년 이내('20. 5. 4. 이후)에 취득한 자격증만 인정

③ 인성검사 : MMPI-II 인성검사지를 이용한 검사

* C·I 등급 시 재검(병영생활전문상담관 면담), D 등급 시 불합격

부사관 합격 노트

언어논리

① 동의어·유의어 및 반의어
- ㉠ 한자는 동음이의어로 사용되는 유사한 말들에 주의하고 평소에 어려운 한자들은 정리해 두는 것이 필요하다.
- ㉡ 많은 문제를 풀어 보고 틀린 문제를 정리해 놓은 오답노트를 만들어 동의어와 반의어를 구분하여 정리한다.
- ㉢ 수많은 어휘를 전부 암기하려 하기보다는 평소에 포켓북 등을 통해 자주 접하여 눈에 익혀 두도록 한다. 그것을 토대로 실전에서 문제를 보고 지체 없이 답을 고르는 능력을 길러야 한다.

② 어휘력
- ㉠ 나이, 사람, 성격, 단위어, 구별해서 쓸 말 등은 주제별로 묶어 정리한다.
- ㉡ 단어의 단독적인 의미에 집착하지 말고 문맥상의 의미를 파악하는 훈련을 해야 한다. 문제가 요구하는 바(출제 포인트)를 알아내어 문제가 요구하는 답을 선택해야 한다.
- ㉢ 맞춤법과 표준어, 표준 발음 등을 숙지한다.

③ 언어유추
- ㉠ 제시어 간의 유의·동의·반의관계, 행위의 주체와 객체의 관계, 사물 종류 간의 포함 관계 등을 파악하는 문제가 출제되므로 우선 유형별 문제에 익숙해져야 한다.
- ㉡ 어휘력, 언어추리력, 상식 등이 일정 수준에 올라서면 언어유추 실력도 함께 상승되는 효과가 있으므로 종합적인 실력을 배양할 수 있도록 해야 한다.

④ 속담·격언·한자성어·글의 독해
- ㉠ 한자성어를 넣어 문장을 완성하는 연습을 하고 주제가 같은 한자성어를 정리한다.
- ㉡ 관용적인 속담 및 격언을 자의적으로 해석하지 않도록 한다. 주제가 같은 속담은 따로 정리해 둔다.
- ㉢ 시사적인 문제를 한자성어와 연결해 본다.
- ㉣ 단문·중문의 글을 꾸준히 읽는 연습을 하여 전체적인 글의 흐름을 파악하는 연습을 한다.

자료해석

① 기본적인 수학 이론의 이해 : 우선 기초적인 사칙연산을 빠르고 정확하게 계산해야 하고, 중학교 및 고등학교 저학년 수준에서 다루는 기본적인 수학 이론을 잘 이해하고 있어야 한다.

② 헷갈리는 공식의 암기 : 수학 공식을 이해해야 응용된 문제에 대처할 수 있다. 또한 헷갈리기 쉬운 공식은 암기하여 문제풀이 시간을 단축해야 한다.

③ 정확하고 빠르게 해석 : 표나 그래프를 분석하는 문제는 정확히 읽고 빠르게 계산해야 하므로 다양한 유형의 문제를 풀어 보며 실수 없이 한 번에 계산하는 능력을 키워야 한다.

④ 다양한 유형에 익숙해지는 훈련 : 기출문제와 자주 출제되는 유형의 문제를 많이 풀어 봐야 한다. 연습을 통해서 그 유형에 대한 준비를 철저히 할 수 있다.

공간능력

① 입체도형/전개도
  ㉠ 입체도형/전개도를 비교할 때 여러 요소를 한꺼번에 보기보다는 눈에 띄는 한두 가지 특징(예각, 방향이 다른 선, 특정 위치의 점 등)만 비교해서 다른 것을 먼저 탈락시킨 뒤 비교 범위를 좁혀 가면서 정답을 찾아가는 것이 효율적이다.
  ㉡ 입체도형이나 전개도가 여러 무늬로 되어 있거나 복잡한 형태일수록 한꺼번에 생각하지 말고, 자신이 생각하기 좋은 특징이나 방향 등을 편의상 기준으로 잡고 그 기준으로부터 거리나 관계의 특징을 하나씩 설정하면 접근이 좀 더 쉬워진다.

② 블록 개수 : 블록이 빠진 곳은 반드시 바로 붙어 있는, 보이는 쪽 어딘가에 단서를 주기 마련이다. 따라서 특별한 단서가 없는 경우 보통 보이지 않는 곳은 블록이 모두 채워져 있다고 보고 제일 위에서부터 개수를 세어 내려오는 것이 좋다(아래층 개수＝위층 개수＋아래층에서 새로 보이는 개수).

③ 블록의 단면도 : 블록의 단면도 중 왼쪽 면을 기준으로 잡고 1열씩 단면도를 그려본다. 시간이 허락된다면 정답 검수를 위해 열마다 블록 개수를 세어보는 것도 좋다.

지각속도

① '속도'와 '정확성'을 함께 키우는 요령

　처음부터 '속도'와 '정확' 둘 다 욕심내기보다는 '정확'에 기초를 두고 유형별 요령을 익혀 나간다면 자연스레 속도도 빨라진다. 실제 시험에서는 대부분 시간이 부족하므로 일단 침착하게 정확을 기했다면 풀이가 좀 미심쩍더라도 자신의 감각을 믿고 같은 문제를 다시 검토하지 말고 계속 진도를 나가야 집중력을 유지할 수 있다.

② 기타 문제 풀이 방법

　㉠ 문자·숫자열 등이 긴 경우(특히 무의미한 배열)에는 욕심내지 말고 한눈에 들어올 정도(보통 4~5글자)로 끊어 가며 비교하는 것이 더 빠르고 정확하다.

　㉡ 단어 모음에서 가장 많이 중복된 것을 찾는 경우, 다 세지 말고 한 번 훑어볼 때 눈에 많이 띄는 2~3개만 먼저 대강 골라서 개수를 세어도 대부분의 경우 그중에 정답이 있는 편이다.

　㉢ 긴 글을 비교하는 문제에서는 너무 욕심내지 말고 적절한 길이로 끊어 가며 보는 것이 좋다. 주로 모양이 비슷한 글자 부분(coerced – cocrced, 특대로 – 특태로, 1988 – 1938 등)이나 비슷한 낯선 글자열의 중간 부분(밀라요보비치 – 밀라보요비치 등)에 주의를 기울여야 한다.

면접 비법

(1) 면접 개요

- 면접점수(100%) = 대면면접(80%) + AI 영상면접(20%)

※ AI 영상면접 미응시하여도 2차전형 응시는 가능하나, AI 영상면접점수 0점 반영

EX) AI 영상면접 미응시(0점) + 대면면접 만점(40점) = 32점

(2) 면접 요령

- 답변 시 가장 중점적으로 어필해야 하는 것은 자신의 장점이다.
- 자신의 장점과 부사관으로서 할 수 있는 일을 연결시키면 좋다.
- 군에 대한 상식과 최근 동향을 자세히 숙지하라.
- 면접 시간 전에 미리 도착하여 준비하라.

(3) 면접 시 주의사항

- 답변 시 '다나까' 화법으로 표현해야 한다.
- 자신의 답변 후 면접관으로부터 추가 질문이 들어올 경우 왜 질문을 하는지 파악하고 답변해야 한다.
- 반정부, 친북/종북 발언, 주한미군 철수, 종교적 신념 등의 표현은 절대 삼가야 한다.
- 자격증 취득, 전공 분야 등에 대한 질문 시 군에 기여할 수 있다는 방향으로 적극적으로 답변하는 것이 좋다.
- 면접관 질문에 2초 이상 머뭇거리지 않는 것이 좋다.
- 미소를 지은 부드러운 표정과 함께 바른 자세를 취해야 하고 불필요한 동작은 삼가야 한다.
- 지원 동기는 확실하게 준비하고 면접관에게 공감을 얻을 수 있도록 하라.

(4) 면접 순서

- 면접관의 지시에 따라 입장한다.
- 노크를 한 후 문을 연다.
- 문을 열고 가볍게 목례를 한 후 당당한 걸음으로 의자 앞에서 대기한다.

  ※ 맨 마지막 사람이 문을 닫고 목례 후 자리에 선다.

- 맨 왼쪽에 서 있는 사람의 구호에 따라 "안녕하십니까?"라고 인사를 한다.
- 면접관이 "자리에 앉으세요."라고 하면 가볍게 목례를 하면서 "감사합니다."라고 한 후 착석한다.
- 면접관의 질문에 대한 답변을 할 때는 경어체를 사용한다.
- 질문에 대한 답변을 할 때는 항상 요점을 먼저 말한 다음 부연 설명을 한다.
- 끝인사로 마무리한다.
- 면접이 끝나면 자신의 자리를 살펴본 후 퇴장한다.

(5) 면접 기출 질문

① 개인 신상 및 인성

- 자기소개를 해 보시오.
- 부사관이란 무엇인가?
- 부사관이 가져야 할 덕목 혹은 자질은 무엇인가?
- 본인 성격의 장단점은 무엇인가?
- 본인 자랑을 해 보시오.
- 지원 동기는 무엇인가?
- 리더로서의 경험이 있는가? 있다면 힘들었던 점과 느낀 점을 말해 보시오.
- 인생에 있어 기억에 남는 도전은 무엇인가?
- 타군이 아닌 해군을 선택한 이유와 타군과 차이점을 이야기해 보시오.
- 봉사활동을 해본 적이 있는가? 해본 적이 있다면 어떤 봉사를 하였는가?
- 인간관계에서 중요시하는 것은 무엇인가?
- 취미나 관심사는 무엇인가?
- 가족관계가 이러한데 장남으로서 가정을 위해 한 것이 무엇인가?
- 사회생활 경험이 있는데 사회생활을 해보니 가장 중요한 것이 무엇이라고 생각하는가?
- 만약 원하는 보직을 받지 못한다면 어떻게 할 생각인가?
- 부사관에 임관한다면 각오 한 마디를 말해 보시오.
- 가족소개를 해 보시오.
- 가훈이 무엇인가?
- 만약 이번 기수에서 탈락한다면 어떻게 할 것인가?
- 어떤 특기(혹은 배속지)를 원하는가? 만약 그 특기(혹은 배속지)가 되지 않을 경우 어떻게 할 것인가?
- 장기복무에 선발되지 않을 경우 남은 기간을 어떻게 보낼 것인가?
- 부사관이 되면 어떤 간부가 될 것인가?
- 부사관이 되면 자기개발을 어떻게 할 것인가?
- 해군에 오기 위해 자기개발을 한 사례가 있는가?
- 해당 병과에 지원한 동기는 무엇인가?
- 부사관 지원에 대해 부모님은 어떻게 생각하시는가?
- 어머니를 칭찬해 보시오.
- 좋아하는 운동은 무엇인가?
- 본인의 좌우명은 무엇인가?
- 본인이 리더였던 동아리가 있는가?
- 아르바이트를 해 보았는가? 무슨 아르바이트를 했고 느낀 점은?
- 지원자의 특기와 지원한 병과에서 무엇을 잘 할 수 있는지 자기소개를 해 보시오.
- 고민이 있다면 누구와 상담을 할 것인가?
- 부사관 임관 후 여가시간을 어떻게 활용할 것인가?
- 이번에 떨어지면 해군에 다시 지원하겠는가?

② 조직 적응도 및 자질 평가
- 당신이 하기 싫은 일을 시킨다면 어떻게 하겠는가?
- 부사관에 대해 어떻게 생각하는가?
- 장기선발이나 부사관이 되고 나서 어떻게 행동할 것인가?
- 다른 사람이 나의 잘못을 지적하면 그 사람을 어떻게 대할 것인가?
- 전쟁 중 부상자가 발생한다면 버리고 갈 것인가?
- 구성원 중 자기 의견만 내세우는 사람이 있다면 어떻게 대처할 것인가?
- 부사관에게 헌신이 있어야 하는데 국가를 위해 목숨을 바칠 수 있는가?
- 부사관의 역할에 대해 어떻게 생각하는가?
- 부하들이 본인을 잘 따르게 만들 수 있는가?
- 나이가 많은 편인데 본인보다 어린 사람들과 어떻게 함께 생활하겠는가?
- 병사들이 부사관인 당신을 무시한다면 어떻게 하겠는가?
- 당신이 초임하사로 임관하게 되었는데, 당신 밑에 있는 병사가 당신의 선임으로부터 괴롭힘을 당하고 있다고 한다. 이럴 때 어떻게 하겠는가? (단, 병사는 자기가 말했다는 것을 알리고 싶어 하지 않는다)
- 상관과 의견 충돌이 있을 경우 어떻게 하겠는가?
- 새로 전입한 병사가 말을 듣지 않는다면 어떻게 하겠는가?
- 세월호 선장과 같은 사람이 군내에 있다면?

③ 역사 및 일반상식
- 우리나라의 주적과 그 이유는 무엇인가?
- 본인이 생각하는 군인정신은 무엇인가?
- 6 · 25 전쟁에 대해 아는 대로 말해 보시오.
- 주한미군에 대한 본인의 생각은?
- 대남도발의 사례에 관해서 얘기해 보시오.
- 한주호 준위에 대해 아는가?
- NLL에 대해 아는 것을 말해 보시오.
- NLL이 무엇의 약자인가? 그리고 그 의미는 무엇인가?북방한계선(Northern Limit Line)
- 최근 관심 깊게 본 시사문제는 무엇인가?
- 사회 및 군에서의 자살에 대해 어떻게 생각하는가?
- 아덴만 작전에 대해 말해 보시오.
- 사드 배치에 대한 견해를 말해 보시오.
- 제주 해군기지에 대해 어떻게 생각하는가?
- 이어도에 대해 말해 보시오.
- 천안함/연평해전/연평도 사건에 대해 설명해 보시오.
- 해군 주둔지 위치에 대해 말해 보시오.(부산, 제주, 진해, 평택, 인천, 동해, 사곶, 목포)
- 해군이 운용하는 항공기/함정 종류를 아는 대로 말해 보시오.
- 해군참모총장이 누구인가?
- 군 가산점에 대해 어떻게 생각하는가?
- P-3C가 무엇인가? 해상초계기

- ○○부대 보유 항공기 종류에 대해 말해 보시오.
- 해군의 초대 항공대장은 누구인가? (조경연(1918~1991년)중령)
- 해군의 핵심가치는 무엇인가? (명예, 헌신, 용기)
- 해군 창설일은 언제인가? (11월 11일)
- 본인의 국가관에 대해 말해 보시오.
- 북한의 핵미사일에 대해 어떻게 생각하는지 말해 보시오.
- 해군 최초의 항공기는 무엇인가? (해취호)
- 명량해전에 대해 설명해 보시오
- 해군의 장점은 무엇이라고 생각하는가?
- 광복절은 언제인가?
- 해군의 함정에 대해 알고 있는가?
- 연평해전 당시 교전 함정의 이름은 무엇인가?(참수리고속정357호)
- 안락사에 대해 어떻게 생각하는가?
- 군 존재 이유는 무엇이라고 생각하는가?
- 1월부터 12월까지를 영어로 말해 보시오.
- 월요일부터 일요일까지를 영어로 말해 보시오

(5) AI면접

1차 시험 합격자 전원을 대상으로 AI면접을 진행한다. 응시대상자는 해군본부에서 송신한 안내 메일에 따라 면접을 진행하며 AI면접 결과는 단독으로 평가에 사용되지는 않고 2차 전형 대면면접과정에서 참고자료로 이용될 예정이다.

□ AI면접 결과는 면접점수 배점의 20% 반영(미응시 시 0점 반영)

□ 온라인 면접절차

○ 진행절차

○ 진행방법 : 안내 메일 발송(해군본부) → 개인 인터넷 메일(상용) 접속, 면접 응시

* 응시 장소 : 인터넷 접속이 가능한 장소[무선랜(WIFI) 연결시 응시 불가]

차 례

해군부사관
최신기출유형문제

최신기출유형문제

언어논리

01 다음 중 밑줄 친 단어의 의미와 가장 다른 것을 고르면?

> 옥스퍼드대학교의 진화인류학자 로빈 던바 교수는 1993년 '던바의 수'라는 연구를 내놓았다. 던바 교수의 연구에 따르면 인간관계는 뇌 용량 크기의 제한을 받으며, 아무리 발이 넓은 사람이라도 사회적인 관계를 형성할 수 있는 한계는 150명이라고 한다. 인터넷과 SNS 등을 통해 인맥을 수백 명씩 쉽게 <u>늘리는</u> 것이 가능한 세상이 되었다 하더라도 실질적으로 우리가 관계를 유지할 수 있는 사람의 수는 기술 발전 이전과 다르지 않다는 뜻이다.

① 실력이 부족했다고 생각했기 때문에 연습 시간을 <u>연장했다</u>.
② 저번보다는 밀가루의 함량을 <u>더해야</u> 했다.
③ 그들은 암암리에 세력을 <u>확장하고</u> 있었다.
④ 키가 너무 빨리 자라서 매번 바짓단을 <u>연장했다</u>.
⑤ 인원이 부족했기 때문에 채용을 <u>확대했다</u>.

해설

'늘리다'는 '늘다'의 사동사로 수나 분량, 시간 등을 많아지게 하는 기본의미를 갖고 여기서 의미가 확장되어 실력이나 재산, 세력의 확대를 의미한다. ④번의 경우 당겨서 본디보다 더 길어지게 한다는 뜻의 '늘이다'가 쓰인다.

답 ④

02 다음 문장 중 밑줄 친 단어를 맞춤법이나 어법에 맞게 고친 것을 고르면?

① 불필요한 출입은 <u>일절</u> 금한다. (→일체)

② 모든 인원을 수용할 만큼 운동장의 <u>넓이</u>가 충분하다. (→너비)

③ 네가 빨리 회복하는 것이 나의 <u>바람</u>이다. (→바램)

④ 어제 소포로 <u>부쳤습니다.</u> (→붙였습니다)

⑤ 신용카드로 <u>결재</u>하겠습니다. (→결제)

 해설

⑤ '결재'는 상관이 부하가 제출한 안건을 검토, 승인하는 것을 의미한다. 대금을 주고받는 매매 행위를 의미하는 것은 '결제'이다.

① '일절'은 사물을 부인하거나 행위를 금지할 때 쓰는 단어로 올바르게 사용되었다.

② '넓이'는 공간이나 범위의 크기를, '너비'는 가로로 건너지른 거리를 말한다.

③ '바라다'에서 온 말이므로 '바람'이 표준어이며 '바램'은 비표준어이다.

④ 편지나 물건을 보내는 것은 '부치다'가 맞는 표현이며 '붙이다'는 물건이 서로 붙게 한다는 의미로 사용한다.

 답 ⑤

03 다음 글의 주제로 알맞은 것은?

8세기 무렵, 유럽의 기후가 이전보다 따뜻해지기 시작했다. 따뜻해진 기후는 식량 생산을 증대시켰고, 이로 인해 유럽 전체의 인구가 크게 늘어났다. 스칸디나비아 반도 역시 예외가 아니었지만 문제는 늘어난 인구를 모두 부양하기에 스칸디나비아 반도는 너무 척박했다는 것이다. 그래서 스칸디나비아에 살던 바이킹들은 그들이 살던 반도 밖으로 시선을 돌렸다.

바이킹들은 뛰어난 조선술과 항해술을 갖고 있었다. 그들이 만든 배는 연안과 강을 돌며 무역을 했었지만, 무역품 대신 약탈자들을 태움으로써 강력한 상륙정으로 탈바꿈하였다. 그들은 작은 촌락부터 강력한 제국의 도시까지 유럽 전역의 해안을 약탈했고 일부는 그 땅에 새롭게 정착하기도 했다. 또한 그들은 유럽을 넘어서 아이슬란드와 그린란드에 정착지를 세웠으며, 크리스토퍼 콜럼버스보다 수세기 먼저 아메리카 대륙에 진출하기도 하였다.

하지만 12세기가 지나자 기후가 다시 변화하기 시작했다. 소빙기가 시작되자 스칸디나비아 주변의 바다는 얼어붙기 시작해 유빙이 돌아다녔다. 그린란드는 그 이름과 다르게 눈과 얼음의 땅이 되었다. 유럽의 국가들은 바이킹에 대한 방어 전략을 완성했고, 봉건제의 발달에 따라 나타난 기사들은 바이킹 약탈자들을 상대로 손쉽게 승리를 거뒀다. 그렇게 바이킹 약탈자들은 역사의 뒤안길로 사라졌다.

① 유럽의 기후 변화에 따른 영향
② 스칸디나비아 반도의 역사
③ 바이킹의 조선술과 항해술
④ 바이킹 약탈자들의 등장과 쇠퇴
⑤ 중세 유럽의 신대륙 개척

해설

본문에서는 기후 변화 등 환경의 변화에 따라 바이킹 약탈자가 출현하고 쇠퇴하는 과정에 대해서 설명하고 있다.

답 ④

자료해석

01 다음 표는 A와 B의 팔굽혀펴기 횟수를 기록한 것이다. 두 사람의 팔굽혀펴기 기록의 평균이 같다고 할 때, B가 5차 시기에서 기록한 횟수는 얼마인가?

시기	1차	2차	3차	4차	5차
A	70회	74회	76회	76회	69회
B	72회	73회	70회	72회	x

① 68회   ② 72회

③ 75회   ④ 78회

 해설

A의 평균 기록은 $\dfrac{70+74+76+76+69}{5}=\dfrac{365}{5}=73(회)$

B의 평균 기록 또한 73이므로 $\dfrac{72+73+70+72+x}{5}=73,\ x=78(회)$

답 ④

02 다음은 A~D가 5월에서 8월까지 4달 동안 사용한 식비와 월 소득을 기록한 표이다. 각각 가장 식비를 많이 지출한 달의 월 소득에서 식비의 비중이 가장 큰 사람은 누구인가?

구분	월 소득	5월	6월	7월	8월
A	230만 원	31만 원	34만 원	32만 원	36만 원
B	300만 원	40만 원	38만 원	42만 원	41만 원
C	210만 원	28만 원	25만 원	26만 원	27만 원
D	250만 원	32만 원	35만 원	33만 원	30만 원

① A   ② B
③ C   ④ D

 해설

A는 8월에 36만 원, B는 7월에 42만 원, C는 5월에 28만 원, D는 6월에 35만 원을 지출한 것이 식비를 가장 많이 지출한 것이다. 이때, D는 A보다 더 많은 월 소득을 얻으면서 더 적은 식비를 지출하였으므로 식비의 비중이 가장 커질 수 없다. 따라서 A, B, C의 식비 비중을 각각 비교하면,

A : $\dfrac{36}{230} \times 100 ≒ 15.7(\%)$

B : $\dfrac{42}{300} \times 100 = 14(\%)$

C : $\dfrac{28}{210} \times 100 ≒ 13.3(\%)$

답 ①

공간능력

01 다음 주어진 조건을 참고하여 제시된 입체도형의 전개도를 고르시오.

• 입체도형을 전개하여 전개도를 만들 때, 전개도에 표시된 그림(예 등)은 회전의 효과를 반영함. 즉, 본 문제의 풀이과정에서 보기의 전개도 상에 표시된 ' '와 ' '은 서로 다른 것으로 취급함

• 단, 기호 및 문자(예 ☎, ♨, ♨, K, H)의 회전에 의한 효과는 본 문제의 풀이과정에서 반영하지 않음. 즉, 입체도형을 전개하여 전개도를 만들었을 때에 ' '의 방향으로 나타나는 기호 및 문자도 보기에서는 ' ☎ ' 방향으로 표시하며 동일한 것으로 취급함

① 　② 　③ 　④

해설

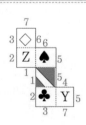

답 ③

최신기출유형문제

02 다음 주어진 조건을 참고하여 제시된 전개도로 만든 입체도형에 해당하는 것을 고르시오.

- 전개도를 접어 입체도형을 만들 때, 전개도에 표시된 그림(๑ ▮, ◢ 등)은 회전의 효과를 반영함. 즉, 본 문제의 풀이과정에서 보기의 전개도 상에 표시된 '▮' 와 '⊏' 은 서로 다른 것으로 취급함
- 단, 기호 및 문자(๑ ☎, ♨, ♨, K, H)의 회전에 의한 효과는 본 문제의 풀이과정에서 반영하지 않음. 즉, 전개도를 접어 입체도형을 만들었을 때에 '🔄' 의 방향으로 나타나는 기호 및 문자도 보기에서는 '☎' 방향으로 표시하며 동일한 것으로 취급함

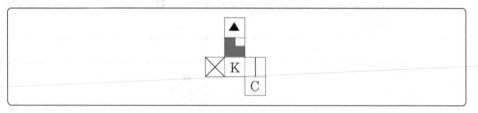

① 　② 　③ 　④

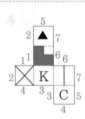

답 ④

03 다음 제시된 그림과 같이 쌓기 위해 필요한 블록의 수를 고르시오.

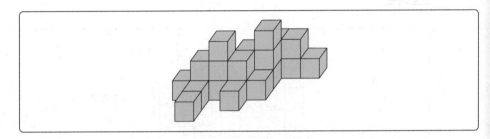

① 21개   ② 22개

③ 23개   ④ 24개

해설

    3층: 2개, 2층 : 7개, 1층 : 13개

 ②

최신기출유형문제

04 다음 제시된 블록들을 화살표로 표시한 방향에서 바라봤을 때의 모양으로 알맞은 것을 고르시오.

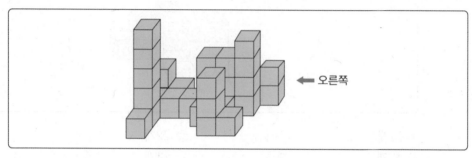

← 오른쪽

①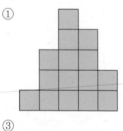

②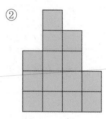

③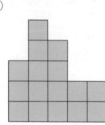

④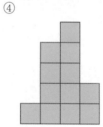

해설

첫째 열 3층, 둘째 열 5층, 셋째 열 4층, 넷째 열 2층에 해당하는 보기는 ②이다.

답 ②

지각속도

[유형 1]

[1~5] 아래 〈보기〉의 왼쪽과 오른쪽 기호의 대응을 참고하여 각 문제의 대응이 같으면 답안지에 '① 맞음'을, 틀리면 '② 틀림'을 선택하시오.

보기

α = 나무	β = 생활	γ = 관개	δ = 지역	ε = 나물
ζ = 관계	η = 모형	θ = 자치	ι = 형태	κ = 생태

01	$\beta\,\theta\,\zeta\,\gamma\,\kappa$ - 생활 자치 관계 관개 생태	① 맞음 ② 틀림
02	$\theta\,\delta\,\alpha\,\kappa\,\eta$ - 자치 지역 나무 생태 모형	① 맞음 ② 틀림
03	$\iota\,\varepsilon\,\beta\,\delta\,\gamma$ - 형태 나물 생태 지역 관계	① 맞음 ② 틀림
04	$\zeta\,\alpha\,\theta\,\eta\,\delta$ - 관계 나무 자치 형태 지역	① 맞음 ② 틀림
05	$\kappa\,\beta\,\varepsilon\,\gamma\,\alpha$ - 생태 생활 나물 관개 나무	① 맞음 ② 틀림

해설

03
$\iota\,\varepsilon\,\beta\,\delta\,\gamma$ - 형태 나물 <u>생태</u> 지역 <u>관계</u>
β = 생활, γ = 관개
04
$\zeta\,\alpha\,\theta\,\eta\,\delta$ - 관계 나무 자치 <u>형태</u> 지역
η = 모형

답 01 ① 02 ① 03 ② 04 ② 05 ①

최신기출유형문제

[06~10] 아래 〈보기〉의 왼쪽과 오른쪽 기호의 대응을 참고하여 각 문제의 대응이 같으면 답안지에 '① 맞음'을, 틀리면 '② 틀림'을 선택하시오.

보기

天 = 302	日 = 174	月 = 896	星 = 219	風 = 381
地 = 245	土 = 441	巖 = 673	金 = 810	木 = 346

06	天 巖 金 風 地 - 302 673 810 245 381	① 맞음 ② 틀림
07	土 金 星 木 天 - 441 810 219 346 302	① 맞음 ② 틀림
08	星 木 月 風 金 - 219 346 896 381 810	① 맞음 ② 틀림
09	日 地 土 月 巖 - 896 245 441 174 673	① 맞음 ② 틀림
10	巖 木 天 日 星 - 673 346 302 174 219	① 맞음 ② 틀림

해설

06
天 巖 金 風 地 - 302 673 810 245 381
風 = 381, 地 = 245
09
日 地 土 月 巖 - 896 245 441 174 673
日 = 174, 月 = 896

답 06 ② 07 ① 08 ① 09 ② 10 ①

[11~15] 아래 〈보기〉의 왼쪽과 오른쪽 기호의 대응을 참고하여 각 문제의 대응이 같으면 답안지
에 '① 맞음'을, 틀리면 '② 틀림'을 선택하시오.

┌─ 보기 ┐

감 = ⱀ   후 = ∩   주 = Þ   아 = R   긴 = ᛝ

마 = ✳   토 = I   전 = ᛄ   기 = ᚲ   고 = Y

11	고 주 토 아 – Y ᛝ I R	① 맞음 ② 틀림
12	전 후 기 마 – ᛄ ∩ ᚲ ✳	① 맞음 ② 틀림
13	아 감 주 긴 – R ⱀ Þ ᛄ	① 맞음 ② 틀림
14	토 전 고 감 – I ᛄ Y ⱀ	① 맞음 ② 틀림
15	마 긴 주 기 – Y ᛝ Þ ᚲ	① 맞음 ② 틀림

해설

11
고 주 토 아 – Y ᛝ I R
주 = Þ

13
아 감 주 긴 – R ⱀ Þ ᛄ
긴 = ᛝ

15
마 긴 주 기 – Y ᛝ Þ ᚲ
마 = ✳

답 11 ② 12 ① 13 ② 14 ① 15 ②

최신기출유형문제

[16~20] 아래 〈보기〉의 왼쪽과 오른쪽 기호의 대응을 참고하여 각 문제의 대응이 같으면 답안지
에 '① 맞음'을, 틀리면 '② 틀림'을 선택하시오.

> ● 보기 ●
>
> | BE = afl | KH = xmc | ML = bic | RZ = rum | AF = shr |
> |----------|----------|----------|----------|----------|
> | VO = coj | RI = zka | GC = rhy | WT = phu | IO = ntx |

16	RZ RI BE WT – rum zka afl phu	① 맞음 ② 틀림
17	AF VO IO RI – shr coj ntx zka	① 맞음 ② 틀림
18	GC WT KH AF – rhy phu xmc shr	① 맞음 ② 틀림
19	ML IO BE IO – bic ntx afl ntx	① 맞음 ② 틀림
20	KH ML VO RZ – xmc zka coj rum	① 맞음 ② 틀림

 해설

20
KH <u>ML</u> VO RZ – xmc <u>zka</u> coj rum
ML = bic

답 16 ① 17 ① 18 ① 19 ① 20 ②

[유형 2]

[21~30] 다음 각 문제의 왼쪽에 표시된 굵은 글씨체의 기호, 문자, 숫자의 개수를 오른쪽에서 찾으시오.

21

| ㄹ | 미혹은 우리를 겁쟁이로 만들고 본래의 결단은 병들어 버린다. |

① 6개 ② 7개
③ 8개 ④ 9개

해설

미혹은 우리를 겁쟁이로 만들고 본래의 결단은 병들어 버린다.
　　1 2　　1　1　1　1　1　　1　1

답 ④

22

| p | nsfpiugflpgqepmsozykphtpcbaqprtsihgpjyxmoka |

① 5개 ② 6개
③ 7개 ④ 8개

해설

nsfpiugflpgqepmsozykphtpcbaqprtsihgpjyxmoka

답 ③

29

최신기출유형문제

23

| 🕐 | 🕑🕐🕑🕓🕐🕕🕙🕚🕙🕚🕙🕙🕛🕐🕕🕙🕕🕙🕕🕚🕙🕕🕚🕙🕚 |

① 2개 ② 3개

③ 4개 ④ 5개

해설

🕑🕐🕑🕓🕐🕕🕙🕚🕙🕚🕙🕙🕛🕐🕕🕙🕕🕙🕕🕚🕙🕕🕚🕙🕚

답 ③

24

| 5 | 817549362514975826439568715234697451287635 21 |

① 7개 ② 8개

③ 9개 ④ 10개

해설

817549362514975826439568715234697451287635 21

답 ①

25

| mn | mnunmwunvnmumnuvnmnwmvunmwnmuvnwmnunwunm |

① 1개 ② 2개

③ 3개 ④ 4개

해설

mnunmwunvnmumnuvnmnwmvunmwnmuvnwmnunwunm

답 ④

26

큰 벼리로써 잔 그물눈을 거느리고, 큰 줄기로써 작은 가지를 거느린 다음이라야 혈맥이 유통되고 호령에 막힘이 없게 된다.

① 9개　　　　　　　　　　② 10개
③ 11개　　　　　　　　　　④ 12개

 해설

큰 벼리로써 잔 그물눈을 거느리고, 큰 줄기로써 작은 가지를 거느린 다음이라야 혈맥이
　1　　　　　　　　1　　2　　1　　1　　　　　　1　　　　　　1 1
유통되고 호령에 막힘이 없게 된다.
　　　　　　　　　　　　1

답 ②

27

r
There was a table set out under a tree in front of the house, and the March Hare and the Hatter were having tea at it.

① 7개　　　　　　　　　　② 8개
③ 9개　　　　　　　　　　④ 10개

 해설

There was a table set out under a tree in front of the house, and the March Hare and the Hatter were having tea at it.

답 ②

최신기출유형문제

28

問	間問閉間開問開間閉開間閉開閉問間閉間聞問閉間問

① 3개   ② 4개
③ 5개   ④ 6개

해설

間問閉間開問開間閉開間閉開閉問間閉間聞問閉間問

답 ④

29

64	4953128706481936352749180236451872386249361764120947563

① 1개   ② 2개
③ 3개   ④ 4개

해설

4953128706481936352749180236451872386249361764120947563

답 ③

30

ㄷ	ㅂㅊㄱㄹㅌㅍㅂㄷㅅㅇㄴㅎㅈㄱㅌㅁㄹㅇㄱㄴㅎㅇㅂㅊㄹㅈㅌㅋㅅㄴㅁㄷ

① 2개   ② 3개
③ 4개   ④ 5개

해설

ㅂㅊㄱㄹㅌㅍㅂㄷㅅㅇㄴㅎㅈㄱㅌㅁㄹㅇㄱㄴㅎㅇㅂㅊㄹㅈㅌㅋㅅㄴㅁㄷ

답 ①

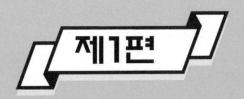

제1편

KIDA 간부선발도구 I

인지능력평가

Non-Commissioned Officer

제 **1** 장

언어논리

PART 1 핵심이론

01 동의어 및 유의어

- **가능성(可能性) – 개연성(蓋然性)** : 절대적으로 확실하지 않으나 아마 그럴 것이라고 생각되는 성질
- **각축(角逐) – 축록(逐鹿)** : 정권이나 지위를 얻으려고 서로 다툼
- **간난(艱難) – 고초(苦楚)** : 몹시 힘들고 고생스러움
- **간헐(間歇) – 산발(散發)** : 일정한 시간 간격을 두고 되풀이됨
- **갈음 – 대신(代身)** : 다른 것으로 바꿔 새로 맡음
- **걸출(傑出) – 한마루** : 남보다 훨씬 뛰어남
- **견지(堅持) – 고수(固守)** : 굳게 지킴
- **고사(固辭) – 사양(辭讓)** : 받지 않거나 응하지 않음
- **광정(匡正) – 확정(廓正)** : 잘못된 일이나 부정 등을 바로잡음
- **구천(九泉) – 황천(黃泉)** : 저승 세계
- **귀감(龜鑑) – 사표(師表)** : 본받을 만한 것 혹은 인물
- **극명(克明) – 천명(闡明)** : 주장을 똑똑히 밝힘
- **긍휼(矜恤) – 연민(憐憫)** : 불쌍히 여김
- **나타(懶惰) – 나태(懶怠), 태만(怠慢)** : 느리고 게으름
- **남상(濫觴) – 기원(起源)** : 사물의 처음이나 기원
- **낭설(浪說) – 표설(漂說)** : 터무니없는 헛소문
- **당착(撞着) – 모순(矛盾)** : 행동이나 이치가 서로 맞지 않음
- **독단(獨斷) – 전단(專斷), 천단(擅斷)** : 제 마음대로 처단함
- **두호(斗護) – 비호(庇護)** : 두둔하고 편들어 보호함
- **모두(冒頭) – 허두(虛頭), 서두(序頭)** : 첫 부분
- **반역(反逆) – 난역(亂逆), 모반(謀反)** : 나라와 겨레를 배반함
- **발호(跋扈) – 육량(陸梁)** : 제멋대로 날뜀

- **백중(伯仲) – 호각(互角)** : 우열을 가릴 수 없을 정도로 실력이 비슷함
- **색독(色讀) – 통독(通讀)** : 글자가 표현하는 뜻만을 이해하며 읽음
- **수유(須臾) – 순간(瞬間), 찰나(刹那), 편각(片刻)** : 잠시, 짧은 시간
- **알력(軋轢) – 불화(不和), 규각(圭角)** : 서로 사이가 벌어져 다투는 일
- **애모(愛慕) – 흠모(欽慕), 염모(艶慕), 흠애(欽愛)** : 사랑하며 그리워함
- **연혁(沿革) – 변천(變遷)** : 변천되어 온 내력, 지나온 경과
- **영고(榮枯) – 성쇠(盛衰), 영락(榮落), 융체(隆替)** : 번성함과 쇠퇴함
- **원용(援用) – 인용(引用)** : 자신의 글에 남의 말이나 글을 끌어다 씀
- **오유(烏有) – 인멸(湮滅)** : 흔적도 없이 사라짐
- **정수(精粹) – 정화(精華), 진수(眞髓)** : 불순물이 섞이지 아니하여 깨끗하고 순수함
- **좌천(左遷) – 강등(降等)** : 지위나 계급이 낮아짐
- **질곡(桎梏) – 구속(拘束), 속박(束縛), 결박(結縛)** : 행동을 자유롭지 못하게 제한함
- **청렴(淸廉) – 염결(廉潔)** : 성품과 행실이 높고 맑으며 탐욕이 없음
- **추량(推量) – 추측(推測)** : 미루어 생각하여 헤아림
- **태두(泰斗) – 대가(大家)** : 세상 사람들에게 우러러 존경을 받는 사람
- **허송(虛送) – 허도(虛度)** : 시간을 헛되이 보냄
- **홍진(紅塵) – 풍진(風塵), 진세(塵世), 사바(娑婆), 인간(人間)** : 속세, 세속

02 반의어

가공(架空) ↔ 실재(實在)	가중(加重) ↔ 경감(輕減)	각하(却下) ↔ 접수(接受)
간헐(間歇) ↔ 면연(綿延)	강림(降臨) ↔ 승천(昇天)	강인(强靭) ↔ 나약(懦弱)
개연(蓋然) ↔ 필연(必然)	개헌(改憲) ↔ 호헌(護憲)	거만(倨慢) ↔ 겸손(謙遜)
거부(拒否) ↔ 승인(承認)	거시(巨視) ↔ 미시(微視)	거절(拒絕) ↔ 승낙(承諾)
건조(乾燥) ↔ 습윤(濕潤)	결핍(缺乏) ↔ 과잉(過剩)	고결(高潔) ↔ 저속(低俗)
고상(高尙) ↔ 저열(低劣)	고아(高雅) ↔ 비속(卑俗)	고의(故意) ↔ 과실(過失)
공명(共鳴) ↔ 반박(反駁)	공유(共有) ↔ 전유(專有)	공평(公平) ↔ 편파(偏頗)
관목(灌木) ↔ 교목(喬木)	관철(貫徹) ↔ 좌절(挫折)	교묘(巧妙) ↔ 졸렬(拙劣)
구체(具體) ↔ 추상(抽象)	근면(勤勉) ↔ 나태(懶怠)	급진(急進) ↔ 점진(漸進)
기수(奇數) ↔ 우수(偶數)	긴밀(緊密) ↔ 소원(疏遠)	긴장(緊張) ↔ 해이(解弛)
길항(拮抗) ↔ 조화(調和)	낙천(樂天) ↔ 염세(厭世)	노련(老鍊) ↔ 미숙(未熟)
농후(濃厚) ↔ 희박(稀薄)	눌변(訥辯) ↔ 능변(能辯)	능멸(凌蔑) ↔ 추앙(推仰)
단축(短縮) ↔ 연장(延長)	당황(唐慌) ↔ 침착(沈着)	둔탁(鈍濁) ↔ 예리(銳利)
명료(明瞭) ↔ 애매(曖昧)	민첩(敏捷) ↔ 지둔(遲鈍)	발랄(潑剌) ↔ 위축(萎縮)
발생(發生) ↔ 소멸(消滅)	방계(傍系) ↔ 직계(直系)	보편(普遍) ↔ 특수(特殊)
본질(本質) ↔ 현상(現象)	부당(不當) ↔ 타당(妥當)	부상(扶桑) ↔ 함지(咸池)
부연(敷衍) ↔ 생략(省略)	부합(符合) ↔ 상치(相馳)	분석(分析) ↔ 종합(綜合)
삭감(削減) ↔ 첨가(添加)	상극(相剋) ↔ 상생(相生)	세련(洗練) ↔ 치졸(稚拙)
소원(疏遠) ↔ 친근(親近)	숙고(熟考) ↔ 무모(無謀)	숙독(熟讀) ↔ 속독(速讀)
앙등(昂騰) ↔ 하락(下落)	엄폐(掩蔽) ↔ 탄로(綻露)	여명(黎明) ↔ 황혼(黃昏)
염서(炎暑) ↔ 혹한(酷寒)	영겁(永劫) ↔ 찰나(刹那)	영전(榮轉) ↔ 좌천(左遷)
영접(迎接) ↔ 전송(餞送)	예민(銳敏) ↔ 우둔(愚鈍)	외연(外延) ↔ 내포(內包)
완화(緩和) ↔ 긴축(緊縮)	우회(迂廻) ↔ 첩경(捷徑)	윤곽(輪廓) ↔ 핵심(核心)
융기(隆起) ↔ 침강(沈降)	은폐(隱蔽) ↔ 폭로(暴露)	이면(裏面) ↔ 표면(表面)
정교(精巧) ↔ 조악(粗惡)	정밀(精密) ↔ 조잡(粗雜)	중용(中庸) ↔ 극단(極端)
진부(陳腐) ↔ 참신(斬新)	진취(進取) ↔ 퇴영(退嬰)	질서(秩序) ↔ 혼돈(混沌)
창조(創造) ↔ 모방(模倣)	폭등(暴騰) ↔ 폭락(暴落)	형식(形式) ↔ 내용(內容)
혹서(酷暑) ↔ 혹한(酷寒)	확대(擴大) ↔ 축소(縮小)	힐난(詰難) ↔ 칭찬(稱讚)

관련예제

01 다음 제시된 단어와 의미가 같거나 비슷한 것은?

효시(嚆矢)

① 결미(結尾)　　　　　② 낙착(落着)　　　　　③ 연원(淵源)
④ 징후(徵候)　　　　　⑤ 사조(思潮)

해설　효시(嚆矢) : 어떤 사물이나 현상이 시작되어 나온 맨 처음을 비유적으로 이르는 말
　　　③ 연원(淵源) : 사물의 근원
　　　① 결미(結尾) : 글이나 문서 따위의 끝 부분
　　　② 낙착(落着) : 문제가 되던 일이 결말이 맺어짐, 또는 문제가 되던 일의 해결을 위하여 결론이 내려짐
　　　④ 징후(徵候) : 겉으로 나타나는 낌새
　　　⑤ 사조(思潮) : 한 시대의 일반적인 사상의 흐름　　　　　　　　　　　　　　　　　답 ③

02 다음 제시된 단어와 의미가 반대인 것은?

사치(奢侈)

① 호사(豪奢)　　　　　② 검소(儉素)　　　　　③ 낭비(浪費)
④ 억제(抑制)　　　　　⑤ 긴축(緊縮)

해설　사치(奢侈) : 필요 이상의 돈이나 물건을 쓰거나 분수에 지나친 생활을 함
　　　② 검소(儉素) : 사치하지 않고 수수함
　　　① 호사(豪奢) : 호화롭게 사치함
　　　③ 낭비(浪費) : 시간이나 재물 따위를 헛되이 헤프게 씀
　　　④ 억제(抑制) : 정도나 한도를 넘어서 나아가려는 것을 억눌러 그치게 함
　　　⑤ 긴축(緊縮) : 재정의 기초를 다지기 위하여 지출을 줄임　　　　　　　　　　　　답 ②

03 ▷ 자주 출제되는 주제별 어휘

1 동물의 새끼를 나타내는 말

(1) 물고기의 새끼

- 가사리 : 돌고기의 새끼
- 간자미 : 가오리의 새끼
- 고도리 : 고등어의 새끼
- 굴뚝청어 : 청어의 새끼
- 껄떼기 : 농어의 새끼
- 꽝다리 : 조기의 새끼
- 노가리 : 명태의 새끼
- 동어 : 숭어의 새끼
- 마래미 : 방어의 새끼

- 모쟁이 : 숭어의 새끼
- 발강이 : 잉어의 새끼
- 쌀붕어 : 작은 붕어의 새끼
- 전어사리 : 전어의 새끼
- 팽팽이 : 열목어의 어린 새끼
- 풀치 : 갈치의 새끼
- 모롱이 : 누치의 새끼
- 설치 : 괴도라치의 새끼

(2) 동물의 어린 것

- 강아지 : 새끼 개
- 개호주 : 호랑이의 새끼
- 귀다래기 : 귀가 작은 소
- 규룡(虯龍) : 용의 새끼
- 금승말 : 그 해에 태어난 말
- 능소니 : 곰의 새끼
- 담불소 : 열 살 된 소
- 동부레기 : 뿔이 날 만한 정도의 송아지
- 망아지 : 새끼 말
- 발탄강아지 : 걸음을 떼어 놓기 시작한 강아지
- 부룩소 : 작은 수소
- 솔발이 : 한 배에서 난 세 마리의 강아지

- 송아지 : 새끼 소
- 송치 : 난 지 얼마 안 되는 소의 새끼, 암소의 뱃속에 있는 새끼
- 쌀강아지 : 털이 짧고 부드러운 강아지
- 애돝 : 일 년 된 새끼 돼지
- 애소리 : 날짐승의 어린 새끼
- 어스럭송아지 : 중소가 될 만큼 자란 큰 송아지
- 엇부루기 : 아직 큰 소가 되지 못한 수송아지
- 태성 : 이마가 흰 망아지
- 하릅송아지 : 한 살 된 송아지
- 해돝 : 그 해에 난 돼지

(3) 새의 어린 것

- 꺼병이 : 꿩의 어린 새끼
- 병아리 : 새끼 닭

- 솜병아리 : 알에서 갓 깬 병아리
- 초고리 : 새끼 매

(4) 곤충의 애벌레

- 굼벵이 : 매미의 애벌레
- 돗벌레 : 가두배추밤나비의 애벌레

- 며루 : 각다귀의 애벌레
- 물송치, 학배기 : 잠자리의 애벌레

(5) 기 타

- 개승냥이 : 개의 모양과 비슷한 승냥이라는 뜻으로, '늑대'를 달리 일컫는 말
- 말승냥이 : '늑대'를 승냥이에 비하여 큰 종류라는 뜻으로 일컫는 말
- 무녀리 : 한 배에 낳은 여러 마리의 새끼 가운데서 맨 먼저 나온 새끼

2 단위를 나타내는 말

- 가마 : 갈모나 쌈지 등의 100개
  - ✦ 갈모 : 비가 올 때에 갓 위에 덮어쓰는, 기름에 결은 종이로 만든 물건. 펴면 고깔 비슷하게 위는 뾰족하며 아래는 동그랗게 퍼지고, 접으면 쥘부채처럼 홀쭉해진다.
  - ✦ 쌈지 : 담배 또는 부시 따위를 담는 주머니. 종이, 헝겊, 가죽 따위로 만든다.
- 갈이 : 소 한짝으로 하루 낮 동안에 갈 수 있는 논밭의 넓이
- 갓 : 비웃, 굴비 따위의 10마리 혹은 고사리, 고비 따위의 10모숨
  - ✦ 비웃 : 식료품인 생선으로서의 청어
- 강다리 : 쪼갠 장작 100개비
- 거리 : 오이, 가지 등의 50개
- 고리 : 소주 10사발
- 꾸러미 : 달걀 10개를 꾸리어 싼 것
- 닢 : 엽전, 동전, 가마니, 멍석 등의 납작한 물건을 세는 단위
- 담불 : 벼 100섬
- 덩저리 : 뭉쳐서 쌓은 물건의 부피
- 동 : 피륙 50필, 먹 10정, 붓 10자루, 무명과 베 50필, 백지 100권, 조기 1,000마리, 비웃 2,000마리, 생강 10접, 곶감 100접, 볏짚 100단, 땅 100뭇
- 되지기 : 논밭 한 마지기의 10분의 1
- 두름 : 조기, 청어 등의 생선을 10마리씩 두 줄로 묶은 20마리 또는 산나물을 10모숨쯤 묶은 것
- 땀 : 바늘을 한 번 뜬 그 눈
- 마디 : 매듭과 매듭 사이를 나타내는 단위
- 마장 : 주로 5리나 10리가 못 되는 몇 리의 거리를 일컫는 단위
- 마지기 : 논밭 넓이의 단위로 논은 150～300평, 밭은 100평

- 매 : 젓가락 한 쌍
- 모숨 : 모나 푸성귀처럼 길고 가는 것의 한 줌 ≒ 춤
- 뭇 : 생선 10마리, 미역 10장
- 바리 : 마소에 잔뜩 실은 짐을 세는 단위
- 발 : 두 팔을 잔뜩 벌린 길이
- 버렁 : 물건이 차지한 둘레나 일의 범위
- 벌 : 옷, 그릇 등의 짝을 이룬 한 덩이를 세는 단위
- 볼 : 발, 구두 등의 너비
- 부룻 : 무더기로 놓인 물건의 부피
- 섬 : 한 말의 열 곱절
- 손 : 한 손에 잡을 만한 분량을 세는 단위로 조기나 고등어 따위를 큰 것 하나와 작은 것 하나를 합한 것
- 쌈 : 바늘 24개, 금 100냥쭝
- 우리 : 기와를 세는 단위로 한 우리는 2,000장
- 접 : 과일, 무, 배추, 마늘 등의 100개
- 제 : 탕약 20첩
- 죽 : 옷, 신, 그릇 등의 10개(또는 벌)
- 줌 : 주먹으로 쥘 만한 분량
- 채 : 인삼 100근
- 첩 : 한약을 지어 약봉지에 싼 뭉치를 세는 단위
- 켤레 : 신, 버선, 방망이 등의 둘을 한 벌로 세는 단위
- 쾌 : 북어 20마리, 엽전 10냥
- 타(打) : 물건 12개
- 타래 : 실, 고삐 같은 것을 감아 틀어 놓은 분량의 단위
- 테 : 서려 놓은 실의 묶음을 세는 단위
- 토리 : 실뭉치를 세는 단위

- **톨** : 밤, 마늘 등의 낱낱의 알을 세는 단위
- **톳** : 김을 묶어 세는 단위로 한 톳은 김 100장
- **판** : 달걀 30개
- **한소끔** : 물 따위가 한 번 끓는 것을 일컫는 말
- **온** : 100 - 백(百)
- **즈믄** : 1,000 - 천(千)
- **거믄, 골** : 10,000 - 만(萬)
- **잘** : 100,000,000 - 억(億)

> **더 알아보기**
>
> 1. '동'은 다양한 수량에서 쓰이므로 확인이 필요하다.
> 2. 수량 단위로 외우는 것이 필요하다.
> - 2 : 손, 켤레
> - 12 : 타
> - 24 : 쌈
> - 50 : 거리
> - 2,000 : 우리
> - 10 : 갓, 고리, 꾸러미, 뭇, 죽
> - 20 : 두름, 제, 쾌
> - 30 : 판
> - 100 : 가마, 강다리, 담불, 접, 톳

3 나이의 이칭(異稱)

- **유학(幼學)** : 10세
- **충년(沖年)** : 10세 안팎
- **지학(志學)** : 15세(志于學)
- **이팔(二八)** : 16세
- **과년(瓜年)** : 여자가 혼기에 이른 나이(여자 나이 16세), 벼슬의 임기가 다한 해(남자 나이 64세)
  - ✤ 파과지년(破瓜之年) : 여자 나이 16세, 남자 나이 64세
- **묘령(妙齡), 방년(芳年)** : 여자 나이 20세 안팎
- **약관(弱冠), 정년(丁年)** : 남자 나이 20세
- **이립(而立)** : 30세
- **이모(二毛)** : 32세
- **불혹(不惑)** : 40세
- **상년(桑年)** : 48세
- **지천명(知天命), 반백(半白), 애년(艾年)** : 50세
- **망륙(望六)** : 51세
- **이순(耳順), 육순(六旬)** : 60세
- **회갑(回甲), 화갑(華甲), 환갑(還甲), 환력(還曆), 망칠(望七)** : 61세
- **진갑(進甲)** : 62세

- **종심(從心), 고희(古稀)** : 70세
- **망팔(望八)** : 71세
- **희수(喜壽)** : 77세, 기쁠 희(喜) 자의 초서체 '희' 자가 七 + 七과 같은 데서 옴
- **산수(傘壽)** : 80세, 우산 산(傘) 자의 속(俗)자인 '산' 자를 나누면 80이 되는 데서 옴
- **망구(望九)** : 81세
- **미수(米壽)** : 88세, 쌀 미(米) 자가 위아래 八 + 八이 합쳐진 것처럼 보이는 데서 옴
- **동리(凍梨), 졸수(卒壽)** : 90세
- **망백(望百)** : 91세
- **백수(白壽)** : 99세, 백(百)에서 일(一)을 빼면 획이 하나 모자라는 흰 백(白)을 99로 봄
- **하수(下壽)** : 장수(長壽)를 상중하로 나눌 때, 가장 아래인 예순 살이나 그 이하의 나이
- **중수(中壽)** : 여든 살이나 일흔 살 또는 그 나이가 된 노인, 장수(長壽)의 세 단계 중 중간에 해당하는 나이
- **상수(上壽)** : 백 살 이상의 나이 또는 그런 노인
- **다수(茶壽)** : 108세

4 사람 및 성품과 관련된 말

(1) 사람을 가리키는 말

- 가납사니 : 쓸데없는 말을 지껄이기 좋아하는 사람, 말다툼을 잘하는 사람
- 고삭부리 : 음식을 많이 먹지 못하는 사람, 기력이나 체질이 약해 늘 병치레를 하는 사람
- 궐공 : 몸이 허약한 사람
- 만무방 : 염치가 없이 막된 사람
- 망석중 : 남이 부추기는 대로 따라 노는 사람, 꼭두각시

- 안잠자기 : 남의 집에서 먹고 자며 그 집의 일을 도와주며 사는 여자
- 치룽구니 : 어리석어서 쓸모가 없는 사람을 낮잡아 이르는 말
- 트레바리 : 까닭 없이 남의 말에 반대하기를 좋아하는 성격을 가진 사람

(2) 사람의 태도나 성격과 관련된 말

- 곰살궂다 : 성질이 부드럽고 다정스럽다.
- 궤란쩍다 : 행동이 건방지고 주제넘다.
  ✦ 괴란쩍다 : 얼굴이 붉어지도록 부끄러운 느낌이 있다.
- 끌밋하다 : 차림새나 인물이 깨끗하고 미끈하여 시원하다.
- 두남두다 : 가엾게 여기어 돌보아 주다.

- 무람없다 : 예의를 지키지 않아 버릇없다.
- 버르집다 : 작은 일을 크게 떠벌리다.
- 엄전하다 : 하는 태도나 동작이 정숙하고 점잖다.
- 여낙낙하다 : 성품이 곱고 부드러우며 상냥하다.
- 희떱다 : 몹시 궁하면서도 손이 크며 마음이 넓다. 말이나 행동이 분에 넘치며 버릇이 없다.

5 길과 관련된 말

- 고샅길 : 마을의 좁은 골목길, 좁은 골짜기 사이의 길
- 도린곁 : 인적이 드문 외진 곳
- 자드락길 : 나지막한 산기슭의 비탈진 땅에 난 좁은 길

6 날씨와 관련된 말

(1) 바람과 관련된 말

① 방 향

동풍(東風)	동부새, 샛바람, 춘풍(春風)
서풍(西風)	가수알바람, 갈바람, 하늘바람 [天風], 하늬바람, 추풍(秋風)
남풍(南風)	마파람, 앞바람, 하풍(夏風)
북풍(北風)	높바람, 댑바람, 된바람, 덴바람, 뒤울이, 뒷바람, 동풍(冬風)
남서풍(南西風)	갈마바람
남동풍(南東風)	된마파람, 된마, 든바람, 샛마파람
북동풍(北東風)	높새바람, 된새바람
북서풍(北西風)	높하늬바람

② 내용

건들바람	초가을에 선들선들 부는 바람
고추바람	몹시 찬 바람
살바람	좁은 틈새로 들어오는 바람, 황소바람
색바람	초가을에 선선히 부는 바람
소소리바람	초봄에 제법 차갑게 부는, 살 속으로 기어드는 차고 음산한 바람
왜바람	일정한 방향 없이 이리저리 부는 바람
피죽바람	모내기철에 부는 아침 동풍과 저녁 서북풍을 이르는 말

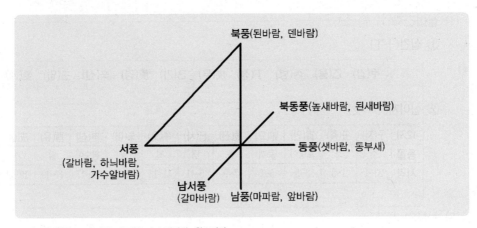

✤ 차가운 바람 : 고추바람, 살바람, 소소리바람, 황소바람

(2) 비와 관련된 말

- **개부심** : 장마에 큰물이 난 뒤, 한동안 쉬었다가 몰아서 내리는 비
- **건들장마** : 초가을에 비가 쏟아지다가 번쩍 개고 또 오다가 다시 개는 장마
- **그믐치** : 음력 그믐에 내리는 비나 눈
- **는개** : 안개보다는 조금 굵고 이슬비보다는 가는 비
- **먼지잼** : 비가 겨우 먼지나 날리지 않을 정도로 오는 것

- **목비** : 모낼 무렵에 한목 오는 비
- **발비** : 빗방울의 발이 보이도록 굵게 내리는 비
- **여우비** : 볕이 난 날 잠깐 뿌리는 비
- **웃비** : (날이 아주 갠 것이 아니라) 한창 내리다가 잠시 그친 비
- **작달비** : 굵직하고 거세게 퍼붓는 비

(3) 눈과 관련된 말

- **길눈** : 한 길이나 될 만큼 많이 쌓인 눈
- **누리** : 싸락눈보다 크고 단단한 덩이로 내리는 눈, 우박

- **마른눈** : 비가 섞이지 않고 내리는 눈
- **숫눈** : 쌓인 그대로 있는 눈
- **자국눈** : 겨우 발자국이 날 정도로 적게 내린 눈

(4) 안개 · 서리와 관련된 말

- 된서리 : 늦가을에 아주 되게 내린 서리
- 무서리 : 그 해의 가을 들어 처음 내리는 묽은 서리
- 물안개 : 비 오듯이 많이 끼는 안개
- 상고대 : 나무나 풀에 눈같이 내린 서리
- 서리꽃 : 유리창 따위에 엉긴 수증기가 얼어붙어 꽃처럼 무늬를 이룬 것
- 해미 : 바다 위에 낀 매우 짙은 안개

7 시간과 관련된 말

(1) 십이간지(十二干支)

① 십간(十干)

> 甲(갑) 乙(을) 丙(병) 丁(정) 戊(무) 己(기) 庚(경) 辛(신) 壬(임) 癸(계)

② 십이지(十二支)

12지	子(자)	丑(축)	寅(인)	卯(묘)	辰(진)	巳(사)	午(오)	未(미)	申(신)	酉(유)	戌(술)	亥(해)
동물	쥐	소	호랑이	토끼	용	뱀	말	양	원숭이	닭	개	돼지
시각	23~1	1~3	3~5	5~7	7~9	9~11	11~13	13~15	15~17	17~19	19~21	21~23

(2) 하루의 시간

- 새벽 : 갓밝이, 달구리, 닭울녘
- 아침 : 동트기, 아침나절
- 한낮 : 낮때, 낮참, 낮곁
- 저녁 : 해넘이, 해름(해거름), 어스름, 땅거미
- 밤 : 온밤

(3) 날 짜

- 朔(삭)
  - 음력으로 매달 초하룻날 ✤ 朔日(삭일)
  - '개월'의 예스러운 말 ✤ 二朔(이삭) : 2개월
- 旬(순) : 열흘 ✤ 三月(삼월) 初旬(초순)
- 望(망) : 보름
  - ✤ 朔望(삭망 : 음력 초하루와 보름), 旣望(기망 : 음력 열엿새)
- 念(념) : 스무날
- 晦(회) : 그믐

(4) 음력 달 이름

- 1월 : 맹춘(孟春), 초춘(初春), 인월(寅月), 정월(正月)
- 2월 : 중춘(仲春), 정춘(正春), 묘월(卯月)
- 3월 : 계춘(季春), 만춘(晩春), 진월(辰月)
- 4월 : 맹하(孟夏), 초하(初夏), 사월(巳月)
- 5월 : 중하(仲夏), 정하(正夏), 오월(午月)
- 6월 : 계하(季夏), 만하(晩夏), 미월(未月)
- 7월 : 맹추(孟秋), 초추(初秋), 신월(申月)
- 8월 : 중추(仲秋), 정추(正秋), 유월(酉月)
- 9월 : 계추(季秋), 만추(晩秋), 술월(戌月)
- 10월 : 맹동(孟冬), 초동(初冬), 해월(亥月)
- 11월 : 중동(仲冬), 정동(正冬), 자월(子月), 동짓달
- 12월 : 계동(季冬), 만동(晩冬), 축월(丑月), 섣달

(5) 24절기

절기(節氣)란 태양의 황도상(黃道上)의 위치에 따라 1년을 24개로 나누어 정한 때를 말한다.

절기	일자	내용	주요 세시 풍속
입춘(立春)	2월 4일 또는 5일	봄의 시작	설빔, 차례, 성묘, 세배, 복조리, 횡수막이, 쥐불놀이, 토정비결 보기, 널뛰기, 윷놀이, 연날리기, 오곡밥 먹기, 달불이, 안택고사, 부럼 깨기, 귀밝이술, 더위팔기, 용알 뜨기, 개보름쇠기, 줄다리기, 석전, 답교, 볏가릿대 세우기
우수(雨水)	2월 18일 또는 19일	봄비 내리고 싹이 틈	
경칩(驚蟄)	3월 5일 또는 6일	개구리가 겨울잠에서 깨어남	영등할머니, 볏가리대 허물기, 머슴날, 콩볶기, 좀생이 보기
춘분(春分)	3월 20일 또는 21일	낮이 길어지기 시작	
청명(淸明)	4월 4일 또는 5일	봄 농사 준비	한식 묘제, 삼짇날, 화전놀이, 장담그기
곡우(穀雨)	4월 20일 또는 21일	농사비가 내림	
입하(立夏)	5월 5일 또는 6일	여름의 시작	초파일, 연등, 등띄우기, 줄불놀이
소만(小滿)	5월 21일 또는 22일	본격적인 농사 시작	
망종(芒種)	6월 5일 또는 6일	씨 뿌리기 시작	산맥이, 단오, 단오부채, 쑥호랑이, 천중부적, 단오지창, 창포, 그네뛰기, 씨름, 봉숭아 물들이기
하지(夏至)	6월 21일 또는 22일	낮이 연중 가장 긴 시기	
소서(小暑)	7월 7일 또는 8일	더위의 시작	유도천신, 삼복, 천렵
대서(大暑)	7월 22일 또는 23일	더위가 가장 심함	
입추(立秋)	8월 7일 또는 8일	가을의 시작	칠석고사, 백중날, 백중놀이, 호미씻이, 우란분재, 두레길쌈
처서(處暑)	8월 23일 또는 24일	더위가 식고 일교차 큼	
백로(白露)	9월 7일 또는 8일	이슬이 내리기 시작	벌초, 추석차례, 거북놀이, 소맥이 놀이, 강강술래
추분(秋分)	9월 23일 또는 24일	밤이 길어지기 시작	
한로(寒露)	10월 8일 또는 9일	찬이슬 내림	중양절, 중양제사
상강(霜降)	10월 23일 또는 24일	서리가 내리기 시작	
입동(立冬)	11월 7일 또는 8일	겨울의 시작	말날, 시세, 성주고사
소설(小雪)	11월 22일 또는 23일	얼음이 얼기 시작	
대설(大雪)	12월 7일 또는 8일	겨울 큰 눈이 옴	동지, 동지고사, 동지차례
동지(冬至)	12월 21일 또는 22일	밤이 가장 긴 시기	
소한(小寒)	1월 5일 또는 6일	가장 추운 때	납일, 제석, 묵은세배, 나례, 수세
대한(大寒)	1월 20일 또는 21일	겨울 큰 추위	

8 가족의 호칭

(1) 직계 가족의 호칭

구분	본인		타인	
	산 사람	죽은 사람	산 사람	죽은 사람
할아버지	祖父(조부) 王父(왕부)	先考祖(선고조)	尊祖父丈(존조부장)	先祖父丈(선조부장)

할머니	祖母(조모) 王母(왕모)	先祖母(선조모) 先王母(선왕모)	尊王大夫人(존왕대부인)		先祖妣(선조비)
아버지	家親(가친) 嚴親(엄친) 父主(부주)	先親(선친) 先考(선고)	椿府丈(춘부장) 春堂(춘당)	椿丈(춘장) 令尊(영존)	先大人(선대인) 先考丈(선고장) 先丈(선장)
어머니	慈親(자친) 母主(모주) 家慈(가자)	先妣(선비) 先慈(선자)	慈堂(자당) 北堂(북당) 母夫人(모부인)	萱堂(훤당) 母堂(모당) 大夫人(대부인)	先大夫人(선대부인) 先夫人(선부인)
아들	家兒(가아) 家豚(가돈) 豚兒(돈아)		令息(영식) 令郎(영랑)	令胤(영윤)	
딸	女息(여식)		令孃(영양) 令嬌(영교)	令愛(영애) 令媛(영원)	

✤ 돌아가신 분은 앞에 '先(선)'이 붙는다.
✤ '親(친)'은 자신의 부모를 뜻하고, '堂(당)'은 남의 부모를 뜻한다.

(2) 기타 주요 호칭

- 계씨(季氏), 제씨(弟氏) : 남의 아우를 높여 일컫는 말
- 당숙(堂叔), 종숙(從叔) : 아버지의 사촌
- 대고모(大姑母) : 아버지의 고모
- 백모(伯母) : 큰어머니
- 백부(伯父) : 큰아버지
- 백씨(伯氏) : 남의 맏형을 높여 일컫는 말
- 빙부(聘父), 악공(岳公), 악옹(岳翁), 악장(岳丈), 장인(丈人) : 아내의 아버지
- 사백(舍伯) : 남에게 자기의 맏형을 겸손하게 이르는 말
- 생질(甥姪) : 누이의 아들
- 숙모(叔母) : 작은어머니
- 숙부(叔父) : 작은아버지
- 영부인(令夫人), 부인(夫人) : 남의 아내를 높여 일컫는 말
- 완장(阮丈) : 남의 삼촌을 지칭
- 질녀(姪女) : 누이의 딸
- 질부(姪婦) : 조카며느리
- 함씨(咸氏) : 남의 조카를 높여 일컫는 말

관련예제

다음 단어의 관계에 따라 빈칸에 들어갈 알맞은 것은?

> 바늘 한 쌈 + 불혹(不惑) = 북어 한 쾌 + 이순(耳順) − (　　　)

① 약관(弱冠)　　　　② 이립(而立)　　　　③ 지학(志學)
④ 파과(破瓜)　　　　⑤ 충년(沖年)

해설　바늘 한 쌈(24) + 불혹(40) = 북어 한 쾌(20) + 이순(60) − 파과(16)
　④ 파과(破瓜) : 여자의 나이 16세를 이르는 말, 남자의 나이 64세를 이르는 말 = 파과지년(破瓜之年)
　① 약관(弱冠) : 남자가 스무 살에 관례를 한다는 뜻으로, 남자 나이 스무 살 된 때를 이르는 말
　② 이립(而立) : 나이 서른 살을 달리 이르는 말
　③ 지학(志學) : 열다섯 살을 달리 이르는 말
　⑤ 충년(沖年) : 열 살 안팎의 어린 나이
　　　　　　　　　　　　　　　　　　　　　　　　　　　　　　　 답 ④

9 신체 관련 관용적 표현

- 가슴을 앓다 : 마음의 고통을 느끼다.
- 가슴을 헤쳐 놓다 : 마음속의 생각을 모두 털어 놓다.
- 가슴이 넓다 : 이해심이 많다.
- 가슴이 뜨끔하다 : 양심의 가책을 받다.
- 가슴이 미어지다 : 매우 슬프다.
- 간이 뒤집히다 : 이유 없이 웃는 것을 나무라는 말
- 간이 붓다 : 겁이 없다.
- 간이 크다 : 매우 대담하다.
- 귀 밖으로 듣다 : 건성으로 듣다. 듣고도 못 들은 체하다.
- 귀가 따갑다 : 너무 많이 들어서 듣기가 싫다.
- 귀가 뚫리다 : 말을 알아듣게 되다.
- 귀가 솔깃하다 : 들리는 소리에 마음이 쏠리다.
- 귀가 여리다 : 남의 말을 잘 믿다.
- 귀가 절벽이다 : 소리를 알아듣지 못하다.
- 귀가 질기다 : 남의 말을 잘 이해 못하다.
- 귀를 의심하다 : 들은 것을 믿을 수 없다.
- 눈앞이 캄캄하다 : 앞이 막막하다.
- 눈에 나다 : 눈 밖에 나다. 신임을 잃다.
- 눈에 밟히다 : 자꾸 눈에 떠오르다.
- 눈에 선하다 : 기억에 생생하다.
- 눈에 쌍심지를 켜다 : 몹시 화가 나서 두 눈을 부릅뜨다.
- 눈에 이슬이 맺히다 : 눈물을 흘리다.
- 눈에 익다 : 익숙하다.
- 눈에 헛거미가 잡히다 : 배가 몹시 고프다. 욕심에 눈이 어두워 사물을 제대로 보지 못하다.
- 눈에 흙이 들어가다 : 죽어서 땅에 묻히다.
- 눈을 끌다 : 관심이 생기게 하다.
- 눈을 붙이다 : 잠을 자다.
- 눈이 높다 : 고르는 기준이 깐깐하다. 안목이 높다.
- 눈이 맞다 : 서로 반했다.
- 눈이 시퍼렇게 살아 있다 : 멀쩡히 살아 있다.

- 눈이 어둡다 : 글을 읽지 못한다.
- 눈이 트이다 : 사물을 판단할 줄 알게 되다.
- 눈코 뜰 새 없다 : 너무 바쁘다.
- 다랑귀를 뛰다 : 몹시 조르다.
- 머리가 가볍다 : 기분이 상쾌하다.
- 머리가 굳다 : 생각이나 사고방식이 완고하다.
- 머리가 젖다 : 사상에 물들다.
- 머리가 크다 : 성인이 되다. 어른처럼 생각하게 되다.
- 머리를 굴리다 : 머리를 써서 생각하다.
- 머리를 모으다 : 여러 사람의 의견을 종합하다. 중요한 이야기를 하려고 가깝게 모이다.
- 머리를 싸매다 : 힘껏 노력하다.
- 머리를 짓누르다 : 정신적으로 강한 자극이 오다.
- 머리에 피도 안 마르다 : 나이가 어리다.
- 목에 힘을 주다 : 거드름을 피우다. 남을 얕잡아 보는 듯한 태도를 취하다.
- 목이 빠지다 : 매우 안타깝게 기다리다.
- 발 벗고 나서다 : 적극적으로 나서다.
- 발 뻗고 자다 : 마음 놓고 편히 자다.
- 발에 차이다 : 여기저기 흔하게 널려 있다.
- 발을 구르다 : 매우 다급해하다.
- 발을 끊다 : 관계를 끊다.
- 발을 벗다 : 신은 것을 벗다.
- 발이 넓다 : 아는 사람이 많아 활동 범위가 넓다.
- 발이 뜨다 : 이따금씩 다니다.
- 발이 묶이다 : 몸을 움직일 수 없다.
- 발이 잦다 : 어떤 곳에 자주 들락거리다.
- 발이 저리다 : 마음이 편하지 않다.
- 발이 짧다 : 남들이 다 먹은 후에 나타나다.
- 배가 아프다 : 다른 사람이 잘되어 질투하다.
- 배가 등에 붙다 : 몹시 허기지다.
- 손을 땀을 쥐다 : 매우 긴장되다.
- 손에 잡힐 듯하다 : 매우 가깝게 보이다.

- 손을 끊다 : 거래, 교제 등을 중단하다.
- 손을 나누다 : 여럿이 일을 나누어 하다.
- 손을 넘기다 : 시기를 놓치다.
- 손을 떼다 : 하던 일을 그만두다.
- 손을 보다 : 혼내 주다.
- 손을 뻗치다 : 어떤 것에 영향을 주다. 하지 않던 일까지 활동 범위를 넓히다.
- 손을 적시다 : 어떤 일에 참여하다. 나쁜 일에 발 들여놓다.
- 손이 나다 : 바쁜 와중에 여유가 생기다.
- 손이 놀다 : 일이 없어 쉬고 있다.
- 손이 떨어지다 : 일이 끝나다.
- 손이 뜨다 : 동작이 굼뜨다.
- 손이 맵다 : 손힘이 세다. 매우 야무지다.
- 손이 비다 : 수중에 돈이 없다. 할 일이 없어 아무 일도 안 하고 있다.
- 손이 싸다 : 손이 빠르다.
- 손이 작다 : 씀씀이가 깐깐하고 작다.
- 손이 크다 : 씀씀이가 크다.
- 얼굴이 두껍다 : 염치가 없다.
- 엉덩이가 구리다 : 무엇인가 꺼림칙하다.
- 엉덩이가 근질근질하다 : 한 군데 가만히 앉아 있지를 못하다.
- 엉덩이가 무겁다 : 자리를 잡으면 좀처럼 일어나지 않는다.
- 엉덩이를 붙이다 : 자리를 잡고 앉다.
- 입 밖에 내다 : 생각을 말로 드러내다.
- 입에 거미줄 치다 : 매우 가난하여 오랫동안 굶다.
- 입에 발리다 : 아부하다.
- 입에 침 바른 소리 : 겉만 그럴 듯하게 꾸며 듣기 좋게 하는 말
- 입에서 신물이 난다 : 지긋지긋하다.
- 입이 뜨다 : 말수가 적다.
- 입이 무겁다 : 말이 적거나 비밀을 잘 지킨다.
- 입이 천 근 같다 : 입이 매우 무겁다.
- 코가 꿰이다 : 약점 잡히다.
- 코가 납작해지다 : 기가 죽다.
- 코가 빠지다 : 근심이 있어 기가 죽다.
- 코가 솟다 : 자랑할 일이 있어 우쭐하다.
- 코를 싸쥐다 : 핀잔으로 얼굴을 들 수 없게 되다.
- 코에 걸다 : 자랑삼아 내세우다.
- 콧대를 꺾다 : 자존심을 무너뜨리다.
- 허파에 바람이 들다 : 실없이 웃어 대다.

04 〉 어휘 간의 관계 파악(언어유추)

(1) 일치관계

① **동일관계** : 내포와 외연이 모두 일치하는 유형   예 문단 : 단락, 낱말 : 단어

② **동연관계** : 내포는 다르나 외연이 일치하는 유형   예 서울 : 한국의 수도

(2) 유의관계

그 뜻이 서로 비슷한 의미를 지니는 유형   예 묵살(默殺) : 무시(無視), 유발(誘發) : 촉발(觸發)

(3) 반의관계

그 뜻이 서로 정반대되는 의미를 지니는 유형이다. 한 쌍의 말 사이에 서로 공통되는 의미 요소가 있으면서 동시에 서로 다른 한 개의 의미 요소가 있어야 한다. 모순과 반대관계를 포괄한다. 🐵 남자 : 여자, 총각 : 처녀, 위 : 아래, 작다 : 크다, 오다 : 가다

(4) 포함관계(상하관계, 대소관계, 유속관계)

한 개념이 다른 개념의 외연에 완전히 포함되어 그 일부분이 되는 유형

🐵 꽃 : 장미, 학생 : 중학생, 붓 : 문방사우

(5) 동위관계

서로 대등한 개념 간의 관계 유형 🐵 지구 : 화성, 팽과리 : 장구, 소나무 : 전나무

(6) 모순관계

두 말의 외연이 완전히 다르며, 그 둘의 외연의 합이 두 말의 상위어의 외연과 같은 관계로 중간항을 가지고 있지 않는 유형 🐵 살다 : 죽다, 동물 : 식물, 여자 : 남자

(7) 반대관계

두 말의 외연이 완전히 다르며, 그 둘의 외연의 합이 두 말의 상위어의 외연에 포함되는 관계로 중간항을 가지고 있는 유형 🐵 흰색 : 검은색, 크다 : 작다, 짜다 : 싱겁다

(8) 인과관계

두 개념이 원인과 결과의 관계로 성립되는 유형

🐵 과속 : 교통사고, 화석에너지 : 지구 온난화, 늦잠 : 지각, 장마 : 홍수

(9) 용도관계

두 단어의 관계에서 하나의 사물이 어떤 목적으로 사용되는지를 확인하는 유형

🐵 댐 : 치수, 풀 : 접착, 장갑 : 보온

(10) 원료관계

두 단어의 관계에서 어느 사물을 만들 수 있는 재료나 원료를 파악하는 유형

🐵 식혜 : 엿기름, 우유 : 치즈

(11) 행위관계

두 단어의 관계에서 어느 대상이 하는 역할을 파악하는 유형

🐵 변호사 : 변론, 검사 : 구형, 의사 : 진료

⑿ 보완관계

　두 개 이상의 재화가 상호 보완하여 한 용도를 이루어 둘이 동시에 소비될 때 비로소 소비의 만족을 얻을 수 있는 유형 　**예** 총 : 총알, 실 : 바늘, 커피 : 설탕

⒀ 교차관계

　두 말의 외연이 일부분 합치되는 유형 　**예** 부모 : 남성, 학자 : 교육자

⒁ 특징관계

　한 단어가 지시하는 사물의 주된 특징(속성)을 파악하는 유형 　**예** 용기 : 투사, 추리 : 탐정

⒂ 결핍관계

　무엇이 부족했을 때 초래되는 결과를 파악하는 유형 　**예** 희망 : 염세주의자, 노력 : 실패

⒃ 장소관계

　구성원과 그 구성원이 있는 장소 혹은 집합과의 관계 유형 　**예** 사서 : 도서관, 연구원 : 실험실

⒄ 정도관계

　두 낱말이 정도에 따라 구분되는 것으로 지시체의 속성은 같으나 정도의 차이가 있는 유형
　예 망아지 : 말, 올챙이 : 개구리

⒅ 표시관계

　하나의 개념이 다른 개념의 표시 또는 징후가 되는 유형 　**예** 눈물 : 슬픔, 웃음 : 기쁨, 상처 : 아픔

⒆ 순서관계

　두 단어의 개념이 일의 순서, 논리적 관계 등을 나타내는 유형 　**예** 진찰 : 처방, 임신 : 출산

⒇ 확정관계

　미확정된 대상의 개념과 확정된 개념의 관계 유형 　**예** 수험생 : 합격생, 후보자 : 당선자

⒇ 공생관계

　두 대상이 서로에게 이익을 주며 함께 사는 유형 　**예** 악어 : 악어새, 나비 : 꽃, 콩과 식물 : 뿌리혹박테리아

⒇ 불가분의 관계

　두 대상을 나눌 수 없는 유형 　**예** 동전의 앞면 : 뒷면, 언어의 형식 : 내용

(23) **생물과 생존의 필수조건관계**

대상의 생존에 필수불가결한 조건의 제시 유형 예 물고기 : 물, 인간 : 공기, 지렁이 : 흙

(24) **목적과 조건관계**

대상의 목표를 이루기 위한 조건 제시의 유형 예 합격 : 공부, 건강 : 운동

(25) **강약관계**

어느 한 대상이 다른 대상에 비해 정도의 차이를 드러내는 유형 예 언덕 : 산, 미풍 : 강풍

(26) **보관관계**

주어진 대상을 보관할 수 있는 공간 제시 유형 예 그릇 : 찬장, 사진 : 앨범

(27) **상징관계**

대상의 상징적 의미를 제시하는 유형 예 이슬 : 무상(無常), 코스모스 : 가을, 빨강 : 정열

(28) **주체와 객체의 관계**

어떤 행위에 대한 주체와 객체를 파악하는 유형 예 조종사 : 비행기, 기자 : 취재

(29) **작가와 작품의 관계**

작가의 작품을 파악하는 유형 예 카뮈 : 이방인(異邦人), 헤르만 헤세 : 데미안(Demian)

(30) **과학자와 연구업적의 관계**

과학자의 연구 결과물의 내용을 파악하는 유형

예 뉴턴 : 만유인력의 법칙, 라부아지에 : 질량 보존의 법칙, 돌턴 : 배수비례의 법칙

관련예제

제시된 단어의 관계와 같도록 할 때 빈칸에 들어갈 알맞은 것은?

부채 : 선풍기 = 인두 : (   )

① 쇠붙이   ② 손톱깎이   ③ 재봉틀

④ 난로   ⑤ 다리미

해설 부채는 손으로 흔들어 바람을 일으키고, 선풍기는 전동기로 돌려 바람을 일으킨다. 인두는 불에 달구어 천의
구김살을 눌러 펴고, 다리미는 전기로 바닥을 달구어 옷의 주름이나 구김을 편다. 답 ⑤

05 > 언어논리(논리 · 추리력)

[논리적 전개 순서 찾는 방법]

(1) 접속어 활용

주어진 문장들 중에 접속어가 있는 문장을 먼저 확인하여 그 앞 문장을 찾아낸다.

① 결과 · 결론 **예** 그러므로, 따라서, 요컨대, 결국
② 설명 · 상술 **예** 말하자면, 바꿔 말하면, 다시 말하거니와, 곧, 즉, 이를테면, 생각해 보건대
③ 예증 · 인용 **예** 예컨대, 사실인즉, 그 보기로는, 흔히 말하기를, 생각건대
④ 비교 · 대조 **예** 그에 비하여, 그에 반하여, 그와 대조되는 것으로는, 비유컨대
⑤ 이유 · 근거 **예** 왜냐하면, 까닭인즉, 그 이유로는, 그 근거로는
⑥ 전제 · 도입 **예** 만일의 경우, ~으로 가정한다면, ~이라고 치고, ~하는 경우가 많다면
⑦ 삽입 · 보충 **예** 더욱이, 또한, 뿐만 아니라, 조건을 덧붙이자면, 즉

(2) 지시어의 활용 : '이것은, 그것은'의 대상이 있는 문장을 앞에 배치한다.

(3) 단어의 활용 : 앞 문장의 끝 부분에 있는 단어가 뒤 문장의 처음에 배치되는 것을 이해한다.

(4) 구조 및 내용의 이해

문장의 흐름이 일반적으로 '주제문(일반적 진술) + 뒷받침 문장(구체적 진술), 주지 + 상술, 주지 + 예증'의 형식으로 이루어짐을 알아야 한다.

관련예제

다음 제시된 문장을 순서대로 바르게 배열한 것은?

> (가) 여기서 말하는 별은 항성으로, 이를 행성 또는 혹성이라고도 부른다.
> (나) 그러나 일반적으로 별이라고 할 때는 특별히 적시하지 않는 한 항성만을 의미한다.
> (다) 우리는 해와 달을 빼고 하늘에 보이는 모든 천체를 별이라고 부른다.
> (라) 이외에도 항상 보이는 것은 아니지만 유성과 혜성 그리고 위성 등이 있다.

① (다) - (가) - (라) - (나)   ② (다) - (라) - (가) - (나)
③ (다) - (나) - (가) - (라)   ④ (라) - (나) - (다) - (가)
⑤ (라) - (다) - (나) - (가)

해설 천체의 일반적인 특징을 설명한 후 별을 일정한 기준에 따라 나누고, 다시 세부적으로 항성을 설명하고 있다.

답 ①

06 어문규정

1 맞춤법 통일안

제8항 '계, 례, 몌, 폐, 혜'의 'ㅖ'는 'ㅔ'로 소리 나는 경우가 있더라도 'ㅖ'로 적는다.

⑩ 계수(桂樹), 혜택(惠澤), 사례(謝禮), 계집, 연몌(連袂), 핑계, 폐품(廢品), 계시다

다만, 다음 말은 본음대로 적는다.

⑩ 게시판(揭示板), 휴게실(休憩室), 게송(偈頌), 으레, 케케묵다, 겨레

제11항 다만, 모음이나 'ㄴ' 받침 뒤에 이어지는 '렬, 률'은 '열, 율'로 적는다.

⑩ 규율(規律), 비율(比率), 선율(旋律), 백분율(百分率), 실패율(失敗率), 전율(戰慄), 나열(羅列), 분열(分裂), 비열(卑劣), 선열(先烈), 진열(陣列), 치열(齒列), 성공률(成功率), 합격률(合格率), 졸렬(拙劣)

제12항 '가정란(家庭欄)'은 '란'으로 표기하지만 '어머니난, 가십난'과 같이 고유어나 외래어 뒤에는 '난'으로 표기한다.

⑩ 어린이난, 토픽난, 독자란, 투고란, 구름양, 에너지양, 열량, 생산량
  • 고유어, 외래어 + 난, 양
  • 한자어 + 란, 량

제29항 끝소리가 'ㄹ'인 말과 딴 말이 어울릴 적에 'ㄹ' 소리가 'ㄷ' 소리로 나는 것은 'ㄷ'으로 적는다. ⑩ 반짇고리, 섣달, 이튿날, 숟가락

제30항 한자어에서는 사이시옷을 붙이지 않는다. 다음과 같은 단어는 예외적으로 사이시옷을 표기한다.

⑩ 곳간(庫間), 찻간(車間), 툇간(退間), 횟수(回數), 숫자(數字), 셋방(貰房)

제39항 어미 '-지' 뒤에 '않-'이 어울려 '-잖-'이 될 적과 '-하지' 뒤에 '않-'이 어울려 '-찮-'이 될 적에는 준 대로 적는다.

⑩ 그렇지 않은 → 그렇잖은   적지 않은 → 적잖은
  만만하지 않다 → 만만찮다   변변하지 않다 → 변변찮다

제40항 어간의 끝음절 '하'의 'ㅏ'가 줄고 'ㅎ'이 다음 음절의 첫소리와 어울려 거센소리로 될 적에는 거센소리로 적는다.

예 간편하게 → 간편케   연구하도록 → 연구토록
   가하다 → 가타   다정하다 → 다정타
   정결하다 → 정결타   흔하다 → 흔타

어간의 끝음절 '하'가 아주 줄 적에는 준 대로 적는다.

예 거북하지 → 거북지   생각하건대 → 생각건대
   생각하다 못해 → 생각다 못해   깨끗하지 않다 → 깨끗지 않다
   넉넉하지 않다 → 넉넉지 않다   못하지 않다 → 못지않다
   섭섭하지 않다 → 섭섭지 않다   익숙하지 않다 → 익숙지 않다

다음과 같은 부사는 소리대로 적는다.

예 결단코, 결코, 기필코, 무심코, 아무튼, 요컨대, 정녕코, 필연코, 하마터면, 하여튼, 한사코

제42항 의존 명사는 띄어 쓴다.

예 먹을 만큼 먹어라.   아는 이를 만났다.   네가 뜻한 바를 알겠다.
   그가 떠난 지가 오래다(시간의 경과를 나타내는 '지'는 의존 명사이므로 띄어 쓴다).

제43항 단위를 나타내는 명사는 띄어 쓴다.

예 버선 한 죽, 집 한 채, 북어 한 쾌

다만, 순서를 나타내는 경우나 숫자와 어울리어 쓰이는 경우에는 붙여 쓸 수 있다.

예 제일과, 삼학년, 육층, 1446년 10월 9일, 2대대, 16동 502호, 제1실습실

제44항 수를 적을 적에는 '만(萬)' 단위로 띄어 쓴다.

예 십이억 삼천사백오십육만 칠천팔백구십팔, 12억 3456만 7898

제45항 두 말을 이어 주거나 열거할 적에 쓰이는 말들은 띄어 쓴다.

예 국장 겸 과장   열 내지 스물   청군 대 백군   책상, 걸상 등이 있다.
   이사장 및 이사들   사과, 배, 귤 등등   사과, 배 등속   부산, 광주 등지

제47항 보조 용언은 띄어 씀을 원칙으로 하되, 경우에 따라 붙여 씀도 허용한다. 다만, 앞말에 조사가 붙거나 앞말이 합성 용언인 경우, 그리고 중간에 조사가 들어갈 적에는 그 뒤에 오는 보조 용언은 띄어 쓴다.

예 잘도 놀아만 나는구나!   책을 읽어도 보고……
   네가 덤벼들어 보아라.   이런 기회는 다시없을 듯하다.
   그가 올 듯도 하다.   잘난 체를 한다.

제48항   성과 이름, 성과 호 등은 붙여 쓰고, 이에 덧붙는 호칭어, 관직명 등은 띄어 쓴다.

⑩ 김양수(金良洙), 서화담(徐花潭), 채영신 씨, 최치원 선생, 박동식 박사, 충무공 이순신 장군

> **더 알아보기**
>
> 우리의 성 뒤에 오는 '씨(氏)'와 '가(哥)'는 호칭어로 쓰일 때는 띄어 쓰지만, '그 성씨 자체'의 뜻을 더하는 접미사일 때는 붙여 쓴다. 그러나 이름 뒤에 오는 '씨(氏)'는 호칭어이므로 띄어 쓴다.
> ⑩ 김 씨, 이리 와 봐요. (호칭어)
>   박씨 부인, 최씨 문중, 의유당 김씨, 그의 성은 남씨이다. (성씨 자체)

제51항   부사의 끝음절이 분명히 '이'로만 나는 것은 '-이'로 적고, '히'로만 나거나 '이'나 '히'로 나는 것은 '-히'로 적는다.

'이'로만 나는 것	가붓이, 깨끗이, 따뜻이, 반듯이, 의젓이, 가까이, 고이, 적이, 헛되이
'히'로만 나는 것	극히, 급히, 딱히, 속히, 작히, 족히, 특히, 엄격히, 정확히
'이, 히'로 나는 것	가만히, 간편히, 나른히, 무단히, 각별히, 소홀히, 쓸쓸히, 정결히, 과감히, 꼼꼼히, 심히, 열심히, 능히, 당당히, 분명히, 상당히, 조용히, 간소히, 고요히, 도저히

> **더 알아보기**
>
> '-이'와 '-히'로 끝나는 부사를 구분하는 방법은 [이]로만 소리가 나면 '-이'로 적고, [히]로도 소리가 나면 '-히'로 적는다. 그런데 실제로는 발음을 잘 모르는 경우가 많기 때문에 발음을 기준으로는 구분하기가 어렵다. 다음과 같은 문법적인 기준에 의해 일차적인 구분을 할 수 있다.
> 1. '이'를 붙이는 경우
>   ① '하다'가 붙을 수 없는 어근 뒤에는 일반적으로 '-이'를 붙인다.
>   ⑩ 같이, 길이, 깊이, 높이, 헛되이, 곰곰이, 히죽이
>   ② '하다'가 붙는 말이라도 'ㄱ' 받침 뒤에서 확연히 '이'로 발음되는 것은 '-이'를 붙인다.
>   ⑩ 깊숙이, 고즈넉이, 끔찍이, 가뜩이, 길쭉이, 멀찍이
>   ③ '하다'가 붙는 말이라도 'ㅅ' 받침 뒤에는 '-이'를 붙인다.
>   ⑩ 깨끗이, 남짓이, 느긋이, 따뜻이, 반듯이, 번듯이, 버젓이, 빠듯이, 산뜻이, 의젓이, 지긋이
>   ④ 'ㅂ'이 줄어드는 용언의 어근 뒤에는 '-이'를 붙인다.
>   ⑩ 가까이, 가벼이, 괴로이, 고이, 기꺼이, 날카로이, 너그러이, 대수로이, 번거로이, 부드러이, 복스러이, 새로이, 쉬이, 어려이, 외로이, 즐거이
>
> 2. '히'를 붙이는 경우
>   ① '하다'가 붙을 수 있는 어근 뒤에는 일반적으로 '-히'를 붙인다.
>   ⑩ 정결히, 각별히, 간편히, 고요히, 공평히, 과감히, 급히, 답답히, 당당히, 단단히, 도저히(도저하다), 딱히, 분명히, 상당히, 소홀히, 속히, 솔직히, 쓸쓸히, 엄격히, 찬란히, 늠름히, 편안히
>   ② 어근에 '하다'가 붙지 않아도 발음이 '히'로만 명확히 나는 다음 말들은 '-히'를 붙인다.
>   ⑩ 극히, 작히, 특히

| 제56항 | '-더라, -던'과 '-든지'는 다음과 같이 적는다. |

지난 일을 나타내는 어미는 '-더라, -던'으로 적는다.

例 지난겨울은 몹시 춥더라.   깊던 물이 얕아졌다.
그렇게 좋던가?   그 사람 말 잘하던데!
얼마나 놀랐던지 몰라.

물건이나 일의 내용을 가리지 아니하는 뜻을 나타내는 조사와 어미는 '(-)든지'로 적는다.

例 배든지 사과든지 마음대로 먹어라.   가든지 오든지 마음대로 해라.

| 제57항 | 다음 말들은 각각 구별하여 적는다. |

하노라고	하노라고 한 것이 이 모양이다.
하느라고	공부하느라고 밤을 새웠다.
-느니보다(어미)	나를 찾아오느니보다 집에 있거라.
-는 이보다(의존 명사)	오는 이가 가는 이보다 많다.
-(으)리만큼(어미)	그가 나를 미워하리만큼 그에게 잘못한 일이 없다.
-(으)ㄹ 만큼(의존 명사)	찬성할 이도 반대할 이만큼이나 많을 것이다.
-(으)므로(어미)	그가 나를 믿으므로 나도 그를 믿는다.
(-ㅁ, -음)으로(써)(조사)	그는 믿음으로(써) 산 보람을 느꼈다.

2 표준어 사정원칙

| 제3항 | 거센소리를 가진 형태를 표준어로 삼는다.   例 끄나풀, 나팔꽃, 살쾡이, 부엌 |

| 제5항 | 어원에서 멀어진 형태로 굳어져서 널리 쓰이는 것은, 그것을 표준어로 삼는다. |
例 강낭콩, 고삿, 사글세, 울력성당

| 제6항 | 다음 단어들은 의미를 구별함이 없이, 한 가지 형태만을 표준어로 삼는다. |
例 돌, 둘째, 셋째, 넷째

다만, '둘째'는 십 단위 이상의 서수사에 쓰일 때에 '두째'로 한다.
例 열두째, 스물두째

> **제7항** 수컷을 이르는 접두사는 '수-'로 통일한다.
>
> 📝 수펑, 수나사, 수놈, 수사돈, 수소
>
> 다만 1. 다음 단어에서는 접두사 다음에서 나는 거센소리를 인정한다. 접두사 '암-'이 결합되는 경우에도 이에 준한다.
>
> 📝 수캉아지, 수캐, 수컷, 수키와, 수탉, 수탕나귀, 수톨쩌귀, 수퇘지, 수평아리
>
> 다만 2. 다음 단어의 접두사는 '숫-'으로 한다. 📝 숫양, 숫염소, 숫쥐

> **제8항** 양성 모음이 음성 모음으로 바뀌어 굳어진 다음 단어는 음성 모음 형태를 표준어로 삼는다. 📝 깡충깡충, -둥이, 주추(柱礎)
>
> 다만, 어원 의식이 강하게 작용하는 다음 단어에서는 양성 모음 형태를 그대로 표준어로 삼는다. 📝 부조(扶助), 사돈(査頓), 삼촌(三寸)

> **제9항** 'ㅣ' 역행 동화 현상에 의한 발음은 원칙적으로 표준 발음으로 인정하지 아니하되, 다음 단어들은 'ㅣ' 역행 동화가 적용된 형태를 표준어로 삼는다.
>
> 📝 -내기, 냄비, 동댕이치다
>
> 다음 단어는 'ㅣ' 역행 동화가 일어나지 아니한 형태를 표준어로 삼는다.
>
> 📝 아지랑이
>
> 기술자에게는 '-장이', 그 외에는 '-쟁이'가 붙는 형태를 표준어로 삼는다.
>
> 📝 갓장이, 고리장이, 대장장이, 도기장이, 땜장이, 미장이, 유기장이, 석수장이, 옹기장이
> 📝 개구쟁이, 고집쟁이, 골목쟁이, 관상쟁이, 담쟁이덩굴, 멋쟁이, 발목쟁이, 소금쟁이, 소리쟁이, 심술쟁이, 욕쟁이, 점쟁이, 침쟁이, 환쟁이

> **제12항** '웃-' 및 '윗-'은 명사 '위'에 맞추어 '윗-'으로 통일한다.
>
> 📝 윗눈썹, 윗몸, 윗배, 윗변, 윗수염, 윗입술, 윗잇몸, 윗자리
>
> 다만 1. 된소리나 거센소리 앞에서는 '위-'로 한다.
>
> 📝 위짝, 위쪽, 위채, 위층, 위치마, 위턱, 위팔
>
> 다만 2. '아래, 위'의 대립이 없는 단어는 '웃-'으로 발음되는 형태를 표준어로 삼는다. 📝 웃국, 웃기, 웃돈, 웃비, 웃어른, 웃옷

> **더 알아보기**
>
> 1. 위 + 거센소리, 된소리 📝 위-짝, 위-쪽, 위-채, 위-층
> 2. 윗 + 위·아래 구별 ↔ '아래'가 있음 📝 윗수염, 윗몸
> 3. 웃 + 위·아래 구별이 없음 📝 웃-국, 웃-기, 웃-돈, 웃-비, 웃-어른

제20항 사어(死語)가 되어 쓰이지 않게 된 단어는 고어로 처리하고, 현재 널리 사용되는 단어를 표준어로 삼는다.
> 예 난봉, 낭떠러지, 설거지하다, 애달프다, 오동나무, 자두

제22항 고유어 계열의 단어가 생명력을 잃고 그에 대응되는 한자어 계열의 단어가 널리 쓰이면, 한자어 계열의 단어를 표준어로 삼는다.
> 예 개다리소반, 겸상, 단벌, 부항단지, 수삼, 양파, 어질병, 윤달, 총각무

> ✤ 알무/알타리무는 '총각무'의 비표준어이다.

제23항 방언이던 단어가 표준어보다 더 널리 쓰이게 된 것은, 그것을 표준어로 삼는다. 이 경우, 원래의 표준어는 그대로 표준어로 남겨 두는 것을 원칙으로 한다.
> 예 멍게-우렁쉥이, 물방개-선두리, 애순-어린순(筍)

제25항 의미가 똑같은 형태가 몇 가지 있을 경우, 그중 어느 하나가 압도적으로 널리 쓰이면, 그 단어만을 표준어로 삼는다.
> 예 광주리, 국물, 담배꽁초, 밀짚모자, 부스러기, 샛별, 선머슴, 쌍동밤, 안쓰럽다, 안절부절못하다, 애벌레, 자배기, 청대콩, 칡범

제26항 한 가지 의미를 나타내는 형태 몇 가지가 널리 쓰이며 표준어 규정에 맞으면, 그 모두를 표준어로 삼는다.
> 예 가뭄/가물, 개수-통/설거지-통, 고깃-간/푸줏-간, 고까/꼬까/때때, 교정-보다/준-보다, 갓-저고리/배내-옷/배냇-저고리, 꼬리-별/살-별, 넝쿨/덩굴, 동자-기둥/쪼구미, 돼지-감자/뚱딴지, 땅-콩/호-콩, 마-파람/앞-바람, 민둥-산/벌거숭이-산, 벌레/버러지, 보-조개/볼-우물, 부침개-질/부침-질/지짐-질, 뽀두라지/뽀루지, 살-쾡이/삵, 삽살-개/삽사리, 생/새앙/생강(生薑), 성글다/성기다, 언덕-바지/언덕-배기, 옥수수/강냉이, 우레/천둥, 우지/울-보

3 표준 발음법

제5항 'ㅑ, ㅒ, ㅕ, ㅖ, ㅘ, ㅙ, ㅛ, ㅝ, ㅞ, ㅠ, ㅢ'는 이중 모음으로 발음한다. 자음을 첫소리로 가지고 있는 음절의 'ㅢ'는 [ㅣ]로 발음한다.
> 예 늴리리, 닁큼, 무늬, 띄어쓰기, 씌어, 틔어, 희어, 희떱다, 희망, 유희

단어의 첫음절 이외의 '의'는 [ㅣ]로, 조사 '의'는 [ㅔ]로 발음함도 허용한다.
> 예 주의[주의/주이], 협의[혀븨/혀비], 우리의[우리의/우리에], 강의의[강ː의의/강ː이에]

제6항 모음의 장단을 구별하여 발음하되, 단어의 첫음절에서만 긴소리가 나타나는 것을 원칙으로 한다.

> 예) 눈보라[눈ː보라], 말씨[말ː씨], 밤나무[밤ː나무], 많다[만ː타], 멀리[멀ː리], 벌리다[벌ː리다], 첫눈[천눈], 참말[참말], 쌍동밤[쌍동밤], 수많이[수ː마니], 눈멀다[눈멀다], 떠벌리다[떠벌리다]

제8항 받침소리로는 'ㄱ, ㄴ, ㄷ, ㄹ, ㅁ, ㅂ, ㅇ'의 7개 자음만 발음한다.

제10항 겹받침 'ㄳ', 'ㄵ', 'ㄼ, ㄽ, ㄾ', 'ㅄ'은 어말 또는 자음 앞에서 각각 [ㄱ, ㄴ, ㄹ, ㅂ]으로 발음한다.

> 예) 넋[넉], 넋과[넉꽈], 앉다[안따], 여덟[여덜], 넓다[널따], 외곬[외골], 핥다[할따], 값[갑], 없다[업ː따]

다만, '밟-'은 자음 앞에서 [밥]으로 발음하고, '넓-'은 다음과 같은 경우에 [넙]으로 발음한다.

> 예) 밟다[밥ː따], 밟지[밥ː찌], 밟고[밥ː꼬], 넓-죽하다[넙쭈카다], 넓-둥글다[넙뚱글다]

제13항 홑받침이나 쌍받침이 모음으로 시작된 조사나 어미, 접미사와 결합되는 경우에는, 제 음가대로 뒤 음절 첫소리로 옮겨 발음한다.

> 예) 깎아[까까], 옷이[오시], 있어[이써], 낮이[나지], 꽃아[꼬자], 꽃을[꼬츨], 쫓아[쪼차], 밭에[바테], 앞으로[아프로], 덮이다[더피다]

제14항 겹받침이 모음으로 시작된 조사나 어미, 접미사와 결합되는 경우에는 뒤의 것만을 뒤 음절 첫소리로 옮겨 발음한다(이 경우, 'ㅅ'은 된소리로 발음함).

> 예) 넋이[넉씨], 앉아[안자], 닭을[달글], 젊어[절머], 곬이[골씨], 핥아[할타], 읊어[을퍼], 값을[갑쓸]

제15항 받침 뒤에 모음 'ㅏ, ㅓ, ㅗ, ㅜ, ㅟ'로 시작되는 실질 형태소가 연결되는 경우에는, 대표음으로 바꾸어서 뒤 음절 첫소리로 옮겨 발음한다.

> 예) 밭 아래[바다래], 늪 앞[느밥], 젖어미[저더미], 맛없다[마덥따], 겉옷[거돋], 헛웃음[허두슴], 꽃 위[꼬뒤]

겹받침의 경우에는 그중 하나만을 옮겨 발음한다.

> 예) 넋 없다[너겁따], 닭 앞에[다가페], 값어치[가버치], 값있는[가빈는]

다만, '맛있다[마딛따], 멋있다[머딛따]'는 [마싣따], [머싣따]로도 발음할 수 있다.

더 알아보기

1. 연음 법칙 : 실질 형태소 + 형식 형태소 → 무릎 + 이[무르피], 흙 + 을[흘글]
2. 절음 법칙 : 실질 형태소 + 실질 형태소 → 무릎 + 위[무르뷔], 흙 + 위[흐귀]
3. 밭 + 을[바틀], 밭 + 이[바티 > 바치], 밭 + 위[바뒤]

第16항　한글 자모의 이름은 그 받침소리를 연음하되, 'ㄷ, ㅈ, ㅊ, ㅋ, ㅌ, ㅍ, ㅎ'의 경우에는 특별히 다음과 같이 발음한다.

> 예 디귿이[디그시], 디귿을[디그슬], 지읒이[지으시], 지읒을[지으슬], 치읓이[치으시], 치읓을[치으슬], 키읔이[키으기], 키읔을[키으극], 티읕이[티으시], 티읕을[티으슬], 피읖이[피으비], 피읖을[피으블], 히읗이[히으시], 히읗을[히으슬]

第20항　'ㄴ'은 'ㄹ'의 앞이나 뒤에서 [ㄹ]로 발음한다.

> 예 난로[날 :로], 신라[실라], 천리[철리], 광한루[광 :할루], 대관령[대 :괄령], 칼날[칼랄], 물난리[물랄리], 줄넘기[줄럼끼], 할는지[할른지]

첫소리 'ㄴ'이 'ㅀ', 'ㄾ' 뒤에 연결되는 경우에도 이에 준한다.

> 예 닳는[달른], 뚫는[뚤른], 핥네[할레]

다만, 다음과 같은 단어들은 'ㄹ'을 [ㄴ]으로 발음한다.

> 예 의견란[의 :견난], 임진란[임 :진난], 생산량[생산냥], 결단력[결딴녁], 공권력[공꿘녁], 동원령[동 :원녕], 상견례[상견녜], 횡단로[횡단노], 이원론[이 :원논], 입원료[이붠뇨]

第29항　합성어 및 파생어에서, 앞 단어나 접두사의 끝이 자음이고 뒤 단어나 접미사의 첫음절이 '이, 야, 여, 요, 유'인 경우에는, 'ㄴ'음을 첨가하여 [니, 냐, 녀, 뇨, 뉴]로 발음한다.

> 예 솜—이불[솜 :니불], 홑—이불[혼니불], 막—일[망닐], 삯일[상닐], 맨—입[맨닙], 꽃—잎[꼰닙], 내복—약[내 :봉냑], 한—여름[한녀름], 남존—여비[남존녀비], 신—여성[신녀성], 색—연필[생년필], 직행—열차[지캥녈차], 늑막—염[능망념], 콩—엿[콩녇], 담—요[담 :뇨], 눈—요기[눈뇨기]

다만, 다음과 같은 말들은 'ㄴ'음을 첨가하여 발음하되, 표기대로 발음할 수 있다.

> 예 이죽—이죽[이중니죽/이주기죽], 야금—야금[야금나금/야그먀금], 검열[검 :녈/거 :멸], 욜랑—욜랑[욜랑놀랑/욜랑욜랑], 금융[금늉/그뮹]

다만, 다음과 같은 단어에서는 'ㄴ(ㄹ)'음을 첨가하여 발음하지 않는다.

> 예 6·25[유기오], 3·1절[사밀쩔], 송별—연[송 :벼련], 등—용문[등용문]

第30항　사이시옷이 붙은 단어는 다음과 같이 발음한다.
'ㄱ, ㄷ, ㅂ, ㅅ, ㅈ'으로 시작하는 단어 앞에 사이시옷이 올 때는 이들 자음만을 된소리로 발음하는 것을 원칙으로 하되, 사이시옷을 [ㄷ]으로 발음하는 것도 허용한다.

> 예 냇가[내 :까/낻 :까], 샛길[새 :낄/샏 :낄], 콧등[코뜽/콛뜽], 햇살[해쌀/핻쌀], 고갯짓[고개찓/고갣찓]

사이시옷 뒤에 'ㄴ, ㅁ'이 결합되는 경우에는 [ㄴ]으로 발음한다.

> 예 콧날[콛날→콘날], 아랫니[아랟니→아랜니], 툇마루[퇻 :마루→퇸 :마루], 뱃머리[밷머리→밴머리]

사이시옷 뒤에 '이'음이 결합되는 경우에는 [ㄴㄴ]으로 발음한다.

> 예 베갯잇[베갣닏→베갠닏], 깻잎[깯닙→깬닙], 나뭇잎[나묻닙→나문닙], 도리깻열[도리깯녈→도리깬녈], 뒷윷[뒫 :뉻→뒨 :뉻]

관련예제

다음 밑줄 친 부분이 맞춤법상 옳은 것은?
① 적에게 나의 본색을 <u>들어내서는</u> 안 된다.
② 옛말에 뚝배기보다 장맛이라고 했다.
③ 못 본 사이에 풍경이 완전히 <u>바꼈다.</u>
④ 삶은 면을 찬물에 헹군 다음 체에 <u>받혔다.</u>
⑤ 겨울나기를 위해 <u>뗄감</u>을 넉넉히 준비해 놓았다.

해설 ① 들어내서는 → 드러내서는 ③ 바꼈다 → 바뀌었다
④ 받혔다 → 밭쳤다 ⑤ 뗄감 → 땔감 답 ②

4 어법 : 올바른 단어 및 문장 사용

(1) 올바른 단어

① 단어의 올바른 선택

그는 홍수 예방과 물 부족 대비를 위해 하천 준설에 관한 전문적 식견을 갖추기 위하여 김 박사에게 자문을 구하였다.

→ 그는 홍수 예방과 물 부족 대비를 위해 하천 준설에 관한 전문적 식견을 갖추기 위하여 김 박사에게 <u>조언(助言)</u>을 구하였다.

'자문(諮問)'은 '윗사람이 아랫사람에게 묻는다'는 뜻과 '비전문가가 그 방면의 전문가나 전문가들로 구성된 기구에 묻는다'는 뜻의 말이므로, '자문하다'라는 말은 있어도 '자문을 구하다'라는 말은 없다. 또한 '조언을 해 주다'라는 말은 있어도 '자문을 해 주다'라는 말 역시 없다.

② 구별하여 쓸 말의 올바른 사용

아기들을 달래느라 쩔쩔매는 우리들을 보며 선생님은 얼굴에 미소를 띄고 말씀하셨다.

→ 아기들을 달래느라 쩔쩔매는 우리들을 보며 선생님은 얼굴에 미소를 <u>띠고</u> 말씀하셨다.

'띄다'는 '눈에 보인다'는 의미를 지니고 있으므로 옳지 않다. '감정이나 기운 따위를 나타내다'라는 의미를 지닌 '띠고'를 써야 한다.

③ 조사의 올바른 사용

우리 정부는 독도 및 역사 왜곡 교과서 문제를 일으킨 일본에게 강력히 항의하였다.

→ 우리 정부는 독도 및 역사 왜곡 교과서 문제를 일으킨 <u>일본에</u> 강력히 항의하였다.

'에게'는 유정 명사인 사람이나 동물에게만 쓰이고, '에'는 무정 명사인 식물이나 무생물에만 사용되는 조사이다. 따라서 정부나 국호는 무정 명사이므로 '일본에게'를 '일본에'로 고쳐야 한다.

④ 어미의 올바른 사용

> 나의 바람은 내 적성에 걸맞는 직업을 찾아, 그동안 준비한 아이디어를 마음껏 펼쳐 보는 것이다. / 선생님, 부디 건강하세요.

> ➜ 나의 바람은 내 적성에 <u>걸맞은</u> 직업을 찾아, 그동안 준비한 아이디어를 마음껏 펼쳐 보는 것이다. / 선생님, 부디 <u>건강하시길 바랍니다</u>.

'다음 중 알맞는 답을 고르시오'에서 '알맞다'는 형용사이기 때문에 동사에만 사용하는 현재형 어미 '는'을 쓸 수 없다. '알맞는'은 '알맞은'으로 고쳐야 한다. 역시 '두 편을 견주어 볼 때 서로 어울릴 만큼 비슷하다'는 의미를 지닌 '걸맞다'도 형용사로서 현재형 어미인 '는'과 결합하지 않는다. 그러므로 '걸맞은'을 써야 한다.
'건강하다'는 동사가 아니라 형용사이다. 형용사는 상태를 표현하는 단어이므로 명령형과 청유형이 불가능하다. 따라서 동사로 끝나는 문장으로 "부디 건강하시길 바랍니다 / 빕니다"가 되어야 한다. 즉, 형용사는 현재형 선어말 어미나 명령형·청유형 종결 어미와 결합할 수 없다.

⑤ 명확하고 분명한 사실의 추측성 표현

> 오늘 그이와 함께 본 영화는 참 재미있었던 것 같다.

> ➜ 오늘 그이와 함께 본 영화는 참 <u>재미있었다</u>.

자신이 보고 직접 느낀 소감이므로 '~것 같다'처럼 추측의 표현은 옳지 않다. '~재미있었다'로 표현하여야 옳다.

⑥ 올바른 어문규정의 사용

> 웬만하면 손톱은 낮에 깍는 것이 좋겠구나.

> ➜ <u>웬만하면</u> 손톱은 낮에 <u>깎는</u> 것이 좋겠구나.

(2) 올바른 문장

① 주어와 서술어의 호응

> 도서관은 수천 권의 서적과 시대상을 엿볼 수 있는 다양한 영상 자료가 전시되어 있다.

> ➜ 도서관은 수천 권의 <u>서적이 소장되어 있고</u>, 시대상을 엿볼 수 있는 다양한 영상 자료가 전시되어 있다.

두 대상에 대하여 하나의 서술어가 있을 때, 그 서술어는 두 대상을 모두 포괄할 수 있는 서술어가 되어야 한다. 그렇지 않을 때에는 각각의 대상에 대한 서술어가 필요하다. 이 문장에서도 '전시되어 있다'는 서술어가 '수천 권의 서적'과 '영상 자료'를 포괄하여야 한다. 그러나 '수천 권의 서적'이 '전시되어 있다'는 것은 어울리지 않는다. 즉, 문장 전체의 주어인 '도서관'은 '수천 권의 서적이 소장되어 있고, 다양한 영상 자료가 전시되어 있다'는 것이다.

② 목적어와 서술어의 호응

> 대학은 모든 시대와 나라에서 형성된 가장 심오한 진리 탐구와 치밀한 과학적 정신을 배양·형성하는 장(場)이다.

➡ 대학은 모든 시대와 나라에서 형성된 가장 심오한 <u>진리를 탐구하고</u>, 치밀한 과학적 정신을 배양·형성하는 장(場)이다.

주어＋목적어(A＋B)＋서술어의 문형에서 서술어의 대상인 목적어가 'A와 B'라는 형태로 나타날 때 'A와 B'는 대등한 의미이므로 조응 규칙에 의해 동일 문형으로 나타나야 한다. 이 문장에서 주어와 서술어의 구조는 '대학은 ~ 배양·형성하는 장(場)이다'이므로 '무엇을 배양·형성하는지'를 제시해야 하는데, '심오한 진리 탐구를 배양·형성한다'는 것은 어색하다. 목적어＋서술어의 문형으로 통일하여, '심오한 진리를 탐구하고, 치밀한 과학적 정신을 배양·형성하는'으로 고쳐야 올바른 문장이 된다.

③ 올바른 수식 구조의 호응(관형어와 체언/부사어와 서술어의 호응)

> 민사 소송이란 민사 분쟁, 즉 사법상의 권리와 의무에 관해 분쟁이 발생했을 때 그 분쟁을 해결하는 강제적 절차이다.

➡ 민사 소송이란 민사 분쟁, 즉 <u>사법상의 권리와 의무에 관한</u> 분쟁이 발생했을 때 그 분쟁을 해결하는 강제적 절차이다.

이 문장에서 '사법상의 권리와 의무'는 '분쟁'을 꾸며 주는 관형구가 되어야 한다. 그러므로 '사법상의 권리와 의무에 관한'으로 고치는 것이 올바르다.

④ 조응 규칙(이어진 두 문장의 구조가 문법적으로 대등한 관계가 되도록 하는 규칙)

> 새 정책에 대한 설명이 충분하지 않으면 국민이 그 정책을 이해하지 못하고 기존 정책과의 혼동이나 새 정책에서 소외되는 문제가 발생한다.

➡ 새 정책에 대한 설명이 충분하지 않으면 국민이 그 정책을 이해하지 못하고 기존 <u>정책과 혼동하거나</u> 새 정책에서 소외되는 문제가 발생한다.

어구나 절이 연결 어미나 조사에 의해 내용상 대등한 구절을 이룰 때 동일 구조의 문형으로 만들어야 하는 것이 조응 규칙이다. 이 문장에서는 '문제'의 대상이 되는 것이 '기존 정책과 혼동하거나', '새 정책에서 소외되는'이라는 두 가지이므로 이 관형절은 같은 구조의 문장의 형태를 갖추도록 해야 한다.

⑤ 중의적 표현

> 봄방학 때 아이들을 한 번 더 데려오라고 지리산의 강 시인이 웃으며 말하였다.

➡ <u>지리산의 강 시인은 봄방학이 되면</u> 아이들을 한 번 더 데려오라고 웃으며 말하였다.

이 문장은 '봄방학 때'가 '아이들을 한 번 더 데려오라고' 한 시간인지, '지리산의 강 시인이 말한' 시간인지 알 수 없다. '봄방학이 되면'이라고 시간을 구체적으로 제시하면 '봄방학에 지리산에 아이들을 데리고 방문해 달라'는 의미가 명확해진다.

⑥ 잉여적 표현

> 가수 김장훈과 개그맨 김제동, 기업인인 워렌 버핏과 빌 게이츠의 기부 행위를 보고 깨달은 그는 남은 여생(餘生)을 봉사 활동을 하면서 보내려고 한다.

> → 가수 김장훈과 개그맨 김제동, 기업인인 워렌 버핏과 빌 게이츠의 기부 행위를 보고 깨달은 그는 <u>남은 생애(生涯)를</u> 봉사 활동을 하면서 보내려고 한다.

'남을 여(餘)'와 '날 생(生)'으로 이루어진 '여생(餘生)'은 '앞으로 남은 인생'을 의미하므로 '남은 생애'로 순화한다. '생애(生涯)'는 '살아 있는 한평생의 기간'이라는 의미의 단어이다.

⑦ 지나친 외국어식 표현

> 그는 취업 시험 준비를 하지 않았다. 그럼에도 불구하고 자신의 합격을 확신하고 있었다.

> → 그는 취업 시험 준비를 하지 않았다. <u>그렇지만</u> 자신의 합격을 확신하였다.

'~에도 불구하고'는 영어 'in spite of'의 영어식 표현이다. 따라서 '그럼에도 불구하고'는 '그런데도, 그럼에도, 그렇지만'으로 쓰는 것이 좋다.

⑧ 과도한 피동 표현

> 현대 연극은 1902년 최초의 실내 극장인 협률사와 1908년 이를 계승한 극장 원각사의 설립을 그 단초로 하여 싹틔우기 시작하였다.

> → 현대 연극은 1902년 최초의 실내 극장인 협률사와 1908년 이를 계승한 극장 원각사의 설립을 그 단초로 하여 <u>싹트기</u> 시작하였다.

문장에서 피동 접사인 '이, 히, 리, 기, 되~'와 '~어지다'가 결합하는 과도한 피동형은 능동형으로 고쳐 써야 한다.
❖ 단초(端初) : 실마리

⑨ 과도한 사동 표현

> 오늘날 각 사회 계층은 정치적 행위에 적극적으로 가담하여 실질적으로 권력 분배의 역할을 시킴으로써 자신들이 속한 집단을 유리하게 이끈다.

> → 오늘날 각 사회 계층은 정치적 행위에 적극적으로 가담하여 실질적으로 권력 분배의 역할을 <u>함으로써</u> 자신들이 속한 집단을 유리하게 이끈다.

사동 접사 '이, 히, 리, 기, 우, 구, 추, 시키'와 사동형 문형인 '~게 하다'를 과도하게 사용하면 일반적으로 외국어식 표현이 되므로 우리의 문형에 어울리지 않는다. 일반적으로 주체의 행위나 상태에 초점을 맞추는 주동형 문장 '~을 ~하다'가 우리의 문형에 맞다.

⑩ 높임의 호응

> 이사장님께서 말씀이 계시겠습니다.

> → 이사장님께서 <u>말씀을 하시겠습니다</u>.

'이사장님의 말씀'은 간접 높임의 대상이므로 '계시겠습니다'를 '하시겠습니다'로 바꾸어야 한다.

⑪ 시제의 호응

> 미국은 국무장관의 방북을 연기해 달라는 평양 측의 요청을 묵살하고, 북측 대표단이 출발하기 하루 앞서 국무장관이 평양을 방문했었다.

> → 미국은 국무장관의 방북을 연기해 달라는 평양 측의 요청을 묵살하고, 북측 대표단이 출발하기 하루 앞서 국무장관이 평양을 <u>방문하였다</u>.

한 문장 안에서 앞 절과 뒤 절의 시제는 일치하여야 한다. '미국은 ~ 묵살'한 현재 시제와 동일하게 '방문했었다'는 과거 완료형을 '~ 평양을 방문하였다'로 고친다.

⑫ 논리적인 호응

> 예술을 정의하는 일은 인생을 정의하는 일보다 어렵다. 그것은 예술이 인생만큼 다종다양한 조건 속에서 존재하기 때문이다.

> → 예술을 정의하는 일은 인생을 정의하는 <u>일보다</u> 어렵다. 그것은 예술이 <u>인생보다</u> 다종다양한 조건 속에서 존재하기 때문이다.

앞 문장과 뒤 문장이 논리적으로 호응이 되지 않는다. '~보다'는 체언 뒤에 붙어 앞말이 비교의 기준이 되는 점의 뜻을 갖는 부사어임을 나타내는 격 조사이고, '~만큼'은 앞말과 비슷한 정도나 한도임을 나타내는 보조사이다. 결과에 대한 이유 제시로 이루어진 문장으로 '예술을 정의하는 일은 인생을 정의하는 일보다 어렵다'고 하였으므로 그 이유는 '예술이 인생보다 다종다양한 조건 속에서 존재하기 때문이다'라고 하여야 논리적으로 옳다.

관련예제

다음 중 의미 중첩이 나타나지 않은 문장은?

① 휴가 기간 동안 잠을 실컷 잤다.
② 이 모임은 같은 생각을 함께 공유하기 위해 만들어졌다.
③ 이것은 작가의 철학이 밖으로 표출되어 있는 책이다.
④ 오늘은 평소 때보다 가게에 손님이 많다.
⑤ 아직도 물에 대한 두려움이 내 마음 속에 있다.

> **해설**　① '기간'과 '동안'의 의미가 중첩된다.　　② '공유'에 '함께하다'라는 의미가 포함되어 있다.
> ③ '표출'에 '밖'이라는 의미가 포함되어 있다.　④ '평소'는 '특별한 일이 없는 보통 때'를 의미한다.
> 답 ⑤

07 > 명 제

1 기초적인 명제 논리

(1) 명 제

명제란 참과 거짓을 판별할 수 있는 문장이다. 예를 들어 '동물은 사람이다.'라는 문장은 거짓이고 '사람은 동물이다.'라는 문장은 참인데, 둘 다 참과 거짓을 판정해 낼 수 있으므로 모두 명제라고 할 수 있다.

(2) 정언 명제와 가언 명제

정언 명제란 우리가 알고 있는 '어떤 P는 Q다.' 또는 '모든 P는 Q다.'와 같은 명제를 뜻한다. 반면에 가언 명제란 '가정'의 의미가 명제 속에 포함된 것으로 'P $\Rightarrow$ Q' 혹은 'P $\Rightarrow$ ~Q' 등을 뜻한다.

> ┤ **포인트 점검** ├
>
> 정언 명제가 나타내는 상황은 소위 벤다이어그램이라는 그림을 이용하여 문제를 쉽게 풀 수가 있다. 그러나 가언 명제의 경우는 이러한 방식으로 접근하기가 어렵다. 예를 들면 '모든 사람은 동물이다.'라는 정언 명제는 오른쪽 그림과 같이 간단히 나타낼 수 있지만 '철수가 학교에 간다면 영희도 학교에 간다.'라는 가언 명제는 그림으로 나타내기 어렵다. 따라서 '정언 명제'나 '가언 명제'라는 용어의 의미를 암기하는 것보다 이러한 특성을 아는 것이 실제 문제 풀이에 도움이 된다.
>
>

(3) 정언 명제의 표준화 및 기호화

주어진 명제의 표준화 및 기호화로써 그 명제가 나타내는 의미를 쉽고 분명히 알 수 있다.
① '사람은 동물이다.', '기계는 무생물이다.' 등의 명제를 표준화 및 기호화로 쉽게 나타낼 수 있다.

단계1) 표준화

> 사람은 동물이다. ⇒ 모든 사람은 동물이다.
> 기계는 무생물이다. ⇒ 모든 기계는 무생물이다.

> ┤ **포인트 점검** ├
>
> '모든'이라는 수식어가 없지만 문장 의미상 '모든'이 생략된 것이라고 파악할 수 있다.

단계2) 그림(벤다이어그램) 및 기호화

┌ **포인트 점검** ┤

'임의'라는 용어는 '모든'과 동격 취급한다.

⑩ 주머니에 들어 있는 임의의 동전은 500원짜리다. ≡ 주머니에 들어 있는 모든 동전은 500원짜리다.

② '남학생 몇 명이 교실에 있다.', '어떤 개는 털이 희다.' 등의 명제를 표준화 및 기호화로 쉽게 나타낼 수 있다.

단계1) 표준화

> 남학생 몇 명이 교실에 있다. ⇒ 교실에 있는 학생 중에 몇 명은 남학생이다.
>
> 어떤 개는 털이 희다. ⇒ 어떤 개는 털이 흰 동물이다(≡ 동물 중에는 털이 흰 개가 있다).

단계2) 그림(벤다이어그램) 및 기호화

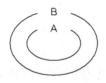
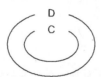

A : 남학생
B : 교실 전체의 학생
C : 털이 흰 개
D : 모든 동물

┌ **포인트 점검** ┤

'어떤'이라는 의미는 '모든'을 포함하고 있다는 것에 반드시 유의해야 한다(반대의 경우는 성립하지 않는다). 즉, '이 교실의 학생 중에서 어떤 학생은 남학생이다.'라는 명제는 일반적으로 〈그림 1〉로 나타내지만 〈그림 2〉가 될 가능성도 있다. 그러므로 '이 교실의 학생 중에서 어떤 학생은 남학생이다.'라는 명제로부터 '이 교실의 학생 중에는 여학생도 있다.'라는 명제가 참일 수도 있고 거짓일 수도 있다(참인 경우는 〈그림 1〉인 경우이고, 거짓인 경우는 〈그림 2〉인 경우이다).

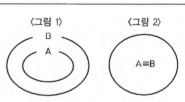

[A : 남학생, B : 교실에 있는 모든 학생]

한편 '일부분', '대부분' 역시 위에서 언급한 '어떤'과 같은 역할을 한다. 즉, '이 반의 대부분(혹은 일부, 일부분)의 학생은 남학생이다.'라는 명제로부터 '이 반의 학생 중에는 남학생이 1명이 있다.'라는 명제도 참일 수가 있다. 즉, 1명 이상을 일부분 또는 대부분으로 해석할 수 있다는 것이다.

③ **'~만이'라는 표현이 나타난 명제** : 예를 들어 '성인들만이 극장에 들어간다.'라는 의미는 극장에 있는 사람들을 조사해 보았더니 모두 성인들이라는 뜻이다. 그러므로 '극장에 있는 모든 사람은 성인이다.'라는 명제로 표준화된다. 즉, 일반적으로 아래와 같다는 것을 알 수 있다.

> A만이 B다. ≡ 모든 B는 A다.

④ 그 외의 여러 명제들을 표준화하면 아래와 같다.
- 곤충은 움직인다.
  ⇒ 모든 곤충은 움직이는 생명체이다.
- 광택이 난다고 해서 반드시 금속은 아니다.
  ⇒ 광택이 나는 어떤 물질은 금속이 아니다.
- 전기가 통하지 않고 광택이 나는 물질이 존재한다.
  ⇒ 광택이 나는 어떤 물질은 전기가 통하는 물질이 아니다.
- 철학을 수강하지 않은 학생 중 몇 명은 논리학을 수강하였다.
  ⇒ 철학을 수강하지 않은 어떤 학생은 논리학을 수강한 학생이다.
- 다른 사람을 결코 비방하지 않는 사람이 있다.
  ⇒ 어떤 사람은 다른 사람을 비방하는 사람이 아니다.

2 명제 간의 관계

그림으로부터 명제들 간의 관계를 쉽게 요약할 수 있다(각 상황별로 나타날 수 있는 모든 그림을 그려 놓은 것이다).

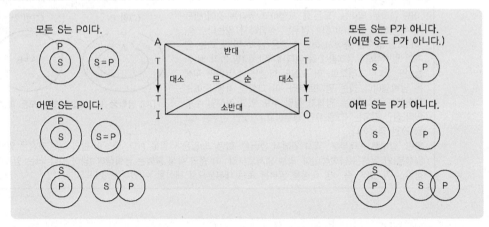

(1) 모순관계

A가 참이면 O는 거짓이고, O가 참이면 A는 거짓이다. 또 E가 참이면 I가 거짓이고, I가 참이면 E는 거짓이다. A가 거짓이면 O는 참이고, O가 거짓이면 A는 참이다. 또 E가 거짓이면 I는 참이고, I가 거짓이면 E는 참이다.

(2) 대소관계

A가 참이면 I도 참이고, I가 거짓이면 A도 거짓이다. 또 E가 참이면 O도 참이고, O가 거짓이면 E도 거짓이다.

(3) 반대관계

A와 E는 둘 중 하나가 참이면 다른 것은 반드시 거짓이지만 하나가 거짓일 경우 다른 것의 참·거짓은 확정할 수 없다. 다시 말해 A와 E는 동시에 참일 수는 없지만 동시에 거짓일 수는 있다.

(4) 소반대관계

I와 O는 둘 중 하나가 거짓이면 다른 것은 반드시 참이지만 하나가 참일 경우 다른 것의 참·거짓은 확정할 수 없다. 다시 말해 I와 O는 동시에 거짓일 수는 없지만 동시에 참일 수는 있다.

3 가언 명제

우리가 잘 알고 있는 'P $\Rightarrow$ Q'의 형태를 가언 명제라고 한다. 주어진 명제를 기호화하면 문제 풀이에 한결 쉽고 빠르게 접근할 수 있다. 그러므로 반드시 기호화하는 습관을 갖도록 한다.

> 1. 임의의 명제 표기 : 보통 명제는 p, q, r 또는 P, Q, R 등으로 표기한다.
> 2. 명제의 부정 : 주어진 명제에 '~'을 붙인다.
>   (예) 그는 학생이 아니다. $\Rightarrow$ '~P' 여기서 P는 '그는 학생이다.'를 나타내는 명제이다.)
> 3. 명제의 합성 : '또는'을 '∨'로, '그리고'를 '∧'로 나타낸다.

(1) 명제의 표기

"만일 p라면, q이다."(p → q)	
충분조건	p는 q이기 위한 충분조건이다.
필요조건	q는 p이기 위한 필요조건이다.
역	"만일 q라면, p이다."(q → p)
이	"만일 p가 아니라면, q가 아니다."(~p → ~q)
대우	"만일 q가 아니라면, p가 아니다."(~q → ~p)

[가언 명제의 진리표]

p	p → q	q		p	p ↔ q	q
T	T	T		T	T	T
T	F	F		T	F	F
F	T	T		F	F	T
F	T	F		F	T	F

┤ **포인트 점검** ├

'p → q'라는 명제가 참일 때 반드시 참이라고 할 수 있는 것은 이것의 대우 명제인 '~q → ~p'뿐이다. 나머지 '~p → q', 'p → ~q', '~p → ~q'는 상황에 따라서 참일 수도 있고 거짓일 수도 있다.

(2) **드모르간의 법칙** : 명제의 부정(~)에 대해서 정리해 놓은 법칙이다.

1. ~(p) ≡ p 2. ~(p∨q) ≡ ~p∧~q 3. ~(p∧q) ≡ ~p∨~q

> **예제** 다음 〈보기〉가 참일 때, 추론한 내용으로 적절하지 않은 것은?

▸**보기**◂

가. 사과 수확량이 감소하면, 사과 가격이 상승한다.
나. 사과 소비량이 감소하면, 사과 수확량이 감소한다.
다. 사과 수확량이 감소하지 않으면, 사과주스 가격이 상승하지 않는다.

① 사과주스의 가격이 상승하면, 사과 가격이 상승한다.
② 사과 가격이 상승하지 않으면, 사과 수확량이 감소하지 않는다.
❸ 사과 소비량이 감소하지 않으면, 사과주스 가격이 상승하지 않는다.
④ 사과 수확량이 감소하지 않으면, 사과 소비량이 감소하지 않는다.
⑤ 사과 가격이 상승하지 않으면, 사과주스 가격이 상승하지 않는다.

[풀이] 먼저 주어진 〈보기〉를 다음과 같이 기호화한다.

가. P ⇒ Q ── (a)　　나. R ⇒ P ── (b)　　다. ~P ⇒ S ── (c)

단, 주어진 기호와 문장과의 관계는 아래와 같다.
P : 사과 수확량이 감소한다.　　　　　　Q : 사과 가격이 상승한다.
R : 사과 소비량이 감소한다.　　　　　　S : 사과주스 가격이 상승하지 않는다.
이제 주어진 각각의 〈보기〉에 대해서 참·거짓을 판별한다.
① ~S ⇒ Q라는 결과를 위에서 언급한 세 가지 명제들로부터 유도해 낼 수 있는지의 문제로 귀착된다.
　(c)의 대우 명제를 생각하면 다음을 얻는다.
　~S ⇒ P ── (d)
　그러므로 (d)와 (a)를 결합하면 다음을 얻는다.
　~S ⇒ Q
　즉, 주어진 명제들로부터 유도해 낼 수 있는 명제이다.
② ~Q ⇒ ~P를 유도해 낼 수 있어야 하는데 (a)의 대우 명제를 취하면 얻어낼 수 있다.
③ ~R ⇒ S를 유도해 낼 수 있어야 한다. 그러나 주어진 명제들 (a), (b), (c)를 가지고는 유도해 낼 수 없다.
④ ~P ⇒ ~R을 유도해 낼 수 있어야 하는데 (b)의 대우 명제를 취하면 얻어낼 수 있다.
⑤ ~Q ⇒ S를 유도해 낼 수 있어야 한다. (a)의 대우 명제로부터 다음을 얻는다.
　~Q ⇒ ~P ── (e)
　다시 (c)와 (e)로부터 ~Q ⇒ S를 얻는다.

4 삼단논법

삼단논법이라는 것은 주어진 두 개의 명제로부터 또 다른 결론을 추론하는 것이다. 표준화, 기호화, 벤다이어그램을 이용하면 쉽게 문제풀이에 접근할 수 있다.

예 'A는 B이다. B는 C이다. 그러므로 A는 C이다.'라는 삼단논법의 대표적인 예는 다음과 같은 방법으로 쉽게 얻어질 수 있다.

단계1) 표준화

> A는 B이다(≡ 모든 A는 B이다). B는 C이다(≡ 모든 B는 C이다).

단계2) 벤다이어그램 : 주어진 두 개의 명제를 다음과 같이 벤다이어그램을 이용해 나타낼 수 있다.

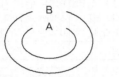 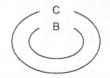

단계3) 두 개의 그림 합성

단계4) 합성된 그림으로부터 결론을 얻어 낸다.

예 '모든 A는 C이다.', '모든 B는 C이다.'라는 두 개의 명제로부터 다음의 네 가지 상황을 추론할 수 있다.

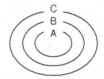 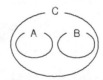 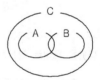

[참고] 아래의 표는 주어진 각 상황에서 삼단논법의 적절성을 나타낸 것이다. 즉, '명제1'이 주어졌고 그에 따른 여러 가지 종류의 '명제2'가 주어졌을 때 내릴 수 있는 결론에 대한 참과 거짓을 표시해 놓은 것이다.

명제1	O : 어떤 M은 P가 아니다.			
명제2	A : 모든 M은 S이다.	E : 모든 M은 S가 아니다.	I : 어떤 M은 S이다.	O : 어떤 M은 S가 아니다.
결론	A : 모든 S는 P이다. (×) E : 모든 S는 P가 아니다. (×) I : 어떤 S는 P이다. (×) O : 어떤 S는 P가 아니다. (O)	A : 모든 S는 P이다. (×) E : 모든 S는 P가 아니다. (×) I : 어떤 S는 P이다. (×) O : 어떤 S는 P가 아니다. (O)	A : 모든 S는 P이다. (×) E : 모든 S는 P가 아니다. (×) I : 어떤 S는 P이다. (×) O : 어떤 S는 P가 아니다. (×)	A : 모든 S는 P이다. (×) E : 모든 S는 P가 아니다. (×) I : 어떤 S는 P이다. (×) O : 어떤 S는 P가 아니다. (×)
타당	OAO	OEO	없음	없음

명제1	A : 모든 P는 M이다.			
명제2	A : 모든 M은 S이다.	E : 모든 M은 S가 아니다.	I : 어떤 M은 S이다.	O : 어떤 M은 S가 아니다.
결론	A : 모든 S는 P이다. (x) E : 모든 S는 P가 아니다. (x) I : 어떤 S는 P이다. (O) O : 어떤 S는 P가 아니다. (x)	A : 모든 S는 P이다. (x) E : 모든 S는 P가 아니다. (O) I : 어떤 S는 P이다. (x) O : 어떤 S는 P가 아니다. (O)	A : 모든 S는 P이다. (x) E : 모든 S는 P가 아니다. (x) I : 어떤 S는 P이다. (x) O : 어떤 S는 P가 아니다. (x)	A : 모든 S는 P이다. (x) E : 모든 S는 P가 아니다. (x) I : 어떤 S는 P이다. (x) O : 어떤 S는 P가 아니다. (x)
타당	AAI	AEE, AEO	없음	없음

명제1	E : 모든 P는 M이 아니다(어떤 P도 M이 아니다).			
명제2	A : 모든 M은 S이다.	E : 모든 M은 S가 아니다.	I : 어떤 M은 S이다.	O : 어떤 M은 S가 아니다.
결론	A : 모든 S는 P이다. (x) E : 모든 S는 P가 아니다. (x) I : 어떤 S는 P이다. (x) O : 어떤 S는 P가 아니다. (O)	A : 모든 S는 P이다. (x) E : 모든 S는 P가 아니다. (x) I : 어떤 S는 P이다. (x) O : 어떤 S는 P가 아니다. (x)	A : 모든 S는 P이다. (x) E : 모든 S는 P가 아니다. (x) I : 어떤 S는 P이다. (x) O : 어떤 S는 P가 아니다. (O)	A : 모든 S는 P이다. (x) E : 모든 S는 P가 아니다. (x) I : 어떤 S는 P이다. (x) O : 어떤 S는 P가 아니다. (x)
타당	EAO	없음	EIO	없음

명제1	I : 어떤 P는 M이다.			
명제2	A : 모든 M은 S이다.	E : 모든 M은 S가 아니다.	I : 어떤 M은 S이다.	O : 어떤 M은 S가 아니다.
결론	A : 모든 S는 P이다. (x) E : 모든 S는 P가 아니다. (x) I : 어떤 S는 P이다. (O) O : 어떤 S는 P가 아니다. (x)	A : 모든 S는 P이다. (x) E : 모든 S는 P가 아니다. (x) I : 어떤 S는 P이다. (x) O : 어떤 S는 P가 아니다. (x)	A : 모든 S는 P이다. (x) E : 모든 S는 P가 아니다. (x) I : 어떤 S는 P이다. (x) O : 어떤 S는 P가 아니다. (x)	A : 모든 S는 P이다. (x) E : 모든 S는 P가 아니다. (x) I : 어떤 S는 P이다. (x) O : 어떤 S는 P가 아니다. (x)
타당	IAI	없음	없음	없음

관련예제

다음을 토대로 확실하게 알 수 있는 것은?

- 동물을 좋아하는 사람은 강아지를 좋아한다.
- 과일을 좋아하는 사람은 채소를 좋아하며 자연을 좋아한다.
- 자연을 좋아하는 사람은 동물을 좋아한다.

① 강아지를 좋아하는 사람은 과일을 좋아한다.
② 동물을 좋아하는 사람은 자연을 좋아한다.
③ 자연을 좋아하는 사람은 채소를 좋아한다.
④ 채소를 좋아하는 사람은 과일을 좋아한다.
⑤ 과일을 좋아하는 사람은 강아지를 좋아한다.

해설 '과일 → 자연 → 동물 → 강아지'의 논리가 성립한다.　　　　답 ⑤

08 오류의 유형

1 심리적 오류

논리에 대해 적합한 자료를 근거로 삼지 않고 심리적인 면에 기대어 상대방을 설득하려고 할 때 범하는 오류이다.

(1) 동정(연민)에 호소하는 오류

상대방의 동정심이나 연민의 정에 호소해서 자신의 주장을 받아들이도록 하는 오류이다.

> 판사님, 이 피고인은 단칸방에 살면서 노부모를 모시고 세 명의 자식을 키우고 있습니다. 그리고 피고인은 매일 막노동을 해서 생계를 유지하고 있습니다. 이런 불쌍한 처지를 참작하시어 피고인을 무죄 석방해 주십시오.

(2) 공포(힘·위력·증오)에 호소하는 오류

정당한 논리에 의존하지 않고 상대방을 윽박지르거나 공포·위협·근심·불안·지위나 학벌, 강압적인 수단을 동원하여 자신의 주장을 받아들이게 하는 오류이다. → 직접 협박하는 경우

> 이 안건이 받아들여지지 않는다면 차후에 일어나는 모든 사태의 책임은 귀측에 있음을 분명히 밝혀 두는 바입니다.

(3) 원천 봉쇄의 오류(우물에 독 뿌리기)

자신의 주장에 대한 상대편의 반론이 제기될 수 있는 여지를 봉쇄함으로써 반론의 제기 자체를 불가능하게 하여 자신의 주장을 정당화하려 할 때 나타나는 오류이다. → 간접 협박하는 경우

> 내가 '인간은 타락하였다'고 할 때 나에게 동의하지 않는 자들은 자신들이 이미 타락하였다는 것을 증명하고 있는 것이다.

(4) 대중(여론·군중·다수)에 호소하는 오류

숫자의 많음, 대중 심리, 인기도, 유행 등을 근거로 자신의 주장을 받아들이도록 하는 오류이다.

> 우리 지역의 대다수 주민들은 원자력 발전소의 건설이 지역 경제의 발전에 도움이 된다고 생각하고 있다. 그러므로 소수의 반대자들에게 신경 쓸 것 없이 원자력 발전소의 건설을 추진해야 한다.

(5) 부적합한 권위에 호소하는 오류(극장의 우상)

전통과 권위 또는 옛 사람들의 격언이나 명저 등을 근거로 하여 자신의 주장에 정당성을 부여할 때, 또는 오늘날과 같이 전문화된 사회에서 특정한 분야의 권위자나 전문가의 말을 비전문 분야에도 그대로 적용하는 데서 나타나는 오류이다.

> 맹장염에 걸린 정수는 자기가 죽는 한이 있더라도 부모의 허락 없이는 자신의 몸에 칼을 댈 수 없다고 수술을 거부하였다. 공자님께서 '신체발부(身體髮膚)는 수지부모(受之父母)라 불감훼상(不敢毁傷)이 효지시야(孝之始也)라'고 말씀하셨으므로 수술을 하는 것은 부모님께 불효를 하는 것이라고 생각하였기 때문이다.

(6) 인신공격의 오류

상대방의 인품, 성격, 과거의 행적 등을 비난하고 공격함으로써 자신의 주장을 정당화하려 할 때 생기는 오류이다.

> 김 의원은 우루과이 라운드를 극복하고 복지 농촌을 건설하기 위하여 농어촌 발전 위원회를 구성하고 새로운 농어촌 개발 촉진법을 입법 상정하였다. 그러나 동료 의원들은 김 의원이 상정한 새로운 법안을 무시하였다. 그것은 그가 젊은 시절 고향을 버리고 상경하여 도시에서 국회의원이 되었기 때문이다.

(7) 피장파장의 오류(역공격의 오류)

자신을 비판하는 바가 상대방에게도 역시 적용될 수 있음을 내세워 그 비판으로부터 벗어나고자 할 때 생기는 오류이다.

> 이번 선거에서 상대편은 내가 불법으로 자금을 조달했다고 비난했다. 이 비난에 대하여 나는 상대방도 불법으로 자금을 조달했다는 것을 알리고 싶다.

(8) 정황에 호소하는 오류

상대방의 직업, 직책, 신분, 직위, 종교, 혈연, 지연, 인종 등 그 사람이 처한 개인적인 상황을 근거로 하여 상대방을 비난하고 공격함으로써 자신의 주장을 정당화하려 할 때 생기는 오류이다.

> 이혼에 찬성하는 사람이 이혼을 반대하는 신부의 말에 "당신은 결혼도 안 했으면서 어떻게 다른 사람에게 이혼을 하지 말라고 말할 수 있습니까?"라고 반박했다.

2 자료적 오류

주장과 전제 또는 논거가 되는 자료를 잘못 판단함으로써 발생하는 오류이다.

(1) 성급한 일반화의 오류(역우연의 오류)

객관성이 결여된 정보나 사례 및 불충분한 통계 자료 등 특수한 사례를 근거로 하여 일반적인 법칙을 성급하게 이끌어 내는 경우에 발생하는 오류이다. → 불충분 통계량의 오류, 편의 통계량의 오류

> 오늘 낮, 한 어린이가 놀이터에서 돈뭉치가 든 가방을 주워 파출소에 신고했습니다. 한편 이완용이라는 사람은 자신이 경영하는 가게에 손님이 떨어뜨리고 간 지갑에서 백만 원짜리 수표 세 장을 꺼내 사용하였다가 쇠고랑을 찼습니다. 돈을 앞에 놓고 벌어진 이 대조적인 행위를 통해서 어른들의 도덕적 타락이 심각한 지경에 이르렀다는 결론에 도달하게 됩니다.

(2) 우연의 오류

일반적 법칙이나 이론을 특수한 사례에 그대로 적용함으로써 나타나는 오류이다.

> 당신은 어제 산 것을 오늘 먹는다. 당신은 어제 생고기를 샀다. 그러므로 당신은 오늘 생고기를 먹는다.

(3) 원칙 혼동의 오류

상황에 따라 적용되어야 할 원칙이 다른데도 이를 혼동해서 생기는 오류이다.

> 백지장도 맞들면 나은 법이고, 또한 서로 돕고 사는 것은 우리의 전통 미덕이다. 그러니 NH농협 채용 시험에서 서로 도와 가면서 문제를 풀도록 해야 한다.

(4) 거짓 원인의 오류(원인 오판의 오류)

자연 현상을 설명하는 인과율에서 시간상의 선후 관계만 있을 뿐 인과의 필연성이 결여되어 있음에도 불구하고 시간상 먼저 발생한 사건을 뒤에 일어난 사건의 원인으로 보거나 뒤에 일어난 사건을 앞의 사건의 결과로 보는 오류이다. → 잘못된 인과 관계의 오류, 선후 인과의 오류, 공통 원인의 오류, 다수 원인의 오류

> 한 가정의 생활비 중 50%가 넘게 사교육비로 지출하는 게 우리나라요, 한 나라에서 40조 원에 달하는 돈이 사교육비로 든다는 것이 우리의 현실이다. 따라서 한 가정의 생활비 중에서 사교육비가 차지하는 비중을 줄여야만 우리의 교육이 선진화될 수 있다.

(5) 잘못된 유추의 오류

부당하게 적용된 유추에 의해 잘못된 결론을 이끌어 내는 오류이다. 즉, 일부분이 비슷하다고 해서 나머지도 비슷할 것이라고 생각하는 오류이다.

> 모든 유기체들은 탄생과 성장, 사멸의 과정을 거친다. 따라서 모든 유기체처럼 우리의 문명도 멸망하고야 말 것이다.

(6) 논점 일탈의 오류

어떤 논점에 관한 결론이 아니라 이와 관계없는 새로운 논점을 제시하여 무관한 결론에 이르게 되는 오류이다.

> 자식들을 엄하게 키우지 않으면 안 됩니다. 왜냐하면 요즘 세상에 소비 풍조가 만연되어 있기 때문입니다.

(7) 흑백 논리의 오류

논의의 대상인 두 개념 사이에 존재하는 중간항을 배제하는 데서 오는 오류이다. 즉, 흑색과 백색 사이에는 다양한 색깔이 존재함에도 불구하고 그것들을 무시하고 양극단으로 구분함으로써 발생하는 오류이다.

> 정보화 시대의 총아인 홀로그래피 기술을 개발하면 선진국이 되겠지만, 개발하지 못한다면 우리나라는 곧바로 후진국으로 전락하고 말 것이다.

(8) 의도 확대의 오류

의도하지 않은 결과를 원래 의도가 있었다고 판단하여 생기는 오류이다.

> 그는 열심히 책을 산다. 책이 많이 팔리면 출판사가 돈을 번다. 그러므로 그는 출판사의 이익에 상당한 관심을 갖고 있음에 틀림없다.

(9) 무지에 호소하는 오류

어떤 주장의 참·거짓이 증명되지 않았거나 또는 상대방이 무지하거나 지식이 부족하여 자신의 주장에 대하여 반증할 수 없다는 사실에 근거하여 자기의 주장을 정당화하려는 오류이다.

> 그 유명한 '페르마의 마지막 정리'는 거짓임이 분명하다. 어떤 수학자도 그것이 참임을 증명하지 못했으니까.

(10) 합성(결합)의 오류

부분이 참이면 전체도 참이라고 추리할 때 발생하는 오류이다.

> 구름은 수증기의 응결체라고 한다. 그런데 원래 수증기의 입자는 너무 작아서 눈에 보이지 않는다. 그러므로 구름은 눈에 보이지 않는다.

(11) 분할(분해)의 오류

부분의 합인 전체가 참이면 구성 요소인 부분도 참이라고 추리할 때 발생하는 오류이다.

> 일본은 경제적 부국이 되었다. 그러므로 일본 사람들은 모두 부자이다.

⑿ 발생학적 오류

어떤 사람, 사상, 관행, 제도 등의 원천이 어떤 속성을 가지고 있기 때문에 현재의 그것들 역시 같은 속성을 가지고 있다고 추론하는 오류이다.

> 예술은 원시 제천 의식에서 나왔다. 그러니까 현대의 음악도 제사 목적을 띠고 있다고 할 수 있다.

3 언어적 오류

언어를 잘못 사용하거나 이해하는 데서 빚어지는 오류이다.

⑴ 애매어의 오류

해석에 따라 다양한 의미를 지니는 다의어 및 동음이의어나 애매한 어구의 의미를 혼동하여 발생하는 오류이다. → 애매구의 오류

> 그는 시립 도서관 옆에 산다. 그러니 그는 책과 가까이 지내는 사람이다. 그러므로 그는 매우 학식이 풍부한 사람일 것이다.

⑵ 애매문의 오류(문장 모호의 오류)

문법적 구조의 애매함 때문에 어떤 문장의 의미가 두 가지 이상으로 해석되는 오류이다.

> 그가 너의 숭배자라고 하는데, 너를 숭배하는 자가 있다는 것은 놀라운 일이다.

⑶ 은밀한 재정의의 오류

단어의 의미를 자의적으로 재정의하여 사용함으로써 생기는 오류이다.

> 이 옷은 값이 싸다. 값이 싼 것은 쉽게 떨어진다. 그러므로 이 옷은 쉽게 떨어진다.

⑷ 강조의 오류

문장의 일부분을 부당하게 강조하여 본뜻이 변화하면서 나타나는 오류이다.

> 아버지는 홍철이에게 '어린애들을 주먹으로 때리면 나쁜 아이'라고 타일렀다. 그날 오후 홍철이는 몽둥이로 아이들을 때리고 돌아와 아버지 말씀을 잘 듣는 아이라고 의기양양하게 자랑하였다.

(5) 범주의 오류

서로 다른 범주에 속하는 것을 같은 범주의 것으로 혼동하거나 같은 범주에 속하는 것을 다른 범주로 혼동하는 데서 생기는 오류이다.

> '언어 논리'도 배웠고 '추론'도 배웠으니 다음은 '논리적 사고'에 대하여 알아보자.

(6) '이다'를 혼동하는 오류

술어적인 '이다'와 동일성의 '이다'를 혼동해서 생기는 오류이다. 일종의 '애매어의 오류'이다.

> 신은 사랑이다. 그런데 진실한 사랑은 흔치 않으므로 진실한 신도 흔치 않다.

(7) 사용과 언급을 혼동하는 오류

사용한 말과 언급한 말을 혼동해서 생기는 오류이다. 언급되는 말을 작은따옴표 안에 넣지 않음으로써 생기는 오류이다.

> 고대사는 성경에 들어 있다. 성경은 두 글자로 된 말이므로 고대사는 두 글자 안에 들어 있다.

(8) 정의에 의한 존재 강요의 오류

언어가 존재와 본질적으로 동일한 관계에 있다고 생각하여 없는 존재까지도 있다고 생각하는 오류이다.

> 이 사진의 물체를 비행접시라 합시다. 그렇다면 지구에 비행접시가 출현하는 게 입증되는 것이 아닌가요?

관련예제

다음 지문에서 범하고 있는 오류는?

> 선생님께서 친구들에게 거짓말을 하면 안 된다고 말씀하셨다. 유리는 그날 동생에게 거짓말을 하고 선생님의 말씀을 잘 듣는 아이라고 생각했다.

① 애매어의 오류   ② 강조의 오류   ③ 재정의의 오류
④ 논점 일탈의 오류   ⑤ 발생학적 오류

해설 지문은 문장의 일부분을 부당하게 강조하여 본뜻이 변화하면서 나타나는 강조의 오류를 범하고 있다.

답 ②

09 한 자

[빈출 동음이의어(同音異義語)]

가설

架設	전깃줄이나 전화선, 교량 따위를 공중에 건너질러 설치함 예 사무실에 전화를 가설(架設)하다.
假設	임시로 설치함 예 학교 운동장에 가설(假設) 극장이 들어섰다.
假說	어떤 사실을 설명하거나 어떤 이론 체계를 연역하기 위하여 설정한 가정 예 가설(假說)을 검증하다. / 가설(假說)을 세우다.

감상

鑑賞	예술 작품을 음미하고 감상함 예 한국 고전을 그림으로 감상(鑑賞)하니 색다르다.
感想	마음속에서 일어나는 느낌이나 생각 예 그곳에서의 감상(感想)은 황량하다는 느낌뿐이었다.
感傷	하찮은 사물에도 쉽게 슬픔을 느끼는 마음 예 감상(感傷)에 젖다. / 돌아가신 어머니에 대한 감상(感傷)의 눈물이 흘렀다.

개정

改正	주로 문서의 내용 따위를 고쳐 바르게 함 예 헌법 개정(改正) / 악법의 개정(改正)에 힘쓰다.
改定	이미 정하였던 것을 고쳐 다시 정함 예 대회 날짜 개정(改定)
改訂	글자나 글의 틀린 곳을 고쳐 바로잡음 예 초판본을 개정(改訂) 보완하다.

구축

構築	어떤 시설물이나 체제, 체계 따위의 기초를 닦아 세움 예 통신망 구축(構築) / 지지 기반의 구축(構築)
驅逐	어떤 세력 따위를 몰아서 쫓아냄 예 사치 풍조 구축(驅逐)

방화

邦畫	자기 나라에서 제작된 영화 예 오랜만에 방화(邦畫)에 관객이 몰렸다.
防火	불이 나는 것을 미리 막음 예 겨울철 방화(防火) 대책에 만전을 기하다.
放火	일부러 불을 지름 예 후퇴하던 적군은 도처에서 학살과 방화(放火)를 일삼았다.

사상	思想	어떠한 사물에 대하여 가지고 있는 구체적인 사고나 생각 예 그의 작품은 우리나라 사람의 사상(思想)과 감정을 담고 있다.
	事象	관찰할 수 있는 형태를 취하여 나타나는 여러 가지 일 또는 사실과 현상 예 인생의 갖가지 사상(事象)

이상	以上	수량이나 정도가 일정한 기준보다 더 많거나 나음 예 보통 이상(以上)의 관계 / 만 20세 이상(以上)의 여성들
	理想	생각할 수 있는 범위 안에서 가장 완전하다고 여겨지는 상태 예 높은 이상(理想)을 품다. / 이상(理想)을 실현하다.
	異常	정상적인 상태와 다름 예 이상(異常) 기류 / 갑작스레 몸에 이상(異常)이 생기다.
	異狀	평소와는 다른 상태 예 근무 중 이상(異狀) 무 / 기체에 이상(異狀)이 생기면 경고등이 들어온다.

정의	正義	진리에 맞는 올바른 도리 예 사회 정의(正義)를 실현하다.
	定義	어떤 말이나 사물의 뜻을 명백히 밝혀 규정함 예 정의(定義)를 내리다.
	情誼	서로 사귀어 친해진 정 예 그간의 정의(情誼)를 보아서도 그럴 수는 없다.

현상	現象	인간이 지각할 수 있는 사물의 모양과 상태 예 열대야 현상(現象) / 국민들의 불안 심리는 일시적인 현상(現象)에 그칠 것이다.
	現狀	나타나 보이는 현재의 상태 또는 상황 예 현상(現狀)을 파악하다. / 지금 같은 불경기에는 현상(現狀) 유지도 힘들다.
	現像	노출된 필름이나 인화지를 약품으로 처리하여 상이 나타나도록 함 예 필름을 현상(現像)하다.
	懸賞	무엇을 모집하거나 구하거나 사람을 찾는 일 따위에 현금이나 물품 따위를 내걺 예 현상(懸賞) 공모 / 현상(懸賞) 수배

확정	廓正	잘못을 바로잡음 예 과거의 잘못을 확정(廓正)하다.
	確定	일을 확실하게 정함 예 대학 입시 요강 확정(確定)

10 > 한자성어

1 주제별 한자성어

(1) 진정한 친구

- 知音(지음) : 백아(伯牙)와 종자기(鍾子期) 사이의 고사로 (거문고) 소리를 알아듣는다는 뜻에서 유래
- 水魚之交(수어지교) : 고기와 물과의 관계처럼 떨어질 수 없는 특별한 친분
- 莫逆之友(막역지우) : 서로 거역하지 아니하는 친구
- 金蘭之契(금란지계) : 금이나 난초와 같이 귀하고 향기로움을 풍기는 친구 사이의 맺음
- 管鮑之交(관포지교) : 관중과 포숙의 사귐과 같은 친구 사이의 허물없는 교제
- 竹馬故友(죽마고우) : 어릴 때 대나무말을 타고 놀며 같이 자란 친구
- 刎頸之交(문경지교) : 대신 목을 내주어도 좋을 정도로 친한 친구의 사귐
- 斷金之交(단금지교) : 쇠라도 자를 수 있는 굳고 단단한 사귐
- 金石之交(금석지교) : 쇠나 돌처럼 굳고 변함없는 사귐
- 기타 : 伯牙絕絃(백아절현), 肝膽相照(간담상조)

(2) 세상이 크게 변함

- 桑田碧海(상전벽해) : 뽕나무밭이 푸른 바다가 된다는 뜻으로, 세상일의 변천이 심함을 비유적으로 이르는 말
- 天旋地轉(천선지전) : 세상일이 크게 변함
- 吳越同舟(오월동주) : 원수는 외나무다리에서 만난다. 세상 일이 크게 변한다. 아무리 원수지간이라도 위급한 상황에서는 서로 돕지 않을 수 없다.
- 기타 : 滄桑之變(창상지변), 隔世之感(격세지감), 陵谷之變(능곡지변)

(3) 제일 뛰어난 것

- 白眉(백미) : 마씨 오형제 중에서 가장 재주가 뛰어난 맏이 마량의 눈썹이 희었다는 데서 나온 말
- 鐵中錚錚(철중쟁쟁) : 같은 동아리 가운데 가장 뛰어난 사람
- 群鷄一鶴(군계일학) : 닭의 무리 가운데에서 한 마리의 학이란 뜻으로, 많은 사람 가운데서 뛰어난 인물을 일컫는 말
- 囊中之錐(낭중지추) : 주머니 속에 있는 송곳이라는 뜻으로, 아주 빼어난 사람은 숨어 있어도 저절로 남의 눈에 드러남을 일컫는 말

(4) 불가능한 일

- 緣木求魚(연목구어) : 나무에 올라가서 물고기를 구함
- 陸地行船(육지행선) : 뭍으로 배를 저으려 함
- 以卵投石(이란투석) : 달걀로 바위 치기

- **百年河淸**(백년하청) : 중국의 황허 강(黃河江)이 늘 흐려 맑을 때가 없다는 뜻으로, 아무리 오랜 시일이 지나도 어떤 일이 이루어지기 어려움을 일컫는 말
- **上山求魚**(상산구어) : 산 위에 올라가 물고기를 구함
- **射魚指天**(사어지천) : 고기를 잡으려고 하늘을 향해 쏨

(5) 무척 위태로움

- **風前燈火**(풍전등화) : 바람 앞에 놓인 등불이라는 뜻으로, 사물이 매우 위태로운 처지에 놓여 있음
- **焦眉之急**(초미지급) : 눈썹이 타면 끄지 않을 수 없다는 뜻으로, 매우 다급한 일을 일컫는 말
- **危機一髮**(위기일발) : 위급함이 매우 절박한 순간(거의 여유가 없는 위급한 순간)
- **累卵之勢**(누란지세) : 새알을 쌓아 놓은 듯한 위태로운 형세
- **百尺竿頭**(백척간두) : 백 척 높이의 장대 위에 올라섰다는 뜻으로, 몹시 위태롭고 어려운 지경에 빠짐
- **如履薄氷**(여리박빙) : 얇은 얼음을 밟는 것 같다는 뜻으로, 몹시 위험하여 조심함을 이르는 말
- **四面楚歌**(사면초가) : 사방에서 적군 초나라 노랫소리가 들려온다는 뜻으로, 사면이 모두 적에게 포위되어 고립된 상태를 이르는 말
- **一觸卽發**(일촉즉발) : 조금만 닿아도 곧 폭발할 것 같다는 뜻으로, 막 일이 일어날 듯한 위험한 지경을 이름
- **命在頃刻**(명재경각) : 거의 죽게 되어 목숨이 끊어질 지경에 이름
- **存亡之秋**(존망지추) : 존속과 멸망 또는 생존과 사망이 결정되는 아주 절박한 경우나 시기
- **進退兩難**(진퇴양난) : 이러지도 저러지도 못하는 어려운 처지

(6) 융통성이 없이 무척 고지식함

- **刻舟求劍**(각주구검) : 배에 금을 긋고 칼을 찾음
- **膠柱鼓瑟**(교주고슬) : 아교로 붙이고 거문고를 탐
- **守株待兔**(수주대토) : 한 가지 일에만 얽매여 발전을 모르는 어리석은 사람을 이르는 말
- **尾生之信**(미생지신) : 우직하여 융통성이 없이 약속만을 굳게 지킴을 이르는 말로 중국 춘추 시대에 미생(尾生)이라는 자가 다리 밑에서 만나자고 한 여자와의 약속을 지키기 위하여 홍수에도 피하지 않고 기다리다가 마침내 익사하였다는 고사에서 유래

(7) 효 도

- **昏定晨省**(혼정신성) : 저녁에는 부모의 잠자리를 정하고 아침에는 부모의 밤새 안부를 물음
- **斑衣之戲**(반의지희) : 부모를 위로하려고 색동저고리를 입고 기어가 보임
- **反哺報恩**(반포보은) : 자식이 부모가 길러 준 은혜를 갚음
- **風樹之嘆**(풍수지탄) : 효도를 다하지 못하고 어버이를 여읜 자식의 슬픔
- **出告反面**(출고반면) : 부모님께 나갈 때는 갈 곳을 아뢰고, 들어와서는 얼굴을 보여 드림
- **願乞終養**(원걸종양) : 부모가 돌아가시는 날까지 봉양(奉養)하기를 원한다는 뜻으로, 부모에 대한 지극한 효성(孝誠)을 일컫는 말

(8) 겉 다르고 속 다름

- 面從腹背(면종복배) : 면전에서는 따르나 뱃속으로는 배반함
- 勸上搖木(권상요목) : 나무 위에 오르라고 권하고는 오르자마자 아래서 흔들어 댐
- 羊頭狗肉(양두구육) : 겉으로는 그럴 듯하게 내세우나 속은 음흉한 딴생각이 있음
- 敬而遠之(경이원지) : 겉으로는 존경하는 체하면서 속으로는 멀리함
- 口蜜腹劍(구밀복검) : 입 속으로는 꿀을 담고 뱃속으로는 칼을 지녔다는 뜻으로, 입으로는 친절하나 속으로는 해칠 생각을 품었음을 일컫는 말
- 表裏不同(표리부동) : 겉과 속이 다름
- 外諂內疏(외첨내소) : 겉으로는 아첨하면서 속으로는 해치려 함
- 笑中刀(소중도) : 웃는 마음속에 칼이 있다는 뜻으로, 겉으로는 웃지만 속으로는 해칠 생각을 품고 있음을 이르는 말
- 綿裏藏針(면리장침) : 솜 속에 바늘을 감추어 꽂는다는 뜻으로, 겉은 부드러운 체하나 속은 흉악함을 이르는 말

(9) 일시적 대책

- 姑息之計(고식지계) : 우선 당장 편한 것만을 택하는 꾀나 방법, 한때의 안정을 얻기 위하여 임시로 둘러맞추어 처리하거나 이리저리 주선하여 꾸며내는 계책 ≒ 目前之計(목전지계)
- 臨時變通(임시변통) : 갑자기 터진 일을 우선 간단하게 둘러맞추어 처리함 ≒ 臨時方便(임시방편)
- 彌縫之策(미봉지책) : 눈가림만 하는 일시적인 계책
- 凍足放尿(동족방뇨) : 언 발에 오줌 누기라는 뜻으로, 잠시 동안만 효력이 있을 뿐 효력이 바로 사라짐을 일컫는 말
- 下石上臺(하석상대) : 아랫돌 빼서 윗돌 괴고 윗돌 빼서 아랫돌 괸다는 뜻으로, 임시변통으로 이리저리 둘러맞춤을 이르는 말

(10) 환경의 중요성

- 近墨者黑(근묵자흑) : 먹을 가까이 하면 검어진다는 뜻으로, 좋지 못한 사람과 가까이 하면 악에 물들기 쉬움을 일컫는 말
- 三遷之敎(삼천지교) : 맹자의 교육을 위하여 그 어머니가 세 번이나 집을 옮겼다는 고사(故事)로, 교육에는 환경이 중요함을 일컫는 말
- 橘化爲枳(귤화위지) : 회남의 귤을 회북으로 옮기어 심으면 탱자가 된다는 뜻으로, 환경에 따라 사물의 성질이 달라짐을 일컫는 말
- 堂狗風月(당구풍월) : 서당에서 기르는 개가 계속하여 글 읽는 소리를 들으면 풍월을 읊는다는 뜻으로, 그 분야에 대하여 경험과 지식이 전혀 없는 사람이라도 오래 있으면 얼마간의 경험과 지식을 지니게 됨을 이르는 말
- 麻中之蓬(마중지봉) : 곧은 삼밭 속에서 자란 쑥은 곧게 자라게 된다는 뜻으로, 선한 사람과 사귀면 그 감화를 받아 자연히 선해짐을 비유적으로 이르는 말

(11) 몹시 가난함

- 三旬九食(삼순구식) : 30일 동안 아홉 끼니의 밥밖에 못 먹을 정도로 가난함
- 桂玉之嘆(계옥지탄) : 식량을 구하기가 계수나무를 구하듯이 어렵고, 땔감을 구하기가 옥을 구하기만 큼이나 어려움
- 赤手空拳(적수공권) : 맨손과 맨주먹이라는 뜻으로, 가진 것이 아무것도 없음
- 赤貧如洗(적빈여세) : 가난하기가 마치 물로 씻은 듯하여 아무것도 없음
- 家徒壁立(가도벽립) : 집 안에 아무것도 없고 네 벽만 서 있다는 뜻으로, 살림이 심히 구차함

(12) 마음으로 서로 통함

- 以心傳心(이심전심) : 마음과 마음으로 서로 뜻이 통함
- 不立文字(불립문자) : 불도의 깨달음은 마음에서 마음으로 전하는 것이므로 말이나 글에 의지하지 않음
- 教外別傳(교외별전) : 선종에서 부처의 가르침을 말이나 글에 의하지 않고 바로 마음에서 마음으로 전하여 진리를 깨닫게 하는 법
- 拈華微笑(염화미소) : 말로 통하지 않고 마음에서 마음으로 전하는 일 ≒ 拈華示衆(염화시중)

2 한자성어와 관련된 속담

감탄고토 (甘呑苦吐)	달면 삼키고 쓰면 뱉는다 자기에게 이로우면 이용하고 필요 없는 것은 배척함
격화소양 (隔靴搔癢)	신 신고 발바닥 긁기 성에 차지 않거나 철저하지 못한 안타까움 ≒ 격화파양(隔靴爬癢)
견문발검 (見蚊拔劍)	모기를 보고 칼을 빼어 든다 작은 일에 어울리지 않게 큰 대책을 씀 ≒ 노승발검(怒蠅拔劍)
경전하사 (鯨戰蝦死)	고래 싸움에 새우 등 터진다 강한 자끼리 서로 싸우는 통에 아무 상관없는 약한 자가 해를 입음 ≒ 간어제초(間於齊楚)
고장난명 (孤掌難鳴)	외손뼉이 울랴 손바닥 하나로 소리를 내지 못한다는 뜻으로, 상대가 없이는 무슨 일이 이루어지기 어려움을 비유 ≒ 독불장군(獨不將軍), 독장불명(獨掌不鳴)

| 고진감래
(苦盡甘來) | 태산을 넘으면 평지를 본다, 고생 끝에 낙이 온다
고생을 하게 되면 그 다음에는 즐거움이 온다. ↔ 흥진비래(興盡悲來) |

| 교각살우
(矯角殺牛) | 뿔을 바로잡으려다가 소를 죽인다, 빈대 잡으려다 초가삼간 태운다, 쥐 잡으려다 장독 깬다
조그만 일을 고치려다 큰일을 그르침 ≒ 소탐대실(小貪大失), 교왕과직(矯枉過直), 교왕과정(矯枉過正) |

| 낭중취물
(囊中取物) | 식은 죽 먹기
주머니 속에 든 것을 꺼내 가지는 것과 같이 아주 손쉽게 얻음 |

| 당랑거철
(螳螂拒轍) | 하룻강아지 범 무서운 줄 모른다
사마귀가 달려오는 수레바퀴를 받으려고 했다는 데서 유래한 말로, 약한 자가 제 분수도 모르고 상대할 수 없는 강자에게 대항하여 덤벼 듦
≒ 일일지구부지외호(一日之狗不知畏虎), 이란투석(以卵投石) |

| 동가홍상
(同價紅裳) | 같은 값이면 다홍치마
같은 값이면 좋은 물건을 가짐 |

| 득롱망촉
(得隴望蜀) | 말 타면 경마 잡히고 싶다, 사랑채 빌리면 안방까지 달란다
만족할 줄을 모르고 계속 욕심을 부린다는 뜻으로, 후한(後漢)의 광무제가 농(隴) 지방을 평정한 후에 다시 촉(蜀) 지방까지 원하였다는 데에서 유래 |

| 등고자비
(登高自卑) | 천 리 길도 한 걸음부터, 첫술에 배부르랴
높은 데 오르려면 얕은 곳에서부터 올라가야만 하듯이 무슨 일이든지 순서가 있음을 일컫는 말 ≒ 욕속부달(欲速不達) |

| 마부작침
(磨斧作針) | 열 번 찍어 안 넘어가는 나무가 없다
도끼를 갈아서 바늘을 만든다는 뜻으로, 아무리 어려운 일이라도 참고 계속하면 언젠가는 반드시 성공함, 노력을 거듭해서 목적을 달성함, 끈기 있게 학문이나 일에 힘씀을 비유 |

| 망자계치
(亡子計齒) | 죽은 자식 나이 세기
이미 그릇된 일은 생각해도 아무 소용없음 |

| 생구불망
(生口不網) | 산 입에 거미줄 치랴
아무리 곤궁하여도 그럭저럭 먹고 살 수 있음 |

1편

인지능력평가

설상가상 (雪上加霜)	엎친 데 덮친 격, 흉년에 윤달 눈 위에 또 서리가 덮였다는 뜻으로, 불행이 엎친 데 덮친 격으로 거듭 생겨남을 말함 ≒ 하정투석(下穽投石)
아전인수 (我田引水)	자기 논에 물 대기 자기 형편에 좋게만 생각하거나 행동함
오비삼척 (吾鼻三尺)	내 코가 석 자 자기 사정이 급하여 남을 돌볼 여력이 없음
오비이락 (烏飛梨落)	까마귀 날자 배 떨어진다 남의 혐의를 받기 쉬운 우연의 일치 ≒ 과전불납리(瓜田不納履), 이하부정관(李下不整冠)
우이독경 (牛耳讀經)	쇠귀에 경 읽기 아무리 가르치고 일러 주어도 소용없음
읍아수유 (泣兒授乳)	우는 아이 젖 준다 무엇이든 자신이 요구해야만 얻을 수 있음
일어탁수 (一魚濁水)	한 마리 고기가 온 강물을 흐린다 한 사람의 잘못으로 여러 사람이 피해를 입게 됨
조족지혈 (鳥足之血)	새 발의 피 극히 적은 분량
좌정관천 (坐井觀天)	우물 안 개구리 우물 속에 앉아 하늘을 본다는 뜻으로, 사람의 견문이 매우 좁음 ≒ 정중관천(井中觀天), 정저지와(井底之蛙)

주마가편 (走馬加鞭)	달리는 말에 채찍질한다
	잘하는 사람을 더욱 잘하도록 격려함

주마간산 (走馬看山)	수박 겉 핥기, 개 머루 먹듯, 처삼촌 뫼에 벌초하듯
	말을 달리면서 산천의 경개를 구경한다는 뜻으로, 사물의 겉만 훑어보고 속에 담긴 내용이나 참된 모습을 바르게 알아내지 못하는 것

진합태산 (塵合泰山)	티끌 모아 태산
	작은 것이라도 끊임없이 모이고 쌓이면 큰 것이 된다는 말

청출어람 (靑出於藍)	나중 난 뿔이 우뚝하다
	제자가 스승보다 낫다는 뜻, 또는 후진(後進)이 선배보다 낫다는 뜻 ≒ 후생가외(後生可畏), 후생각고(後生角高)

한강투석 (漢江投石)	한강에 돌 던지기, 시루에 물 퍼 붓기
	지나치게 미미하여 전혀 효과가 없음 ≒ 홍로점설(紅爐點雪), 백년하청(百年河淸)

호가호위 (狐假虎威)	원님 덕에 나팔 분다
	남의 권세를 빌려 위세를 부림

화중지병 (畵中之餠)	그림의 떡
	그림으로 그린 떡은 먹을 수 없다는 뜻으로, 실제로 사용되거나 보탬이 될 수 없는 것을 일컫는 말

흑구목욕 (黑狗沐浴)	검둥개 미역 감기기
	아무리 공들여도 효과가 없음

관련예제

다음 한자성어의 뜻으로 옳은 것은?

感之德之

① 몹시 고맙게 생각함
② 근심으로 인해 잠을 이루지 못함
③ 상대방의 처지에서 생각해 봄
④ 물건을 보면 욕심이 생김
⑤ 무슨 일이든 정성을 다하면 좋은 결과를 얻음

해설　② 輾轉反側(전전반측)　③ 易地思之(역지사지)
　　　④ 見物生心(견물생심)　⑤ 至誠感天(지성감천)　답 ①

11 > 속 담

[속담과 관련된 한자성어]

속담		한자성어	
• 가게 기둥에 입춘 • 거적문에 돌쩌귀	• 개 발에 주석 편자 • 사모에 갓끈	하로동선(夏爐冬扇)	
강원도 포수		함흥차사(咸興差使)	
갖바치 내일 모레		차일피일(此日彼日)	
• 개 머루 먹듯 • 수박 겉 핥기	• 처삼촌 뫼에 벌초하듯	주마간산(走馬看山)	
고래 싸움에 새우 등 터진다		• 경전하사(鯨戰蝦死)	• 간어제초(間於齊楚)
고양이 목에 방울 달기		• 묘두현령(猫頭縣鈴) • 탁상공론(卓上空論)	• 공리공론(空理空論)
긁어 부스럼		숙호충비(宿虎衝鼻)	
• 꿩 먹고 알 먹고 • 도랑 치고 가재 잡고	• 배 먹고 이 닦기	• 일거양득(一擧兩得)	• 일석이조(一石二鳥)
• 끈 떨어진 망석중이	• 무 밑동 같다	• 고성낙일(孤城落日)	• 사면초가(四面楚歌)
나중 난 뿔이 우뚝하다		• 청출어람(靑出於藍) • 후생각올(後生角兀)	• 후생각고(後生角高)
낫 놓고 기역 자도 모른다		• 목불식정(目不識丁) • 일자무식(一字無識)	• 어로불변(魚魯不辨)
녹비에 가로왈		• 녹비왈자(鹿皮曰字) • 이현령비현령(耳懸鈴鼻懸鈴)	
눈 가리고 아웅 하기		• 고식지계(姑息之計) • 하석상대(下石上臺) • 임기응변(臨機應變) • 엄이도령(掩耳盜鈴)	• 미봉책(彌縫策) • 동족방뇨(凍足放尿) • 임시변통(臨時變通)
• 달도 차면 기운다	• 열흘 붉은 꽃 없다	• 화무십일홍(花無十日紅)	• 흥진비래(興盡悲來)
달면 삼키고 쓰면 뱉는다		• 감탄고토(甘呑苦吐) • 염량세태(炎凉世態)	• 토사구팽(兎死狗烹)
등치고 간 내기		• 구밀복검(口蜜腹劍) • 권상요목(勸上搖木)	• 면종복배(面從腹背)
말 타면 경마 잡히고 싶다		• 득롱망촉(得隴望蜀) • 기차당(旣借堂)이면 우차방(又借房)이라(사랑채 빌리면 안방까지 달란다)	
문 열고 도적을 들여놓는다		개문납적(開門納賊)	
• 무른 땅에 말뚝 박기 • 누운 소 타기	• 호박에 침 주기 • 누워 떡 먹기	• 이여반장(易如反掌)	• 낭중취물(囊中取物)
물에 빠진 놈 건져 놓으니 내 보따리 내놔라 한다		• 적반하장(賊反荷杖) • 주객전도(主客顚倒)	• 객반위주(客反爲主)

속담	한자성어
백지장도 맞들면 낫다	• 십시일반(十匙一飯)　　• 적우침주(積羽沈舟)
• 빈대 잡으려다 초가삼간 태운다 • 쇠뿔 잡으려다 황소 잡는다 • 쥐 잡으려다 장독 깬다	• 교각살우(矯角殺牛)　　• 교왕과직(矯枉過直)
• 빛 좋은 개살구　　• 허울 좋은 하눌타리 • 잉엇국 먹고 용트림한다	양두구육(羊頭狗肉)
삼밭의 쑥대	• 마중지봉(麻中之蓬)　　• 당구풍월(堂狗風月) ↔ 근묵자흑(近墨者黑), 근주자적(近朱者赤)
숭어가 뛰니까 망둥이도 뛴다	부화뇌동(附和雷同)
서울이 낭(낭떠러지)이라니까 과천서부터 긴다	• 풍성학려(風聲鶴唳)　　• 초목개병(草木皆兵) • 배중사영(杯中蛇影)　　• 오우천월(吳牛喘月)
소 잃고 외양간 고치기	• 망양보뢰(亡羊補牢)　　• 사후약방문(死後藥方文) • 사후청심환(死後淸心丸)　• 우후송산(雨後送傘) • 십일지국(十日之菊)　　• 만시지탄(晩時之歎) ↔ 유비무환(有備無患), 거안사위(居安思危)
시루에 물 퍼붓기	• 백년하청(百年河淸)　　• 한강투석(漢江投石) • 홍로점설(紅爐點雪)
시앗(첩) 싸움에 요강 장수	• 어부지리(漁夫之利)　　• 방휼지쟁(蚌鷸之爭) • 견토지쟁(犬兎之爭)
십 년이면 강산도 변한다	• 상전벽해(桑田碧海)　　• 창상지변(滄桑之變)
쏘아 놓은 살이요 엎질러진 물이다	기호지세(騎虎之勢)
안 되는 놈은 뒤로 자빠져도 코가 깨진다	계란유골(鷄卵有骨)
어물전 망신은 꼴뚜기가 시킨다	일어탁수(一魚濁水)
• 엎친 데 덮친 격　　• 흉년에 윤달	• 설상가상(雪上加霜)　　• 하정투석(下穽投石) • 낙정하석(落穽下石)
열 번 찍어 안 넘어가는 나무 없다	• 십벌지목(十伐之木)　　• 마부위침(磨斧爲針)
우물 안 개구리	• 정저지와(井底之蛙)　　• 좌정관천(坐井觀天) • 관견(管見)　　　　　• 이관규천(以管窺天) • 요동지시(遼東之豕)
윗물이 맑아야 아랫물이 맑다	• 상탁하부정(上濁下不淨)　• 상행하효(上行下效)
원님 덕에 나팔 분다	호가호위(狐假虎威)
• 책력(달력) 보고 밥 먹는다 • 서 발 막대 저어 거칠 것 없다	• 삼순구식(三旬九食)　　• 적수공권(赤手空拳) • 계옥지탄(桂玉之嘆)　　• 남부여대(男負女戴)
천릿길도 한 걸음부터	등고자비(登高自卑)
태산을 넘으면 평지를 본다	고진감래(苦盡甘來)
티끌 모아 태산	• 진합태산(塵合泰山)　　• 적소성대(積小成大)
풀끝의 이슬	초로인생(草露人生)
하룻강아지 범 무서운 줄 모른다	• 당랑거철(螳螂拒轍)　　• 당랑지부(螳螂之斧) • 일일지구부지외호(一日之狗不知畏虎)
한강에 돌 던지기	• 한강투석(漢江投石)　　•홍로점설(紅爐點雪)

1편
인지능력평가

다음 중 속담의 뜻풀이가 잘못된 것은?

① 열의 한 술 밥이 한 그릇 푼푼하다 – 여럿이 각각 조금씩 도와주어 큰 보탬이 됨

② 내 코가 석 자 – 내 사정이 급하고 어려워서 남을 돌볼 여유가 없음

③ 까마귀 날자 배 떨어진다 – 아무 관계없이 한 일이 어떤 관계가 있는 것처럼 의심을 받게 됨

④ 원님 덕에 나팔 분다 – 남의 덕으로 당치도 아니한 대접을 받게 됨

⑤ 하루가 여삼추라 – 긴 시간이 매우 짧게 느껴짐

해설　⑤ 하루가 여삼추라 : 짧은 시간이 매우 길게 느껴짐을 비유적으로 이르는 말　　답 ⑤

12 글의 구조에 따른 독해법

1 글의 구조

- 중심어 – 핵심어(K·W) : 단락의 중심이 되는 단어
- 제목 – 주제 : K·W의 X(X는 명사, 명사형의 형태로 제시)
- 요지 – 주제문(T·S) : K·W의 X = a(a는 X의 구체적 서술)
- 요약 – 대의[(K·W의 X = a)의 집합]

더 알아보기

기본적으로 제목이나 주제는 어구의 형태를 띠고, 요지(要旨)는 문장의 형태를 보이게 된다. 설명적인 글의 경우에는 설명하고자 하는 대상(화제, topic)이 제목이 되고, 화제에 대해 설명하고자 하는 주된 내용이 요지가 된다. 논증적인 글에서는 대개 논증의 대상이 되는 화젯거리인 논점이 있고, 이 논점에 대한 글쓴이의 입장이나 견해(논지)가 있다. 이때 논점 자체나 논점과 논지를 결합하여 어구의 형식으로 축약한 것이 제목이나 주제가 되고, 논점에 대한 주장이 요지가 된다.

2 독해 문제풀이 방법론

(1) 문제의 구성

발문
(정답의 조건)
〈출제자의 의도 파악〉

+

제시문
(정답의 근거)
〈내용 및 구조 분석〉

+

선택지
(정답의 기준)
〈정·오답의 범주 판단〉

(2) 문제풀이법

① 먼저 발문과 선택지를 읽는다.

② 발문과 선택지를 바탕으로 요구하는 내용을 제시문에서 확인한다.

③ 새로운 조건인 〈보기〉의 내용을 확인하고 모든 요건에 해당하는 내용을 선택지에서 추리하여 대응한다.

④ 마무리할 때 확인할 수 있도록 제시문에서 정답의 근거라고 믿는 곳에 꼭 밑줄을 쳐 두거나 부호로 표시를 해 둔다.

3 제시문 분석 독해를 잘하는 방법

① 첫 단락의 반복되는 단어(특히 추상적인 단어)가 주제어(K · W)인 경우가 대부분이다.

② 첫 단락과 마지막 단락을 먼저 읽는다. 대개 전체의 주제문은 처음 아니면 마지막 단락에 있다.

③ 문단의 구조에 대한 문제는 중심 화제를 먼저 찾고, 그 다음은 병렬적인 것부터 먼저 묶어 나간다.

④ 지시어, 접속어, 전문용어에 동그라미와 세모, 네모 등 부호를 활용하여 표시하고 정답의 기준에 해당하는 곳에는 밑줄을 그어 한눈에 글의 내용을 파악할 수 있도록 한다.

⑤ 지시어, 접속어는 글의 논리적 전개 순서를 확인하는 근거일 뿐만 아니라 문장 구조를 분석할 때도 유용한 기준이 된다.

⑥ '그러나, 하지만' 뒤에 반증되는 내용이 나오면서 필자의 주장이 나오는 경우가 많다. 또 '결국, 그러므로, 따라서, 요컨대'가 있는 문장은 결론 및 필자의 주장이 드러나는 경우가 태반이다.

⑦ 예시 문장임을 알려 주는 '예컨대, 예를 들어'가 있는 문장 앞에는 요지가 있다.

⑧ 뒤 단락의 첫 문장은 앞 단락의 요지인 경우가 많다.

⑨ '때문이다, ~해야 한다' 등의 서술어에 주목한다. '왜냐하면 ~ 때문이다'처럼 이유 제시가 나타나는 문장 앞에는 결과나 주장에 해당하는 문장이 배치된다. '~해야 한다'가 있는 문장은 필자의 주제에 대한 주장 및 견해가 드러나는 곳이다.

⑩ 관형어나 부사어처럼 대상을 꾸며 주는 어휘나 구문은 필자의 정서나 감정이 드러나는 주관적인 부분이다.

4 정답의 원칙

① 모든 정답의 근거는 제시문에 있다. 분석, 추리, 비판 등 어떤 유형이든 모두 제시문에서 근거를 찾아야 한다. 즉, 제시문의 내용을 왜곡하거나 비약한 것은 모두 오답이 된다.

② 글의 주제는 항상 제시문의 처음과 끝에서 확인할 수 있다. 모든 독해의 핵심은 주제 파악에 있고 제시문의 대상은 대부분 처음에 나타나며, 마무리에 필자의 주장이 제시된다. 다만 반증하는 단락이 마지막에 덧붙여질 수 있으므로 유의한다.

③ 발문에서 '가장' 혹은 '궁극적으로'와 같은 조건이 붙는 경우 제시문의 내용을 포괄할 수 있는 핵심어가 있는 것을 선택지에서 찾는다.

④ 제시문과 선택지의 내용을 꼼꼼히 살펴야 한다. 조사나 어미의 차이가 의미를 현저히 다르게 할 수 있다. 함정에 빠지지 않도록 유의해야 한다.

관련예제

다음 글의 요지로 바른 것은?

새말은 민중에 의해서 자연 발생적으로 만들어져 쓰이는 것과 언어 정책상 계획적으로 만들어져 보급되는 것이 있다. 자연 발생적으로 만들어지는 새말에는 새로운 사물을 표현하기 위한 실제적인 필요에 의해 생겨나는 것과 언어 표현이 진부해졌을 때 그것을 신선한 맛을 가진 새 표현으로 바꾸려는 대중적 욕구 때문에 생겨나는 것이 있다. 여기에는 고유어, 한자어, 외래어 등이 모두 재료로 쓰인다.

정책적인 계획 조어의 경우는 대개 국어 순화 운동의 일환으로 진행되기 때문에 주로 고유어가 사용되며, 한자말일지라도 아주 익어서 고유어처럼 된 것들이 재료로 쓰인다. '한글, 단팥죽, 꼬치안주, 가락국수, 덮밥, 책꽂이, 건널목' 등은 계획 조어로서 생명을 얻은 것들이며, '덧셈, 뺄셈, 모눈종이, 반지름, 지름, 맞선꼴' 등의 용어들은 학교 교육에 도입되면서 자리를 굳혔다. 그러나 '불고기, 구두닦이, 신문팔이, 아빠, 끈끈이, 맞춤, 병따개, 비옷, 나사돌리개, 사자, 팔자, 코트 깃, 사인북, 오버센스' 등과 같이 누가 먼저 지어냈는지 모르지만 생명을 얻은 말들도 많다. 이렇게 해서 새로 나타난 말들은 민중들의 호응을 받아서 기성 어휘로서의 지위를 굳히는 것과 잠시 쓰이다가 버림을 받는 것, 처음부터 별로 호응을 받지 못하여 일반화되지 못하는 것 등이 있다. 잠시 쓰이다가 버림을 받게 되는 말들은 대개 어느 한 사회 계층이나 특정 지역에서만 호응을 받았을 뿐 널리 일반화될 기회를 얻지 못한 것들이다.

① 새말의 종류와 정착 과정   ② 새말의 탄생 이유
③ 새말과 국어 순화 운동의 관계   ④ 새말의 사멸 과정
⑤ 새말로 인한 사회적 갈등

해설 제시된 글은 전반부에서 새말의 유형을 주지로 제시한 다음 후반부에서 새말의 정착 결과를 부연 설명하고 있다.
답 ①

01 어휘력

01 다음 밑줄 친 단어의 유의어가 아닌 것은?

> 얼마 전 현직 경찰이 파렴치한 범죄를 저질러 세간의 <u>비난(非難)</u>을 샀다.

① 지탄(指彈)　　　② 원성(怨聲)　　　③ 책망(責望)
④ 혹평(酷評)　　　⑤ 힐난(詰難)

02 다음 중 단어의 관계가 다른 하나는?

① 소설 – 인물　　　② 문장 – 주어　　　③ 음악 – 모차르트
④ 숲 – 나무　　　⑤ 물 – 산소

03   다음 밑줄 친 단어와 의미가 유사한 것은?

> 새 정부 출범과 함께 부활된 해양수산부는 불과 2년도 채 안 돼 조직 <u>개변(改變)</u>이 불가피해졌다.

① 전복(顚覆)   ② 와해(瓦解)   ③ 출범(出帆)
④ 쇄신(刷新)   ⑤ 변모(變貌)

04   다음 밑줄 친 단어와 가장 가까운 뜻을 지닌 것은?

> 제약업체들의 임원 승진 연령이 낮아지는 <u>추세</u>를 보여 최근에는 40대 중·후반에 임원으로 발탁되는 사례가 확산되고 있다.

① 추이   ② 전망   ③ 경향
④ 태세   ⑤ 상태

05   다음 밑줄 친 단어와 문맥상 의미가 가장 가까운 것은?

> 석가나 예수는 만천하의 대중을 품에 안고 그들에게 밝은 길을 찾아 주며, 그들을 행복하고 평화스러운 곳으로 인도하겠다는 커다란 이상을 품었다. 그러기에 길지 아니한 삶을 살았음에도 그들의 '<u>그림자</u>'는 천고에 사라지지 않는 것이다.

① 형상(形象)   ② 상념(想念)   ③ 업적(業績)
④ 후예(後裔)   ⑤ 환경(環境)

06   다음 밑줄 친 단어와 의미가 다른 것은?

> • 그 축구감독은 패배에 대해 항상 <u>군색한</u> 변명을 늘어놓았다.
> • 어머니가 파출부 일을 하고자 했던 것은 <u>군색한</u> 집안 형편 때문이었다.

① 거북하다   ② 노여워하다   ③ 옹색하다
④ 부끄럽다   ⑤ 구차하다

07 다음 밑줄 친 단어의 풀이로 옳은 것은?

> 아버지는 평생 잔다리밟으며 사신 분이라 누구보다 성실하다.

① 쉬지 않고 일하며 ② 잰걸음을 놓으며
③ 한 푼 두 푼 아껴가며 ④ 남을 밟고 올라서며
⑤ 낮은 직위에서부터 천천히 올라오며

08 다음 밑줄 친 단어의 의미로 옳은 것은?

> 내 살다 살다 그런 벽창호는 처음 본다.

① 이유 없이 남의 말에 반대하기를 좋아하는 사람
② 늘 집 안에만 있는 사람
③ 무엇이든지 잘 아는 체하는 사람
④ 술에 몹시 취하여 정신을 가누지 못하는 사람
⑤ 고집이 세고 완고하여 말이 통하지 않는 무뚝뚝한 사람

정답 및 해설   03. ④ 04. ③ 05. ③ 06. ② 07. ⑤ 08. ⑤

03 개변(改變) : 상태, 제도, 시설 따위를 근본적으로 바꾸거나 발전적인 방향으로 고침
　④ 쇄신(刷新) : 나쁜 폐단이나 묵은 것을 버리고 새롭게 함
　① 전복(顚覆) : 사회 체제가 무너지거나 정권 따위를 뒤집어엎음
　② 와해(瓦解) : 조직이나 계획 따위가 산산이 무너지고 흩어짐을 이르는 말
　③ 출범(出帆) : 단체가 새로 조직되어 일을 시작함을 비유적으로 이르는 말
　⑤ 변모(變貌) : 모양이나 모습이 달라지거나 바뀜, 또는 그 모양이나 모습

04 추세(趨勢) : 어떤 현상이 일정한 방향으로 나아가는 경향
　③ 경향(傾向) : 현상이나 사상, 행동 따위가 어떤 방향으로 기울어짐
　① 추이(推移) : 일이나 형편이 시간의 경과에 따라 변하여 나감
　② 전망(展望) : 앞날을 헤아려 내다봄, 또는 내다보이는 장래의 상황
　④ 태세(態勢) : 어떤 일이나 상황을 앞둔 태도나 자세
　⑤ 상태(狀態) : 사물·현상이 놓여 있는 모양이나 형편

05 밑줄 친 그림자는 앞 문장의 '이상을 품었다'의 결과에 해당함과 동시에 그 뒤의 '천고에 사라지지 않는 것'과
　도 의미가 일치해야 한다.

06 군색(窘塞)하다 : 필요한 것이 없거나 모자라서 딱하고 옹색하다. 자연스럽거나 떳떳하지 못하고 거북하다.

07 잔다리밟다 : 낮은 지위에서부터 높은 지위로 차차 오르다.

08 ① 트레바리, ② 아낙군수, ③ 안다니, ④ 고주망태

09 다음 밑줄 친 단어의 문맥상 의미로 옳은 것은?

> 현대 사회의 특징 중 하나는 관찰 결과들을 해석하기 위한 새로운 이론들이 쏟아져 나와 서로 경합하는 혼돈의 시기라는 것이다.

① 몹시 어수선하고 시끌벅적함
② 무질서하게 뒤섞여 북적됨
③ 뒤숭숭하고 소란스러워 어질어짐함
④ 뒤범벅이 되어 구별이 확실하지 않음
⑤ 쇠퇴하여 결딴이 남

10 다음 밑줄 친 부분에 해당하는 단어는?

> 말뚝이 : 샌님, 말씀 들으시오. 시대가 금전이면 그만인데, 하필 이놈을 잡아다 죽이면 뭣 하오? 돈이나 몇 백 냥 내라고 하야 우리끼리 노나 쓰도록 하면 샌님도 좋고 나도 돈냥이나 벌어 쓰지 않겠소. 그러니 샌님은 못 본 체하고 가만히 계시면 내 다 잘 처리하고 갈 것이니, 그리 알고 계시오.

① 묵인(黙認)   ② 좌시(坐視)   ③ 묵시(黙視)
④ 경시(輕視)   ⑤ 암묵(暗黙)

[11~20] 다음 밑줄 친 단어와 같은 의미로 쓰인 것을 고르시오.

11

> 그는 인성이 제대로 된 사람이다.

① 저 사람은 제 남편 되는 사람입니다.
② 나는 발레리노가 되는 것이 꿈이다.
③ 무더운 여름이 가고 선선한 가을이 되었다.
④ 너는 장차 정치계의 훌륭한 재목이 될 것이야.
⑤ 모든 일이 물거품이 되고 말았다.

12

> 한국어와 일본어는 교착어에 <u>드는</u> 언어이다.

① 너도 이제 고생길에 <u>들었</u>구나.
② 취미가 고상한 편에는 못 <u>들겠</u>는걸요?
③ 지갑에 <u>든</u> 돈이 얼마 되지 않는다.
④ 그 일을 하는 데는 시간과 돈이 많이 <u>든다</u>.
⑤ 이 샛길로 <u>들면</u> 조금 더 빨리 갈 수 있다.

1편

인지능력평가

13

> 그는 출세에는 <u>마음</u>이 없고 가족들과 행복하게 사는 것만 생각한다.

① 내 주변에는 <u>마음</u>이 착한 사람이 많다.
② 다음에는 꼭 성공하겠다고 굳게 <u>마음</u>을 먹었다.
③ 안 좋은 일을 <u>마음</u>에 담아 두면 병이 된다.
④ 그녀를 보자마자 내 <u>마음</u>이 빼앗겨 버렸다.
⑤ 오늘따라 마음이 싱숭생숭하다.

정답 및 해설   09. ④ 10. ① 11. ④ 12. ② 13. ②

10 ① 묵인(默認) : 모르는 체하고 하려는 대로 내버려 둠으로써 슬며시 인정함
　② 좌시(坐視) : 관여하지 않고 보기만 함
　③ 묵시(默視) : 말없이 잠자코 눈여겨봄
　④ 경시(輕視) : 가벼이 여김
　⑤ 암묵(暗默) : 자기 의사를 밖으로 나타내지 아니함

11 ④ 사람으로서의 품격과 덕을 갖추다.
　① 어떤 사람과 어떤 관계를 맺고 있다.
　② 새로운 신분이나 지위를 가지다.
　③ 어떤 때나 시기, 상태에 이르다.
　⑤ 다른 것으로 바뀌거나 변하다.

12 ② 어떤 범위나 기준, 또는 일정한 기간 안에 속하거나 포함되다.
　① 어떤 처지에 놓이다.
　③ 안에 담기거나 그 일부를 이루다.
　④ 어떤 일에 돈, 시간, 노력, 물자 따위가 쓰이다.
　⑤ 길을 택하여 가거나 오다.

13 제시문과 ②의 '마음'은 '사람이 어떤 일에 대하여 가지는 관심'이라는 의미로 쓰였다.
　① 사람이 본래부터 지닌 성격이나 품성
　③ 사람의 생각, 감정, 기억 따위가 생기거나 자리 잡는 공간이나 위치
　④ 이성이나 타인에 대한 사랑이나 호의의 감정
　⑤ 사람이 다른 사람이나 사물에 대하여 감정이나 의지, 생각 따위를 느끼거나 일으키는 작용이나 태도

14

> 판소리에는 우리 민족의 정서가 배어 있다.

① 운동을 했더니 옷에 땀 냄새가 배었다.
② 그 모습을 보니 나도 모르게 웃음이 배어 나왔다.
③ 집에서 놀기만 했더니 게으름이 몸에 배었다.
④ 그의 얼굴에는 장난기가 가득 배어 있었다.
⑤ 나의 정신에 배어 버린 정치적 불신을 떨쳐 내기 어렵다.

15

> 물건 개수가 비자 종업원을 의심했다.

① 그 아이는 머리가 비었다.
② 마음을 비우니 아쉬움이 없어졌다.
③ 금고에서 천 원이 빈다.
④ 주중에는 영화관이 텅 비어 있다.
⑤ 주머니가 비어서 아무것도 살 수 없다.

16

> 통학생들이 승강구 입구에까지 빼곡히 들어서 멸치 상자를 미처 내려놓을 틈새를 못 찾고 있을 때, "새댁, 그거 이리 주소."하며 멸치 상자를 덥석 받은 것이 아버지였다. 팔 소매를 둥둥 걷은 풀색 작업복에 땟국이 흐르는 벙거지를 눌러쓴 아버지는 그때도 역시 정처 없이 떠도는 중이던 모양이었다.

① 한눈을 팔며 길을 걷다가 넘어졌다.
② 바짓단을 걷어 올리고 개울을 건넜다.
③ 사람들이 일어난 뒤에 돗자리를 걷자.
④ 벌여 놓은 사업들을 하나씩 걷었다.
⑤ 장마가 걷자마자 무더위가 시작되었다.

17

　　허위는 우리의 생명의 뿌리를 쏘는 독균이라 하였거니와, 허위가 우리의 생명의 뿌리를 쏘는 독균의 윗나라 하면 나태는 그 아랫나라 할 것입니다. 외인이 우리를 비평할 때에는 모두 나태한 것을 제일로 칩니다. 긴 담뱃대를 물고 한데서 낮잠 자는 모양을 찍은 조선 사람의 사진이 서양에 돌아다니는 사진첩과 심지어 지리 교과서의 삽화에까지 들어갑니다. 외국에 처음 오는 손님으로서 혹 부산에 처음 오는 손님으로 벌거벗은 산들, 조금도 제방을 정리함이 없이 가로 뛰거나 세로 뛰거나 달아나는 대로 내버려 둔 하천, 곳곳에 흘러가는 물을 두고도 관개를 설비할 줄 모르는 전답, 다 무너져 가는 성루와 도로, 계딱지 같은 모옥(茅屋)들 이런 것을 볼 때에 어떻게 나타한 인상이 아니 박이겠습니까? 제발 이런 독균들을 <u>거두어</u> 주십시오.

① 도로 위 불법 설치물을 <u>거두시오.</u>
② 학교에서 국군 장병에게 보낼 편지를 <u>거두었다.</u>
③ 이제 눈물을 <u>거두고</u> 다시 만날 날을 기약하자.
④ 선생님께서 당분간 이 아이를 <u>거두어</u> 주십시오.
⑤ 학생들이 이번 시험에는 좋은 성적을 <u>거둘</u> 것이다.

정답 및 해설　　14. ⑤　15. ③　16. ②　17. ①

14 제시문과 ⑤의 '배다'는 '느낌, 생각 따위가 깊이 느껴지거나 오래 남아 있다'라는 의미로 쓰였다.
① 냄새가 스며들어 오래도록 남아 있다.
②, ④ 스며들거나 스며 나오다.
③ 버릇이 되어 익숙해지다.

15 개수가 비다, 돈이 비다 : 전체 중 일부가 모자라다.
① 지식이나 판단 능력 등이 남들에 비해 떨어지다.
② 욕심이나 집착 따위를 버리다.
④ 일정한 공간에 사람, 사물 따위가 들어 있지 않다.
⑤ 돈, 재산 따위가 없어지다.

16 소매를 걷다, 바짓단을 걷다 : 늘어진 것을 말아 올리다.
① 두 발을 움직여 앞으로 나가다.
③ 깔거나 덮은 것을 개키다.
④ 일을 도중에 그만두거나 끝내다.
⑤ 비가 그치고 맑게 개다.

17 제시문과 ①의 '거두다'는 '벌여 놓거나 차려 놓은 것을 정리하다'라는 의미로 쓰였다.
② 여러 사람에게서 돈이나 물건 따위를 받아들이다.
③ 말, 웃음 따위를 그치거나 그만두다.
④ 고아, 식구 따위를 보살피다.
⑤ 좋은 결과나 성과 따위를 얻다.

18

> 그녀는 친구들에게 초청장을 <u>보냈다</u>.

① 사고 현장에 구급차를 긴급히 <u>보냈다</u>.
② 국가대표 축구 선수들에게 응원을 <u>보냈다</u>.
③ 놀이공원에서 <u>보내는</u> 시간은 즐겁다.
④ 그를 다른 팀으로 <u>보냈다</u>.
⑤ 그는 부모님께 돈을 <u>보내</u> 드렸다.

19

> 겉치레에 불과한 입법 활동에 대한 비난의 목소리가 <u>높다</u>.

① 그 학원은 <u>높은</u> 대학 합격률을 자랑한다.
② 직원들의 사기를 <u>높이는</u> 게 급선무이다.
③ 배급에 대한 문제를 놓고 언성이 <u>높아졌다</u>.
④ 근본적인 대처 방안이 필요하다는 지적이 <u>높다</u>.
⑤ 수준 <u>높은</u> 독자들을 상대하기가 쉽지 않다.

20

> 우리나라 전통음식은 생각보다 <u>손</u>이 많이 간다.

① 내 목숨은 이제 네 <u>손</u>에 달렸다.
② 어린 아이는 엄마의 <u>손</u>을 무척이나 필요로 한다.
③ <u>손</u> 없는 날에 이사하는 게 좋다더라.
④ 이번 잔치에 <u>손</u>이 많이 와 기분이 좋다.
⑤ 결국 사기꾼의 <u>손</u>에 놀아난 격이다.

21 다음 글의 밑줄 친 단어와 문맥상 의미가 같은 것은?

> 과학사(科學史)를 살펴보자면 과학이 가치중립적이라는 <u>신화</u>는 무너지고 만다. 어느 시대가 낳은 과학이론은 과학자의 인생관과 자연관은 물론 당대의 시대사조나 사회·경제·문화적 제반 요소들이 긴밀하게 상호작용한 총체적 산물로 드러나기 때문이다. 말하자면 어느 시대적 분위기가 무르익어 어떤 과학이론을 출현시키는가 하면, 그 배출된 이론이 다시 문화의 여러 영역에서 되먹임 되어 직접 또는 간접적으로 영향을 미친다는 얘기이다. 다윈의 진화론으로부터 사회적 다윈주의(Darwinism)가 출현한 것은 가장 극적인 예이고, '엔트로피 법칙'이 현대 과학기술 문명에 깔린 발전 개념을 비판하고 새로운 세계관을 모색하는 틀이 되는 것도 같은 맥락이다.

① 기상천외한 그들의 행적은 하나의 <u>신화</u>로 남았다.
② 아시아의 몇몇 국가들은 짧은 기간 동안 고도성장의 <u>신화</u>를 이룩하였다.
③ 월드컵 4강 <u>신화</u>를 떠올려 본다면 국민 소득 2만 달러 시대도 불가능한 것은 아니다.
④ 한국은 단일민족이라는 <u>신화</u>가 통하는 나라이기 때문에 아직도 상당히 폐쇄적이다.
⑤ 별자리에 얽힌 <u>신화</u>를 조사하여 발표하는 수업을 들었다.

1편

인지능력평가

정답 및 해설   18. ⑤   19. ④   20. ②   21. ④

18 초청장을 보내다, 돈을 보내다 : 사람이나 물건을 다른 곳으로 가게 하다.
  ① 일정한 임무나 목적으로 가게 하다.
  ② 상대방에게 자신의 마음가짐을 느끼어 알도록 표현하다.
  ③ 시간이나 세월을 지나가게 하다.
  ④ 사람을 일정한 곳에 소속되게 하다.

19 ④ 어떤 의견이 다른 의견보다 많고 우세하다.
  ① 값이나 비율 따위가 보통보다 위에 있다.
  ② 기세 따위가 힘차고 대단한 상태에 있다.
  ③ 소리의 강도가 세다.
  ⑤ 품질, 수준, 능력, 가치 따위가 보통보다 위에 있다.

20 ② 어떤 일을 하는 데 드는 사람의 힘이나 노력, 기술
  ① 어떤 사람의 영향력이나 권한이 미치는 범위
  ③ 날짜에 따라 방향을 달리하여 따라다니면서 사람의 일을 방해한다는 귀신
  ④ 여관이나 음식점 따위의 영업하는 장소에 찾아온 사람
  ⑤ 사람의 수완이나 꾀

21 제시문과 ④의 '신화'는 '사람들의 공통된 믿음'을 나타낸다.
  ① 신비스러운 이야기
  ②, ③ 절대적이고 획기적인 업적
  ⑤ 고대인의 사유나 표상이 반영된 신성한 이야기

22 다음 〈보기〉를 참고로 할 때 ㉠의 접두사 '한-'과 의미가 같은 것은?

> 윤두서는 조선 중기에서 후기로 넘어가는 전환기의 ㉠한복판에서 새로운 화법에 입 각하여 새로운 경향의 그림을 그린 화가였다. 그의 예리한 관찰력과 뛰어난 필력은 특히 인물화에서 돋보이는데, 자화상인 〈윤두서상〉은 국보 제240호로 지정되었다.

> ─보기─
> 한 「접두사」(일부 명사 앞에 붙어)
> (1) '큰'의 뜻을 나타냄
> (2) 공간적으로는 '바로', 시간적으로는 '한창'의 뜻을 나타냄
> (3) '같음'의 뜻을 나타냄

① 한길   ② 한데   ③ 한집안
④ 한밤중   ⑤ 한시름

23 다음 중 '가(家)'의 뜻이 다른 하나는?

① 야심가   ② 독서가   ③ 문학가
④ 정열가   ⑤ 호색가

24 다음 빈칸에 공통으로 들어길 알맞은 것은?

> ㉠ 가슴을 (   ).   ㉡ 꼬리를 (   ).
> ㉢ 새끼를 (   ).   ㉣ 진을 (   ).

① 치다   ② 흔들다   ③ 꼬다
④ 쓸다   ⑤ 타다

[25~27] 다음 밑줄 친 단어가 다른 의미로 쓰인 것을 고르시오.

25 ① 밤이 너무 깊어서 근처 여관으로 들었다.
② 새집에 든 지도 벌써 몇 해가 흘렀다.
③ 하숙집에 든 그 청년은 인사성이 매우 바르다.
④ 호텔에 들고 나서 해외 거래처에 전화를 걸었다.
⑤ 성당 안에 드니 성스러운 기운이 느껴진다.

26 ① 그 회사의 제품이라면 <u>믿고</u> 쓸 수 있다.
    ② 나는 그의 말이라면 철석같이 <u>믿었다</u>.
    ③ 우리 팀이 경기에서 잘해낼 거라 <u>믿는다</u>.
    ④ 너는 네 친구의 말을 너무 <u>믿는</u> 게 문제야.
    ⑤ 나는 외계인의 존재를 <u>믿는다</u>.

27 ① 그는 나를 동경의 <u>눈</u>으로 바라보았다.
    ② 사물을 통찰할 수 있는 <u>눈</u>을 길러야 한다.
    ③ 아무리 좋은 옷이라고 해도 내 <u>눈</u>에는 안 찬다.
    ④ 이 영화는 인간을 보는 다양한 <u>눈</u>을 제공한다.
    ⑤ 내 <u>눈</u>에는 그 사람의 단점이 보이지 않는다.

[28~32] 다음 밑줄 친 단어와 바꿔 쓸 수 있는 것을 고르시오.

28
┌───┐
│ 상대방의 <u>올찬</u> 목소리에 기가 죽었지만 나도 지지 않으려고 있는 대로 악을 썼다. │
└───┘

    ① 우렁찬   ② 올곧은   ③ 당돌한
    ④ 흥분한   ⑤ 날카로운

정답 및 해설 　　　　22. ④ 23. ③ 24. ① 25. ⑤ 26. ① 27. ① 28. ③

22 ㉠ 한복판은 〈보기〉의 (2)에 해당하는 것으로 ④가 그에 해당한다. ①과 ⑤는 (1), ③은 (3)에 해당한다.

23 ③은 '그 방면의 일을 전문으로 하는 사람'을 의미하고, 나머지는 '그러한 성질이나 경향이 두드러지는 사람'을 의미한다.

24 ㉠ 가슴을 <u>치다</u> : 마음에 큰 충격을 받다.
    ㉡ 꼬리를 <u>치다</u> : 아양을 떨다.
    ㉢ 새끼를 <u>치다</u> : 번식하는 것처럼 본바탕의 가지를 늘어나게 하거나 덧붙여 붙어 가게 하다.
    ㉣ 진을 <u>치다</u> : 자리를 차지하다.

25 ⑤의 '들다'는 '밖에서 속이나 안으로 향해 가거나 오거나 하다'라는 의미로, 나머지는 '방이나 집 따위에 있거나 거처를 정해 머무르게 되다'라는 의미로 쓰였다.

26 ①의 '믿다'는 '어떤 사람이나 대상에 의지하며 그것이 기대를 저버리지 않을 것이라고 여기다'라는 의미로, 나머지는 '어떤 사실이나 말을 꼭 그렇게 될 것이라고 생각하거나 그렇다고 여기다'라는 의미로 쓰였다.

27 ①의 '눈'은 '무엇을 보는 표정이나 태도'를 뜻하고, 나머지는 '사물을 판단하는 힘'을 뜻한다.

28 올차다 : 허술한 데가 없이 야무지고 기운차다.

29

이모가 아직 결혼을 못한 건 남자를 보는 눈이 높기 때문이야.

① 시력　　　　　② 관점　　　　　③ 시각
④ 견해　　　　　⑤ 안목

30

　그녀는 제주도 여인들의 기질을 그대로 이어 받은 탓에 조곤조곤하기보다 괄괄한 편이다.

① 냉정한　　　　② 소심한　　　　③ 활발한
④ 과격한　　　　⑤ 털털한

31

우리 대학이 배출한 인재만 해도 줄잡아서 300명쯤 된다.

① 넘겨짚어서　　② 바로잡아서　　③ 어림잡아서
④ 가려잡아서　　⑤ 골라잡아서

32

성실한 학생을 책동하여 불법을 저지르게 한 사람이 누구냐?

① 선전(宣傳)　　② 계몽(啓蒙)　　③ 고무(鼓舞)
④ 선동(煽動)　　⑤ 독려(督勵)

[33~34] 다음 빈칸에 들어갈 알맞은 것을 고르시오.

33

한 시간 사이에 업무량이 갑자기 (　　　)하였다.

① 폭주(暴注)　　② 폭발(暴發)　　③ 폭등(暴騰)
④ 횡행(橫行)　　⑤ 작렬(炸裂)

34

> 기업들마다 단기간에 최대 이익을 챙기려 할 뿐 기술력 (　　　)을/를 위해 장기적인
> 투자를 하지 않고 있다는 것이 문제이다.

① 생산(生産)　　　② 재고(再考)　　　③ 제고(提高)

④ 출자(出資)　　　⑤ 고취(鼓吹)

정답 및 해설　　　　　　　　29. ⑤　30. ④　31. ③　32. ④　33. ①　34. ③

29 눈이 높다 : 수준이 높은 좋은 것만 찾는 버릇이 있다. 안목이 높다.
　　⑤ 안목(眼目) : 사물을 보고 가치를 판단하는 힘
　　① 시력(視力) : 물체의 형상을 인식하는 눈의 능력
　　② 관점(觀點) : 사물이나 현상을 관찰할 때 그 사람이 보고 생각하는 태도나 방향 또는 처지
　　③ 시각(視角) : 사물을 관찰하고 파악하는 기본적인 자세
　　④ 견해(見解) : 자기 의견과 해석

30 괄괄하다 : 성질이 급하고 과격하다.
　　① 냉정하다 : 태도가 정다운 맛이 없고 차갑다.
　　② 소심하다 : 대담하지 못하고 조심성이 많다.
　　③ 활발하다 : 매우 힘차고 생기가 있다.
　　⑤ 털털하다 : 사람의 성격이나 하는 짓 따위가 까다롭지 아니하고 소탈하다.

31 줄잡다 : 대강 짐작으로 헤아려 보다. ≒ 어림잡다

32 책동(策動) : 남을 부추기어 일정한 방향으로 행동하게 함 ≒ 선동(煽動)
　　① 선전(宣傳) : 어떤 것을 많은 사람이 알고 이해하도록 설명하여 널리 알리는 일
　　② 계몽(啓蒙) : 지식수준이 낮거나 인습에 젖은 사람을 가르쳐서 깨우침
　　③ 고무(鼓舞) : 힘을 내도록 격려하여 용기를 북돋움
　　⑤ 독려(督勵) : 감독하며 격려함

33 ① 폭주(暴注) : 어떤 일이 처리하기 힘들 정도로 한꺼번에 몰림
　　② 폭발(暴發) : 힘이나 열기 따위가 갑작스럽게 퍼지거나 일어남, 어떤 사건이 갑자기 벌어짐
　　③ 폭등(暴騰) : 물건의 값이나 주가 따위가 갑자기 큰 폭으로 오름
　　④ 횡행(橫行) : 아무 거리낌 없이 제멋대로 행동함
　　⑤ 작렬(炸裂) : 포탄 따위가 터져서 쫙 퍼짐, 박수 소리나 운동 경기에서의 공격 따위가 포탄이 터지듯 극렬
　　　하게 터져 나오는 것을 비유적으로 이르는 말

34 ③ 제고(提高) : 수준이나 정도를 쳐들어 높임
　　① 생산(生産) : 자원이나 가공물의 원재료를 이용하여 생활에 필요한 물품을 만들어 냄
　　② 재고(再考) : 어떤 일이나 문제에 대하여 다시 생각함
　　④ 출자(出資) : 〈경제〉 자금을 내는 일
　　⑤ 고취(鼓吹) : 힘을 내도록 격려하여 용기를 북돋움

35 **다음 밑줄 친 표현을 바꿔 쓴 것으로 적절하지 않은 것은?**

① 선거법 저촉(抵觸)(→ 해당) 여부를 검토하다.

② 국력 배양에 가일층(加一層)(→ 한층 더) 매진하다.

③ 그들은 대절(貸切)(→ 전세) 버스 편으로 상경했다.

④ 검찰에서는 악덕 상인들의 매점(買占)(→ 사재기)을 단속하기로 했다.

⑤ 물건에 하자(瑕疵)(→ 흠)가 있을 경우에는 교체해 드리겠습니다.

[36~38] 다음 빈칸에 공통으로 들어갈 알맞은 것을 고르시오.

36

> • 그는 친구의 도움으로 목숨을 겨우 (   )할 수 있었다.
> • 우리의 문화유산이 온전히 (   )될 수 있도록 힘써야 한다.
> • 생태계 (   )이/가 시급하다.

① 보호(保護)   ② 유지(維持)   ③ 보전(保全)

④ 보존(保存)   ⑤ 지속(持續)

37

> • 이 가방이 진짜인지 가짜인지 도저히 (   )이 안 된다.
> • 색맹인 사람은 색깔을 제대로 (   )하지 못한다.
> • 공과 사를 확실히 (   )해야 한다.

① 차별(差別)   ② 구별(區別)   ③ 구분(區分)

④ 분별(分別)   ⑤ 변별(辨別)

38

> 맹자의 치도(治道)를 살펴보면 정무를 담당하는 계층과 농토를 경작하는 계층을 구분하여 그 두 계층이 (   )적인 관계에 있는 것이 이상적인 정치 제도라고 보았다. 현대 사회에서 정부와 NGO의 관계도 사실은 (   )적인 관계라 할 수 있다.

① 상관(相關)   ② 상극(相剋)   ③ 상충(相衝)

④ 상쇄(相殺)   ⑤ 상보(相補)

39 다음 밑줄 친 어휘의 쓰임이 옳지 않은 것은?

① 고무줄을 늘리다.
속도가 너무 느리다.

② 불을 붙이다.
빈대떡을 부치다.

③ 자전거가 트럭에 부딪혔다.
트럭과 자전거가 부딪쳤다.

④ 겉잡아 이틀 걸릴 일이다.
걷잡을 수 없는 사태가 벌어졌다.

⑤ 솥에 쌀을 안쳤다.
그는 여백에 따로 앉힌 내용을 읽고 있었다.

1편

인지능력평가

40 다음 빈칸에 들어갈 알맞은 것은?

> 그들은 가난의 (   )에서 벗어나기 위해 온갖 노력을 했다.

① 굴곡   ② 겁박   ③ 질곡
④ 통제   ⑤ 강박

정답 및 해설   35. ①   36. ③   37. ②   38. ⑤   39. ①   40. ③

35 ① 저촉(抵觸) : 법률이나 규칙 따위에 위반되거나 거슬림

36 제시된 문장 모두 '온전하게 보호하여 유지하다'라는 의미가 통해야 하므로 ③ 보전(保全)이 적절하다.

37 제시된 문장 모두 '성질이나 종류에 따라 차이가 나다'라는 의미가 통해야 하므로 ② 구별(區別)이 적절하다.

38 ⑤ 상보(相補) : 서로 모자란 부분을 보충함
   ① 상관(相關) : 서로 관련을 가짐, 남의 일에 대해서 간섭하거나 신경을 씀
   ② 상극(相剋) : 두 사람(사물)이 서로 화합하지 못하고 맞서거나 충돌함
   ③ 상충(相衝) : 맞지 아니하고 서로 어긋남
   ④ 상쇄(相殺) : 상반되는 것이 서로 영향을 주어 효과가 없어지는 일

39 ① 고무줄을 늘리다. → 고무줄을 늘이다.

40 ③ 질곡 : 지나친 속박으로 자유를 가질 수 없는 상태
   ① 굴곡 : 사람이 살아가면서 잘되거나 잘 안되거나 하는 일이 번갈아 나타나는 변동
   ② 겁박 : 으르고 협박함
   ④ 통제 : 일정한 방침이나 목적에 따라 행위를 제한하거나 제약함
   ⑤ 강박 : 남의 뜻을 무리하게 내리누르거나 자기 뜻에 억지로 따르게 함, 무엇에 눌리거나 쫓겨 심하게 압박을 느끼거나 어떤 생각이나 감정에 끊임없이 사로잡힘

41 다음 밑줄 친 부분과 의미가 통하는 단어는?

> 머지않아 있을 대통령 선거에서는 <u>민심의 흐름</u>이나 경제, 사회 분위기에 대한 면밀한 검토 없이 현실 사회에 그 처방을 물리적으로 적용해서는 안 된다.

① 여파　　　　　　② 여론　　　　　　③ 사조
④ 풍문　　　　　　⑤ 동향

42 다음 제시된 풀이에 해당하는 단어는?

> 말하는 투가 듣는 사람의 감정이 상하지 않도록 모나지 않고 부드러움

① 완곡(婉曲)　　　② 왜곡(歪曲)　　　③ 유연(柔軟)
④ 완고(頑固)　　　⑤ 우회(迂回)

43 다음 밑줄 친 부분의 문맥상 의미로 옳은 것은?

> 어떤 집단이나 시대가 일반적인 동향, 분위기 등을 띠고 있어도 이들에 대한 설명은 결국 개인의 행동과 의식을 <u>살펴야</u> 가능하다는 것이다.

① 가정(假定)해야　　② 보완(補完)해야　　③ 반영(反映)해야
④ 구명(究明)해야　　⑤ 성찰(省察)해야

44 다음 밑줄 친 관용어구가 잘못 쓰인 것은?
① 그는 <u>허파에 바람이 들었는지</u> 하루 종일 실없이 웃었다.
② 절벽 아래를 내려다보니 <u>간이 서늘해졌다.</u>
③ 동업자가 <u>산통을 깨는</u> 바람에 모든 일이 어그러졌다.
④ <u>색안경을 끼고</u> 보니 그의 진면목이 드러났다.
⑤ 시험에서 낙방한 그는 <u>코가 빠진</u> 모습이었다.

45 다음 빈칸에 들어갈 단어를 순서대로 나열한 것은?

> • 그녀는 마감 오 분 전에 기사를 (　　)했다.
> • 작가치고 (　　) 독촉에 시달리지 않은 사람은 별로 없다.
> • 마지막까지 몇 차례 수정을 거듭한 끝에 (　　)의 기쁨을 맛보았다.
> • 그는 일필휘지로 글을 쓰는 스타일이라기보다는 (　　)를 많이 하는 편이다.
> • 아직 한 번도 손보지 않은 (　　)라 고쳐야 할 부분이 여기저기에 보인다.

① 송고 - 원고 - 탈고 - 퇴고 - 초고

② 탈고 - 원고 - 송고 - 초고 - 퇴고

③ 퇴고 - 초고 - 원고 - 탈고 - 송고

④ 원고 - 탈고 - 퇴고 - 송고 - 초고

정답 및 해설　　　　　41. ②　42. ①　43. ③　44. ④　45. ①

41 ② 여론 : 대중의 공통된 의견
① 여파 : 어떤 일이 끝난 뒤에 미치는 영향
③ 사조 : 시대나 그 계층의 일반적인 사상의 흐름
④ 풍문 : 바람결에 떠도는 소문, 뜬소문
⑤ 동향 : 사람들의 사고, 사상, 활동이나 일의 형세 따위가 움직여 가는 방향

42 ① 완곡(婉曲) : 말하는 투가 듣는 사람의 감정이 상하지 않도록 모나지 않고 부드러움
② 왜곡(歪曲) : 사실과 다르게 해석하거나 그릇되게 함
③ 유연(柔軟) : 부드럽고 연함
④ 완고(頑固) : 융통성이 없고 고집이 셈
⑤ 우회(迂回) : 곧바로 가지 않고 멀리 돌아서 감

43 ③ 반영하다 : 다른 것에 영향을 받아 어떤 현상을 나타내다.
① 가정하다 : 사실이 아니거나 또는 사실인지 아닌지 분명하지 않은 것을 임시로 인정하다.
② 보완하다 : 부족한 것을 보충하여 완전하게 하다.
④ 구명하다 : 사물의 본질, 원인 따위를 깊이 연구하여 밝히다.
⑤ 성찰하다 : 자기의 마음을 반성하고 살피다.

44 색안경을 끼고 보다 : 주관이나 선입견에 얽매여 좋지 아니하게 보다.

45 • 송고(送稿) : 원고(原稿)나 기사를 편집 담당자에게 보냄
• 원고(原稿) : 인쇄하거나 발표하기 위해 쓴 글이나 그림
• 탈고(脫稿) : 원고 쓰기를 마침
• 퇴고(推敲) : 완성된 글을 다시 읽어 가며 다듬어 고치는 일
• 초고(草稿) : 초벌로 쓴 원고

02 언어규범

[1~2] 다음 중 표준 발음으로 옳지 않은 것을 고르시오.

01
① 물난리[물랄리] ② 넓죽하다[널쭈카다] ③ 닭[닥]
④ 삶[삼ː] ⑤ 묽고[물꼬]

02
① 옷 한 벌[오탄벌] ② 곬이[골씨] ③ 헛웃음[헌우슴]
④ 꽃 위[꼬뒤] ⑤ 내복약[내ː봉냑]

03 다음 중 밑줄 친 부분이 바르게 쓰인 것은?
① 사과를 껍질채 먹었다.
② 비가 와서 우산을 바쳐 들고 길을 나섰다.
③ 어제는 어머니를 도와 김치를 담궜다.
④ 나의 바램대로 내일은 비가 왔으면 좋겠다.
⑤ 그녀의 행동이 눈에 띄게 달라졌다.

04 다음 중 맞춤법이 올바른 것은?
① 조국을 위해 목숨을 받히다.
② 비가 오려는지 하늘이 시커맸다.
③ 잔금을 내일까지 치뤄야 한다.
④ 망치질을 하다가 손을 찌었다.
⑤ 나는 밥을 먹었다.

05 다음 밑줄 친 ㉠~㉤에 대한 설명으로 옳지 않은 것은?

> • 비스듬히 가파른 ㉠둔덕에는 잔다란 들꽃들이 사철 내 쉼 없이 피었다 지곤 했다.
> • 흙다리는 새끼줄이나 ㉡칡넝쿨 같은 것을 엮어 진흙으로 빤빤하게 싸 바른 것이다.
> • 물이 ㉢불어 봤댔자 허리 정도밖에 안 차는 정도였다.
> • ㉣등굣길에 동생을 유치원에 데려다주었다.
> • 손때가 묻은 ㉤반짇고리에는 할머니와의 추억이 고스란히 담겨 있다.

① ㉠ 둔덕 – '주위의 땅보다 두두룩하게 언덕진 땅'이라는 의미의 단어이다.
② ㉡ 칡넝쿨 – 발음할 때 비음화 현상이 나타난다.
③ ㉢ 불어 – 기본형이 '붇다'로 ㄷ불규칙에 해당한다.
④ ㉣ 등굣길 – 사이시옷을 표기하지 않는 것이 옳다.
⑤ ㉤ 반짇고리 – '바느질'의 'ㄹ'이 'ㄷ'으로 소리 나므로 옳은 표현이다.

06 다음 밑줄 친 일본식 표현을 잘못 고친 것은?

> 우리는 곤색 가건물 식당에 들어가서 초밥을 먹었다. 와사비와 오뎅 국물이 정말 맛있었다. 식당을 나온 후 편의점에 들러 밧데리를 샀다.

① 곤색 → 검은색　　② 가건물 → 임시 건물　　③ 와사비 → 고추냉이
④ 오뎅 → 어묵　　⑤ 밧데리 → 건전지

정답 및 해설　　　　01. ②　02. ③　03. ⑤　04. ⑤　05. ④　06. ①

01　② 넓죽하다[넙쭈카다]

02　③ 헛웃음[허두슴]

03　① 껍질채 → 껍질째　　　　　　　② 바쳐 → 받쳐
　　③ 담궜다 → 담갔다　　　　　　　④ 바램 → 바람

04　① 받히다 → 바치다　　　　　　　② 시커맸다 → 시커멨다
　　③ 치뤄야 → 치러야　　　　　　　④ 찌었다 → 찧었다

05　한자어와 고유어의 결합으로 이루어진 단어이므로 사이시옷을 표기해야 한다.

06　곤색은 '감(紺)'의 일본식 발음 '곤'에 '색'이 붙어서 만들어진 단어로, 우리말로 순화한 단어는 '어두운 남색'을 의미하는 '감색'이다.

07 다음 밑줄 친 부분이 맞춤법상 옳지 않은 것은?

① 사범이 <u>널빤지</u> 다섯 장을 겹쳐 놓고 격파하였다.
② 그는 자신이 세상에서 제일 잘났다며 <u>으스대곤</u> 했다.
③ 작은 아이가 잠자리에서 <u>부스스</u> 일어났다.
④ 우리 동네에는 <u>나지막한</u> 건물이 많다.
⑤ 불쾌한 장면을 보았는지 그녀의 표정이 <u>이즈러졌다</u>.

08 다음 중 표기가 옳은 문장은?

① 끼여들기를 무리하게 하면 큰 사고가 날 수 있다.
② 내 몸에 알맞는 운동을 해야 한다.
③ 이렇게 가 버리면 난 어떡해.
④ 아다시피 독일은 축구 강국 중 하나이다.
⑤ 이래 뵈도 내가 좀 부자다.

09 다음 문장을 바르게 띄어 쓴 것은?

> 우리는만난지3년만에서로간에생긴오해때문에관계에금이갔을뿐만아니라상처투성이가되었다.

① 우리는 만난 지 3년만에 서로간에 생긴 오해 때문에 관계에 금이 갔을 뿐만아니라 상처 투성이가 되었다.
② 우리는 만난지 3년만에 서로 간에 생긴 오해때문에 관계에 금이 갔을뿐만 아니라 상처투성이가 되었다.
③ 우리는 만난지 3년 만에 서로간에 생긴 오해때문에 관계에 금이 갔을 뿐만아니라 상처 투성이가 되었다.
④ 우리는 만난 지 3년만에 서로 간에 생긴 오해 때문에 관계에 금이 갔을뿐만 아니라 상처투성이가 되었다.
⑤ 우리는 만난 지 3년 만에 서로 간에 생긴 오해 때문에 관계에 금이 갔을 뿐만 아니라 상처투성이가 되었다.

10 다음은 단어의 표기나 띄어쓰기에 따라 의미가 달라지는 사례를 보인 것이다. 다음 중 맞춤법이나 어법에 어긋난 것은?

> ㉠ 숙제를 <u>못 했다</u>. – 동사가 나타내는 동작을 할 수 없거나 상태가 이루어지지 않았다.
> 숙제를 <u>못했다</u>. – 어떤 일을 일정한 수준에 못 미치게 하거나 그 일을 할 능력이 없다.
> ㉡ <u>머지않아</u> 여름이 올 것이다. – 시간적으로 멀지 않다.
> 우리나라의 노벨상 수상은 결코 <u>멀지않다</u>. – 공간적으로 멀지 않다.
> ㉢ 우리의 이야기에 철호도 <u>알은체</u>를 하며 끼어들었다. – 어떤 일에 관심을 가지는 듯한 태도를 보이다.
> 우리의 이야기에 철호도 <u>아는 체</u>를 하며 끼어들었다. – 알지 못하면서 아는 것처럼 거짓으로 그럴듯하게 꾸미다.

① ㉠   ② ㉡   ③ ㉢
④ ㉡, ㉢   ⑤ 없음

11 다음 중 띄어쓰기가 바른 것은?

① 정확히 차 한대 주차할 만큼 비워 놓았지.
② 그럴리야 없겠지만, 나중에 만나더라도 모르는 체하지나 말게.
③ 오늘은 왠지 꼭 우리 그 이가 올 것만 같아.
④ 인연이란 게 있는 건지, 만난 지 한 달 만에 결혼하더라고요.
⑤ 후회한다 해도 이미 늦었는 걸.

정답 및 해설   **07.⑤   08.③   09.⑤   10.②   11.④**

07 ⑤ 이즈러졌다 → 이지러졌다 : 불쾌한 감정 따위로 얼굴이 일그러지다. 달 따위가 한쪽이 차지 않다.

08 ① 끼어들기   ② 알맞은
     ④ 알다시피   ⑤ 이래 봬도

10 '머지않다'는 주로 '머지않아'의 형태로 쓰이며 '시간'을 나타낸다. '멀다'를 활용하여 쓸 때에는 '멀지 않아'처럼 띄어 쓴다.

11 ① 한대 → 한 대 : 수량 관형사와 의존 명사이므로 띄어 써야 한다.
     ② 그럴리야 → 그럴 리야 : '리'는 의존 명사이므로 띄어 써야 한다.
     ③ 그 이 → 그이 : '그이'는 여자 입장에서 쓰는 배우자의 호칭이므로 하나의 대명사이다.
     ⑤ 늦었는 걸 → 늦었는걸 : '-는걸'은 어미로 굳어졌다.

03 ▶ 한자성어 및 속담

01 다음 제시된 한자성어의 의미로 옳은 것은?

> 言語道斷

① 어이가 없어 이루 말로 나타낼 수 없음
② 눈썹에 불이 붙은 것과 같이 매우 위급함
③ 사람의 힘을 더하지 않은 그대로의 자연
④ 애써 공들이지 않아도 스스로 변화하여 잘 이루어짐
⑤ 변명할 말이 없거나 변명을 못함

02 다음 중 '효도'를 의미하는 한자성어는?

① 맥수지탄(麥秀之嘆) ② 풍수지탄(風樹之嘆)
③ 비육지탄(髀肉之嘆) ④ 수구초심(首丘初心)
⑤ 토사구팽(兎死狗烹)

03 다음 밑줄 친 부분과 의미가 통하는 한자성어는?

> 어떤 매미 한 마리가 거미줄에 걸려 처량한 소리를 지르기에 내가 듣다 못하여 매미를 날아가도록 풀어 주었다. 그때 옆에 있는 어떤 사람이 나를 나무라면서, "거미나 매미는 다 같이 하찮은 미물(微物)들이다. 거미가 그대에게 무슨 해를 끼쳤으며, 매미는 또 그대에게 어떤 이익을 주었기에 매미를 살려 주어 거미를 굶겨 죽이려 드는가? 살아간 매미는 자네를 고맙게 여길지라도 먹이를 빼앗긴 거미는 억울하게 생각할 것이다. 이렇다면 매미를 놓아 보낸 일을 두고 누가 자네를 어질다고 여기겠는가?"하였다.

① 역지사지(易地思之) ② 이해상반(利害相反)
③ 주객전도(主客顚倒) ④ 자가당착(自家撞着)
⑤ 이심전심(以心傳心)

04 다음 제시된 한자성어와 어울리는 속담은?

> 청출어람(靑出於藍)

① 망둥이가 뛰면 꼴뚜기도 뛴다　　② 나중 난 뿔이 우뚝하다
③ 쇠뿔도 단김에 빼라　　　　　　　④ 수박 겉 핥기
⑤ 쏘아 놓은 살이요 엎지른 물이다

05 다음 한자성어에 포함된 숫자를 모두 더한 값은?

고육지계	오하아몽	삼삼오오	일희일비	강구연월

① 13　　　　　　　　② 18　　　　　　　　③ 23
④ 26　　　　　　　　⑤ 38

정답 및 해설　　　　　　　01. ①　02. ②　03. ①　04. ②　05. ②

01 ① 言語道斷(언어도단)　　② 焦眉之急(초미지급)　　③ 無爲自然(무위자연)
　　④ 無爲而化(무위이화)　　⑤ 有口無言(유구무언)

02 ② 풍수지탄(風樹之嘆) : 효도를 다하지 못한 채 어버이를 여읜 자식의 슬픔을 이르는 말
　　① 맥수지탄(麥秀之嘆) : 고국의 멸망을 한탄함을 이르는 말
　　③ 비육지탄(髀肉之嘆) : 재능을 발휘할 때를 얻지 못하여 헛되이 세월만 보내는 것을 한탄함을 이르는 말
　　④ 수구초심(首丘初心) : 여우가 죽을 때에 머리를 자기가 살던 굴 쪽으로 둔다는 뜻으로, 고향을 그리워하는
　　　마음을 이르는 말
　　⑤ 토사구팽(兎死狗烹) : 필요할 때는 쓰고 필요 없을 때는 야박하게 버리는 경우를 이르는 말

03 ① 역지사지(易地思之) : 처지를 바꾸어서 생각하여 봄
　　② 이해상반(利害相反) : 이익과 손해가 반반으로 맞섬
　　③ 주객전도(主客顚倒) : 일의 근본이 뒤바뀜
　　④ 자가당착(自家撞着) : 말과 행동이 앞뒤가 서로 맞지 아니하고 모순됨
　　⑤ 이심전심(以心傳心) : 마음과 마음으로 서로 뜻이 통함

04 청출어람(靑出於藍) : 제자나 후배가 스승이나 선배보다 나음을 비유적으로 이르는 말
　　② 나중 난 뿔이 우뚝하다 : 후배가 선배보다 훌륭하게 되었음을 비유적으로 이르는 말

05 苦肉之計(0) + 吳下阿蒙(0) + 三三五五(16) + 一喜一悲(2) + 康衢煙月(0) = 18

06 다음 밑줄 친 단어와 의미가 통하지 않는 한자성어는?

> 백석과 신현중은 여러 면에서 서로 마음이 통하고, 최근에는 <u>너나들이</u>까지 하게 되어 동호회 모임도 같이 하고 있다.

① 수어지교(水魚之交)　　　　　　② 문경지교(刎頸之交)
③ 막역지우(莫逆之友)　　　　　　④ 금란지교(金蘭之交)
⑤ 시도지교(市道之交)

07 다음 중 '이치에 맞지 않는 말을 억지로 끌어 붙여 자기의 주장에 맞도록 함'을 의미하는 한자성어는?

① 견리사의(見利思義)　　　　　　② 아전인수(我田引水)
③ 사필귀정(事必歸正)　　　　　　④ 조령모개(朝令暮改)
⑤ 견강부회(牽强附會)

08 다음 중 '인물이나 사물의 우열을 가리기 힘듦'을 의미하지 않는 한자성어는?

① 난형난제(難兄難弟)　　　　　　② 막상막하(莫上莫下)
③ 백중지세(伯仲之勢)　　　　　　④ 누란지세(累卵之勢)
⑤ 춘란추국(春蘭秋菊)

09 다음과 같은 뜻을 지닌 한자성어로 알맞은 것은?

> 옛것을 익히고 그것을 미루어서 새것을 앎

① 주객전도(主客顚倒)　　　　　　② 주마가편(走馬加鞭)
③ 온고지신(溫故知新)　　　　　　④ 좌정관천(坐井觀天)
⑤ 마이동풍(馬耳東風)

10 다음 제시된 속담과 의미가 비슷한 것은?

> 너구리 굴 보고 피물 돈 내어 쓴다

① 김칫국부터 마신다
② 꿩 대신 닭
③ 검둥개 멱 감기듯
④ 자는 범 코침 주기
⑤ 자라 보고 놀란 가슴 솥뚜껑 보고 놀란다

11 다음 중 속담과 그 의미가 잘못 연결된 것은?

① 꿩 구워 먹은 자리 – 어떠한 일의 흔적이 전혀 없음
② 송장 먹은 까마귀 소리 – 이치에 맞지 않는 엉뚱한 소리
③ 닷새를 굶어도 풍잠 멋으로 굶는다 – 체면 때문에 곤란을 무릅씀
④ 산지기가 놀고 중이 추렴을 낸다 – 아무 관계없는 남의 일로 부당하게 대가를 치름
⑤ 달밤에 삿갓 쓰고 나온다 – 가뜩이나 미운 사람이 더 미운 짓만 함

정답 및 해설　　06. ⑤　07. ⑤　08. ④　09. ③　10. ①　11. ②

06 ⑤는 '이익이 있으면 서로 합하고, 이익이 없으면 헤어지는 시정(市井)의 장사꾼과 같은 교제'를 의미하고, 나머지는 '매우 친밀한 관계'를 뜻한다.

07 ① 견리사의(見利思義) : 눈앞에 이익이 보일 때 의리를 먼저 생각함
　② 아전인수(我田引水) : 자기에게만 이롭게 되도록 생각하거나 행동함
　③ 사필귀정(事必歸正) : 모든 일은 반드시 바른 길로 돌아감
　④ 조령모개(朝令暮改) : 아침에 명령을 내렸다가 저녁에 다시 고친다는 뜻으로, 법령을 자꾸 고쳐서 갈피를 잡기가 어려움을 이르는 말

08 ④ 누란지세(累卵之勢) : 층층이 쌓아 놓은 알의 형세라는 뜻으로, 몹시 위태로운 형태를 이르는 말

09 ① 주객전도(主客顚倒) : 사물의 경중·선후·완급 따위가 서로 뒤바뀜을 이르는 말
　② 주마가편(走馬加鞭) : 달리는 말에 채찍질한다는 뜻으로, 잘하는 사람을 더욱 장려함을 이르는 말
　④ 좌정관천(坐井觀天) : 우물 속에 앉아서 하늘을 본다는 뜻으로, 사람의 견문(見聞)이 매우 좁음을 이르는 말
　⑤ 마이동풍(馬耳東風) : 동풍이 말의 귀를 스쳐 간다는 뜻으로, 남의 말을 귀담아듣지 아니하고 흘려버림을 이르는 말

10 너구리 굴 보고 피물 돈 내어 쓴다 : 일이 되기도 전에 거기서 나올 이익부터 생각하여 돈을 앞당겨 씀을 비유적으로 이르는 말
　① 김칫국부터 마신다 : 해 줄 사람은 생각지도 않는데 미리부터 다 된 일로 알고 행동한다는 말
　② 꿩 대신 닭 : 꼭 적당한 것이 없을 때 그와 비슷한 것으로 대신하는 경우를 비유적으로 이르는 말
　③ 검둥개 멱 감기듯 : 어떤 일을 해도 별로 효과가 나타나지 않음을 비유적으로 이르는 말
　④ 자는 범 코침 주기 : 공연히 건드려 문제를 일으킴을 비유적으로 이르는 말
　⑤ 자라 보고 놀란 가슴 솥뚜껑 보고 놀란다 : 어떤 사물에 몹시 놀란 사람은 비슷한 사물만 보아도 겁을 냄을 이르는 말

11 ② 송장 먹은 까마귀 소리 : 질이 나쁜 사람이 하는 못된 소리

12　다음 중 '아무리 어려운 경우에 처하더라도 살아나갈 방법이 생긴다'는 의미의 속담은?

① 하늘이 무너져도 솟아날 구멍이 있다
② 가는 날이 장날
③ 공든 탑이 무너지랴
④ 쥐구멍에도 볕 들 날 있다
⑤ 하늘은 스스로 돕는 자를 돕는다

13　다음 〈보기〉의 속담에서 연상되는 것은?

┌─보기─
• 해산한 데 개 잡기　　　　• 고추밭에 말 달리기
• 만경창파에 배 밑 뚫기　　• 패는 곡식 이삭 뽑기
└

① 순서　　　　② 심술　　　　③ 욕심
④ 조롱　　　　⑤ 교만

14　다음 글의 내용과 가장 어울리는 속담은?

　　평소 주민들에게 친절하고 모범적이었던 시청 공무원 B씨는 지난 3년간 난치병 환자들에게 돌아가야 할 보조금 3억 2천만 원을 자신의 차명계좌에 입금시켜 빼돌린 혐의로 지난 7일 구속되었다. 이에 난치병 환자 단체 관계자들은 시장에게 항의하여 재발 방지를 촉구하였다.

① 나는 새도 떨어뜨린다　　② 긁어 부스럼
③ 공 든 탑이 무너지랴　　　④ 언 발에 오줌 누기
⑤ 겉 다르고 속 다르다

15 다음 밑줄 친 ㉠과 의미가 통하는 속담은?

> 세계보건기구(WHO)에 따르면 전염병은 0.1%의 가능성만 있어도, 과학적으로 명확하지 않고 다소의 인권침해가 있더라도 정부가 적극적으로 개입해 확산을 막아야 한다. 질병의 치료에는 본인 동의를 받아야 하지만 예방이 목적일 때는 불확실한 상황이라도 본인 동의와 상관없이 즉각 조치를 취해야 한다는 것이다. 한데 우리 보건 당국은 병원의 의심 신고에도 다른 조사를 해 보라고 지시하였고, 스스로 이상 증상을 호소하며 격리를 요청하는 환자도 돌려보냈다. 심지어 ㉠건성건성한 역학조사로 감염자가 중국으로 건너가는 지경에 이르렀다.

① 처삼촌 뫼에 벌초하듯 ② 초라니 대상 물리듯

③ 대추나무에 연 걸리듯 ④ 마파람에 게 눈 감추듯

⑤ 건넛마을 불구경하듯

정답 및 해설   **12.** ① **13.** ② **14.** ⑤ **15.** ①

12 ② 가는 날이 장날 : 일을 보러 가니 공교롭게 장이 서는 날이라는 뜻으로, 어떤 일을 하려는데 뜻하지 않은 일을 공교롭게 당함을 이르는 말
　③ 공든 탑이 무너지랴 : 공들여 쌓은 탑은 무너질 리 없다는 뜻으로, 정성을 다하여 한 일은 그 결과가 헛되지 않음을 이르는 말
　④ 쥐구멍에도 볕 들 날 있다 : 몹시 고생하는 삶도 좋은 운수가 터질 날이 있다는 말
　⑤ 하늘은 스스로 돕는 자를 돕는다 : 하늘은 스스로 노력하는 사람을 성공하게 만든다는 뜻으로, 어떤 일을 이루기 위해서는 자신의 노력이 중요함을 이르는 말

13 〈보기〉는 모두 심술과 관련된 속담이다.
　• 해산한 데 개 잡기 : 몹시 심술궂은 사람
　• 고추밭에 말 달리기 : 심술이 매우 고약함
　• 만경창파에 배 밑 뚫기 : 심통 사나운 짓
　• 패는 곡식 이삭 뽑기 : 잘되어 가는 일을 심술궂은 행동으로 망침

14 ⑤ 겉 다르고 속 다르다 : 겉으로 드러나는 행동과 마음속으로 품고 있는 생각이 서로 달라서 사람의 됨됨이가 바르지 못함을 이르는 말

15 건성건성 : 정성을 들이지 않고 대강대강 일을 하는 모양
　① 처삼촌 뫼에 벌초하듯 : 정성을 들이지 않고 마지못해 건성으로 함을 비유적으로 이르는 말
　② 초라니 대상 물리듯 : 해야 할 일을 미루고 미루는 경우를 비유적으로 이르는 말
　③ 대추나무에 연 걸리듯 : 여러 곳에 빚을 많이 진 것을 비유적으로 이르는 말
　④ 마파람에 게 눈 감추듯 : 음식을 빨리 먹어 버리는 모습을 비유적으로 이르는 말
　⑤ 건넛마을 불구경하듯 : 자기에게 관계없는 일이라고 하여 무관심하게 방관함을 비유적으로 이르는 말

04 논리력

● 주제 및 중심 내용 파악

[1~3] 다음 글의 주제로 알맞은 것을 고르시오.

01

자유(自由)는 함부로 날뛰는 자의(字意)와는 다르다. 또 이른바 필연성을 이성에 의해 지배해야 한다는 식의 구속을 의미하지도 않는다. 억지로 어떤 명령이나 규범에 맞추어야 한다는 것이 아니라 나의 욕구 그대로가 명령과 일치하여 이성과 하나가 되는 경지라 하겠다. 필연에의 굴종이 아니라 필연이 그대로 나에게 힘이 되도록 내가 그의 주인 노릇을 하는 경우이다. 나는 이미 던져져 있다. 그러나 아무렇게나 던져져 있지 않다. 주인 노릇을 할 수 있도록 자유로운 존재로 던져져 있다. 이것은 교만도 불손도 아니다. 이미 그렇게 던져져 있는 사명을 다 하는 것일 뿐이다. 그리하도록 던져져 있기에 그 길을 걷는 것이요, 그것이 다름 아닌 자유이다. 다시없는 행운도 비극도 내가 이 자유에 의해 주인 노릇을 하면서 얻는 것이라면 그것은 달게 받을 수밖에 없다. 그것이 인간이었기에 인간으로서 살았으면 그만 아닌가. 미리 겁을 낼 것도 방심할 것도 없다. 여기에 인생의 다할 길 없는 의의와 깊이가 있는 것이다.

① 자유와 자의의 차이점　　　　② 삶에 있어 자유의 참된 의미
③ 마음의 자유가 지니는 한계　　④ 자유와 규범과의 관계
⑤ 참된 자유를 얻을 수 있는 방법

02

민법이 동등한 위치에 있는 개인과 개인 사이의 관계나 문제를 다루고 있는 법이라면, 근로기준법은 고용 관계에서 상대적으로 유리한 위치에 있는 고용주가 근로자의 노동 조건을 일방적으로 결정하거나 실시하는 것을 막기 위해 마련된 법이다. 따라서 근로기준법은 고용주와 근로자 사이에 맺어진 어떤 약속이나 계약보다 우선적으로 적용되도록 되어 있다. 예를 들어 어떤 근로자가 입사 당시에 퇴직금을 요구하지 않겠다는 서약서를 썼다 하더라도, 근로기준법에는 퇴직금을 주어야 한다는 조항(제28조)이 있기 때문에 그 서약서는 법적으로 아무런 효력을 발휘할 수 없는 것이다.

① 근로기준법의 기본 정신과 목적　　② 근로기준법의 독소조항 개정
③ 민법과 근로기준법의 입법 취지　　④ 근로기준법과 민법과의 상관관계
⑤ 근로기준법의 효력이 발휘되는 기준

03

정보 사회를 바라보는 관점은 기술 결정론과 사회 구조론으로 나뉜다. 기술 결정론적 관점에서는 정보 기술이 발전하면 정보 경제라는 새로운 경제 부문이 급격하게 떠오르고, 그에 따라 고용 구조라든가 정부나 기업이 조직되고 작동하는 방식에도 커다란 변화가 일어남으로써 사회 구조의 모든 영역에서 근본적인 변화가 일어날 것이라고 본다. 즉, 정보 기술은 변동의 기본 동인(動因)으로서 사회 변동에 자율적으로 작용할 것이라는 점을 강조하는 관점이다. 이러한 기술 결정론을 탈산업 사회론이라 부르기도 한다. 이 관점에 선 학자들은 정보 사회라는 탈산업 사회는 '재화를 생산하는 경제'보다는 '서비스를 중심으로 하는 경제'라는 특징을 지니게 된다고 주장하며 정보 지식을 탈산업 사회의 핵심 자원으로 간주한다. 또한 이들은 의회 민주주의보다는 참여 민주주의, 시민운동에 의한 사회 변동, 물질주의적 가치의 퇴조 등이 미래 정보 사회의 주요 특성이 될 것이라고 강조한다.

한편 사회 구조론적 관점에서는 정보 기술을 독립 변수로 보지 않는다. 이 관점을 지지하는 학자들은 정보 기술의 발전에 따라 정보화가 진전되는 일도 결국은 자본주의 체제 내부에서 일어나는 변화일 따름이라고 본다. 이들이 바라보는 정보 사회의 미래는 탈산업 사회론자들의 전망과는 달리 장밋빛 신세계가 아니다. 즉, 향후 정보 사회에서는 경제적 불평등과 정보 불평등이 확대되고 실업이 늘어나게 되며, 직무의 탈숙련화로 말미암아 노동자의 힘이 약화되고 정부가 대규모의 다국적 조직을 통해 지배력을 강화하는 등의 부정적 특징들이 나타나게 되리라고 본다.

① 정보 사회와 산업 사회의 관계
② 정보 기술의 발전과 사회 변동의 방향
③ 정보 사회에 대한 정책적 대안
④ 정보 기술의 도입에 따른 문제점
⑤ 정보 사회를 바라보는 비판적인 관점의 필요성

정답 및 해설　　　　　　　　　　　　**01. ② 02. ① 03. ②**

01 본문에서 자유의 참된 의미는 나의 욕구 그대로가 이성과 하나가 되는 경지라고 말하고 있다.

02 본문에서 말하고자 하는 것은 근로기준법의 기본 정신과 목적으로서, 일례를 들어 그것을 설명하고 있다.

03 제시문은 정보 사회를 바라보는 상반된 관점을 소개하고 있다. 기술 결정론적 관점에서는 정보 기술이 발전하면 사회 구조의 모든 영역에 긍정적인 변화가 일어날 것이라고 본다. 한편 사회 구조론적 관점에서는 정보 사회의 부정적 특징들에 주목하고 있다. 즉, 이 글은 급속한 정보 기술의 발전에 따른 사회 변동이 어떻게 이루어질 것인지 다루고 있다.

04 다음 글의 중심 내용으로 적절한 것은?

> 일반적으로 창조란 무질서 속에서 동일성을 찾아내는 것이라고 한다. 과학은 이러한 창조의 관점에서 자연 현상을 연구의 대상으로 객관화한다. 이렇게 객관화된 대상을 소립자 단위로 분석한 후 다시 종합하는 과정에서 동일성과 보편적 질서를 찾아낸다. 그러나 예술적 창조 활동은 주어진 대상을 객관화하기보다는 거꾸로 그 현상에 몰입하는 것이다. 즉, 예술은 예술가 자신을 대상에 동화시키는 과정을 통해 그 현상의 총체적 본질을 표현해 내는 통합적 작업이라 하겠다.

① 창조의 개념   ② 예술가의 임무
③ 예술적 창조의 특징   ④ 과학과 예술의 차이
⑤ 과학적 창조의 특징

05 다음 글에서 논의되고 있는 주제로 적절한 것은?

> 전통은 선조들의 경험과 통찰이 쌓이고 쌓여서 완성된 지혜의 유산이다. 그것은 오랜 세월을 두고 실험적으로 얻어진 지혜인 까닭에 오늘에 있어서도 우리 생활을 이끄는 지침으로서의 구실을 하는 한 그것은 그만한 가치와 의의를 지닌다. 오늘을 이끄는 지혜로서의 가치는, 그러나 전통이 지닌 가치의 전부는 아니다. 다시 말해 생활을 위한 실용의 가치, 즉 어떤 수단으로서의 가치만이 전통의 가치의 전부는 아니다. 처음에는 단순한 수단으로 존중되던 것도 오랜 세월이 흐르는 동안 점차 그 자체가 목적으로 추구되는 경우가 흔하며, 그 자체가 목적으로 추구될 만한 본래적 가치를 지닌 것으로 인정되는 게 보통이다.

① 전통은 우리 조상들의 지혜의 총화이자 지식의 저장고이며 우리 삶의 지침서이다.
② 오랫동안 시행착오를 통해 이룩된 전통은 후대로 와서 그 실용성이 더 중시되고 있다.
③ 선조들의 지혜의 유산인 전통은 수단으로서의 가치 이외에 그것이 전통인 까닭에 귀중하다고 인정되는 본래적 가치도 중요한 요소로 지니고 있다.
④ 전통은 선조들의 경험과 통찰력이 쌓여서 얻어진 지혜의 유산이므로 수단으로서의 가치보다는 목적으로서의 본래적 가치가 더욱더 존중되어야 한다.
⑤ 전통이 지닌 지혜로서의 가치는 세월이 흐르는 동안 변화하고 발전하는 유동적인 것이다.

올바른 접속어 찾기

[6~9] 다음 빈칸에 들어갈 알맞은 것을 고르시오.

06

폴란은 동물의 가축화를 '노예화 또는 착취'로 바라보는 시각은 잘못이라고 주장한다. 그에 따르면, 가축화는 '종들 사이의 상호주의'의 일환이며 정치적이 아니라 진화론적 현상이다. 그는 "소수의, 특히 운이 좋았던 종들이 다윈식의 시행착오와 적응과정을 거쳐, 인간과의 동맹을 통해 생존과 번성의 길을 발견한 것이 축산의 기원"이라고 말한다.
　예컨대 이러한 동맹에 참여한 소, 돼지, 닭은 번성했지만 그 조상뻘 되는 동물들 중에서 계속 야생의 길을 걸었던 것들은 쇠퇴했다는 것이다. 지금 북미 지역에 살아남은 늑대는 1만 마리 남짓인데 개들은 5천만 마리나 된다는 것을 통해 이 점을 다시 확인할 수 있다. 이로부터 폴란은 '그 동물들의 관점에서 인간과의 거래는 엄청난 성공'이었다고 주장한다. (　　　) 스티븐 울프는 "인도주의에 근거한 채식주의 옹호론만큼 설득력 없는 논변도 없다. 베이컨을 원하는 인간이 많아지는 것은 돼지에게 좋은 일이다."라고 주장하기도 한다.

① 그래서　　　② 그러나　　　③ 반면
④ 그런데　　　⑤ 왜냐하면

07

남아공을 여행하면 엄청난 혼란에 빠진다. 그곳은 서유럽의 풍요로움과 아프리카의 비극이 동시에 존재하는 충격의 현장이기 때문이다. 케이프타운은 아프리카 대륙에서 제일 아름다운 항구이다. 온화한 기후, 아름다운 산과 해변, 정돈된 도시 기반 시설과 쾌적한 주택가, 화려한 쇼핑몰, 거리를 달려가는 유럽의 고급 자동차 행렬은 서구 선진 산업사회의 모습 그대로이다. (　　　) 이 도시는 또 다른 얼굴을 갖고 있다. 공항에서부터 고속도로를 따라 거대한 빈민촌이 들어서 있다. 케이프타운의 인구 350만 명 중 100만 명이 생계수단이 없는 빈민이다.

① 그리고　　　② 게다가　　　③ 그러므로
④ 따라서　　　⑤ 그러나

정답 및 해설　　　04.④　05.③　06.①　07.⑤

04 본문은 과학적 창조 활동과 예술적 창조 활동의 차이를 통해 과학과 예술의 차이를 밝히는 글이다.
05 전통은 수단과 목적이 나란히 양립해 갈 때 그 의미가 발현된다는 내용이므로 ③이 정답이다.
06 폴란의 주장이 스티븐 울프가 주장하는 내용의 근거가 되므로 '그래서'가 가장 적절하다.

08

> 현세의 인간 세계가 종국적인 가치와 의미를 지닌 것이고, 이것은 어떤 다른 세계를 위한 과도 단계가 아니다. (   ) 현세는 인간이 태어나서 마땅히 인간으로서의 삶을 누려야 할 세계이며 뜻 있게 살아야 할 가치가 있는 세계이다. (   ) 현세에 대한 이 같은 긍정적 태도는 유교 사상의 밑바탕에 깔려 있는 관념이다. 이것은 긍정적일 뿐만 아니라 낙천적이기도 하다.

① 하지만 – 그런데   ② 따라서 – 그런데
③ 그리고 – 또한   ④ 그러나 – 그러므로
⑤ 하물며 – 그러므로

09

> 과학은 어렵고 딱딱하다. 사회 속의 과학은 일상생활과 얽혀 있어 그 실체를 알아내기가 더욱 어렵다. (   ) 현대 사회는 과학을 모른 채 살아가도록 내버려 두지 않는다. 이제 일반 대중들도 과학을 이해해야 한다. 노래를 못 부르는 사람을 '음치'라고 부르며 놀려댄다. (   ) 자연 현상을 제대로 설명하지 못하는 사람들을 '과치'라고 놀려대는 경우는 거의 없다.

① 하물며 – 또한   ② 즉 – 그러면
③ 그러므로 – 그러나   ④ 결코 – 따라서
⑤ 그러나 – 그러나

● 빈칸 완성하기

10   다음 빈칸에 들어갈 알맞은 것은?

> 자동차는 문명의 이기이며 20,000개의 부품으로 이루어진 현대 기술의 총체라는 사실을 부정할 사람은 없을 것이다. 그러나 그 문명의 이기도 때로는 훌륭한 운송 수단이 됨과 동시에 사람의 생명을 해치는 아주 흉악한 기기가 되어 지금 이 시간에도 길거리나 도로를 거침없이 달리고 있다. 인간의 삶이 편리하도록 만든 기기가 이제 우리를 해하는 적이 된 지 오래이다. 그러나 대단히 (   )으로 들리겠지만 자동차는 더 이상 우리의 적도, 그렇다고 친구도 아닌 존재가 되어 버렸다.

① 풍자적   ② 비유적
③ 반어적   ④ 역설적
⑤ 은유적

11 다음 빈칸에 들어갈 내용으로 가장 적절한 것은?

민주주의의 목적은 다수가 폭군이나 소수의 자의적인 권력 행사를 통제하는 데 있다. 민주주의의 이상은 모든 자의적인 권력을 억제하는 것으로 이해되었는데, 이것이 오늘날에는 자의적 권력을 정당화하기 위한 장치로 변화되었다. 이렇게 변화된 민주주의는 민주주의 그 자체를 목적으로 만들려는 이념이다. 이것은 법의 원천과 국가권력의 원천이 주권자 다수의 의지에 있기 때문에 국민의 참여와 표결 절차를 통하여 다수가 결정한 법과 정부의 활동이라면 그 자체로 정당성을 갖는다는 것이다. 즉, 유권자 다수가 원하는 것이면 무엇이든 실현할 수 있다는 말이다. 이러한 민주주의는 '무제한적 민주주의'이다. 어떤 제약도 없는 민주주의라는 의미이다. 이런 민주주의는 자유주의와 부합할 수가 없다. 그것은 다수의 독재이고, 이런 점에서 전체주의와 유사하다. 폭군의 권력이든, 다수의 권력이든, 군주의 권력이든, 위험한 것은 권력 행사의 무제한성이다. 중요한 것은 이러한 권력을 제한하는 일이다. 민주주의 그 자체를 수단이 아니라 목적으로 여기고 다수의 의지를 중시한다면, 그것은 다수의 독재를 초래하고, 그것은 전체주의만큼이나 위험하다. 민주주의 존재 그 자체가 언제나 개인의 자유에 대한 전망을 밝게 해 준다는 보장은 없다. 개인의 자유와 권리를 보장하지 못하는 민주주의는 본래의 민주주의가 아니다. 본래의 민주주의는 (   )

① 다수의 의견을 수렴하여 이를 그대로 정책에 반영해야 한다.
② 서로 다른 목적의 충돌로 인한 사회적 불안을 해소할 수 있어야 한다.
③ 다수 의견보다는 소수 의견을 채택하면서 진정한 자유주의의 실현에 기여해야 한다.
④ 무제한적 민주주의를 과도기적으로 거치며 개인의 자유와 권리 보장에 기여해야 한다.
⑤ 민주적 절차 준수에 그치지 않고 과도한 권력을 실질적으로 견제할 수 있어야 한다.

정답 및 해설   08. ② 09. ⑤ 10. ④ 11. ⑤

08 현세의 인간 세계에 과도적 요소가 없다고 말한 뒤 다시 한 번 현세적 삶을 역설하고 있다. 그 다음에는 화제를 전환해 유교의 긍정적 태도를 말하고 있다.

09 빈칸 앞뒤의 내용이 상반되므로 역접의 접속 조사가 들어가야 한다.

10 본문은 자동차가 인간의 삶에 딜레마로 작용하고 있다고 역설하고 있다. 즉, 진퇴양난의 상황이다.

11 민주주의를 실현하는 데 있어서 가장 중요한 것은 어떤 종류의 권력이든지 간에 그것을 제한하는 일이다.

12　다음 빈칸에 들어갈 말로 바르게 짝지은 것은?

> 자연은 스스로의 조정 능력을 발휘하여 생물종의 수를 줄였다. 또 변화하는 환경에 적응할 수 있는 능력이 부족한 생물은 도태됨으로써 시간이 흐르면서 소멸하기도 했다. 이러한 소멸은 시간이 흐르면서 저절로 이루어진 자연의 자기 조절이라고 볼 수 있다. 그러나 현재의 생물종 소멸은 이러한 (　　　) 과정이 아니라 환경에 대한 인간의 탐욕이 불러온 (　　　) 재앙의 성격을 지닌 것으로 보아야 한다.

① 수동적 – 능동적
② 미시적 – 거시적
③ 내부적 – 외부적
④ 자연적 – 인위적
⑤ 지속적 – 단속적

13　다음 빈칸에 들어갈 말로 적절한 것은?

> 오늘날 대부분의 경제사상은 '무분별한' 성장이라는 기본 개념에 기초를 두고 있다. 성장이 파괴적이고 불건강하며 또한 병적인 것이 될 수 있다는 생각은 하지 않는다. 따라서 우리에게 시급히 필요한 것은 (　　　　　　　　　)인 것이다. 성장은 민간 부문의 과도한 소비와 생산으로부터 교육과 보건 같은 공공 부문으로 전환되어야 한다. 이러한 변화는 물질적 획득으로부터 내적 성장과 개발이라는 근본적 변화를 동반해야 한다.
>
> 공업화된 사회의 성장에는 상호 관련된 경제적, 기술적 및 제도적 세 개의 차원이 있다. 대부분의 경제학자들은 계속적인 경제 성장을 하나의 도그마로 받아들이고 있으며, 그들은 케인즈와 함께 그것이 가난한 사람들에게 물리적 부(富)가 조금씩 흘러내리게 하는 유일한 방법이라 여기고 있다. 이 '조금씩 흘러내림'이라는 모델이 비현실적이라는 지적이 있었던 것은 이미 오래전 일이다. 고도성장이 사회적, 인간적 문제를 해소하는 데 별로 한 일이 없을 뿐 아니라 여러 나라에서 실업 증대와 사회적 여건의 악화를 초래했다. 그럼에도 불구하고 경제학자들과 정치가들은 여전히 경제적 성장을 주장하고 있다. 그리하여 넬슨 록펠러는 1976년 로마 클럽의 한 집회에서 "수백만 미국인이 그들의 생활을 개선하기 위해서는 더 많은 성장이 필요하다."라고 주장했다.

① 사회의 소외층을 위한 복지 정책
② 성장을 최우선으로 여기는 의식 구조의 개혁
③ 성장이 야기할 수 있는 문제점에 대한 자각
④ 성장의 개념에 대한 반성과 새로운 방향 모색
⑤ 경제 중심적 관점에서 바라본 성장의 개념 정립

● 내용 추리와 구조의 이해

14 다음 ㉮와 ㉯에 대한 설명으로 옳지 않은 것은?

> 인류의 역사에는 수많은 일, 즉 ㉮사실(事實)이 있었다. 역사란 그 많은 사실 중에서 그야말로 역사적 가치와 의미가 있는 사실, 즉 ㉯사실(史實)만을 뽑아 모은 것이라고 말할 수 있다.

① ㉮와 ㉯는 모두 실제로 과거에 일어났던 일들이다.
② ㉮와 ㉯는 시대와 상황에 따라 그 가치가 유동적이다.
③ ㉮와 달리 ㉯에는 객관성과 진실성만이 존재한다.
④ ㉮ 중에서 역사적 가치가 있다는 전제하에 ㉯가 선택된다.
⑤ ㉮와 ㉯를 균형적으로 조합하면 중립적인 역사관을 세울 수 있다.

15 다음 밑줄 친 ㉠의 의미로 알맞은 것은?

> 신화는 개인적인 공포나 강박증을 정화시키는 임무를 수행한다. 장르 영화 역시 그와 유사한 목적을 지닌다. 장르 영화는 현실 세계에 남겨진 여러 난제들을 일시적으로 해결한다. 장르 영화는 개인이 갖고 있는 공포의 감정을, 원시 종교의 주술사가 사람들이 행하기를 원하는 마법을 부려 치료하듯 ㉠사회의 통념에 귀속시킴으로써 치유한다.

① 사람들이 일반적으로 기대하는 방식
② 기존의 계층구조를 고착시키는 방식
③ 사회의 주류 세력에게 호소되는 방식
④ 일반인들에게 알려진 익숙한 방식
⑤ 현실의 문제를 과거에 귀속시키는 방식

정답 및 해설　　12.④　13.④　14.③　15.①

12 과거에는 생태계가 스스로 자연적 조정 능력을 발휘했지만, 현재의 생물종 소멸은 인간의 욕망에 의해 이루어진 것이므로 인위적이라 할 수 있다.
13 빈칸 앞에는 무분별한 성장의 개념에 대한 문제점이 제시되어 있고, 뒤에는 성장의 바람직한 방향에 대한 내용이 이어지고 있다.
14 역사가가 사실(史實)을 선택할 때는 사실(事實) 중에서 어느 것이 더 객관적 진실성에 가까운 것인지 고려할 뿐이다.
15 원시 종교의 주술사는 사람들이 원하는 마법을 부린다고 하였으므로 이를 '일반적인 기대'로 볼 수 있다.

16 다음 밑줄 친 ㉠의 논리적 전제가 되는 것은?

> 국수주의는 옳고 그름의 기준, 곧 가치의 기준을 문제와 아무런 관계가 없는 이념 혹은 감정에 두고 있는 사고방식이다. 한 이론이나 주장은 그것이 동양인에 의해서 세워진 것이기 때문에 옳은 것이 되고, 한 예술 작품은 그것이 한국인에 의해서 창조된 것이기 때문에 좋아진다. 사대사상과 열등의식에 사로잡힌 나머지 동양적인 것, 한국적인 것을 무조건 무시하는 자학을 해서는 안 됨은 말할 필요도 없다. ㉠하지만 애국심이나 어떤 감정에 좌우되어 그와는 정반대의 길을 택하는 것은 올바른 사고의 태도가 아니다.

① 올바른 가치판단을 위해서는 객관적 기준이 요구된다.
② 지나친 사대주의의 배척은 오히려 국수주의를 조장할 위험성이 있다.
③ 주체성이 결여된 가치판단은 편협한 자기합리화를 부른다.
④ 옳고 그름이 분명한 사상만이 가치판단의 대상이 된다.
⑤ 극단적 애국주의는 민족을 앞세운 또 하나의 폭력일 뿐이다.

17 다음 글로부터 추론할 수 있는 것은?

> "선함과 같은 도덕 가치는 나무나 바위처럼 존재하는가?" 이 물음에 대하여 많은 사람들은 부정적으로 대답한다. 그들에 따르면 나무와 바위는 사람이 없더라도 변함없이 그대로 있을 것이지만, 선함과 같은 도덕 가치는 항상 사람의 존재를 전제한다고 한다.
> "도덕 가치는 항상 사람의 존재를 전제한다."는 그들의 주장은 다음의 두 가지 주장 중 하나로 이해된다. 우선 이를 "도덕적으로 가치 있는 모든 행위는 반드시 누군가에게 도움이 되어야 한다."로 이해할 수 있다. 하지만 도덕적으로 가치 있는 모든 행위가 꼭 어떤 사람에게 도움이 되어야 할까? 당신이 세상에 남겨진 마지막 사람인 경우를 생각해 보자. 마지막 숨이 끊어지기 직전에 사과나무를 심은 당신의 행위는 그 어떤 사람도 도울 수 없다. 심지어 당신도 사과나무로부터 어떤 도움도 받지 못할 것이다. 나무를 심는 행위는 세상의 그 어느 사람에게 도움이 되지 않더라도 도덕적으로 가치 있는 행위이다.
> 그들의 주장은 다음으로 "어떤 행위가 도덕적으로 가치 있다면 그것을 판단할 사람이 있어야 한다."의 의미로 이해될 수 있다. 당신의 사과나무 식수행위를 다시 생각해 보자. 당신마저 죽는다면, 이 세상에 당신의 행위에 대해 판단할 어떤 사람도 없을 것이 분명하다. 그렇다 하더라도 사과나무를 심는 당신의 행위는 도덕적으로 가치 있는 행위이다.

① 도덕적으로 가치 있는 행위는 잘못 판단될 수 없다.
② 도덕적으로 가치 있는 행위는 선한 사람의 존재를 전제한다.
③ 어떤 행위는 도덕적으로 가치가 있지만 그것을 판단할 사람이 없을 수 있다.
④ 도덕적으로 가치 있는 행위라면 이로 인해 도움을 받는 사람이 반드시 있다.
⑤ 어떤 행위는 도덕적으로 가치가 없지만 이로 인해 피해를 입는 사람이 반드시 있다.

18 다음 글의 밑줄 친 ㉠에 해당하는 것은?

> 시각도란 대상물의 크기가 관찰자의 눈에 파악되는 상대적인 각도이다. 대상의 윤곽선으로부터 관찰자 눈의 수정체로 선을 확장함으로써 시각도를 측정할 수 있는데, 대상의 위아래 또는 좌우의 최외각 윤곽선과 수정체가 이루는 두 선 사이의 예각이 시각도가 된다. 시각도는 대상의 크기와 대상에서 관찰자까지의 거리 두 가지 모두에 의존하며, 대상이 가까울수록 그 시각도가 커진다. 따라서 ㉠ 다른 크기의 대상들이 동일한 시각도를 만들어 내는 사례들이 생길 수 있다.
> 작은 원이 관찰자에게 가까이 위치하도록 하고, 큰 원이 멀리 위치하도록 해서 두 원이 1도의 시각도를 유지하도록 하는 실험을 한다고 가정해 보자. 이 실험에서 눈과 원의 거리를 가늠할 수 있게 하는 모든 정보를 제거하면 두 원의 크기가 같다고 판단된다. 즉, 두 원은 관찰자의 망막에 동일한 크기의 영상을 낳기 때문에 다른 정보가 없는 한 동일한 크기의 원으로 인식된다. 왜냐하면 관찰자의 크기 지각이 대상의 실제 크기에 의해 결정되지 않고 관찰자의 망막에 맺힌 영상의 크기에 의해 결정되기 때문이다.

① 어떤 물체의 크기가 옆에 같이 놓인 연필의 크기를 통해 지각된다.
② 고공을 날고 있는 비행기에서 지상에 있는 사물은 매우 작게 보인다.
③ 가까운 화분의 크기가 멀리 떨어진 고층 빌딩과 같은 크기로 지각된다.
④ 차창 밖으로 보이는 집의 크기를 이용해 차와 집과의 거리를 지각한다.
⑤ 평면으로 보이는 A4 용지도 실제로 두께가 있기 때문에 입체로 지각된다.

정답 및 해설   16. ① 17. ③ 18. ③

16 본문의 핵심 내용은 한국인들의 사고 속에 나타나는 국수주의 현상이다. 감정에 좌우되는 것은 올바른 사고의 태도가 아니므로 객관적 사고를 바탕으로 한 가치판단이 선결요건이 된다.

17 사과나무 식수행위를 예로 들어 도덕적으로 가치가 있는 행위라 하더라도 그것을 판단할 사람이 없을 수 있다는 것을 설명하고 있다.

18 작은 원이 관찰자에게 가까이 위치하도록 하고, 큰 원이 멀리 위치하도록 하여 두 원을 같은 크기로 인식하게 한 실험을 통해 ③을 유추할 수 있다.

19 다음 글의 논리적 구조를 바르게 분석한 것은?

> ㉠ 뇌사는 의학적으로뿐 아니라 법률적으로도 인정되어야 한다.
> ㉡ 뇌사 상태에서 다시 소생한다는 것은 의학적으로 전혀 불가능하다.
> ㉢ 소생 가능성이 없는 환자의 생명을 연장하려는 것은 무의미한 행위이기도 하다.
> ㉣ 한편 한 인간의 생명을 다른 인간이 판정한다는 것은 잘못이라는 견해도 있다.
> ㉤ 뇌사 인정을 통해 장기 이식과 같은 의료 행위를 합법화할 경우 장기 매매와 같은 반인륜적 행위가 만연할 가능성도 있다.
> ㉥ 뇌사를 인정함에 있어 그것이 가져올 부작용을 최소화하려는 노력을 게을리해서는 안 된다.

① [㉠ → ㉡ ← ㉢] → [(㉣ + ㉤) → ㉥]
② [㉠ ← (㉡ + ㉢)] → [㉣ ← ㉤] → ㉥
③ {[㉠ ← (㉡ + ㉢)] ↔ [㉣ + ㉤]} → ㉥
④ ㉠ ← {[㉡ ← ㉢] ↔ [(㉣ + ㉤) + ㉥]}
⑤ ㉠ ← {[㉡ + ㉢] ↔ [(㉣ + ㉤) → ㉥]}

20 다음 글에 대한 분석으로 옳지 않은 것은?

> **(가)** 가장 초보적인 형태의 면역세포는 침입자를 삼켜 소화하는 세포이다.
> **(나)** 이 세포는 아메바가 식세포를 이용해 먹이를 섭취하는 것과 같은 방법으로 침입자에 대응한다.
> **(다)** 해면동물을 포함한 모든 무척추동물에는 식세포라고 하는 이런 형태의 면역세포가 있다.
> **(라)** 이 동물들은 침입한 세균을 일단 삼키고 난 후 식세포를 이용해 죽인다.
> **(마)** 물론 어떤 교묘한 박테리아는 살상 기제로부터 벽을 쌓아 식세포 안에서도 살아갈 수 있다.
> **(바)** 동물들은 두 가지 방법을 이용해 침입한 세균을 죽인다.
> **(사)** 하나는 소화 효소에 의한 방법이고, 다른 하나는 효소가 조절하는 화학 작용을 통해 독성 물질이 방출되도록 하는 방법이다. 리소좀이라는 세포 내의 작은 용기 안에는 세균을 죽이는 효소들이 들어 있다. 식세포가 과립 모양을 하고 있는 이유는 바로 이런 리소좀 때문이다.

① (가)는 주제문이다.　　　　　　　② (다)는 (나)의 예시적 구체화이다.
③ (라)는 (나)의 상술이다.　　　　　④ (마)는 (라)의 증례이다.
⑤ (사)는 (바)의 상술이다.

● 내용의 일치/불일치

21 **다음 글의 내용과 일치하지 않는 것은?**

실학은 조선 후기의 독특한 사상체계를 의미한다. 왜냐하면 실학은 중세사회 해체기인 조선 후기 사회에서 형성되었음은 물론 사회 개혁을 무엇보다도 중요한 과제로 삼고 있었던 학문이기 때문이다. 물론 어느 사회에서나 자신이 살고 있는 사회의 변혁을 시도하는 지식인 집단이 있게 마련이지만, 그러한 의지를 가진 사람들을 모두 실학자라 부르는 데에는 무리가 따른다. 실학이란 용어를 중세사회 해체기인 조선 후기의 역사적 소산물로 파악할 때 비로소 그 성격이 분명히 드러나기 때문이다.

한편 실학은 유학 사상에 기초하고 유학과 긴밀한 관계를 지니고 있는 사상으로 파악될 수는 있을지언정 중세 유학인 성리학과는 분명히 다른 학문 체계로 인식되어야 한다. 성리학은 양반 사대부 중심의 이론이었고 관념 철학적 요소를 강하게 가지고 있었으며, 방법론에 있어서도 관념적 요소를 드러냈다. 반면 실학은 학문의 목적과 연구 분야 및 방법론에 있어서 성리학과는 현격한 차이를 드러냈다. 즉 실학에서는 새롭게 등장하는 민중의 존재를 인식하고 있었으며 이들을 위한 학문 체계를 형성하고자 했다. 비록 실학이 사변적 요소를 전혀 배제한 것은 아니지만 많은 실학자들은 경험적이며 실험적인 방법을 존중했다.

요컨대 실학은 성리학의 일부가 아니라 그 악폐를 교정하고자 하는 새로운 사상이었다. 따라서 실학은 현실 개혁의 사상이라 할 수 있다. 조선 후기 사회에서 새로운 문화를 창조하려는 열의가 함축된 개혁 이념을 담고 있었다. 그들이 추구하는 이상 사회의 전형을 중국의 고대에서 구하기도 했으나, 이는 회고주의적 취향도 고대사회의 복원도 아니며, 그들이 사는 타락한 현세의 개혁을 위한 것이었다. 그러므로 실학은 과거 지향적인 학문이 아니라 현실을 개혁하고 새로운 사회를 이룩하고자 하는 생명력을 지닌 사상이었던 것이다.

① 실학은 성리학에 대한 반발로써 등장하였다.
② 일부 실학자들은 경험적이며 실험적인 방법을 존중했다.
③ 성리학은 민중의 존재를 중요하게 인식하지 않았다.
④ 당시 사회 개혁의 의지를 가진 사람 모두를 실학자라고 볼 수는 없다.
⑤ 실학자들은 중국 고대를 이상 사회로 추구하였으며 고대사회를 복원하고자 했다.

정답 및 해설   19. ③ 20. ④ 21. ⑤

19 ⓛ과 ⓒ은 ㉠에 대한 논거이고, ㉣과 ㉤은 ㉠에 대한 반론이다. ㉥은 글 전체를 통합하는 결론이다.

20 (마)는 (라)의 반례이다.

21 실학자들은 그들이 추구하는 이상 사회의 전형을 중국의 고대에서 구하기도 했으나, 이것은 타락한 현세의 개혁을 위한 것이었다.

22   **다음 글의 내용과 일치하는 것은?**

> 극의 진행과 등장인물의 대사 및 감정 등을 관객에게 설명했던 변사가 등장한 것은 1900년대이다. 미국이나 유럽에서도 변사가 있었지만 그 역할은 미미했을뿐더러 그마저도 자막과 반주 음악이 등장하면서 점차 소멸하였다. 하지만 주로 동양권, 특히 한국과 일본에서는 변사의 존재가 두드러졌다. 한국에서 변사가 본격적으로 등장한 것은 극장가가 형성된 1910년부터인데, 한국 최초의 변사는 우정식으로, 단성사를 운영하던 박승필이 내세운 인물이었다. 그 후 김덕경, 서상호, 김영환, 박응면, 성동호 등이 변사로 활약했으며, 당시 영화 흥행의 성패를 좌우할 정도로 그 비중이 컸다. 단성사, 우미관, 조선 극장 등의 극장은 대개 5명 정도의 변사를 전속으로 두었으며, 2명 내지 3명이 교대로 무대에 올라 한 영화를 담당하였다. 4명 내지 8명의 변사가 한 무대에 등장하여 영화의 대사를 교환하는 일본과는 달리 한국에서는 한 명의 변사가 영화를 설명하는 방식을 취하였으며, 영화가 점점 장편화되면서부터는 2명 내지 4명이 번갈아 무대에 등장하는 방식으로 바뀌었다.
>
> 변사는 악단의 행진곡을 신호로 무대에 등장하였으며 소위 전설(前說)을 하였는데, 전설이란 활동사진을 상영하기 전에 그 개요를 앞서 설명하는 것이었다. 전설이 끝나면 활동사진을 상영하고 해설을 시작하였다. 변사는 전설과 해설 이외에도 막간극을 공연하기도 했는데, 당시 영화관에는 영사기가 대체로 한 대밖에 없었기 때문에 필름을 교체하는 시간을 이용하여 코믹한 내용을 공연하였다.

① 한국과는 달리 일본에서는 변사가 막간극을 공연하였다.
② 한국에 극장가가 형성되기 시작한 것은 1900년경이었다.
③ 한국은 영화의 장편화로 무대에 서는 변사의 수가 늘어났다.
④ 자막과 반주 음악의 등장으로 변사의 중요성이 더욱 높아졌다.
⑤ 한국에서는 2명 내지 4명의 변사가 영화의 대사를 교환하였다.

● 논지 파악

23   다음 글에서 A의 견해로 볼 수 있는 것은?

> 명예는 세 가지 종류가 있다. 첫째는 인간으로서의 존엄성에 근거한 고유한 인격적 가치를 의미하는 내적 명예이며, 둘째는 실제 이 사람이 가진 사회적·경제적 지위에 대한 사회적 평판을 의미하는 외적 명예, 셋째는 인격적 가치에 대한 자신의 주관적 평가 내지는 감정으로서의 명예감정이다.
>
> 악성 댓글, 즉 악플에 의한 인터넷상의 명예훼손이 통상적 명예훼손보다 더 심하기 때문에 통상의 명예훼손 행위에 비해서 인터넷상의 명예훼손 행위를 가중해서 처벌해야 한다는 주장이 일고 있다. 이에 대해 법학자 A는 다음과 같이 주장하였다.
>
> "인터넷 기사 등에 악플이 달린다고 해서 즉시 악플 대상자의 인격적 가치에 대한 평가가 하락하는 것은 아니므로, 내적 명예가 그만큼 더 많이 침해되는 것으로 보기 어렵다. 또한 만약 악플 대상자의 외적 명예가 침해되었다고 하더라도 이는 악플에 의한 것이 아니라 악플을 유발한 기사에 의한 것으로 보아야 한다. 오히려 악플로 인해 침해되는 것은 명예감정이라고 보는 것이 마땅하다. 다만 인터넷상의 명예훼손 행위는 그 특성상 해당 악플의 내용이 인터넷 곳곳에 퍼져 있을 수 있어 명예감정의 훼손 정도가 피해자의 정보수집량에 좌우될 수 있다는 점을 간과해서는 안 될 것이다. 구태여 자신에 대한 부정적 평가를 모을 필요가 없음에도 부지런히 수집·확인하여 명예감정의 훼손을 자초한 피해자에 대해서 국가가 보호해 줄 필요성이 없다는 점에서 명예감정을 보호해야 할 법익으로 삼기 어렵다. 따라서 인터넷상의 명예훼손이 통상적 명예훼손보다 더 심하다고 보기 어렵다."

① 기사가 아니라 악플로 인해서 악플 피해자의 외적 명예가 침해된다.
② 악플이 달리는 즉시 악플 대상자의 내적 명예가 더 많이 침해된다.
③ 악플 피해자의 명예감정의 훼손 정도는 피해자의 정보수집 행동에 영향을 받는다.
④ 인터넷상의 명예훼손 행위를 통상적 명예훼손 행위에 비해 가중해서 처벌해야 한다.
⑤ 인터넷상의 명예훼손 행위의 가중처벌 여부의 판단에서 세 종류의 명예는 모두 보호받아야 할 법익이다.

정답 및 해설   22. ③   23. ③

22 ① 한국에서는 변사가 막간극을 공연하기도 하였다.
    ② 한국에 극장가가 형성되기 시작한 것은 1910년부터이다.
    ④ 미국이나 유럽에서는 자막과 반주 음악이 등장하면서 변사가 점차 소멸하였다.
    ⑤ 일본에서는 4명 내지 8명의 변사가 한 무대에 등장하여 영화의 대사를 교환하였다.

23 법학자 A는 명예감정의 훼손 정도가 피해자의 정보수집량에 좌우될 수 있다는 점을 간과해서는 안 된다고 주장하고 있다.

24 다음 중 글의 논지를 이끌 수 있는 문장으로 가장 적절한 것은?

> (   ) 사람과 사람이 직접 얼굴을 맞대고 하는 접촉이 라디오나 텔레비전 등의 매체를 통한 접촉보다 결정적인 영향력을 미친다는 것이 일반적인 견해로 알려져 있다. 매체는 어떤 마음의 자세를 준비하게 하는 구실을 하여 나중에 직접 어떤 사람에게서 새 어형을 접했을 때 그것이 텔레비전에서 자주 듣던 것이면 더 쉽게 그쪽으로 마음의 문을 열게 하는 측면에서 영향력을 행사하기는 하지만, 새 어형이 전파되는 것은 매체를 통해서보다 상면하는 사람과의 직접적인 접촉에 의해서라는 것이 더 일반화된 견해이다.
>
> 사람들은 한두 사람의 말만 듣고 언어 변화에 가담하지는 않는다고 한다. 주위의 여러 사람들이 다 같이 새 어형을 쓸 때 비로소 그것을 받아들이게 된다고 한다. 매체를 통해서보다 자주 접촉하는 사람들을 통해 언어 변화가 진전된다는 사실은 언어 변화의 여러 면을 나타내 주는 핵심적인 내용이라 해도 좋을 것이다.

① 언어 변화는 결국 접촉에 의해 진행되는 현상이다.
② 연령층으로 보면 대개 젊은 층이 언어 변화를 주도한다.
③ 접촉의 형식도 언어 변화에 영향을 미치는 요소로 지적되고 있다.
④ 매체의 발달이 언어 변화에 중요한 영향을 미치는 것으로 알려져 있다.
⑤ 언어 변화는 외부와의 접촉이 극히 제한된 곳일수록 그 속도가 느리다.

● 문장 배열

[25~29] 다음 제시된 문장을 순서대로 바르게 배열한 것을 고르시오.

25

> **(가)** 개인은 주관에 따라 그 원형 중에서 몇 개의 사상을 선택하여 자신만의 사상을 만들어 나간다.
> **(나)** 그러나 외부에서 다양한 형태로 존재했던 사상들이 개인의 내면으로 들어왔을 때 반드시 통일되거나 조화를 이루는 것은 아니다.
> **(다)** 사상은 개인의 소산이라기보다는 사회 공동체의 소산이다.
> **(라)** 개인의 생각은 사람에 따라서 다양한 형태로 존재하지만, 그것의 원형이 되는 사상은 사회적 산물이다.

① (가) - (나) - (다) - (라)　　　② (라) - (다) - (나) - (가)
③ (라) - (가) - (나) - (다)　　　④ (다) - (라) - (가) - (나)
⑤ (다) - (라) - (나) - (가)

26

> **(가)** 자연 과학의 경험적 방법은 세 가지 차원에서 생각해 볼 수 있다.
> **(나)** 이보다 발달된 차원의 경험적 방법은 관찰이며, 지식을 얻기 위해 외부 자연 세계를 관찰하는 것이다.
> **(다)** 가장 발달된 것은 실험이며 자연 세계에 변형을 가하거나 제한된 조건하에서 살펴 보는 것이다.
> **(라)** 우선 가장 초보적인 차원이 일상 경험이다.

① (가) − (라) − (나) − (다)　　② (가) − (다) − (라) − (나)
③ (라) − (다) − (나) − (가)　　④ (라) − (가) − (다) − (나)
⑤ (다) − (나) − (가) − (라)

27

> **(가)** 즉, 음성만 있고 의미가 없다거나, 의미만 있고 음성이 없다면 언어로서 성립할 수 가 없게 되는 것이다.
> **(나)** 언어에서의 내용은 의미이며, 형식은 음성이다.
> **(다)** 언어는 기본적으로 인간 상호 간의 의사소통을 위한 기호의 체계이다.
> **(라)** 모든 기호가 그렇듯이 언어도 전달하고자 하는 '내용'과 그것을 실어 나르는 '형식' 의 두 가지 요소로 구분된다.
> **(마)** 이러한 의미와 음성의 관계는 마치 동전의 앞뒤와 같아서 이 중에서 어느 하나라도 결여되면 언어라고 할 수 없다.

① (나) − (라) − (가) − (다) − (마)　　② (나) − (마) − (다) − (가) − (라)
③ (다) − (라) − (나) − (마) − (가)　　④ (다) − (라) − (마) − (가) − (나)
⑤ (다) − (가) − (라) − (마) − (나)

정답 및 해설　　　24. ③　25. ④　26. ①　27. ③

24 제시문은 언어 변화를 일으키는 요소로 '사람과 사람이 직접 얼굴을 맞대고 하는 접촉'과 '라디오나 텔레비전 등의 매체를 통한 접촉'을 설명하고 있으므로 언어 변화에 영향을 미치는 요소로 '접촉의 형식'을 언급한 ③이 정답이 된다.

25 주제문인 (다)에 대한 구체적 설명이 (라)에서 이어지고 있고, (라)에 있는 '원형'이라는 단어를 (가)에서 받아 설명하고 있다. (가)에서 개인이 사상을 선택한다는 내용을 이야기하고 있으나 (나)에서 '그러나'라는 역접 접 속사를 사용하여 선택한 사상이 반드시 조화를 이루는 것은 아니라고 설명하고 있다.

27 언어에 대한 정의가 제시된 (다)가 글의 첫머리가 되고, 기호 체계로서의 언어에 대한 설명이 (라)와 (나)에서 이어진다. 뒤이어 (마)와 (가)에서는 기호 체계가 언어로서 성립할 수 있는 조건에 대해 설명하고 있다.

28

> **(가)** 그것은 '나'와 '남'이라는 관점의 차별을 지양하자는 것이지 사회적 위계질서를 철폐하자는 것이 아니므로 겸애는 정치적 질서나 위계적 구조를 긍정한다고 볼 수 있다.
>
> **(나)** 겸애는 '남의 부모를 나의 부모처럼 여기고, 남의 집안을 내 집안처럼 여기고, 남의 국가를 나의 국가처럼 여기는 것'이다.
>
> **(다)** 얼핏 묵자의 이런 겸애는 모든 사람이 평등한 지위에서 서로를 존중하고 사랑하는 관계를 뜻하는 듯 보이지만, 이는 겸애를 잘못 이해한 것이다.
>
> **(라)** 묵자(墨子)의 '겸애(兼愛)'는 '차별이 없는 사랑' 그리고 '서로 간의 사랑'을 의미한다.

① (나) – (라) – (다) – (가) 　　② (나) – (다) – (라) – (가)

③ (라) – (다) – (나) – (가) 　　④ (라) – (나) – (가) – (다)

⑤ (라) – (다) – (가) – (나)

29

> **(가)** 또한 이는 자신의 존립마저 스스로 부정하는 까닭이 되지 않을 수 없을 것이다.
>
> **(나)** 마찬가지로 아무리 자신이 신고(辛苦) 끝에 획득한 기술이라 하더라도 '사회 발전에의 기여'라는 차원에서 존재 가치를 인정하지 않는다면 이는 사회에 대한 반역이 될 것이다.
>
> **(다)** 그러므로 만일 어떤 학자가 자신의 심혈을 기울인 소중한 업적이라고 해서 탐구 성과를 사장(死藏)한 채 세상에 내놓기를 주저하는 일이 있다면, 이는 결국 사회 발전이나 문화 발전을 외면하는 어리석은 처사라고 하지 않을 수 없다.
>
> **(라)** 그리고 현대 사회는 바로 이러한 다양한 능력들이 한데 어울려 유기적으로 발휘될 때 비로소 발전이 기약될 수 있다.
>
> **(마)** 사람은 누구나 세상에 태어나서 이재(理財)의 능력, 기술적인 재능, 탐구적인 소질 등에 따라 각자 인생의 길을 선택하여, 이 길에서 최선을 다하며 살다 가게 마련이다.

① (라) – (다) – (마) – (나) – (가) 　　② (라) – (가) – (다) – (나) – (마)

③ (마) – (가) – (나) – (라) – (다) 　　④ (마) – (라) – (나) – (가) – (다)

⑤ (마) – (라) – (다) – (나) – (가)

30 다음 〈보기〉의 ㉠~㉢은 (가)와 (나) 사이에 들어갈 내용을 순서 없이 나열한 것이다. 이들을 논리적 관계에 따라 바르게 배열한 것은?

> ┌─보기─
> ㉠ 그러나 초생존적 욕구가 충족되지 않으면 인간적으로 살 수 없다.
> ㉡ 초생존적 욕구에는 이성적 욕구, 심미적 욕구, 사랑·자유·창조에 대한 욕구 등이 속한다.
> ㉢ 인간은 생존적 욕구가 충족되지 않으면 생물로서 살아남을 수 없다.

> **(가)** 프롬에 의하면 인간에게는 두 가지 종류의 욕구가 있는데, 그 하나는 생존적 욕구요, 다른 하나는 초생존적 욕구이다. 생존적 욕구에는 식욕, 수면욕, 성욕 등이 속한다. 이 중에서 식욕은 좀 더 넓고 복잡하게 의식주와 관련된 물질적 욕구로 이해해도 무방할 것이다.
>
> **(나)** 생존적 욕구, 곧 물질적 욕구가 충족되지 않으면 인간은 그의 목숨을 유지할 수 없지만, 만일 인간의 삶이 생존적 욕구의 충족에만 집착하여 초생존적 욕구, 곧 정신적 욕구의 충족을 소홀히 하거나 망각하면 공허하고 비참해진다. 그런데 오늘날 우리나라의 실정은 어떤가? 실존적 삶은 망각하고 생존적 삶에만 집착하고 있지 않은가? 이러한 삶은 곧 윤리의 상실이요, 윤리의 상실이 지금의 '총체적 위기'의 근본 원인이다.

① ㉠ - ㉡ - ㉢ ② ㉠ - ㉢ - ㉡
③ ㉡ - ㉢ - ㉠ ④ ㉡ - ㉠ - ㉢
⑤ ㉢ - ㉡ - ㉠

---

28. ③ 29. ⑤ 30. ③

28 (라)와 (다)에는 겸애가 지닌 표면적 의미와 그에 대한 오해가 설명되고, 이어 (나)에서 진정한 겸애의 의미가 제시된다. 마지막으로 (가)에서 겸애가 주장하는 바가 제시되면서 표면적 의미와는 다른 특성이 강조된다.

29 (나)의 '마찬가지로'를 통해 글의 내용이 '다양한 능력의 발휘'에서 '기술의 사회 발전 기여'로 확장되어 나간다는 것을 알 수 있다. (라)의 '그리고', (다)의 '그러므로' 등의 접속 부사를 근거로 하여 글의 전개를 파악할 수 있다.

30 (가)에서 인간의 두 가지 욕구, 즉 생존적 욕구와 초생존적 욕구 중에서 생존적 욕구에 대해서만 설명하였으므로 ㉡이 가장 먼저 와야 한다. 그리고 생존적 욕구의 필요성을 말한 ㉢이, 그 뒤에는 '그러나'라는 접속 부사로 시작하여 초생존적 욕구의 필요성을 말한 ㉠이 오는 것이 가장 자연스럽다.

Non-Commissioned Officer

제2장

자료해석

| 출제분석 | 자료해석은 제시된 표나 그래프 등의 데이터를 분석하여 문제를 푸는 유형으로 문제를 정확히 읽고 빠르게 계산해야 하므로 다양한 유형의 문제를 풀어봄으로써 실수하지 않고 한 번에 계산하는 능력을 기르는 것이 중요하다. 뿐만 아니라 최근에는 방정식의 활용, 거리·시간·속력, 일과 시간, 농도, 증가율과 감소율, 비율, 나이, 확률 등에 관한 응용력을 필요로 하는 여러 가지 유형의 문제들도 출제되고 있으므로 이와 관련된 공식을 알아두어야 한다.

01 자료해석

1 표의 해석

표의 해석에서 가장 중요한 것은 정확성과 신속성이다. 이것을 위해서는 표에서 다음의 세 가지가 의미하는 바를 정확히 인식하고 있어야 한다.
① 표에서 맨 오른쪽 열의 의미
② 표에서 맨 아래쪽 행의 의미
③ 행과 열이 교차하는 교차칸이 나타내는 의미

관련예제

어떤 한 반의 학생들에 대해 안경 착용 및 미착용 여부를 조사하였더니 다음과 같은 결과를 얻었다. 다음 설명 중 옳지 않은 것은?

구분	남자	여자	합계
착용	23	12	35
미착용	17	8	25
합계	40	20	60

① 전체 학생 중에서 남학생의 비율은 $\frac{40}{60}$이다.

② 전체 학생 중에서 안경을 착용한 학생의 비율은 $\frac{35}{60}$이다.

③ 남학생 중에서 안경을 착용한 학생의 비율은 $\frac{23}{40}$이다.

④ 안경을 미착용한 학생 중에서 여학생의 비율은 $\frac{8}{20}$이다.

해설 비율 $= \frac{\text{비교 개체수}}{\text{기준 개체수}}$

④ $\frac{8}{25}$

답 ④

2 그래프의 해석

(1) 직선형 그래프

다음은 A공기업에 근무하는 여성 수와 여성비율에 따른 동향을 나타낸 표이다. 이 통계 자료로부터 얻을 수 있는 정보 중 옳은 것을 모두 고른 것은?

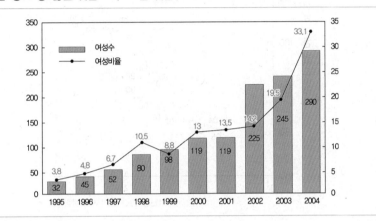

- ㉠ A공기업은 2001년에는 여성을 뽑지 않았다.
- ㉡ 1999년에는 여성에 비해 남성을 많이 뽑은 것으로 예측해 볼 수 있다.
- ㉢ 전년 대비 여성 수에서 2004년에 여성 근무자 수가 가장 많이 늘어났다.
- ㉣ 전년 대비 A공기업 총 종사자 수가 가장 많이 늘어난 해는 2002년도이다.
- ㉤ A공기업의 총 근무자 수는 지속적으로 증가하고 있다.

① ㉠, ㉡   ② ㉠, ㉢, ㉣   ③ ㉡, ㉣   ④ ㉡, ㉣, ㉤

> **해설**
>
> ㉡ 옳음. 1999년의 여성 수는 1998년에 비해 증가한 반면, 여성비율은 감소하였다. 따라서 1999년에는 여성에 비해 남성을 많이 뽑았다는 것을 알 수 있다.
>
> ㉣ 옳음. 2002년의 경우 전년에 비해 여성 근무자 수는 가장 많이 늘어난 데 비해 여성비율은 0.7%로 적게 늘어났다. 이를 통해 2002년에 총 종사자가 가장 많이 늘어났다는 것을 알 수 있다.
> [별해] 주어진 자료를 통해 직접 총 종사자 수를 구해 비교해 볼 수도 있다.
>
> $$❖ \ 총 \ 종사자 \ 수 = \frac{여성 \ 근무자 \ 수}{\dfrac{여성비율}{100}}$$
>
> ㉠ 틀림. 주어진 자료만으로는 입사자와 퇴사자의 수를 확인할 수 없으므로 알 수 없다.
>
> ㉢ 틀림. 전년 대비 여성 근무자 수가 가장 많이 늘어난 해는 106(=225−119)명이 증가한 2002년이다.
>
> ㉤ 틀림. 2001년의 경우 여성 근무자 수는 전년과 같은데 반해 여성비율은 0.5% 상승하였다. 이를 통해 남성 근무자 수가 감소했다는 것을 알 수 있다. 따라서 2001년의 총 근무자 수는 감소하였다.
>
> **답** ③

(2) 시계열 그래프

관련예제

다음 그림은 1980년부터 2005년까지 우리나라 연도별 1인당 연간 쌀 및 밀가루 소비량의 시계열 자료이다. 이에 대한 설명으로 옳은 것을 〈보기〉에서 모두 고르면?

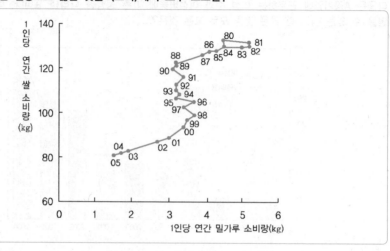

㉠ 1인당 연간 쌀 소비는 1990년 이후 매년 감소해 왔다.
㉡ 1인당 연간 밀가루 소비는 1981~1986년 기간에 비해 2000~2005년 기간에 더 많이 감소했다.
㉢ 전년에 비해 1인당 연간 쌀 소비의 감소량이 가장 큰 해는 1995년이다.
㉣ 전년에 비해 1인당 연간 밀가루 소비의 증가량이 가장 큰 해는 1998년이다.
㉤ 1980~2005년 기간의 1인당 연간 밀가루 소비와 쌀 소비의 감소량은 유사하다.

① ㉠, ㉡　　　② ㉢, ㉣　　　③ ㉠, ㉡, ㉤　　　④ ㉡, ㉣, ㉤

해설　㉠ 옳음. 1인당 연간 쌀 소비량을 나타내는 것은 y값인데, 이 값이 1990년 이후 해마다 감소하고 있다.
　㉡ 옳음. 1981년도와 1986년도에 1인당 연간 밀가루 소비량은 각각 약 5.5kg과 약 4kg으로 1.5kg만큼 감소했고 2000년도와 2005년도에 1인당 연간 밀가루 소비량은 각각 약 3.5kg과 약 1.5kg으로 2kg만큼 감소하였다.
　㉢ 틀림. 1인당 연간 쌀 소비량의 변화는 y값의 변화량인데 특히 감소량을 물었으므로 그림에서 아래쪽으로의 길이 변화를 주목한다. 직관적으로도 1994~1995년도에 해당하는 길이보다 1991~1992년도에 해당하는 길이가 더 길다.
　㉣ 틀림. 1인당 연간 밀가루 소비량의 변화는 x값의 변화량인데 특히 증가량을 물었으므로 그림에서 오른쪽으로의 길이 변화를 주목한다. 직관적으로도 1997~1998년도에 해당하는 길이보다 1995~1996년도에 해당하는 길이가 더 길다.
　㉤ 틀림. 1990~1991년도, 1995~1996년도, 1997~1998년도 등은 x값이 증가하는 데(즉, 1인당 밀가루 소비량은 증가) 비해서 반대로 y값은 감소한다(즉, 1인당 쌀 소비량은 감소).

답 ①

3 계산 영역

(1) 빠른 계산을 필요로 하는 문제 유형

과목의 특성상 어느 정도의 신속하고 정확한 계산 능력을 요구한다. 그러나 복잡한 계산이나 계산기를 요구할 정도의 계산보다는 간단하고 또 쉽게 접근할 수 있는 계산 방법을 이용하는 문제가 대부분이다. 그러므로 이 부분을 어렵게 여길 필요는 없다.

[예제] 2.11×2.5는 5보다 크다.

[풀이] 직접 계산을 할 필요는 없다. 2.11은 2보다 크므로 다음의 부등식이 성립한다.
⇒ $2.11 \times 2.5 > 2 \times 2.5 (= 5)$

[예제] 다음 표에서 30세 이상 연령층의 비중은 계속 증가해 왔다.

연령 \ 연도	1966	1970	1975	1980	1985	1990	1995	2000
인구수(천 명)								
0~14세	12,684	13,241	13,208	12,656	12,095	11,050	10,341	9,647
15~29세	7,251	7,816	9,777	11,376	12,632	12,991	12,056	11,701
30~44세	4,859	5,509	6,214	6,874	7,884	10,073	11,440	12,331
45~59세	2,853	3,164	3,535	4,233	5,052	5,971	6,498	7,287
60세 이상	1,512	1,705	1,944	2,268	2,756	3,415	4,214	5,165
계	29,159	31,435	34,678	37,407	40,419	43,500	44,549	46,131
구성비(%)								
0~14세	43.5	42.1	38.1	33.8	29.9	25.4	23.2	20.9
15~29세	24.9	24.9	28.2	30.4	31.3	29.9	27.1	25.4
30~44세	16.7	17.5	17.9	18.4	19.5	23.2	25.7	26.7
45~59세	9.8	10.1	10.2	11.3	12.5	13.7	14.6	15.8
60세 이상	5.2	5.4	5.6	6.1	6.8	7.9	9.5	11.2
계	100.0	100.0	100.0	100.0	100.0	100.0	100.0	100.0

[풀이] 먼저 '비중'이라고 문제에서 언급했으므로 표에서 인구수가 아닌 구성비에 주목해야 한다. 30세 이상의 연령층이므로 30~44세, 45~59세, 60세 이상 모두를 고려해야 한다. 1966년에는 31.7(= 16.7+9.8+5.2)이고 1970년에는 33(= 17.5+10.1+5.4)이다. 그런데 이런 방법으로 각 연도마다 계산을 하다 보면 실수도 있을 수 있고 또 시간도 오래 걸린다. 그러므로 직접 계산을 하지 않고도 각 항목별로 비교를 함으로써 답을 알 수 있다.
즉, 16.7<17.5, 9.8<10.1, 5.2<5.4이므로 16.7+9.8+5.2<17.5+10.1+5.4이다. 우리가 원하는 결과는 최종 합이 아니라 대, 소 비교만을 원하는 것이다.

(2) 계산 없이 쉽게 처리할 수 있는 문제 유형

① 문제에서 의미하는 항목의 위치를 〈표〉나 〈그림〉에서 정확히 찾는 유형

관련예제

다음 표는 한, 중, 일 세 나라의 수출 금액을 각 항목별로 비교한 「한·중·일 수출 현황」이라는 보고서이다. 이에 대한 설명으로 옳지 않은 것은? (단, 표의 모든 항목에서 한국의 수출액은 100이라고 하고 단위는 생략된 것으로 한다)

비교 대상국	구분	분류	의류	전자	금속	화학	자동차	경공업	섬유
일본	전체	응답자 전체	125	126	126	123	122	124	121
	기업 규모별	대기업	125	128	128	124	119	122	121
		중소기업	124	124	122	120	125	126	121
	지역별	해안	120	110	115	120	110	110	110
		내륙	117	121	112	119	121	117	120
		기타	126	123	125	123	123	125	118
중국	전체	응답자 전체	80	78	78	79	82	79	94
	기업 규모별	대기업	77	74	75	76	79	76	91
		중소기업	84	84	84	83	87	84	98
	지역별	해안	80	75	75	85	80	90	105
		내륙	88	83	93	92	93	91	108
		기타	76	73	69	73	79	74	99

① 전체적으로 볼 때 일본, 한국, 중국 순으로 수출을 많이 했다.

② 응답자 전체를 보면 일본과 한국의 격차가 한국과 중국의 격차보다 크다.

③ 한국과 중국의 기업규모별 수출액의 차이를 살펴볼 때 중소기업의 차이가 대기업의 차이보다 크다.

④ 한국과 일본의 지역별 수출액의 차이를 살펴볼 때 섬유를 제외한다면 기타 지역에서 경쟁력의 차이가 가장 크다.

해설

③ 한국과 중국의 대기업과 중소기업의 세부 항목별 수출액의 차이를 볼 때 대기업의 차이가 중소기업의 차이보다 더 크다. 예들 들면 의류 항목에서 대기업의 차이는 $23(=100-77)$으로 중소기업의 차이인 $16(=100-84)$보다 크다.

① '전체적으로'란 문구를 주목하면 표에서 전체(응답자 전체) 항목을 살펴보면 된다. 이때 이 항목에서 일본은 100 이상이므로 한국보다 수출을 많이 했고, 중국은 100 이하이므로 한국보다 수출을 적게 했다.

② 응답자 전체에 대한 세부 항목별 수출액의 차이를 볼 때 일본과 한국의 격차가 한국과 중국의 격차보다 크다. 예를 들면 의류 항목에서 일본과 한국의 차이는 $25(=125-100)$로서 한국과 중국의 차이 20 $(=100-80)$보다 크다.

④ 지역별 수출액 차이이므로 표의 일본 항목에서 지역별 하위분류인 해안·내륙·기타 지역을 살펴보면 된다. 이때 '섬유'를 제외하면 기타 지역의 수출액이 한국과의 차이가 가장 크다는 것을 알 수 있다. 예를 들면 의류 항목의 해안·내륙·기타 지역에서 한국과의 차이는 각각 $20(=120-100)$, $17(=117-100)$, $26(=126-100)$으로 기타 지역에서 수출액의 차이가 가장 크므로 경쟁력의 차이도 가장 크다고 볼 수 있다.

답 ③

② 빠르게 〈표〉를 읽어내는 능력으로 해답을 찾는 유형

　　㉠ 빠른 시간 내에 〈표〉를 읽는 능력이 요구된다.

　　㉡ '계속', '지속적'이라는 수식어에 유의해서 읽어 나간다.

관련예제

다음은 우리나라의 인구구조 중 연령구조의 변화를 나타낸 표이다. 이에 대한 설명으로 옳지 않은 것을 〈보기〉에서 모두 고르면?

[연령구조의 변화(1966~2000년)]

연령 ＼ 연도	1966	1970	1975	1980	1985	1990	1995	2000
인구수(천 명)								
0~14세	12,684	13,241	13,208	12,656	12,095	11,050	10,341	9,647
15~29세	7,251	7,816	9,777	11,376	12,632	12,991	12,056	11,701
30~44세	4,859	5,509	6,214	6,874	7,884	10,073	11,440	12,331
45~59세	2,853	3,164	3,535	4,233	5,052	5,971	6,498	7,287
60세 이상	1,512	1,705	1,944	2,268	2,756	3,415	4,214	5,165
계	29,159	31,435	34,678	37,407	40,419	43,500	44,549	46,131
구성비(%)								
0~14세	43.5	42.1	38.1	33.8	29.9	25.4	23.2	20.9
15~29세	24.9	24.9	28.2	30.4	31.3	29.9	27.1	25.4
30~44세	16.7	17.5	17.9	18.4	19.5	23.2	25.7	26.7
45~59세	9.8	10.1	10.2	11.3	12.5	13.7	14.6	15.8
60세 이상	5.2	5.4	5.6	6.1	6.8	7.9	9.5	11.2
계	100.0	100.0	100.0	100.0	100.0	100.0	100.0	100.0

㉠ 1960년대 중반에 구성비가 가장 컸던 0~14세 연령층의 인구는 1970년대 이후 계속 감소하였다.

㉡ 15~29세 연령층의 인구는 1960년대 중반 이후 지속적으로 증가하였다.

㉢ 1960년대 중반 이후 30세 이상의 각 연령층은 모두 그 수와 구성비가 지속적으로 증가해 왔다.

㉣ 1960년대 중반에 60%를 상회했던 30세 미만 연령층의 비중이 2000년에는 50% 미만으로 감소하였다.

㉤ 30세 이상 연령층의 비중은 1960년대 중반 31.7%에서 계속 증가하여 1990년에 50%를 처음으로 넘어서서 2000년에는 53.7%로 전 인구의 반을 넘어서게 되었다.

① ㉠, ㉡　　　　② ㉡, ㉣　　　　③ ㉡, ㉤　　　　④ ㉣, ㉤

해설　㉡ 틀림. 1995년, 2000년에는 오히려 전보다 감소했다.

㉤ 틀림. 계속 증가하는 것은 맞지만 1990년에는 44.8(= 23.2 + 13.7 + 7.9)로 50%가 넘지 않는다.

㉠ 옳음. 인구수 항목을 보면 0~14세 연령층의 인구수는 1970년부터 13,241, 13,208, 12,656 … 으로 계속 감소해 왔음을 알 수 있다.

㉢ 옳음. 30세 이상인 30~44세, 45~59세, 60세 이상 연령층 모두 1960년대 중반 이후 인구수와 구성비 모두 지속적으로 증가해 왔다.

㉣ 옳음. 1960년대 중반과 2000년도의 30세 미만 연령층의 비중은 각각 68.4(= 43.5 + 24.9)와 46.3(= 20.9 + 25.4)이다.

답 ③

02 응용수리

1 집합의 활용

(1) 부분집합의 개수

유한집한 A가 n개의 원소를 가질 때,

① A의 부분집합의 개수 : 2^n

② 특정 원소 m개를 반드시 포함하는 A의 부분집합의 개수 : 2^{n-m}

③ 특정 원소 l개를 포함하지 않는 A의 부분집합의 개수 : 2^{n-l}

(2) 유한집합의 원소 개수

① $A \cap B = \phi$일 때, $n(A \cup B) = n(A) + n(B)$

② $A \cap B \neq \phi$일 때, $n(A \cup B) = n(A) + n(B) - n(A \cap B)$

관련예제

50명의 부사관 중 초소근무를 한 사람은 38명이고, 야간근무를 한 사람은 27명이다. 어느 근무도 하지 않은 사람이 없을 때, 두 가지 근무를 모두 한 사람은 몇 명인지 구하시오.

해설 초소근무를 한 사람의 집합을 A, 야간근무를 한 사람의 집합을 B라고 하면
$n(U) = 50$, $n(A) = 38$, $n(B) = 27$이므로
$n(A \cap B) = n(A) + n(B) - n(U) = 38 + 27 - 50 = 15$(명)

답 15명

---

2 최대공약수와 최소공배수의 활용

(1) 최대공약수와 최소공배수

두 수를 A, B라 하고 최대공약수를 G, 최소공배수를 L이라 할 때,

① $A = aG$, $B = bG$ (단, a, b는 서로소)

② $AB = GL$

③ $L = Gab$

$$G \begin{array}{|cc} A & B \\ \hline a & b \end{array}$$

(2) 최대공약수의 활용

① 두 수를 공통으로 나누는 수 중에서 가장 큰 수를 구하는 문제

② 직사각형을 가장 큰 정사각형으로 쪼개는 문제

③ 직육면체를 가장 큰 정육면체로 쪼개는 문제

✚ 문제의 내용 중에 '가장 큰', '될 수 있는 한 많은'의 뜻이 포함되어 있는 문제는 대부분 최대공약수의 응용문제이다.

(3) 최소공배수의 활용

① 두 가지 이상의 수로 나눌 수 있는 수 중에서 가장 작은 수를 구하는 문제
② 직사각형 모양의 타일로 가장 작은 정사각형을 만드는 문제
③ 직육면체로 가장 작은 정육면체를 만드는 문제
④ 출발 간격 시간이 다른 두 교통수단이 동시에 출발하여 다음에 동시에 출발하는 시각을 구하는 문제

✿ 문제의 내용 중에 '가장 작은', '될 수 있는 한 적은'의 뜻이 포함되어 있는 문제는 대부분 최소공배수의 응용문제이다.

01 사과 30개, 귤 18개, 배 36개를 가능한 한 많은 사람들에게 똑같이 나누어 주려고 한다. 이때 나누어 줄 수 있는 사람의 수를 구하시오.

[해설] 가능한 한 많은 사람들에게 똑같이 나누어 주려고 하므로 사람의 수는 30, 18, 36의 최대공약수이어야 한다.
따라서 구하는 사람의 수는 6명이다.) 🖐 6명

02 가로, 세로의 길이가 각각 13cm, 15cm인 사각형의 타일로 정사각형을 만들 때, 필요한 최소 타일의 개수는 몇 개인지 구하시오.

[해설] 13과 15의 최소공배수는 195이므로 가로에 $195 \div 13 = 15$(개), 세로에 $195 \div 15 = 13$(개)의 타일이 필요하다.
따라서 총 $15 \times 13 = 195$(개)가 필요하다. 🖐 195개

---

3 방정식의 활용

(1) 일차방정식을 활용한 문제풀이

① 문제의 뜻을 파악하여 구하려는 수량을 x로 놓는다.
② 문제의 뜻에 따라 방정식을 만든다.
③ 방정식을 푼다.
④ 구한 해가 문제의 뜻에 맞는지 확인한다.

(2) 연립방정식의 풀이 : 미지수가 두 개 이상 포함된 둘 이상의 쌍으로 이루어진 연립방정식은 소거법이나 대입법을 이용하여 풀 수 있다.

(3) 이차방정식의 풀이

① 인수분해가 되면 인수분해하여 구한다.
② 인수분해가 되지 않으면 완전제곱식이나 근의 공식을 사용한다.

✿ 근의 공식 : $x = \dfrac{-b \pm \sqrt{b^2 - 4ac}}{2a}$

> **관련예제**
>
> 닭과 소를 모두 합쳐서 30마리가 있고, 다리의 총 합은 92개일 때, 닭과 소는 각각 몇 마리인지 구하시오.
>
> **해설**   닭의 마리수를 x, 소의 마리수를 y라고 하면
> $x+y=30 \cdots \bigcirc,\ 2x+4y=92 \cdots \bigcirc$
> $\bigcirc$식과 $\bigcirc$식을 연립하여 풀면 $x=14$(마리), $y=16$(마리)   **답** 닭 : 14마리, 소 : 16마리

4   실생활의 문제풀이

(1) 거리, 속력, 시간에 관련된 문제

    ① 거리 = 속력 × 시간   ② 속력 = $\dfrac{거리}{시간}$ ③ 시간 = $\dfrac{거리}{속력}$

> **관련예제**
>
> 훈련을 위해 출발 지점부터 초소까지 시속 4km로 걸어갔다가 올 때는 시속 3km로 걸었더니 2시간이 걸렸다. 초소에서 15분의 시간을 보내고 돌아왔다고 할 때 출발 지점부터 초소까지의 거리는 얼마인지 구하시오.
>
> **해설**   출발 지점부터 초소까지의 거리를 x라 하면
> $\dfrac{x}{4}+\dfrac{x}{3}+\dfrac{15}{60}=2 \Rightarrow 3x+4x+3=24 \Rightarrow x=3\text{(km)}$ **답** 3km

(2) 농도에 관련된 문제

    ① 소금물의 농도 = $\dfrac{소금의\ 양}{소금물의\ 양} \times 100$

    ② 소금의 양 = 소금물의 양 × $\dfrac{소금물의\ 농도}{100}$

> **관련예제**
>
> 10%의 소금물 200g이 있다. 여기에 몇 g의 물을 더 넣으면 5%의 소금물이 되는지 구하시오.
>
> **해설** 10%의 소금물 200g에 들어 있는 소금의 양은 $200 \times \dfrac{10}{100}=20\text{(g)}$
> 추가로 넣은 물의 양을 x라고 하면 $\dfrac{20}{200+x} \times 100=5 \Rightarrow x=200\text{(g)}$ **답** 200g

(3) 일에 관련된 문제

전체 일을 마치는 시간(날짜 수)이 주어진 경우 전체 일의 양을 1로 놓으면,

① A가 X일(시간) 동안 전체 일을 마쳤다면, 하루(1시간) 동안 한 일의 양 : $\dfrac{1}{X}$

② B가 Y일(시간) 동안 전체 일을 마쳤다면, 하루(1시간) 동안 한 일의 양 : $\dfrac{1}{Y}$

③ A와 B가 함께 일을 할 때, 하루(1시간) 동안 한 일의 양 : $\dfrac{1}{X}+\dfrac{1}{Y}=\dfrac{X+Y}{XY}$

④ A와 B가 함께 일을 할 때, 전체 일($=1$)을 마치는 일 수(시간) : $\dfrac{1}{\dfrac{X+Y}{XY}}=\dfrac{XY}{X+Y}$

관련예제

A군 1명으로는 6시간, B군 1명으로는 9시간 걸리는 일이 있다. 이 일을 2명이 협력해서 한다면 몇 시간이 걸리는지 구하시오.

해설 전체 일의 양을 1이라 하면

A군 혼자서 1시간 동안 한 일의 양은 $\dfrac{1}{6}$, B군 혼자서 1시간 동안 한 일의 양은 $\dfrac{1}{9}$이므로

A군과 B군이 같이 일을 할 경우 x일이 걸린다고 하면 $\left(\dfrac{1}{6}+\dfrac{1}{9}\right)\times x=1 \Rightarrow x=\dfrac{18}{5}=3.6$(시간)

답 3.6시간

---

(4) 증가율(이윤율), 감소율(할인율)에 관련된 문제

① X가 $x\%$ 증가 : $A=X\left(1+\dfrac{x}{100}\right)$

② X가 $y\%$ 감소 : $A=X\left(1-\dfrac{y}{100}\right)$

관련예제

올해 A 중학교 전체 학생 수는 작년에 비해 10% 증가하여 528명이었다면 작년 A 중학교 전체 학생 수는 얼마인지 구하시오.

해설 작년 전체 학생 수를 x라 하면

$x(1+0.1)=528 \Rightarrow 1.1x=528 \Rightarrow x=480$(명)

답 480명

---

(5) 시계에 관련된 문제

　① 시침과 분침이 회전하는 각도

　　㉠ 시침이 1시간 동안 회전한 각도 : $30°$, 1분 동안 회전한 각도 : $0.5°$

　　㉡ 분침이 1시간 동안 회전한 각도 : $360°$, 1분 동안 회전한 각도 : $6°$

　② A시 B분인 경우 시침과 분침의 각도(12시를 기준)

　　㉠ A시 B분인 경우 시침의 각도 : $30A+0.5B$

　　㉡ A시 B분인 경우 분침의 각도 : $6B$

　　㉢ 분침과 시침의 사잇각 : $|30A+0.5B-6B|$

　③ 시침과 분침이 겹쳐질 조건 : $30A+0.5B=6B$

　④ 시침과 분침이 일직선일 조건 : $|30A+0.5B-6B|=180$

관련예제

7시와 8시 사이에 시침과 분침이 일직선이 되는 시각을 구하시오.

해설 구하는 시각을 7시 B분이라 하면 시침이 이루는 각은 $30×7+0.5×B=210+0.5B$이고, 분침이 이루는 각은 $6B$이다. 일직선이 되기 위한 조건은 $|210+0.5B-6B|=180$

$\Rightarrow \dfrac{11}{2}B=390,\ \dfrac{11}{2}B=30 \Rightarrow B=70\dfrac{10}{11}(\text{분}),\ B=5\dfrac{5}{11}(\text{분})$

따라서 7시 $5\dfrac{5}{11}$ 분이다.

답 7시 $5\dfrac{5}{11}$ 분

---

5 경우의 수, 확률, 통계

(1) 경우의 수

　사건 A가 일어날 경우의 수가 m가지, 사건 B가 일어날 경우의 수가 n가지일 때,

　① 사건 A 또는 B가 일어날 경우의 수 : $m+n$

　② 사건 A와 B가 동시에 일어날 경우의 수 : $m×n$

관련예제

한 개의 주사위를 던질 때, 다음을 구하시오.

(1) 2 이하의 눈이 나오는 경우의 수

(2) 3의 배수의 눈이 나오는 경우의 수

(3) 나온 눈이 2 이하 또는 3의 배수인 경우의 수

(1) ▨ ▨ 의 2가지

(2) ▨ ▨ 의 2가지

(3) 2 이하의 눈이 나오는 사건과 3의 배수의 눈이 나오는 사건은 동시에 일어나지 않으므로 $2+2=4$(가지)

답 (1) 2가지　(2) 2가지　(3) 4가지

---

③ 사건 A와 B가 동시에 일어날 경우의 수 : 사건 A가 일어날 경우의 수가 m가지, 사건 B가 일어날 경우의 수가 n가지라면 사건 A, B가 동시에 일어날 경우의 수는 $m \times n$이다.

갑, 을 두 사람이 가위바위보를 할 때, 다음을 구하시오.

(1) 갑이 낼 수 있는 경우의 수

(2) 갑이 가위를 내었을 때, 을이 낼 수 있는 경우의 수

(3) 일어날 수 있는 모든 경우의 수

(1) 가위, 바위, 보의 3가지

(2) 가위, 바위, 보의 3가지

(3) 갑이 낸 가위, 바위, 보 각각에 대하여 을이 가위, 바위, 보 3가지를 낼 수 있으므로
$3 \times 3 = 9$(가지)

답 (1) 3가지 (2) 3가지 (3) 9가지

(2) 순 열

서로 다른 n개에서 r개를 택하여 순서를 생각하여 일렬로 배열하는 경우의 수

① 순열의 수 : $_n\mathrm{P}_r = n(n-1)(n-2) \cdots \underbrace{(n-r+1)}_{r개} = \dfrac{n!}{(n-r)!} \ (0 \leq r \leq n)$

② 순열의 성질

　㉠ $_n\mathrm{P}_n = n!$

　㉡ $_n\mathrm{P}_0 = 1$

　㉢ $0! = 1$

③ 원순열 : 서로 다른 n개를 원형으로 배열하는 방법의 수 $(n-1)!$

초등학교 H반 학생 30명 중에서 회장, 부회장, 서기를 각각 한 사람씩 선출하는 경우의 수를 구하시오.

해설 서로 다른 30명 중에서 3명을 택하는 순열에 해당하므로 $_{30}\mathrm{P}_3 = 30 \times 29 \times 28 = 24,360$(가지)

답 24,360가지

(3) 조 합

서로 다른 n개에서 순서를 생각하지 않고 r개를 택하는 경우의 수

① 조합의 수 : $_n\mathrm{C}_r = \dfrac{_n\mathrm{P}_r}{r!} = \dfrac{n!}{r!(n-r)!} \ (0 \leq r \leq n)$

② 조합의 성질

    ㉠ $_nC_0 = {}_nC_n = 1$

    ㉡ $_nC_r = {}_nC_{n-r}$

    ㉢ $_nC_r = {}_{n-1}C_r + {}_{n-1}C_{r-1}$

관련예제

5개의 문자 a, b, c, d, e 중에서 3개를 택하는 경우의 수를 구하시오.

해설 $_5C_3 = \dfrac{_5P_3}{3!} = \dfrac{5 \times 4 \times 3}{3 \times 2 \times 1} = 10$(가지)

답 10가지

---

(4) 확 률

  ① 사건 A가 일어날 확률 $= \dfrac{\text{사건 } A \text{가 일어날 경우의 수}}{\text{모든 경우의 수}}$

  ② 확률의 덧셈정리 : 표본공간 S의 임의의 두 사건 A, B에 대하여 사건 A 또는 사건 B 가 일어나는 사건은 $A \cup B$, 사건 A와 사건 B가 동시에 일어나는 사건은 $A \cap B$로 나타낸다.

    ㉠ 두 사건 A, B에 대하여 $P(A \cup B) = P(A) + P(B) - P(A \cap B)$

    ㉡ 두 사건 A, B가 서로 배반사건이면, 즉 $A \cap B = \phi$이면 $P(A \cup B) = P(A) + P(B)$

관련예제

A, B 두 개의 주사위를 던질 때, 두 눈의 합이 7이 될 확률을 구하시오.

해설 모든 경우의 수 : $6 \times 6 = 36$(가지)

두 눈의 합이 7이 될 경우의 수 : $(1, 6)$, $(2, 5)$, $(3, 4)$, $(4, 3)$, $(5, 2)$, $(6, 1)$ → 6(가지)

확률 $= \dfrac{\text{두 눈의 합이 7이 될 경우의 수}}{\text{모든 경우의 수}} = \dfrac{6}{36} = \dfrac{1}{6}$

답 $\dfrac{1}{6}$

---

(5) 여사건의 확률

사건 A에 대하여 A가 일어나지 않을 사건을 A의 여사건이라 하고 A^c으로 나타낸다.

$$P(A) + P(A^c) = 1, \ \ P(A^c) = 1 - P(A)$$

✿ '적어도 ∼인 사건', '∼ 이상인 사건', '∼ 이하인 사건' 등은 여사건의 확률을 이용한다.

안경을 쓴 사람이 3명, 쓰지 않은 사람이 2명이 있는 모둠에서 두 명을 뽑을 때, 적어도 한 명은 안경을 썼을 확률을 구하시오.

해설 두 사람 모두 안경을 쓰지 않았을 사건을 A라고 하면 $P(A) = \dfrac{{}_2C_2}{{}_5C_2} = \dfrac{1}{10}$

따라서 적어도 한 사람이 안경을 썼을 사건은 두 사람 모두 안경을 쓰지 않았을 사건의 여사건이므로

$$P(A^c) = 1 - P(A) = 1 - \dfrac{1}{10} = \dfrac{9}{10}$$

답 $\dfrac{9}{10}$

---

6 통 계

(1) 평 균

① 일반적인 평균의 정의 : 평균 $= \dfrac{\text{변량의 총합}}{\text{변량의 개수}}$

② 도수분포표에서 평균의 정의 : 평균 $= \dfrac{\{(\text{계급값}) \times (\text{도수})\}\text{의 총합}}{\text{도수의 총합}}$

재현이가 4번의 수학시험에서 받은 점수가 80점, 88점, 84점, 92점일 때 재현이의 수학점수의 평균을 구하시오.

해설 평균 $= \dfrac{80 + 88 + 84 + 92}{4} = 86(\text{점})$

답 86점

---

(2) 분산, 표준편차

① 편차 = 계급값(변량) − 평균

② 분산$(S^2) = \dfrac{\{(\text{편차})^2 \times \text{도수}\}\text{의 총합}}{\text{도수의 총합}}$

③ 표준편차$(S) = \sqrt{\text{분산}}$

관련예제

다음 표는 어떤 자료의 편차와 도수를 나타낸 것이다. 분산을 구하시오.

편차	-2	-1	0	1	2	3
도수	3	5	5	4	2	1

해설 분산 $= \dfrac{(-2)^2 \times 3 + (-1)^2 \times 5 + 0^2 \times 5 + 1^2 \times 4 + 2^2 \times 2 + 3^2 \times 1}{20} = \dfrac{38}{20} = \dfrac{19}{10}$ 　**답** $\dfrac{19}{10}$

7 도 형

(1) 도형의 성질

① 다각형의 대각선 개수

　㉠ n각형의 한 꼭짓점에서 그을 수 있는 대각선의 개수 :
　　$(n-3)$개

　㉡ n각형의 대각선의 총 개수 : $\dfrac{n(n-3)}{2}$ 개

② 다각형의 내각과 외각

　㉠ n각형의 내각의 크기의 합 : $180° \times (n-2)$
　㉡ n각형의 외각의 크기의 합 : $360°$

　㉢ 정 n각형의 한 내각의 크기 : $\dfrac{180° \times (n-2)}{n}$

　㉣ 정 n각형의 한 외각의 크기 : $\dfrac{360°}{n}$

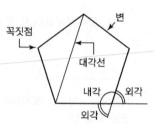

(2) 삼각형과 사각형

① 삼각형의 성질

　㉠ 삼각형의 두 변의 길이의 합은 다른 한 변의 길이보다 크다.
　㉡ 삼각형의 세 내각의 크기의 합은 $180°$이다.
　㉢ 삼각형의 한 외각의 크기는 그와 이웃하지 않는 두 내각의 크기의 합과 같다.

② 이등변삼각형의 성질

　㉠ 두 변의 길이가 같다.

　㉡ 두 밑각의 크기가 같다.

　㉢ 꼭지각의 이등분선은 밑변을 수직이등분한다.

③ 직각삼각형의 성질

　㉠ $\overline{AB}^2 = \overline{BH} \times \overline{BC}$

　㉡ $\overline{AC}^2 = \overline{CH} \times \overline{CB}$

　㉢ $\overline{AH}^2 = \overline{BH} \times \overline{CH}$

　㉣ 빗변의 중점(M)에서 세 꼭짓점에 이르는 거리가 같다.

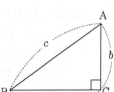

④ 피타고라스 정리 : 직각삼각형에서 직각을 낀 두 변의 길이의 제곱의 합은 빗변의 길이의 제곱과 같다. 직각삼각형에서 직각을 낀 두 변의 길이를 각각 a, b라 하고, 빗변의 길이를 c라 하면 $a^2 + b^2 = c^2$이다.

관련예제

다음 그림에서 x의 값을 구하시오.

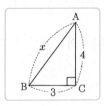

해설　피타고라스 정리에 의해

$3^2 + 4^2 = x^2 \Rightarrow x^2 = 25\,(x > 0)$

$\therefore\ x = 5$

답 5

---

⑤ 정사각형과 직사각형의 대각선 길이

　㉠ 정사각형의 대각선 길이　　　　㉡ 직사각형의 대각선 길이

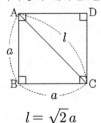

$$l = \sqrt{2}\,a$$

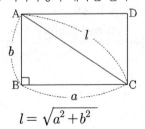

$$l = \sqrt{a^2 + b^2}$$

(3) 원

① **원과 부채꼴의 성질** : 한 원 또는 합동인 두 원에서

　㉠ 부채꼴의 호의 길이는 중심각의 크기에 비례한다.

　㉡ 부채꼴의 넓이는 중심각의 크기에 비례한다.

　㉢ 중심각의 크기가 같으면 현의 길이는 같다.

　㉣ 현의 길이는 중심각의 크기에 비례하지 않는다.

② **원과 현의 성질** : 한 원 또는 합동인 두 원에서

　㉠ 원의 중심으로부터 같은 거리에 있는 두 현의 길이는 서로 같다.

　㉡ 길이가 같은 두 현은 원의 중심에서 같은 거리에 있다.

③ **원과 접선의 성질**

　㉠ 원의 접선은 원의 중심에서 접점까지 그은 선분과 수직
　　으로 만난다.

　㉡ 외부의 한 점에서 그은 두 접선($\overline{PA}$, $\overline{PB}$)의 길이는 같다.

　㉢ $\angle x$와 $\angle y$의 합은 180°이다.

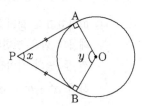

④ **원주각의 성질**

　㉠ 한 호에 대한 원주각의 크기는 그 호에 대한 중심각의 크기의
　　$\dfrac{1}{2}$이다.

　㉡ 한 원에서 한 호에 대한 원주각의 크기는 모두 같다.

(4) 삼각형, 평행사변형, 사다리꼴의 넓이(S)

① **삼각형의 넓이**

　넓이 $= \dfrac{1}{2} \times$ 밑변 $\times$ 높이 $= \dfrac{1}{2}ah$

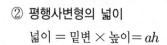

② **평행사변형의 넓이**

　넓이 $=$ 밑변 $\times$ 높이 $= ah$

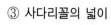

③ **사다리꼴의 넓이**

　넓이 $= \dfrac{(윗변 + 밑변)}{2} \times$ 높이 $= \dfrac{(a+b)}{2}h$

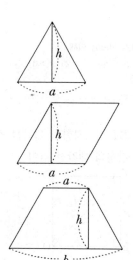

(5) 원과 부채꼴의 길이(l)와 넓이(S)

   ① 원의 둘레 길이와 넓이

      ㉠ $l = 2\pi r$

      ㉡ $S = \pi r^2$

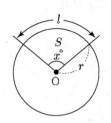

   ② 부채꼴의 호 길이와 넓이

      ㉠ $l = 2\pi r \times \dfrac{x^\circ}{360^\circ}$ ㉡ $S = \pi r^2 \times \dfrac{x^\circ}{360^\circ} = \dfrac{1}{2} rl$

1편

인지능력평가

관련예제

다음 부채꼴에서 호의 길이(l)와 넓이(S)를 구하시오.

해설 $l = 2\pi \times 4 \times \dfrac{45^\circ}{360^\circ} = \pi\,(\text{cm})$ $S = \pi \times 4^2 \times \dfrac{45^\circ}{360^\circ} = 2\pi\,(\text{cm}^2)$ 답 $\pi\,\text{cm},\ 2\pi\,\text{cm}^2$

---

(6) 입체도형의 겉넓이(S)와 부피(V)

   ① 기둥의 겉넓이와 부피

      ㉠ 겉넓이 = 밑넓이 × 2 + 옆넓이

      ㉡ 부피 = 밑넓이 × 높이

      ※ 원기둥의 겉넓이와 부피

         ○ $S = 2\pi r^2 + 2\pi rh$

         ○ $V = \pi r^2 h$

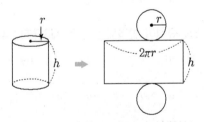

   ② 뿔의 겉넓이와 부피

      ㉠ 겉넓이 = 밑넓이 + 옆넓이

      ㉡ 부피 = $\dfrac{1}{3}$ × 밑넓이 × 높이

      ※ 원뿔의 겉넓이와 부피

         ○ $S = \pi r^2 + \pi rl$

         ○ $V = \dfrac{1}{3}\pi r^2 h$

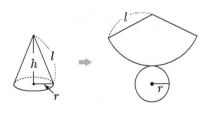

③ 구의 겉넓이와 부피

  ㉠ 겉넓이 $= 4\pi r^2$ ㉡ 부피 $= \dfrac{4}{3}\pi r^3$

8 추 리

(1) 수추리

 ① 증가, 감소가 일정한 수열(등차수열)

  $a_1,\ a_2,\ a_3,\ a_4\ \cdots\cdots\ a_n$

  등차수열 : $a_n - a_{n-1} = d$ (일정 : 공차)

 ② 기본 계차수열

  $a_1,\ \ a_2,\ \ a_3,\ \ a_4,\ \ a_5\ \cdots\cdots\ a_n$

   $b_1\ \ \ \ \ b_2\ \ \ \ \ b_3\ \ \ \ \ b_4$

 ③ 교대수열

  $a_1,\ b_1,\ a_2,\ b_2,\ a_3,\ b_3\ \cdots\cdots\ a_n,\ b_n$

 ④ 일정규칙이 반복되는 수열 제2규칙 : 4칙 연산 중 2개 법칙이 반복된다.

  $a_1,\ \ a_2,\ \ a_3,\ \ a_4,\ \ a_5\ \cdots\cdots\ a_n$

   $+a\ \ \times b\ \ +a\ \ \times b$

 ⑤ 일정규칙이 반복되는 수열 제3규칙 : 4칙 연산 중 3개 법칙이 반복된다.

  $a_1,\ \ a_2,\ \ a_3,\ \ a_4,\ \ a_5,\ \ a_6,\ \ a_7\ \cdots\cdots\ a_n$

   $+a\ \ \times b\ \ -c\ \ +a\ \ \times b\ \ -c$

 ⑥ 변화규칙의 수열 제2규칙 : 1개 법칙 또는 2개 법칙이 규칙적인 수열인 경우

  ㉠ $a_1,\ \ a_2,\ \ a_3,\ \ a_4,\ \ a_5\ \cdots\cdots\ a_n$

    $+b_1\ \ \times c\ \ +b_2\ \ \times c$

  ㉡ $a_1,\ \ a_2,\ \ a_3,\ \ a_4,\ \ a_5\ \cdots\cdots\ a_n$

    $+b_1\ \ \times c\ \ +b_2\ \times (c+d)$

⑦ 변화규칙의 수열 제3규칙 : 1개, 2개 또는 3개 법칙이 규칙적인 수열인 경우

㉠ $a_1,\ a_2,\ a_3,\ a_4,\ a_5,\ a_6,\ a_7\ \cdots\cdots\ a_n$

$\quad +b_1\ \times b\ -c\ +b_2\ \times b\ -c$

㉡ $a_1,\ a_2,\ a_3,\ a_4,\ a_5,\ a_6,\ a_7\ \cdots\cdots\ a_n$

$\quad +b_1\ \times c\ -e\ +b_2\ \times(c+d)\ -e$

(2) 문자추리

① **알파벳 문자** : 알파벳이 다음과 같은 숫자와 대응하므로 숫자수열로 바꾼다. 26을 초과하는 수는 다시 A부터 순환하는 것으로 간주한다.

1	2	3	4	5	6	7	8	9	10	11	12	13	14	15
A	B	C	D	E	F	G	H	I	J	K	L	M	N	O

16	17	18	19	20	21	22	23	24	25	26	27	28	29	…
P	Q	R	S	T	U	V	W	X	Y	Z	A	B	C	…

② **한글 문자** : 한글 자음·모음이 다음과 같은 숫자와 대응하므로 숫자수열로 바꾼다. 한편, 복자음이 나오거나 이중모음이 나오면 사전과 동일한 순서로 숫자수열로 바꾼다.

㉠ 한글 단자음

1	2	3	4	5	6	7	8	9	10	11	12	13	14
ㄱ	ㄴ	ㄷ	ㄹ	ㅁ	ㅂ	ㅅ	ㅇ	ㅈ	ㅊ	ㅋ	ㅌ	ㅍ	ㅎ

㉡ 한글 단모음

1	2	3	4	5	6	7	8	9	10
ㅏ	ㅑ	ㅓ	ㅕ	ㅗ	ㅛ	ㅜ	ㅠ	ㅡ	ㅣ

01 자료해석

01 다음 중 살인과 절도가 가장 많이 일어났던 해는 언제인가?

(단위 : 건)

연도 \ 범죄	살인	강간	강도	절도	폭력
2009	20	49	70	61	63
2010	12	54	72	80	73
2011	8	62	65	30	50
2012	21	47	51	41	75

① 2009년　　　　　　　　　② 2010년
③ 2011년　　　　　　　　　④ 2012년

02 다음은 우리나라 인구를 4개 지역으로 구분하여 향후 인구이동 추이에 대하여 분석한 표이다. 다른 지역으로 이동하지 않은 인구는 몇 명인가?

(단위 : %)

현재 \ 1년 뒤	수도권	충청·강원권	영남권	호남권	계
수도권	60	10	15	15	100
충청·강원권	10	50	30	10	100
영남권	30	20	45	5	100
호남권	20	5	5	70	100

※ 현재 지역별 인구는 수도권이 1,600만 명, 충청·강원권이 1,200만 명, 영남권이 1,400만 명, 호남권이 1,300만 명이다. 총 인구는 두 기간에 변하지 않는다(출생, 사망, 이민 없음).

① 2,570만 명　　　　　　　② 2,650만 명
③ 2,720만 명　　　　　　　④ 3,100만 명

03 형은 하천 상류에서 양돈 농장을 하고, 동생은 하천 하류에서 벼농사를 한다. 하천으로 흘러 들어가는 돼지의 분뇨는 수질을 오염시켜 벼농사에 영향을 주고, 돼지 사육량에 따른 형과 동생의 순이익은 다음과 같다. 형과 동생의 순이익 합계가 최대가 되는 돼지 사육량은 얼마인가?

돼지 사육량(개체수/월)	100	150	200	250	300	350
형의 순이익(만 원/월)	100	200	280	340	350	330
동생의 순이익(만 원/월)	300	260	220	180	140	100

① 150마리　　　② 200마리　　　③ 250마리　　　④ 300마리

04 다음은 초등학교 한 반의 학생들에게 여자형제와 남자형제의 유무를 조사한 표이다. 이 반의 외동인 학생이 5명일 때, 여자형제와 남자형제가 모두 있는 학생은 몇 명인가?

(단위 : 명)

구분	유	무
여자형제	28	22
남자형제	23	27

① 6명　　　② 7명　　　③ 8명　　　④ 9명

정답 및 해설　　　　　　　　　　　　**01.** ②　**02.** ④　**03.** ③　**04.** ①

01 ② 2010년 : $12+80=92$(건)　　① 2009년 : $20+61=81$(건)
③ 2011년 : $8+30=38$(건)　　④ 2012년 : $21+41=62$(건)

02

[인구이동 추이 전망]

(단위 : 만 명)

현재＼1년 뒤	수도권	충청·강원권	영남권	호남권	계
수도권	960	160	240	240	1,600
충청·강원권	120	600	360	120	1,200
영남권	420	280	630	70	1,400
호남권	260	65	65	910	1,300
계	1,760	1,105	1,295	1,340	5,500

주어진 표를 정리하면 위와 같다. 따라서 다른 지역으로 이동하지 않은 인구는
$960+600+630+910=3,100$(만 명)이다.

03 돼지 사육량이 250마리일 때 형과 동생의 순이익 합계는 $340+180=520$(만 원)으로 가장 높다.

04 여자형제가 있는 학생의 집합을 A, 남자형제가 있는 학생의 집합을 B라고 하면
$n(U)=28+22=50$, $n(A)=28$, $n(B)=23$, $n(A \cup B)^c=5$이므로 $n(A \cup B)=45$이다.
여자형제와 남자형제가 모두 있는 집합은 $(A \cap B)$이므로
$n(A \cap B)=n(A)+n(B)-n(A \cup B)=28+23-45=6$(명)

05 다음 표는 A도시와 다른 도시 간의 인구이동량과 거리를 나타낸 것이다. 인구가 적은 도시부터 많은 도시 순으로 바르게 나열한 것은?

(단위 : 천 명, km)

도시 간	인구이동량	거리
A ↔ B	30	6.5
A ↔ C	30	3
A ↔ D	40	5.5

※ 두 도시 간 인구이동량 $= k \times \dfrac{\text{두 도시 인구의 곱}}{\text{두 도시 간의 거리}}$ (k는 양의 상수)

① C - B - D   ② C - D - B

③ D - B - C   ④ D - C - B

06 다음 그림은 통계청에서 제공한 일반교과 과목별 학생 1인당 월평균 사교육비 및 참여율을 나타낸 것이다. 이에 대한 설명으로 옳은 것은?

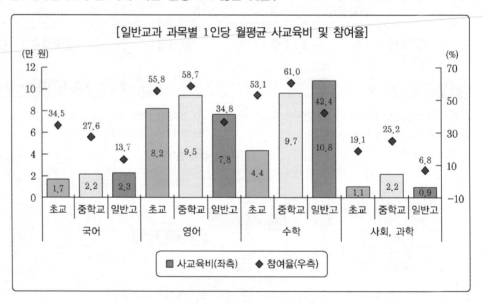

① 사교육비 지출이 가장 많은 과목은 수학이다.

② 학년이 올라갈수록 사교육비는 5개 과목에서 모두 증가한다.

③ 5개 과목에 대한 사교육비 지출은 중학생이 일반고 학생보다 많다.

④ 초등학생의 월평균 사교육비 지출 및 참여율이 가장 높은 과목은 수학이다.

07 다음은 5년간 전국 인구이동 추이를 권역별로 요약한 표이다. 이로부터 유추한 것으로 알맞은 것을 〈보기〉에서 모두 고르면?

(단위 : %)

전출지 \ 전입지	수도권	중부권	호남권	영남권
수도권	89~91	3~5	2	2
중부권	20~21	72~73	2	3~4
호남권	16~18	2~3	74~78	2
영남권	8~9	2	1	86~87

※ • 수도권 : 서울, 인천, 경기   • 중부권 : 대전, 충북, 충남, 강원
　 • 호남권 : 광주, 전북, 전남   • 영남권 : 부산, 대구, 울산, 경북, 경남

┌보기┐
　㉠ 수도권의 인구가 증가하고 있다.
　㉡ 호남권에서 수도권으로 이동한 사람이 영남권에서 수도권으로 이전한 사람보다 많다.
　㉢ 같은 권역 내의 이동비율은 중부권이 가장 작다.
　㉣ 중부권에서 수도권으로 이동한 사람이 호남권에서 수도권으로 이전한 사람보다 많다.
└─────┘

① ㉠, ㉢　　　　　　　　　　② ㉠, ㉣
③ ㉡, ㉢　　　　　　　　　　④ ㉢, ㉣

정답 및 해설　　　　　　　　　**05. ① 06. ③ 07. ①**

05 이동량과 인구의 곱은 비례 관계이고 이동량과 거리는 반비례하므로 각 도시의 인구를 A, B, C, D라고 하고 A도시 인구와 각 도시의 인구의 곱을 구하면 $AB = \dfrac{195}{k}$, $AC = \dfrac{90}{k}$, $AD = \dfrac{220}{k}$

따라서 각각 공통부분을 소거하면 각 도시의 인구는 C < B < D 순이다.

06 ③ 5개 과목에 대한 중학생의 사교육비 지출은 총 23.6(=2.2+9.5+9.7+2.2)만 원이고, 일반고 학생의 사교육비 지출은 총 21.8(=2.3+7.8+10.8+0.9)만 원이므로 중학생이 일반고 학생보다 많다.
　① 사교육비 지출이 상대적으로 많은 과목은 영어와 수학이다. 영어에 대한 사교육비 지출은 총 25.5(=8.2+9.5+7.8)만 원이고, 수학에 대한 사교육비 지출은 총 24.9(=4.4+9.7+10.8)만 원이므로 사교육비 지출이 가장 많은 과목은 영어이다.
　② 영어와 사회, 과학 과목에 대해서는 중학생이 고등학생보다 사교육비를 더 많이 지출한다.
　④ 초등학생의 월평균 사교육비 지출 및 참여율이 가장 높은 과목은 영어이다.

07 ㉡, ㉣ 권역별 전출자 수를 알 수 없으므로 판단할 수 없다.

08 다음의 시·군 통합과 시 이름 변경에 관한 주민 설문조사 결과를 잘못 해석한 것은?

(단위 : %)

구분		시·군 통합에 대한 의견			
		무조건 찬성	조건부 찬성	반대	계
시 이름 변경에 대한 의견	무조건 찬성	2.7	9.0	15.7	27.4
	조건부 찬성	9.3	25.4	11.3	46.0
	반대	8.5	13.6	4.5	26.6
	계	20.5	48.0	31.5	100.0

① 이름 변경에 찬성하는 비율이 통합 찬성 비율보다 높다.
② 이름 변경에는 찬성하지만 통합에는 반대하는 비율은 27%이다.
③ 통합에는 찬성하지만 이름 변경에는 반대하는 비율은 22.1%이다.
④ 통합에 찬성하거나 이름 변경에 찬성하는 비율은 46.4%이다.

[9~11] 다음 그래프는 2009년부터 2012년까지 4개 도시의 전년 대비 인구증가율을 나타낸 것이다. 그래프를 보고 물음에 답하시오.

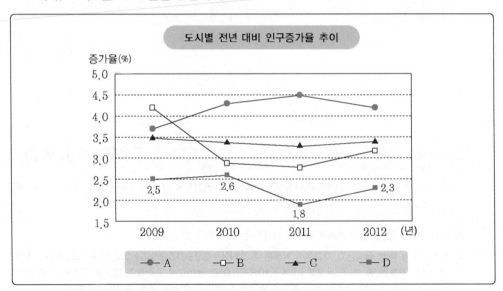

09 2010년부터 2012년까지 전년 대비 인구증가율이 매년 가장 높은 도시는?

① A ② B
③ C ④ D

10 D도시의 2009년도 12월 인구가 50만 명이라면, 2010년 12월 인구는 대략 얼마가 되는가?

① 510,000명
② 513,000명
③ 515,000명
④ 517,000명

11 위의 자료에 대한 설명으로 적절하지 않은 것은?

① 2010년부터 2012년까지 인구가 감소한 도시는 없다.
② A도시와 B도시 간 전년 대비 인구증가율의 차이가 가장 큰 해는 2011년이다.
③ 2009년부터 2012년까지 각 도시별로 전년 대비 인구증가율의 최댓값과 최솟값을 비교할 때 그 차이가 가장 큰 도시는 B이다.
④ 2009년부터 2012년까지 도시별 인구수의 순위는 변동이 있다.

12 다음은 20대 이상의 사람들이 지지하는 후보에 대해 조사한 표이다. 표를 보고 유추한 내용으로 옳지 않은 것은?

(단위 : %)

구분	A후보	B후보	C후보	D후보	무응답
20, 30대	9.2	45.0	30.0	14.4	1.4
40, 50대	20.6	30.2	40.4	6.4	2.4
60대 이상	64.8	2.4	27.2	4.6	1.0

① 모든 연령대에서 가장 골고루 지지를 받은 후보는 C후보이다.
② 조사시점에 선거할 경우 당선될 가능성이 가장 큰 후보는 C후보이다.
③ 연령 간 편차가 가장 큰 후보는 A후보이다.
④ 지지하는 후보를 아직 정하지 않은 비율이 가장 큰 연령대는 40, 50대다.

정답 및 해설   08.④ 09.① 10.② 11.④ 12.②

08 ④ 통합과 이름 변경에 모두 반대하는 사람 비율인 4.5%를 전체에서 빼준 95.5%이다.
① 이름 변경 찬성 비율은 73.4%이고, 통합 찬성 비율은 68.5%이다.
② 이름 변경에 찬성하는 사람 중 통합에 반대하는 비율은 15.7+11.3=27(%)이다.
③ 통합에 찬성하는 사람 중 이름 변경에 반대하는 비율은 8.5+13.6=22.1(%)이다.

09 그래프에서 2010년에서 2012년까지 전년 대비 인구증가율은 A도시가 가장 높다.

10 D도시의 2010년도 인구증가율은 2.6%이므로 $500,000\left(1+\dfrac{2.6}{100}\right)=513,000$(명)

11 ④ 인구증가율의 순위변동에 대해서는 알 수 있지만, 인구수에 대한 정보는 없어 그 순위의 변동은 알 수 없다.

12 ② 조사시점에 선거할 경우 각 연령대의 지지율 총합은 C후보가 가장 크지만 각 연령대의 유권자 비중은 주어지지 않았으므로 알 수 없다.

13 다음은 제주 감귤 1kg 박스의 수요·공급곡선 그래프이다. 이때 제주 감귤의 균형가격은 얼마인가?

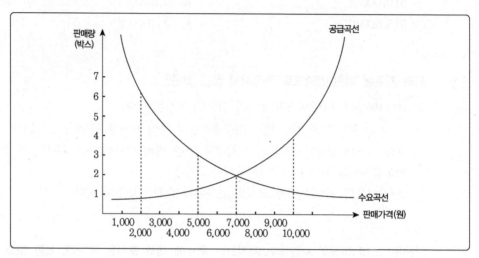

① 2,000원
② 5,000원
③ 7,000원
④ 10,000원

14 다음 표는 3개 반도체 사업체의 세계시장 점유율 추이를 나타낸 것이다. 이 표에 대한 설명으로 옳지 않은 것은?

(단위 : %)

구분	2007년	2008년	2009년	2010년	2011년
A사	5.8	6.1	6.5	7.2	7.9
B사	4.0	3.9	3.8	3.7	3.5
C사	3.0	3.3	2.9	2.7	2.6

① A사의 점유율 증가율이 가장 큰 해는 2010년이다.
② 2007년 이후 A사의 점유율은 계속 증가하고 있다.
③ 이런 추세라면 B사의 2012년 점유율은 3.5% 미만일 것이다.
④ 2007~2011년 사이 C사의 세계시장 점유율이 가장 큰 폭으로 하락한 시기는 2008년이다.

15 다음은 비만도를 측정하는 방법 중 하나인 체적지수(BMI)에 대한 표이다. BMI지수가 17.8로 저체중에 속해 있는 아이의 키가 1m일 때, 이 아이가 정상범위에 속하려면 몸무게를 최소 몇 kg 이상 늘려야 하는가?

비만기준	저체중	정상	과체중	비만
BMI지수	18.5 미만	18.5 이상 23 미만	23 이상 25 미만	25 이상 30 미만

※ BMI지수 $= \dfrac{\text{몸무게(kg)}}{\text{키(m)} \times \text{키(m)}}$

① 0.5kg

② 0.7kg

③ 1kg

④ 1.2kg

16 다음 표는 A사의 1~3월의 제품 출하 수를 나타낸 표이다. 다음 중 전월 대비 증가율이 가장 큰 것은 어느 달, 어느 제품인가?

[A사의 제품 출하 수]

구분	X제품	Y제품
1월	345	426
2월	388	470
3월	427	511

① 2월의 X제품

② 2월의 Y제품

③ 3월의 X제품

④ 3월의 Y제품

정답 및 해설　　　　　　　　13. ③　14. ④　15. ②　16. ①

13 균형가격이란 수요량과 공급량이 일치할 때의 가격을 말한다. 따라서 제주 감귤의 균형가격은 7,000원이다.

14 C사의 세계시장 점유율이 가장 큰 폭으로 하락한 시기는 3.3%에서 2.9%로 0.4%p 하락한 2009년이다.

15 키가 1m인 아이의 현재 몸무게를 x라고 하면 $17.8 = \dfrac{x}{1^2} \Rightarrow x = 17.8\text{(kg)}$이다. 따라서 이 아이가 BMI지수 정상범위에 들어가기 위해서는 최소 $18.5 - 17.8 = 0.7$ 이상 몸무게를 늘려야 한다.

16 ① 2월의 X제품 증가율 : $\dfrac{388 - 345}{345} \times 100 = 12.5(\%)$

② 2월의 Y제품 증가율 : $\dfrac{470 - 426}{426} \times 100 = 10.3(\%)$

③ 3월의 X제품 증가율 : $\dfrac{427 - 388}{388} \times 100 = 10.1(\%)$

④ 3월의 Y제품 증가율 : $\dfrac{511 - 470}{470} \times 100 = 8.7(\%)$

[17~18] 표는 주택용 전력요금표이다. 다음 물음에 답하시오.

기본요금(원/호)		전력량 요금(원/kWh)	
100kWh 이하 사용	370	처음 100kWh 까지	55
101~200kWh 사용	820	다음 100kWh 까지	110
201~300kWh 사용	1,430	다음 100kWh 까지	170
301~400kWh 사용	3,420	다음 100kWh 까지	250
401~500kWh 사용	6,410	다음 100kWh 까지	360
500kWh 초과 사용	11,750	500kWh 초과	640

17 지수네 6월 전력사용량이 220kWh일 때 전력요금은 얼마인가?

① 21,290원   ② 21,330원

③ 21,370원   ④ 21,410원

18 지수네는 7월 에어컨 사용으로 한 달 전력사용량이 130kWh 늘었다면 전력요금은 전월(6월)에 비하여 얼마나 증가하는가?

① 28,090원   ② 28,390원

③ 28,690원   ④ 28,990원

19 다음은 출산 및 육아휴직 현황에 관한 자료이다. 이에 대한 설명으로 옳지 않은 것은?

[출산 및 육아휴직 현황]

(단위 : 명, 백만 원)

구 분		2008	2009	2010	2011	2012	2013	2014	2015
출산전후 휴가자 수		68,526	70,560	75,742	90,290	93,394	90,507	88,756	94,590
출산전후 휴가 지원금액		166,631	178,477	192,564	232,915	241,900	235,105	236,845	258,139
육아 휴직자 수	계	29,145	35,400	41,733	58,137	64,069	69,616	76,833	87,339
	여성 근로자	28,790	34,898	40,914	56,735	62,279	67,323	73,412	82,467
	남성 근로자	355	502	819	1,402	1,790	2,293	3,421	4,872
육아 휴직 지원 금액	계	98,431	139,724	178,121	276,261	357,797	420,248	500,663	619,663
	여성 근로자	97,449	138,221	175,582	270,500	348,644	408,557	482,743	592,238
	남성 근로자	982	1,503	2,539	5,761	9,153	11,691	17,920	27,425

① 출산전후 휴가 지원금액은 2008~2015년 사이에 단 한 차례 감소했다.
② 2015년 남성근로자의 육아휴직 지원금액의 비중은 약 4.4%이다.
③ 출산전후 휴가자 수는 2008~2015년까지 매년 증가했다.
④ 육아 휴직자 중 여성근로자 수가 가장 증가한 해는 2011년이다.

정답 및 해설

17. ② 18. ① 19. ③

17 전력사용량이 220kWh이므로 기본요금은 1,430원이다. 따라서 전력요금은
$1,430+100\times55+100\times110+20\times170=21,330$(원)

18 총 전력사용량은 $220+130=350$(kWh)이므로 기본요금은 3,420원이다. 따라서 전력요금은
$3,420+100\times55+100\times110+100\times170+50\times250=49,420$(원)이다.
그러므로 $49,420-21,330=28,090$(원) 증가했다.

19 ③ 출산전후 휴가자 수는 증가하다가 2012년에서 2014년 사이에 감소했다.
① 출산전후 휴가 지원금액은 2012년에서 2013년 사이에 한 차례 감소했다.
② 2015년 남성근로자의 육아휴직 지원금액의 비중은 $\frac{27,425}{619,663}\times100 ≒ 4.4$(%)이다.
④ 육아 휴직자 중 여성근로자 수는 2011년에 $56,735-40,914=15,821$(명)으로 가장 크게 증가하였다.

20 다음은 노인정책 및 장수노인 관련 연구의 기초자료로 활용하기 위하여 2005년도 인구 주택총조사 자료 중 만 100세 이상 고령자의 규모 및 건강상태를 파악하였다. 다음 자료를 근거로 추론한 것 중 옳은 것을 모두 고른 것은?

> 인구규모, 분포 등 인구특성에 관한 사항은 만 나이 100세 이상 961명을 대상으로 분석하였으며, 건강상태 등에 관한 사항은 총조사 기준시점과 본 조사시점 간의 사망자 165명을 제외한 796명을 대상으로 조사한 것이다.

[표1] 100세 이상 고령자 규모

(단위 : 명, %)

구 분	2000년	구성비	2005년	구성비
계	934	100.0	( )	100.0
남 자	82	8.8	( )	10.8
여 자	852	91.2	( )	89.2
인구 10만 명 당 100세 이상 인구	2.02		2.03	

[표2] 건강상태

(단위 : %)

있 음	치 매	골관절염	고혈압	중 풍	기 타	없 음	미 상
54.6	18.8	18.4	4.8	2.0	10.6	44.6	0.8

> ㄱ. 신체적인 질병이 '있다'고 응답한 경우는 435명인 반면, 질병이 '없다'고 응답한 경우는 355명이다.
> ㄴ. 2005년 만 100세 이상 여성 수는 건강상태 조사에 응한 전체 수보다 적다.
> ㄷ. 2005년 만 100세 이상 남성의 수는 건강상태 조사에서 기타라고 대답한 수보다 많다.
> ㄹ. 2005년 우리나라의 만 100세 이상 인구는 2000년에 비해 2.3% 증가하였다.
> ㅁ. 2000년 조사 당시보다 2005년 조사 시 인구는 대략 110만 명 증가하였다.

① ㄱ, ㄴ, ㄷ 　　　　② ㄴ, ㄷ, ㅁ
③ ㄱ, ㄷ, ㅁ 　　　　④ ㄱ, ㄴ, ㅁ

21 다음은 A, B, C 세 기업의 남자 사원 400명에게 현재의 노동조건에 만족하는가에 관한 설문조사를 실시한 결과이다. 다음 중 옳은 것을 〈보기〉에서 모두 고른 것은?

구분	불만	어느 쪽도 아니다	만족	계
A사	30	30	40	100
B사	70	20	50	140
C사	75	50	35	160
계	175	100	125	400

┌─보기─
│ ㉠ 이 설문조사에서는 현재의 노동조건에 대해 불만을 나타낸 사람은 과반을 넘는다.
│ ㉡ 불만족도가 가장 높은 기업은 B사이다.
│ ㉢ '어느 쪽도 아니다'라고 대답한 사람이 가장 적은 B사가 노동조건이 좋은 기업이다.
│ ㉣ 만족도가 가장 높은 기업은 B사이고, 가장 낮은 기업은 C사이다.

① ㉠　　　　　　　　　　　　　② ㉡
③ ㉠, ㉢　　　　　　　　　　　④ ㉠, ㉣

정답 및 해설　　　　　　　　　　　　　　　　　　**20. ③　21. ②**

20　ㄱ. 질병이 '있다'고 응답한 경우는 $796 \times 0.546 = 434.616$으로 약 435명,

질병이 '없다'고 응답한 경우는 $796 \times 0.446 = 355.016$으로 약 355명이다.

ㄷ. 2005년 만 100세 이상 남성의 수는 $961 \times 0.108 = 103.788$로 약 104명, 건강상태 조사에서 기타라고 대답한 수는 $796 \times 0.106 = 84.376$으로 약 84명이다.

ㅁ. 2000년 인구는 $934 \times 10 \div 2.02 = 4,624$(만 명)이고, 2005년 인구는 $961 \times 10 \div 2.03 = 4,734$(만 명)이다. 따라서 2005년은 2000년보다 약 110만 명 증가하였다.

ㄴ. 2005년 만 100세 이상 여성의 수는 $961 \times 0.892 = 857.212$로 약 857명, 건강상태 조사에 응한 전체 수는 796명이다.

ㄹ. $\dfrac{961}{934} \times 100 = 102.89$

그러므로 2005년 만 100세 이상 인구는 2000년에 비해 약 2.9% 증가하였다.

21　㉡ 옳음. 불만족 비율은 A사 : $\dfrac{30}{100} \times 100 = 30(\%)$, B사 : $\dfrac{70}{140} \times 100 = 50(\%)$, C사 : $\dfrac{75}{160} \times 100$

$= 46.9(\%)$

따라서 불만족도가 가장 높은 기업은 B사이다.

㉠ 틀림. 불만을 나타낸 사람은 175명으로 과반인 200명보다 작다.

㉢ 틀림. '어느 쪽도 아니다'는 노동조건과 관련이 없다. 불만족 비율 또는 만족 비율이 노동조건과 관련이 있다.

㉣ 틀림. 만족 비율은

A사 : $\dfrac{40}{100} \times 100 = 40(\%)$, B사 : $\dfrac{50}{140} \times 100 = 35.7(\%)$, C사 : $\dfrac{35}{160} \times 100 = 21.9(\%)$

따라서 만족도가 가장 높은 기업은 A사이고, 가장 낮은 기업은 C사이다.

22 다음 그림은 A, B, C, D, E 다섯 국가들이 동일한 총생산량을 산출하기 위해 투입한 노동량과 자본량을 나타낸 것이다. 다음 자료에 대한 분석이 올바른 사람을 모두 고르면?

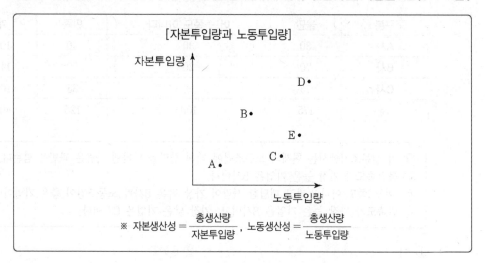

<보기>
㉠ A국은 C국보다 생산성이 높다.
㉡ B국은 D국보다 자본생산성이 높다.
㉢ 노동생산성이 가장 낮은 국가는 E국이다.
㉣ B국과 C국 가운데 어느 국가가 생산성이 더 높은지 알 수 없다.
㉤ 생산성이 가장 낮은 국가는 E국이고, 가장 높은 국가는 A국이다.

① ㉠, ㉡
② ㉠, ㉢
③ ㉠, ㉣
④ ㉠, ㉡, ㉣

정답 및 해설　　　　　　　　　　　　　　　　　　　　　　　　　　22. ④

22 ㉠ 옳음. 동일한 총생산량에 대해 A국은 C국보다 자본투입량과 노동투입량이 더 적으므로 A국은 C국보다 생산성이 높다.
㉡ 옳음. 동일한 총생산량에 대해 B국은 D국보다 자본투입량이 더 적으므로 B국은 D국보다 자본생산성이 높다.
㉣ 옳음. 노동생산성은 B국이, 자본생산성은 C국이 더 높다. 따라서 제시된 그림만 가지고는 어느 국가가 생산성이 더 높은지 알 수 없다.
㉢ 틀림. 노동생산성이 가장 낮은 국가는 노동투입량이 가장 많은 D국이다.
㉤ 틀림. 생산성이 가장 낮은 국가는 D국이고, 가장 높은 국가는 A국이다.

02 응용수리

01 우리 반 70명의 학생 중 개를 키우는 학생이 45명, 고양이를 키우는 학생이 8명, 개와 고양이를 둘 다 키우는 학생이 3명일 때, 강아지도 고양이도 키우지 않는 학생 수는?

① 10명　　　　　　　　　　② 15명
③ 20명　　　　　　　　　　④ 25명

1편

인지능력평가

02 다음 식의 값을 구하면?

$$(-1)^5 \times 2 \div 2^{-1} \times (-1)^4$$

① -1　　　　　　　　　　② -4
③ 1　　　　　　　　　　　④ 4

03 서로 맞물려 도는 톱니바퀴 A, B가 있다. A의 톱니의 수는 70개, B의 톱니의 수는 98개이다. 이 톱니바퀴가 같은 톱니에서 처음으로 다시 맞물리게 되는 것은 A가 x번, B가 y번 돌고 난 후이다. 이때, $x+y$의 값을 구하면?

① 6　　　　　　　　　　　② 8
③ 10　　　　　　　　　　　④ 12

정답 및 해설　　　　　　　　　　　　　　　　**01. ③　02. ②　03. ④**

01 개를 키우는 학생의 집합을 A, 고양이를 키우는 학생의 집합을 B라고 하면
$n(U)=70$, $n(A)=45$, $n(B)=8$, $n(A \cap B)=3$이므로
$n(A^c \cap B^c)=n(U)-n(A)-n(B)+n(A \cap B)=70-45-8+3=20$(명)

02 $(-1)^5 \times 2 \div 2^{-1} \times (-1)^4 = (-1) \times 2 \div \dfrac{1}{2} \times 1 = -4$

03 다시 맞물릴 때까지 돌아간 톱니의 개수는 70과 98의 최소공배수인 490개이다. 따라서 두 톱니바퀴가 같은 톱니에서 처음으로 다시 맞물리려면 A는 $490 \div 70 = 7$(번), B는 $490 \div 98 = 5$(번) 회전해야 한다.
$\therefore x+y=7+5=12$

04 합금 A는 금 20%, 은 60%를 포함한 합금이고, 합금 B는 금 60%, 은 20%를 포함한 합금이다. 두 종류의 합금을 녹여서 금 200g, 은 120g을 포함한 합금을 만들려면 합금 B는 몇 g이 필요한가?

① 150g ② 200g

③ 250g ④ 300g

05 배를 타고 8km 길이의 강을 왕복하는 데 강을 거슬러 올라갈 때는 40분, 내려올 때는 20분이 걸렸다. 이때 강물의 속력은 몇 km/h인가?

① 3km/h ② 4km/h

③ 5km/h ④ 6km/h

06 A 혼자 일을 끝마치는 데 6시간 걸리는 일을 B가 1시간 도와줘서 4시간 30분 만에 끝냈다. B 혼자 할 때는 몇 시간이 걸리는가?

① 2시간 ② 3시간

③ 4시간 ④ 6시간

07 5% 소금물과 8% 소금물을 섞어서 6% 소금물 300g을 만들려고 한다. 이때 8% 소금물은 몇 g이 필요한가?

① 100g ② 125g

③ 150g ④ 175g

08 A와 B상품의 한 개당 원가는 각각 600원, 300원이다. A상품은 원가의 60%, B상품은 원가의 20%의 이익이 생긴다고 할 때, A와 B상품을 합하여 82개를 팔았더니 16,020원의 이익이 생겼다. A상품을 몇 개 팔았는지 구하면?

① 37개 ② 40개

③ 43개 ④ 46개

09 원가에 30%의 이익을 붙여 판매가를 정했더니 7,800원이었다. 이 제품을 판매하여 81,000원의 판매 이익을 얻었다면 판매한 제품은 몇 개인가?

① 40개   ② 45개

③ 50개   ④ 55개

10 준수는 수학시험에서 4점짜리 문제와 6점짜리 문제를 합하여 20개를 맞혀 88점을 받았다. 준수가 맞힌 4점짜리 문제는 몇 개인가?

① 2개   ② 8개

③ 12개   ④ 16개

정답 및 해설   04. ④   05. ④   06. ③   07. ①   08. ①   09. ②   10. ④

04 합금 A와 B의 양을 각각 x, y라 하면 $0.2x + 0.6y = 200 \cdots$ ㉠, $0.6x + 0.2y = 120 \cdots$ ㉡
㉠식과 ㉡식을 연립하여 풀면 $x = 100(g)$, $y = 300(g)$
따라서 필요한 합금 B의 양은 300g이다.

05 배의 속력을 x, 강물의 속력을 y라고 하면 $\frac{2}{3}(x-y) = 8 \cdots$ ㉠, $\frac{1}{3}(x+y) = 8 \cdots$ ㉡
㉠식과 ㉡식을 연립하여 풀면 $x = 18(\text{km/h})$, $y = 6(\text{km/h})$
따라서 강물의 속력은 6km/h이다.

06 전체 일의 양을 1이라 하고 B가 혼자 일을 끝마치는 시간을 x라 하면 A가 1시간 동안 한 일의 양은 $\frac{1}{6}$,
B가 1시간 동안 한 일의 양은 $\frac{1}{x}$이다. 4시간 30분은 $\frac{9}{2}$시간이므로 (A가 $\frac{9}{2}$시간 동안 한 일의 양) + (B
가 1시간 동안 한 일의 양) $= \frac{1}{6} \times \frac{9}{2} + \frac{1}{x} \times 1 = 1$ ⇒ $\frac{1}{x} = \frac{1}{4}$ ⇒ $x = 4$(시간)

07 필요한 5% 소금물의 양을 x, 8% 소금물의 양을 y라 하면
$x \times \frac{5}{100} + y \times \frac{8}{100} = 300 \times \frac{6}{100} \cdots$ ㉠, $x + y = 300 \cdots$ ㉡
㉠식과 ㉡식을 연립하여 풀면 $x = 200(g)$, $y = 100(g)$
따라서 8% 소금물은 100g이 필요하다.

08 A상품과 B상품의 팔린 개수를 각각 x, y라 하면 $x + y = 82 \cdots$ ㉠
$\left(600 \times \frac{60}{100}\right)x + \left(300 \times \frac{20}{100}\right)y = 16,020$(원) ⇒ $6x + y = 267 \cdots$ ㉡
㉠식과 ㉡식을 연립하여 풀면 $x = 37$(개), $y = 45$(개) 따라서 A상품은 37개 팔았다.

09 원가를 x라 하면 $7,800 = x(1 + 0.3)$ ⇒ $x = 6,000$(원)
'이익 = 판매가 − 원가'이므로 개당 판매 이익은 $7,800 - 6,000 = 1,800$(원)이다.
따라서 판매한 제품의 개수는 $81,000 \div 1,800 = 45$(개)이다.

10 준수가 맞힌 4점짜리 문제의 개수를 x라 하면 6점짜리 문제의 개수는 $(20 - x)$이므로
$4x + 6(20 - x) = 88$ ⇒ $x = 16$(개)

11 현재 어머니의 나이는 아들 나이의 4배이다. 5년 전에는 어머니의 나이가 아들 나이의 9배였다고 할 때, 현재 아들의 나이는?

① 6세   ② 7세

③ 8세   ④ 9세

12 길이가 200m인 호수 둘레에 8m 간격으로 나무를 심는다면 몇 그루의 나무를 심을 수 있는가?

① 25그루   ② 30그루

③ 35그루   ④ 40그루

13 송아지와 닭을 합하여 1,500마리를 사육하는 목장이 있는데, 송아지의 다리 수의 합과 닭의 다리 수의 합이 같았다. 송아지는 모두 몇 마리인가?

① 400마리   ② 500마리

③ 600마리   ④ 700마리

14 가로의 길이가 6cm, 세로의 길이가 4cm인 직사각형에서 가로의 길이를 3cm, 세로의 길이를 $x$cm만큼 늘였더니 넓이가 처음 넓이의 3배가 되었다. x의 값은?

① 4cm   ② 5cm

③ 6cm   ④ 7cm

15 사과를 한 상자에 20개씩 담으면 상자 하나가 부족하고, 25개씩 담으면 상자 하나가 남는다. 상자 개수와 사과 개수를 합한 값은?

① 203개   ② 209개

③ 215개   ④ 221개

16 재아와 현성이의 지난 달 수입 비는 3 : 2, 지출 비는 10 : 9이었는데, 재아는 40만 원이 남았지만 현성이는 20만 원 적자였다. 재아와 현성 각각의 지출액을 더한 금액은 얼마인가?

① 300만 원   ② 340만 원

③ 380만 원   ④ 420만 원

17 7,700원을 A, B, C 3명에게 나누어 주었는데, A는 B보다 700원을 더 받았고, C는 B 보다 800원을 덜 받았다. A가 받은 금액은 얼마인가?

① 3,000원   ② 3,100원

③ 3,200원   ④ 3,300원

1편

인지능력평가

18 다음 그림에서 $\angle x$의 크기를 구하면?

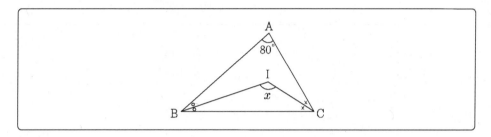

① 110°   ② 120°

③ 130°   ④ 140°

정답 및 해설   11. ③ 12. ① 13. ② 14. ① 15. ② 16. ③ 17. ④ 18. ③

11 현재 아들의 나이를 x라고 하면 어머니의 나이는 $4x$이므로 $9(x-5)=4x-5 \Rightarrow x=8$(세)

12 시작과 끝이 같으므로 심을 수 있는 나무의 수는 $\dfrac{거리}{간격}$이다. 즉, $\dfrac{200}{8}=25$(그루)이다.

13 송아지의 수를 x, 닭의 수를 y라 하면 $x+y=1,500 \cdots ㉠$, $4x=2y \cdots ㉡$, ㉠식과 ㉡식을 연립하여 풀면 $x=500$(마리), $y=1,000$(마리) 따라서 송아지는 모두 500마리이다.

14 처음 직사각형의 넓이는 $6\times4=24$(cm²)이므로
$(6+3)\times(4+x)=3\times24 \Rightarrow 9x+36=72 \Rightarrow x=4$(cm)

15 상자 개수를 x라 하면 $20(x+1)=25(x-1) \Rightarrow x=9$(개)
따라서 상자의 개수는 9개, 사과의 개수는 200개이므로 $9+200=209$(개)이다.

16 재아의 수입액을 x, 현성의 수입액을 y라 하면
$x:y=3:2 \cdots ㉠$, $(x-40):(y+20)=10:9 \cdots ㉡$
㉠식과 ㉡식을 연립하여 풀면 $x=240$(만 원), $y=160$(만 원)
따라서 지출액은 각각 200만 원과 180만 원이므로 $200+180=380$(만 원)이다.

17 A가 받은 금액을 x라 하면, B가 받은 금액은 $(x-700)$원, C가 받은 금액은 $(x-700)-800$
$=(x-1,500)$원이므로 $x+(x-700)+(x-1,500)=7,700 \Rightarrow x=3,300$(원)

18 $\triangle$ABC에서 $\angle B+\angle C=100°$이므로 $\dfrac{1}{2}(\angle B+\angle C)=50°$

$\triangle$IBC에서 $\angle x=180°-\dfrac{1}{2}(\angle B+\angle C)=180°-50°=130°$

19 다음과 같은 땅에 2m인 직선 도로와 폭이 xm인 직선 도로를 내었더니 도로를 제외한 땅의 넓이가 350m2가 되었다. x의 값은 얼마인가?

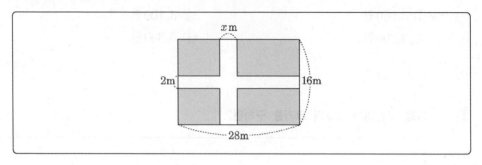

① 2m

② 3m

③ 4m

④ 5m

20 한 변의 길이가 8cm인 정사각형을 오려서 가장 큰 원을 만들었을 때, 그 원의 넓이는?

① $4\pi\text{cm}^2$

② $8\pi\text{cm}^2$

③ $16\pi\text{cm}^2$

④ $64\pi\text{cm}^2$

21 세 도시 A, B, C가 삼각형 형태로 자리하고 있는데, A에서 B로 가는 길은 2개, B에서 C로 가는 길은 2개, A에서 C로 가는 길은 3개가 있다고 하면 A에서 C로 가는 방법은 모두 몇 가지인가? (단, 같은 도시는 두 번 지나지 않는다)

① 3가지

② 4가지

③ 7가지

④ 10가지

22 10명의 사람이 악수를 할 때, 모든 사람이 서로 한 번씩 악수를 하려면 모두 몇 번의 악수가 이루어져야 하는가?

① 40번

② 45번

③ 50번

④ 55번

23 남자 6명과 여자 5명 중에서 3명의 대표를 뽑을 때, 적어도 여자 1명이 포함되는 경우의 수를 구하면?

① 135가지   ② 140가지

③ 145가지   ④ 150가지

[24~25] 다음 그림은 수를 특정 규칙에 따라 나열한 것이다. 알파벳에 들어갈 적절한 수를 규칙에 따라 계산하시오.

24

35	31	28	26	22
	32	29	24	
		A		

① 24   ② 25

③ 26   ④ 27

정답 및 해설   19. ②   20. ③   21. ③   22. ②   23. ③   24. ④

19 오른쪽 그림과 같이 도로를 가장자리로 이동시키면 도로를 제외한 땅은 가로의 길이가 $(28-x)$m, 세로의 길이가 14m인 직사각형 모양이므로 그 넓이는 $(28-x) \times 14 = 350 \Rightarrow 28-x = 25 \Rightarrow x = 3$(m)

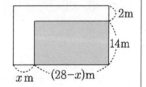

20 한 변의 길이가 8cm인 정사각형에 내접하는 원의 넓이를 구하는 문제이다. 원의 반지름은 4cm이므로 원의 넓이는 $\pi r^2 = \pi \times 4^2 = 16\pi \, (\text{cm}^2)$이다.

21 A에서 C로 가는 길은 B를 거쳐 가는 것과 바로 가는 것이 있으므로 각 경우의 수를 더하면 A → B → C는 $2 \times 2 = 4$(가지), 바로 가는 A → C는 3(가지)이다.
따라서 A에서 C로 가는 방법은 모두 $4+3 = 7$(가지)이다.

22 10명의 사람 중 2명의 사람을 순서에 관계없이 뽑아야 하는 조합이므로 $_{10}C_2 = \dfrac{10 \times 9}{2 \times 1} = 45$(번)이다.

23 전체 11명 중에서 3명의 대표를 뽑는 경우의 수는 $_{11}C_3 = \dfrac{11 \times 10 \times 9}{3 \times 2 \times 1} = 165$(가지)

3명의 대표가 모두 남자인 경우의 수는 $_6C_3 = \dfrac{6 \times 5 \times 4}{3 \times 2 \times 1} = 20$(가지)

따라서 적어도 여자 1명이 포함되는 경우의 수는 $165 - 20 = 145$(가지)이다.

24 $35 - 31 + 28 = 32$(32가 31 밑에 적혀있다.)
$31 - 28 + 26 = 29$(29가 28 밑에 적혀있다.)
즉, 왼쪽의 수에서 오른쪽의 수를 뺀 후 다시 그 오른쪽의 수를 더하는 규칙이다. 이렇게 구해진 수는 가운데의 수 아래에 적힌다. 그러므로 $32 - 29 + 24 = 27$이고, 27은 29 밑에 있어야 한다.

25

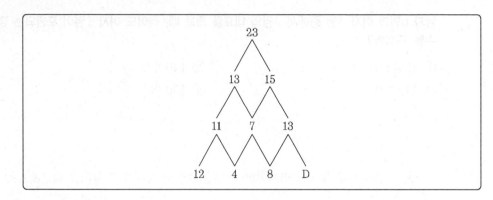

① 6   ② 8

③ 10   ④ 12

[26~30] 다음 숫자 또는 문자의 규칙을 찾아 빈칸에 들어갈 알맞은 것을 고르시오.

26

| | −1   2   7   14   23   (   )   47 |

① 30   ② 32

③ 33   ④ 34

27

| | 2   4   3   6   4   8   5   10   (   ) |

① 6   ② 5

③ 4   ④ 3

28

| | ㄷ   E   ㅅ   I   ㅋ   M   ㄱ   (   ) |

① D   ② E

③ F   ④ Q

29

| C E D F E ( ) F |

① G ② H
③ I ④ J

30

| ㄱ ㄷ ㅁ ㄴ ㄹ ㅂ ㄷ ( ) |

① ㅅ ② ㅂ
③ ㅁ ④ ㄹ

정답 및 해설 25. ③ 26. ④ 27. ① 28. ④ 29. ① 30. ③

25 A＝B＋C－5이다. 그러므로 8＋D－5＝13이다. D는 10이다.

26
−1 2 7 14 23 (34) 47
  +3 +5 +7 +9 +11 +13

27 2 4 3 6 4 8 5 10 (6)
   ×2 −1 ×2 −2 ×2 −3 ×2 −4

28 ㄷ E ㅅ I ㅋ M ㄱ (Q)
    3 5 7 9 11 13 15 (17)
     +2 +2 +2 +2 +2 +2 +2

29 C E D F E (G) F
    3 5 4 6 5 (7) 6
     +2 −1 +2 −1 +2 −1

30 ㄱ ㄷ ㅁ ㄴ ㄹ ㅂ ㄷ (ㅁ)
    1 3 5 2 4 6 3 (5)
     +2 +2 −3 +2 +2 −3 +2

Non-Commissioned Officer

제3장

공간능력

01 전개도

1 전개도의 풀이

전개도는 각도가 작은 두 변은 반드시 이웃한다는 점을 생각하고, 전개도의 규칙성을 활용하면 문제를 쉽게 풀 수 있다.

2 정육면체의 전개도

전개도를 접으면 다음의 선이 맞닿게 되므로 다음과 같이 이동하여도 동일한 정육면체의 전개도가 된다.

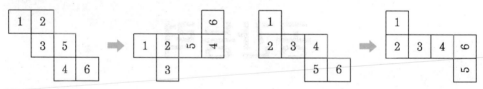

관련예제

01 다음 입체도형의 전개도로 알맞은 것은?

- 입체도형의 전개하여 전개도를 만들 때, 전개도에 표시된 그림(◎ ▯, ◪ 등)은 회전의 효과를 반영함. 즉, 본 문제의 풀이과정에서 보기의 전개도 상에 표시된 "▯"와 "◨"은 서로 다른 것으로 취급함
- 단, 기호 및 문자(◎ ☎, ♤, ♨, K, H)의 회전에 의한 효과는 본 문제의 풀이과정에서 반영하지 않음. 즉, 입체도형을 펼쳐 전개도를 만들었을 때에 "◪"의 방향으로 나타나는 기호 및 문자도 보기에서는 "☎" 방향으로 표시하며 동일한 것으로 취급함

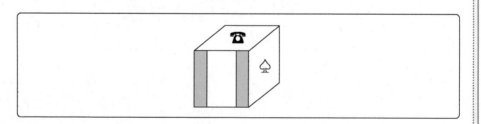

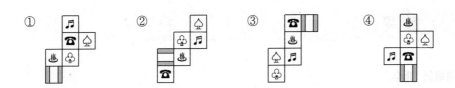

해설 ☎와 ▯을 전개도의 윗면과 아랫면으로 고정시킨다면 ♤의 면은 ▯ 모양의 오른쪽 면에 위치하여야 한다.

① ☎와 ▯이 인접하지 않는다.

②, ③ ☎와 ▯이 인접하지만, ▯모양이 90도로 회전되어 있다.

답 ④

02 다음 전개도로 만든 입체도형에 해당하는 것은?

- 전개도를 접을 때 전개도 상의 그림, 기호, 문자가 입체도형의 겉면에 표시되는 방향으로 접음
- 전개도를 접어 입체도형을 만들 때, 전개도에 표시된 그림(◑ ▯, ◢)은 회전의 효과를 반영함. 즉, 본 문제의 풀이과정에서 보기의 전개도 상에 표시된 "▯"와 "▭"은 서로 다른 것으로 취급함
- 단, 기호 및 문자(◑ ☎, ♤, ♨, K, H)의 회전에 의한 효과는 본 문제의 풀이과정에서 반영하지 않음. 즉, 전개도를 접어 입체도형을 만들었을 때에 "🔄"의 방향으로 나타나는 기호 및 문자도 보기에서는 "☎" 방향으로 표시하며 동일한 것으로 취급함

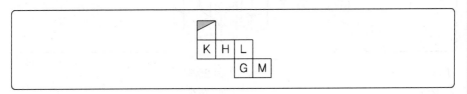

①   ②   ③   ④

해설 회전효과를 반영하지 않는 ◢를 기준으로 놓고 살펴보면,

① G 대신에 M이 위치하여야 한다.

③ H 대신에 K, L 대신에 H가 위치하여야 한다.

④ ◢ 모양부터 잘못되었다.

답 ②

02 ▷ 블 록

1 블록의 개수

(1) 블록의 개수는 제일 윗단의 블록부터 세어서 더한다.

> 아래층 개수 = 위층 개수 + 아래층에서 새로 보이는 개수

(2) 경우에 따라서는 육면체의 전체 블록의 개수에서 비어 있는 블록의 개수를 **빼서** 구한다.

(3) 보이지 않는 곳은 블록이 채워져 있다고 보며, 블록이 빠진 곳은 바로 붙어 있는 보이는 쪽에 단서를 준다.

관련예제

다음 제시된 그림과 같이 쌓기 위해 필요한 블록의 수는?

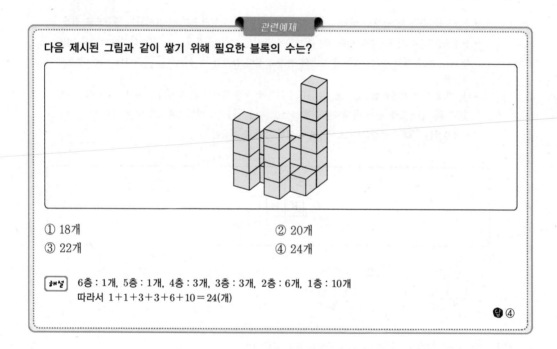

① 18개　　　　　　　　　　② 20개

③ 22개　　　　　　　　　　④ 24개

해설　6층 : 1개, 5층 : 1개, 4층 : 3개, 3층 : 3개, 2층 : 6개, 1층 : 10개
　　　따라서 1+1+3+3+6+10 = 24(개)

답 ④

---

2 블록의 단면도

(1) 첫째 열부터 블록의 개수를 세어 나간다.

(2) 예를 들어, 첫째 열 3층, 둘째 열 5층, 셋째 열 4층... 이런 식으로 기록한 후 보기에서 정답을 찾는다.

관련예제

다음 제시된 블록들을 화살표 표시한 방향에서 바라봤을 때의 모양으로 알맞은 것은?

- 블록은 모양과 크기는 모두 동일한 정육면체임
- 바라보는 시선의 방향은 블록의 면과 수직을 이루며 원근에 의해 블록이 작게 보이는 효과는 고려하지 않음

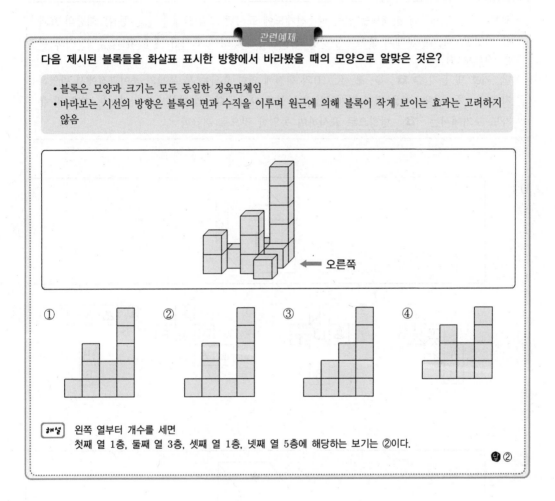

← 오른쪽

① ② ③ ④

해설 왼쪽 열부터 개수를 세면
첫째 열 1층, 둘째 열 3층, 셋째 열 1층, 넷째 열 5층에 해당하는 보기는 ②이다.

답 ②

적중예상문제

[1~4] 다음 지문을 읽고 입체도형의 전개도로 알맞은 것을 고르시오.

- 입체도형을 전개하여 전개도를 만들 때, 전개도에 표시된 그림(예 █, ◢ 등)은 회전의 효과를 반영함. 즉, 본 문제의 풀이과정에서 보기의 전개도 상에 표시된 "█"와 "▬"은 서로 다른 것으로 취급함.
- 단, 기호 및 문자(예 ☎, ♤, ♨, K, H)의 회전에 의한 효과는 본 문제의 풀이과정에서 반영하지 않음. 즉, 입체도형을 펼쳐 전개도를 만들었을 때에 "ᗺ"의 방향으로 나타나는 기호 및 문자도 보기에서는 "☎" 방향으로 표시하며 동일한 것으로 취급함

01

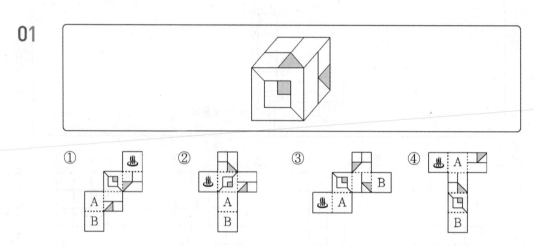

02

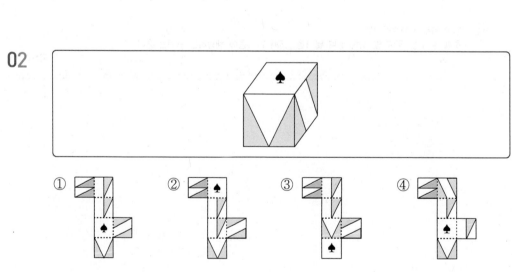

03

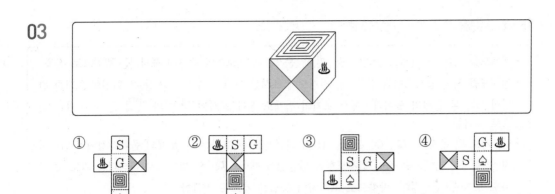

04

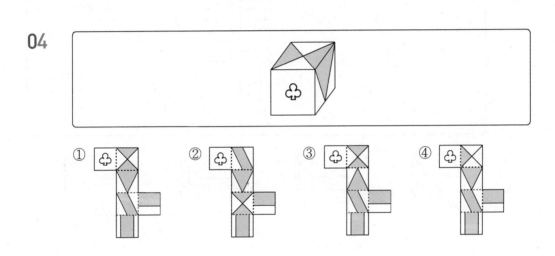

정답 및 해설

01. ③ 02. ① 03. ④ 04. ①

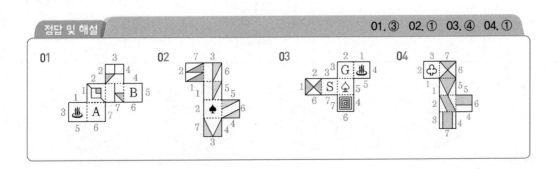

[5~7] 지문을 읽고 다음 전개도로 만든 입체도형에 해당하는 것을 고르시오.

- 전개도를 접을 때 전개도 상의 그림, 기호, 문자가 입체도형의 겉면에 표시되는 방향으로 접음
- 전개도를 접어 입체도형을 만들 때, 전개도에 표시된 그림(⑩ ▯, ◿ 등)은 회전의 효과를 반영함. 즉, 본 문제의 풀이과정에서 보기의 전개도 상에 표시된 "▯"와 "▭"은 서로 다른 것으로 취급함
- 단, 기호 및 문자(⑩ ☎, ♤, ♨, K, H)의 회전에 의한 효과는 본 문제의 풀이과정에서 반영하지 않음. 즉, 전개도를 접어 입체도형을 만들었을 때에 "🔁"의 방향으로 나타나는 기호 및 문자도 보기에서는 "☎" 방향으로 표시하며 동일한 것으로 취급함

05

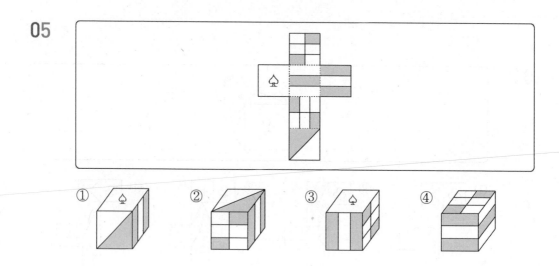

06

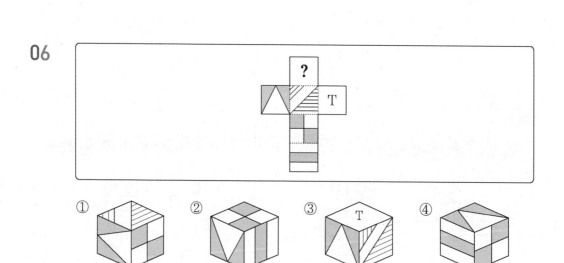

07

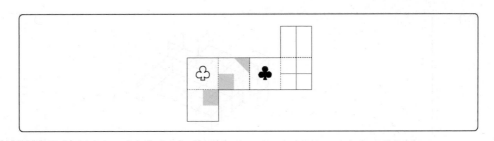

① 　② 　③ 　④

[8~11] 다음 제시된 그림과 같이 쌓기 위해 필요한 블록의 수를 고르시오.

블록은 모양과 크기는 모두 동일한 정육면체임

08

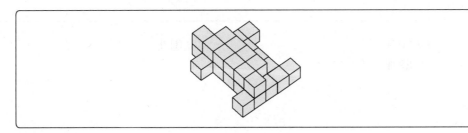

① 28개 　 ② 29개
③ 30개 　 ④ 31개

 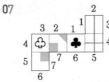

09

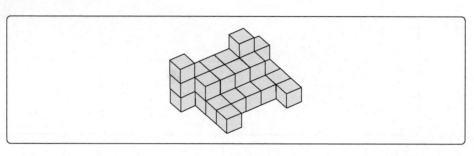

① 28개   ② 29개
③ 30개   ④ 31개

10

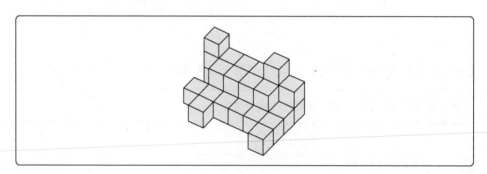

① 30개   ② 31개
③ 32개   ④ 33개

11

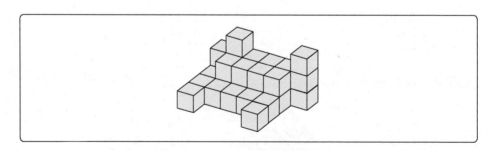

① 28개   ② 29개
③ 30개   ④ 31개

[12~14] 다음 제시된 블록들을 화살표 표시한 방향에서 바라봤을 때의 모양으로 알맞은 것을 고르시오.

- 블록은 모양과 크기는 모두 동일한 정육면체임
- 바라보는 시선의 방향은 블록의 면과 수직을 이루며 원근에 의해 블록이 작게 보이는 효과는 고려하지 않음

12

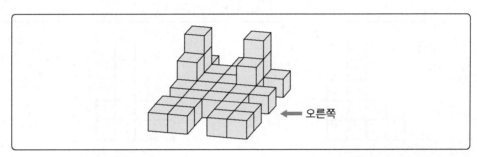

← 오른쪽

①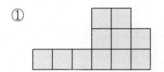

②

③

④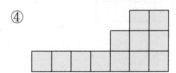

정답 및 해설   09. ③ 10. ② 11. ③ 12. ③

09 3층 : 2개, 2층 : 10개, 1층 : 18개
    따라서 2 + 10 + 18 = 30(개)

10 3층 : 2개, 2층 : 10개, 1층 : 19개
    따라서 2 + 10 + 19 = 31(개)

11 3층 : 2개, 2층 : 10개, 1층 : 18개
    따라서 2 + 10 + 18 = 30(개)

12 첫째~넷째 열 1층, 다섯째 열 2층, 여섯째 열 3층, 일곱째 열 1층에 해당하는 보기는 ③이다.

13

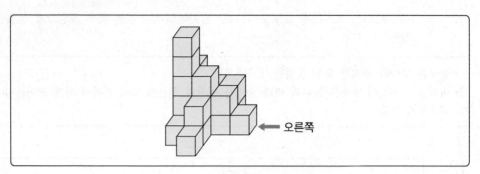

오른쪽

①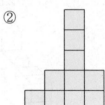

②

③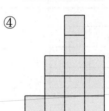

④

14

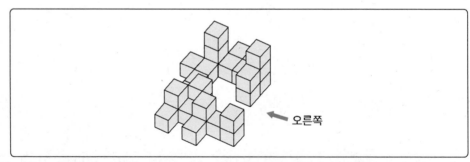

오른쪽

①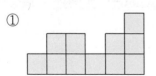

②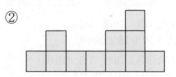

③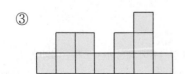

④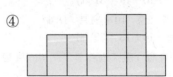

[15~17] 다음 입체도형에서 쓰인 블록의 개수를 구하시오.

15

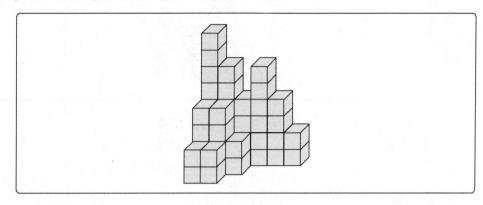

① 44개

② 45개

③ 46개

④ 47개

16

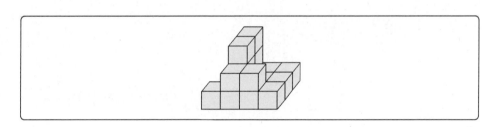

① 13개

② 14개

③ 15개

④ 16개

정답 및 해설　　　　　　　　　　　　　　　　13. ①　14. ③　15. ①　16. ④

13 첫째 열 1층, 둘째 열 2층, 셋째 열 5층, 넷째 열 3층에 해당하는 보기는 ①이다.

14 첫째 열 1층, 둘째 열 2층, 셋째 열 2층, 넷째 열 1층, 다섯째 열 2층, 여섯째 열 3층, 일곱째 열 1층에 해당하는 보기는 ③이다.

15 도형에 쓰인 블록을 2개씩 묶어 1개라고 생각한 후 나중에 2를 곱해 준다.
4층 : 1개, 3층 : 3개, 2층 : 7개, 1층 : 11개
이를 모두 더하면 $1+3+7+11=22$(개)이고 블록 2개 묶음을 1개로 간주하여 계산하였으므로 2를 곱하면 $22 \times 2=44$(개)가 된다.

16 3층 : 2개, 2층 : 4개, 1층 : 10개
따라서 $2+4+10=16$(개)

17

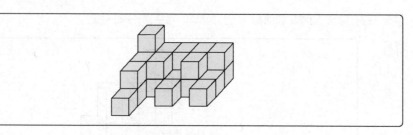

① 22개   ② 23개

③ 24개   ④ 25개

17. ③

17 3층 : 1개, 2층 : 9개, 1층 : 14개
   따라서 1＋9＋14＝24(개)

제4장

지각속도

01 치 환

치환은 일련의 문자, 숫자, 기호의 짝을 제시한 후 특정한 문자에 해당되는 코드를 빠르게 선택하는 문제유형이다. 문제에 주어진 코드를 정확히 파악하여 적용시키면 어렵지 않게 풀 수 있다. 되도록 많은 문제를 빠른 시간에 푸는 연습을 하도록 한다.

관련예제

[1~2] 아래 〈보기〉의 왼쪽과 오른쪽 기호의 대응을 참고하여 각 문제의 대응이 같으면 답안지에 '① 맞음'을, 틀리면 '② 틀림'을 선택하시오.

보기

a=강	b=웅	c=산	d=전
e=남	f=도	g=길	h=아

01

강웅산전남 − abcde

① 맞음   ② 틀림

답 ①

02

전길웅남아 − bgdeh

① 맞음   ② 틀림

해설 02 전길웅남아 − dgbeh

답 ②

02 › 비교·정확성

제시된 문장, 숫자 중 특정한 문자 혹은 숫자의 개수를 빠르게 세어 표시하는 문제유형으로 빠른 시간에 정확하게 알아내는 것이 중요하므로 평소 문제를 많이 풀어보며 연습해야 한다.

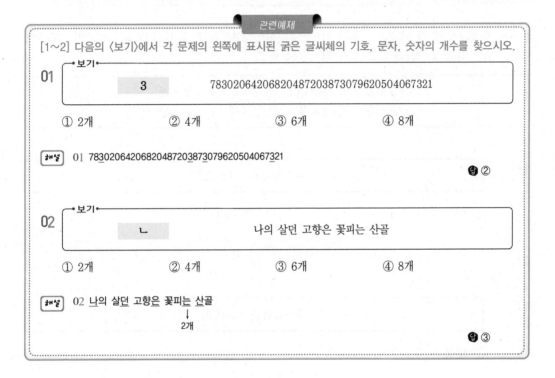

관련예제

[1~2] 다음의 〈보기〉에서 각 문제의 왼쪽에 표시된 굵은 글씨체의 기호, 문자, 숫자의 개수를 찾으시오.

01

보기

3   78302064206820487203873079620504067321

① 2개   ② 4개   ③ 6개   ④ 8개

해설   01   78302064206820487203873079620504067321

답 ②

02

보기

ㄴ   나의 살던 고향은 꽃피는 산골

① 2개   ② 4개   ③ 6개   ④ 8개

해설   02   나의 살던 고향은 꽃피는 산골
                   ↓
                  2개

답 ③

01 〉 치 환

[1~3] 아래 〈보기〉의 왼쪽과 오른쪽 기호의 대응을 참고하여 각 문제의 대응이 같으면 답안지에 '① 맞음'을, 틀리면 '② 틀림'을 선택하시오.

a = 참	b = 관	c = 부	d = 해
e = 육	f = 공	g = 백	h = 군

01

관육참공부 − becfa

① 맞음 　　　　　　② 틀림

02

육해공참군 − edfah

① 맞음 　　　　　　② 틀림

03

afdbh − 참공해관군

① 맞음 　　　　　　② 틀림

[4~6] 아래 〈보기〉의 왼쪽과 오른쪽 기호의 대응을 참고하여 각 문제의 대응이 같으면 답안지에 '① 맞음'을, 틀리면 '② 틀림'을 선택하시오.

♣ = 건	♦ = 람	▶ = 보	● = 듀
♠ = 원	♥ = 대	☺ = 훈	❀ = 성

04

성훈건듀람 - ❀☺♠●♦

① 맞음　　　　　　　　② 틀림

05

보람대훈건 - ▶♦♥●♣

① 맞음　　　　　　　　② 틀림

06

♠♥▶❀♣ - 원대보성건

① 맞음　　　　　　　　② 틀림

[7~9] 아래 〈보기〉의 왼쪽과 오른쪽 기호의 대응을 참고하여 각 문제의 대응이 같으면 답안지에 '① 맞음'을, 틀리면 '② 틀림'을 선택하시오.

㉠ = 5	㉡ = 7	㉢ = 1	㉣ = 4
㉤ = 8	㉥ = 2	㉦ = 3	㉧ = 6

07

48362 - ㉣㉤㉦㉧㉡

① 맞음　　　　　　　　② 틀림

정답 및 해설　　　01. ②　02. ①　03. ①　04. ②　05. ②　06. ①　07. ②

01 관육참공부 → beafc
04 성훈건듀람 → ❀☺♣●♦
05 보람대훈건 → ▶♦♥☺♣
07 48362 → ㉣㉤㉦㉧㉥

08

14537 - ㄷㄹㄱㅅㄴ

① 맞음   ② 틀림

09

ㅇㅅㅂㅁㄹㄱㄴ - 6328451

① 맞음   ② 틀림

[10~12] 아래 〈보기〉의 왼쪽과 오른쪽 기호의 대응을 참고하여 각 문제의 대응이 같으면 답안지에 '① 맞음'을, 틀리면 '② 틀림'을 선택하시오.

≅ = 랍   ≉ = 역   ≃ = 치   ≈ = 술
≡ = 려   ≋ = 총   ≌ = 신   ≊ = 체

10

술신총치려 - ≈≌≋≃≡

① 맞음   ② 틀림

11

랍체역신치 - ≅≊≉≌≃

① 맞음   ② 틀림

12

≉≡≋≈≅ - 역려총술랍

① 맞음   ② 틀림

[13~15] 아래 〈보기〉의 왼쪽과 오른쪽 기호의 대응을 참고하여 각 문제의 대응이 같으면 답안 지에 '① 맞음'을, 틀리면 '② 틀림'을 선택하시오.

29 = 청	17 = 벽	84 = 넘	69 = 대
30 = 엔	45 = 꽃	76 = 적	52 = 떨

13

벽꽃엔떨넘 − 1745305294

① 맞음   ② 틀림

14

대적벽넘대 − 6976178469

① 맞음   ② 틀림

15

6952763029 − 대떨적엔청

① 맞음   ② 틀림

정답 및 해설   08. ① 09. ② 10. ① 11. ② 12. ① 13. ② 14. ① 15. ①

09 ◎ⓈⒽⓂⓁⒼⓁ → 6328457

11 랍체역신치 → ≅≈≉≌≊

13 벽꽃엔떨넘 → 1745305284

[16~20] 아래 〈보기〉의 왼쪽과 오른쪽 기호의 대응을 참고하여 각 문제의 대응이 같으면 답안지에 '① 맞음'을, 틀리면 '② 틀림'을 선택하시오.

∴ = ryu	∶ = kia	∷ = fow	∺ = mix	∹ = try
≒ = ghi	÷ = muo	≗ = dce	∵ = cis	≑ = qpt

16

÷ ≒ ≗ ∺ ≑ – muo ghi dce mix qpt

① 맞음   ② 틀림

17

∷ ∺ ∹ ≗ ∵ – fow mix try qpt cis

① 맞음   ② 틀림

18

≒ ≗ ∴ ∶ ∷ – ghi dce ryu kia fow

① 맞음   ② 틀림

19

÷ ≗ ∺ ≑ ≒ – muo dce mix try ghi

① 맞음   ② 틀림

20

∴ ≗ ∺ ∹ ∵ – ryu dce mix try kia

① 맞음   ② 틀림

[21~25] 아래 〈보기〉의 왼쪽과 오른쪽 기호의 대응을 참고하여 각 문제의 대응이 같으면 답안
지에 '① 맞음'을, 틀리면 '② 틀림'을 선택하시오.

21

① 맞음   ② 틀림

22

① 맞음   ② 틀림

23

① 맞음   ② 틀림

| 정답 및 해설 | 16. ① 17. ② 18. ① 19. ② 20. ② 21. ① 22. ② 23. ② |

17 ∷ ⊬ ⊣ ⊨ ∵ − fow mix try qpt cis
   ⊨ = dce, ⇌ = qpt

19 ÷ ⊨ ⊬ ⇌ ⊢ − muo dce mix try ghi
   ⇌ = qpt, ⊣ = try

20 ∴ ⊨ ⊬ ⊣ ∵ − ryu dce mix try kia
   ∵ = cis, ∶ = kia

22 ⇊ ⇅ ⇈ ⇷ ⇐ − ♌▷ ⫴8 ❷꙳ ♂∽ ●⚡
   ⇐ = ☼◑, ⇆ = ●⚡

23 ⇌ ⇸ ⇷ ⇅ ⇈ − ♌☮ ⊠8 ∥⑪ 🖐☢ ❷꙳
   ⇅ = ⫴8, ⇆ = 🖐☢

24

$$\Vert \Uparrow \leftrightarrows \nRightarrow \leftsquigarrow - \text{♌} \text{♇} \text{⧻} \text{⑧} \text{✊} \text{☢} \text{✉} \text{⑧} \text{♐} \text{☍}$$

① 맞음　　　　　　② 틀림

25

$$\nRightarrow \Uparrow \leftrightarrows \Leftarrow \Leftrightarrow - \text{✉} \text{⑧} \boxed{2} \text{♌} \text{🍎} \text{⚡} \text{☍} \text{✎} \text{⑩}$$

① 맞음　　　　　　② 틀림

[26~30] 아래 〈보기〉의 왼쪽과 오른쪽 기호의 대응을 참고하여 각 문제의 대응이 같으면 답안지에 '① 맞음'을, 틀리면 '② 틀림'을 선택하시오.

ㅠ = Ryu	ㅑ = Eos	ㅕ = Cuq	ㅗ = Qze	ㅓ = Hvw
ㅋ = Tls	ㅒ = Bnk	ㄴ = App	ㅖ = Gkb	ㅣ = Knd

26

ㅕ ㅣ ㅖ ㅋ ㅑ - Cuq Knd Gkb Tls Ryu

① 맞음　　　　　　② 틀림

27

ㅠ ㅗ ㅖ ㄴ ㅒ - Ryu Qze Gkb Hvw Bnk

① 맞음　　　　　　② 틀림

28

ㅋ ㅒ ㅑ ㅕ ㅗ - Tls Bnk Knd Cuq Qze

① 맞음　　　　　　② 틀림

29

╠ ╚ ╬ ╩ ╝ – Eos App Cuq Qze Hvw

① 맞음　　　　　　　　　② 틀림

30

╟ ╬ ╩ ╦ ╚ – Bnk Cuq Qze Knd App

① 맞음　　　　　　　　　② 틀림

정답 및 해설　　　　24. ②　25. ①　26. ②　27. ②　28. ②　29. ①　30. ②

24 ⇓ ⇕ ⇆ ⇻ ⇆ – ♋ ₱ ♯♾ ☮☯ ☏♀ ♂∞
　　⇆ = 🍎♨, ⇷ = ♂∞

26 ╬ ║ ╡ ╗ ╠ – Cuq Knd Gkb Tls R̲y̲u̲
　　╠ = Eos, ╦ = Ryu

27 ╦ ╩ ╡ ╚ ╟ – Ryu Qze Gkb H̲v̲w̲ Bnk
　　╚ = App, ╝ = Hvw

28 ╗ ╟ ╠ ╬ ╩ – Tls Bnk K̲n̲d̲ Cuq Qze
　　╠ = Eos, ║ = Knd

30 ╟ ╬ ╩ ╦ ╚ – Bnk Cuq Qze K̲n̲d̲ App
　　╦ = Ryu, ║ = Knd

02 〉 비교 · 정확성

[1~33] 다음 각 문제의 왼쪽에 표시된 굵은 글씨체의 기호, 문자, 숫자의 개수를 찾으시오.

01

| i | An army is a large organized group of people who are armed. |

① 1개　　　　　　　　　　② 2개
③ 3개　　　　　　　　　　④ 4개

02

| 8 | 23086419854208367086964 2785139 |

① 3개　　　　　　　　　　② 4개
③ 5개　　　　　　　　　　④ 6개

03

| 9 | 37383967890045675321456 79125 |

① 3개　　　　　　　　　　② 4개
③ 5개　　　　　　　　　　④ 6개

04

| 0 | 30206420682048720387307 962050406732 |

① 6개　　　　　　　　　　② 7개
③ 8개　　　　　　　　　　④ 9개

05

| k | qkrtjdghkstkfkdgohddltkeht nskxvkxp |

① 4개　　　　　　　　　　② 5개
③ 6개　　　　　　　　　　④ 7개

06

c	cksfksgkrpvldjsksmsrhcgkcthddlqcrgkq

① 4개 ② 5개
③ 6개 ④ 7개

07

ㄹ	세상이 비록 고통으로 가득하더라도 이겨내리라

① 4개 ② 5개
③ 6개 ④ 7개

08

ㅊ	중앙청 쇠창살 외 창살 철도청 창살 겹 창살

① 5개 ② 6개
③ 7개 ④ 8개

정답 및 해설   01. ② 02. ③ 03. ① 04. ④ 05. ④ 06. ① 07. ② 08. ③

01 An army is a large organized group of people who are armed.

02 230864198542083670869642785139

03 3738396789004567532145679125

04 30206420682048720387307962050406732

05 qkrtjdghkstkfkdgohddltkehtnskxvkxp

06 cksfksgkrpvldjsksmsrhcgkcthddlqcrgkq

07 세상이 비록 고통으로 가득하더라도 이겨내리라

08 중앙청 쇠창살 외 창살 철도청 창살 겹 창살

09

ㅁ	물이 너무 맑거나 많으면 고기가 아니 모인다

① 5개　　　　　　　　　　② 6개
③ 7개　　　　　　　　　　④ 8개

10

∈	∈ℇϽⱻ∈ⵑⱭⱅⱻ∈ϽϿ∉ⵑ∈Ͻⱻ∈

① 4개　　　　　　　　　　② 5개
③ 6개　　　　　　　　　　④ 7개

11

♖	♕♗♘♔♙♞♔♗♞♕♗♙♔♖♙♟♟♗♕♙♘♔

① 3개　　　　　　　　　　② 4개
③ 5개　　　　　　　　　　④ 6개

12

明	眶明眶昧昕明昗昨明昧昕明昗昨明昧眶昧

① 3개　　　　　　　　　　② 4개
③ 5개　　　　　　　　　　④ 6개

13

書	書曺曷書有替最書會日書曷書朗柝書書捿暑

① 4개　　　　　　　　　　② 5개
③ 6개　　　　　　　　　　④ 7개

14

ナ	ソカトナソヤカヤトケヤカナソヤカケソナカメケヤカトナケカソヤッカケヤナキト

① 3개   ② 4개
③ 5개   ④ 6개

15

46	31645864612864683724836434979472636 4685274614964

① 4개   ② 5개
③ 6개   ④ 7개

16

ci	yeaciuoclawqcitoidieclpvcifghcldeitodiciklfswcigedoclwdoibid icisioiwoicl

① 4개   ② 5개
③ 6개   ④ 7개

정답 및 해설   09. ②   10. ①   11. ②   12. ③   13. ④   14. ③   15. ①   16. ③

09 물이 너무 맑거나 많으면 고기가 아니 모인다

10 ㅌㅌㅋㅋㅌㄷㄲㄱㄱㅋㅌㅌㅋㅋㄲㄱㄷㄷㅋㅌㅌ

11 ♔♕♗♘♙♞♗♙♗♕♔♗♕♖♞♙♞♙♖♗♔♔♕♖

12 旧明旺昧昕明昊昕明昧昕明昊昕明昧旺昧

13 書曺曷書有替最書會日書曷書朗柝書書捷暑

14 ソカトナソヤカヤトケヤカナソヤカケソナカメケヤカトナケカソヤッカケヤナキト

15 73164586461286468372483643497947263646852742614964

16 yeaciuoclawqcitoidieclpvcifghcldeitodiciklfswcigedoclwdoibidicisioiwoicl

17

| † | †‡±†‡†‡±†‡†‡±†‡±†±‡±†±†‡‡‡±†±‡±†±‡±†±‡‡†‡±† |

① 4개　　　　　　　　　② 5개
③ 6개　　　　　　　　　④ 7개

18

| ▨ | ▨■▨▨▨▨▨▨■▨▨▨▨▨▨■▨▨▨▨▨■▨▨▨▨▨■▨▨▨ |

① 4개　　　　　　　　　② 5개
③ 6개　　　　　　　　　④ 7개

19

| ○ | 청단풍잎 홍단풍잎 흑단풍잎 백단풍잎 황단풍잎 은단풍잎 |

① 13개　　　　　　　　② 14개
③ 15개　　　　　　　　④ 16개

20

| 六 | 九四八七六二五四八卤九二七六四五卤九二八四六二七五八九四六卤 |

① 3개　　　　　　　　　② 4개
③ 5개　　　　　　　　　④ 6개

21

| 比 | 比此以比此比比此此比此比以此比此以此比此比比以此此比比以此此比此此比 |

① 3개　　　　　　　　　② 4개
③ 5개　　　　　　　　　④ 6개

22

약	원오약압오원약여오압월원역약압오여월영원압오예여약원월압오여원약 유압여원오월

① 3개　　② 4개
③ 5개　　④ 6개

23

ス	ㄣ弋个弋ㄣ广ス弋乙ㄣ广个弋ス弋ㄣ个ㄴ弋广ス个ㄣ广个弋ス尸个ㄣ广个ス广弋

① 3개　　② 4개
③ 5개　　④ 6개

24

co	concertconcontconceentioncomccmucpcalculcoatcorrcacocu

① 6개　　② 7개
③ 8개　　④ 9개

정답 및 해설　17. ①　18. ①　19. ④　20. ②　21. ④　22. ③　23. ③　24. ③

17 †丰土†士†丰土☨†丰土士†土丰土†土≢丰土士土丰†土丰士†丰土†
18 ▧▦▒▥⊠▨▧▤▥▒▨▧▦▥⊠▒▧▥▥▦▨▒⊠▧▥▦▒▨⊠▦▧▒
19 청단풍잎 홍단풍잎 흑단풍잎 백단풍잎 황단풍잎 은단풍잎
20 九四八七六二五四八卌九二七六四五卌九二八四六二七五八九四六卌
21 ㅂㅌ ㅂㄷ ㅂㅅ ㅂㅅㄷ ㅂㅌ ㅂㄱ ㅂㅈ ㅂㅅㄷ ㅂㄷ ㅂㅌ ㅂㅅ ㅂㅅㄷ ㅂㄷ ㅂㄱ ㅂㅅ ㅂㅌ ㅂㄷ ㅂㅅㄱ ㅂㄱ ㅂㅌ ㅂㅅ ㅂㄷ ㅂㅅㄷ ㅂㅌ ㅂㅅ ㅂㄱ ㅂㄷ ㅂㅅㄷ ㅂㅌ
22 원오약압오원약여오압월원역약압오여월영원압오예여약원월압오여원약유압여원오월
23 ㄣ弋个弋ㄣ广ス弋乙ㄣ广个弋ス弋ㄣ个ㄴ弋广ス个ㄣ广个弋ス尸个ㄣ广个ス广弋
24 concertconcontconceentioncomccmucpcalculcoatcorrcacocu

25

| ⌘ | ＼Ӿ⌗⊿⊡Ӿ＼Ӿ⌗Ӿ⌐∝≅Ӿ⌐Ⴖ⌗Ӿ⌐≅＼⊡⌗Ⴖ⌐Ӿ＼Ӿ⌗⊿⌗∝
＼≅⌘∝⊡⌐⌗Ӿ⌐ |

① 7개   ② 8개
③ 9개   ④ 10개

26

| ㅂ | 우리집옆집앞집 뒷창살은 홑겹창살이고,
우리집뒷집앞집 옆창살은 겹홑창살이다. |

① 7개   ② 8개
③ 9개   ④ 10개

27

| ㄷ | ㄷㄲ⅂ㄷⱀㅁㄷℐㄲㄷℾⱀㄴⱀㄷℾℐㄷㄲⱀㄸⴌ⅂ㄲㄷㄷ |

① 5개   ② 6개
③ 7개   ④ 8개

28

| ㄴㅎ | ㅇㅅㄴㅈㅂㅌㄴㅎㄱㅅㄴㅈㅇㅅㅁㅂㅅㅂㄴㅎㄴㅈㅂㅌㅅㄱㄴㅈㄹㅂㄴㅈㄹㅎㄴㅎㅂㅅㅇㅅㄴㅈㅅㄱㅁㅂㅇㅅㄱㄴㅌㅂㄴㅈㄴㅎㅂㅅㅇㅅㄴㅈㄹㅎㄴㅎ
ㄹㅂㄱㄴㅈㅇㅅㅁㅂㄴㅎㄴㅈ |

① 3개   ② 4개
③ 5개   ④ 6개

29

シ	えヤろくシスこげめゃバダこげょりゃゆギヒえヤバダシスょりギヒシスぃんょりえヤバダ

① 3개   ② 4개
③ 5개   ④ 6개

30

ㄱ	내가 그린 구름그림은 잘 그린 구름그림이고, 네가 그린 구름그림은 못 그린 구름그림이다.

① 12개   ② 13개
③ 14개   ④ 15개

31

$	&*(@%^&*()&!@#$^%#@!#$%^&)#@%^

① 1개   ② 2개
③ 3개   ④ 4개

32

| 矢 | 天夫夫矢夫天夫夫矢夫矢夫矢天夫夫矢天夫天天矢天 |

① 4개 　　　　　　　　　　② 5개
③ 6개 　　　　　　　　　　④ 7개

33

| 4 | 125592545927575689023659643265243 |

① 1개 　　　　　　　　　　② 2개
③ 3개 　　　　　　　　　　④ 4개

제2편

KIDA 간부선발도구 Ⅱ
직무성격검사
상황판단검사

CHAPTER 1 직무성격검사 🔍

01 › 직무성격검사 개요

1 직무성격검사 평가내용

직무성격검사는 수검자의 성격적인 측면과 정서적인 측면, 태도 등을 종합적으로 평가하여 군 간부로서의 적합 여부를 판단하고 면접에 활용하기 위한 검사이다. 직무성격검사는 총 180문항으로 30분간 실시하며, 주어진 질문에 대해 5가지 보기 중 한 가지를 선택하는 형식이다.

2 직무성격검사 수검요령

① 컨디션 유지에 신경 써라!

심신이 지쳐 있으면 생각 또한 약해지기 쉽다. 신체적으로나 정신적으로 충분한 휴식을 취하고 심리적으로 안정된 상태에서 검사에 임해야 자신을 정확히 표현할 수 있다.

② 평소의 생각을 표현하라!

직무성격검사는 대개 평소 우리가 경험하는 것에 관한 짧은 진술문과 어떤 대상과 일에 대한 선호를 택하는 문제들로 구성되므로 평소의 경험과 선호도를 바탕으로 자연스럽고 솔직하게 답하도록 한다. 자신이 바라는 이상형이나 바람직하다고 생각되는 모습을 생각하면서 응답해서는 안 된다.

③ 솔직하고 일관성 있게 표현하라!

부정직한 답변으로 일관하여 진실성이 결여될 경우에는 검사 자체가 무효화되어 합격에 불이익을 받을 수 있다. 그러나 오히려 너무 일관성에 치우치려는 생각은 검사 자체를 다른 방향으로 이끌 수 있다는 점을 명심하도록 한다.

④ 검사를 미리 받아 보라!

직무성격검사는 인성검사와 비슷한 유형의 검사이므로 사전에 검사 대행업소나 학교의 학생생활연구소와 같은 곳을 이용하여 인성검사를 받아 보는 것도 좋은 방법이다. 이러한 검사 결과를 통해 나 자신이 어떤 사람인지 더욱 다각적으로 파악할 수 있다.

02 ▷ 직무성격검사 예시문항

다음 지문을 읽고 각 행동들이 당신과 '멀다'고 생각하면 ①번 방향으로, '가깝다'고 생각하면 ⑤번 방향으로 답하시오. (① 전혀 그렇지 않다, ② 그렇지 않다, ③ 보통이다, ④ 그렇다, ⑤ 매우 그렇다)

01 인내심이 강한 편이다.   ① ② ③ ④ ⑤

02 지시받는 것이 편하다.   ① ② ③ ④ ⑤

03 매사에 조심스러운 편이다.   ① ② ③ ④ ⑤

04 나의 기분을 정확하게 표현할 수 있다.   ① ② ③ ④ ⑤

05 타인의 부탁을 거절하지 못한다.   ① ② ③ ④ ⑤

06 계획표를 자주 짜는 편이다.   ① ② ③ ④ ⑤

07 일을 능률적으로 빠르게 해치우는 편이다.   ① ② ③ ④ ⑤

08 통계 분야는 자신이 있다.   ① ② ③ ④ ⑤

09 굳이 말한다면 행동형이다.   ① ② ③ ④ ⑤

10 생각이 많아 잠을 이루지 못하는 경우가 종종 있다.   ① ② ③ ④ ⑤

11 말을 할 때 몸짓을 자주 사용한다.   ① ② ③ ④ ⑤

12 갖고 싶은 것은 무조건 가져야 한다.   ① ② ③ ④ ⑤

13 임기응변으로 대응하는 것을 잘한다.   ① ② ③ ④ ⑤

14 목표는 유동적일 수도 있다.   ① ② ③ ④ ⑤

15 모임에서 주로 남을 소개하는 편이다.   ① ② ③ ④ ⑤

16 안될 것 같으면 포기하고 다음으로 옮긴다.   ① ② ③ ④ ⑤

17 사회적 모임이나 동아리 활동이 다양하다.   ① ② ③ ④ ⑤

18 모임에서 분위기를 주도하는 편이다.   ① ② ③ ④ ⑤

19 나의 취미는 대부분 집안에서 하는 것들이다.   ① ② ③ ④ ⑤

20 나의 피해를 감수하면서도 다른 사람의 요청을 들어준다.   ① ② ③ ④ ⑤

21 혼자 있는 것을 즐긴다.   ① ② ③ ④ ⑤

22 사회적인 이슈에 민감한 편이다.   ① ② ③ ④ ⑤

23 처음 만난 사람의 이름을 잘 기억하는 편이다.   ① ② ③ ④ ⑤

2편

직무성격검사 · 상황판단검사

24　남이 쓰던 물건은 쓰기 싫다.　　　　　① ② ③ ④ ⑤

25　사람들과 대화하기를 좋아한다.　　　　① ② ③ ④ ⑤

26　사회에는 고쳐야 할 법이나 규칙이 많다.　① ② ③ ④ ⑤

27　누구에게나 친절하게 대할 수 있다.　　① ② ③ ④ ⑤

28　삶에서 예술은 불필요하다.　　　　　　① ② ③ ④ ⑤

29　도형이나 수치를 가지고 분석하는 것을 좋아한다.　① ② ③ ④ ⑤

30　나는 미적인 감각이 뛰어나다.　　　　① ② ③ ④ ⑤

31　강한 인상의 사람을 대하기 어렵다.　　① ② ③ ④ ⑤

32　숫자 계산을 잘한다.　　　　　　　　　① ② ③ ④ ⑤

33　학창시절 조용하다는 이야기를 자주 들었다.　① ② ③ ④ ⑤

34　밝은 곳보다는 어두운 곳이 좋다.　　　① ② ③ ④ ⑤

35　아는 사람을 만나도 피하는 경우가 많다.　① ② ③ ④ ⑤

36　여러 사람과 함께 있어야 힘이 난다.　　① ② ③ ④ ⑤

37　남들보다 일처리가 빠른 편이다.　　　① ② ③ ④ ⑤

38　윗사람들과는 같이 있고 싶지 않다.　　① ② ③ ④ ⑤

39　나보다 못하다고 생각하는 사람이 인정받으면 억울하다.　① ② ③ ④ ⑤

40　어질러진 물건은 치워야 마음이 편하다.　① ② ③ ④ ⑤

41　주변 시선이 크게 신경 쓰인다.　　　　① ② ③ ④ ⑤

42　여러 사람 앞에서 사회를 잘 본다.　　① ② ③ ④ ⑤

43　나는 토론에서 져 본 적이 별로 없다.　① ② ③ ④ ⑤

44　충동적으로 일을 진행하는 경우가 많다.　① ② ③ ④ ⑤

45　싸움이 일어나면 나서서 중재를 하는 편이다.　① ② ③ ④ ⑤

46　쉬는 날에도 일찍 일어나는 편이다.　　① ② ③ ④ ⑤

47　조그만 자극에도 예민한 편이다.　　　① ② ③ ④ ⑤

48　자랑하는 것을 좋아한다.　　　　　　　① ② ③ ④ ⑤

49　보수적인 성향에 가깝다.　　　　　　　① ② ③ ④ ⑤

50　논리가 뛰어나다는 말을 자주 듣는다.　① ② ③ ④ ⑤

51　혼자 있는 시간은 가능한 한 많이 갖고 싶다.　① ② ③ ④ ⑤

52	친한 친구에게도 돈은 빌려주지 않는다.	①	②	③	④	⑤
53	가계부를 생활화하여 쓰고 있다.	①	②	③	④	⑤
54	갑자기 많은 사람들의 주목을 받으면 당황한다.	①	②	③	④	⑤
55	앞에 나가서 말을 하거나 발표하는 것이 어렵다.	①	②	③	④	⑤
56	모임에서 말하기보다는 듣는 편이다.	①	②	③	④	⑤
57	일할 때 다른 사람이 둘러서서 구경하면 거북스럽다.	①	②	③	④	⑤
58	주위에서 사람을 설득하는 일을 시킨다.	①	②	③	④	⑤
59	조용하고 아늑한 분위기를 즐긴다.	①	②	③	④	⑤
60	고집이 세다는 소리를 듣는다.	①	②	③	④	⑤
61	정리정돈을 그때그때 하는 편이다.	①	②	③	④	⑤
62	운동이나 스포츠를 좋아한다.	①	②	③	④	⑤
63	주변인들의 고민 상담을 많이 해 준다.	①	②	③	④	⑤
64	자랑하는 것을 좋아한다.	①	②	③	④	⑤
65	끝난 일에 구애받지 않는 편이다.	①	②	③	④	⑤
66	사람을 가리지 않고 쉽게 잘 사귄다.	①	②	③	④	⑤
67	순간순간을 중요시 여긴다.	①	②	③	④	⑤
68	추상화 같은 그림을 좋아한다.	①	②	③	④	⑤
69	쇼핑할 때 살 것을 메모해 가는 편이다.	①	②	③	④	⑤
70	비합리적인 일을 보면 흥분을 잘한다.	①	②	③	④	⑤
71	누가 나에게 비난을 하면 주체가 안 된다.	①	②	③	④	⑤
72	좋은 일은 숨기는 편이다.	①	②	③	④	⑤
73	내가 할 일은 내가 결정한다.	①	②	③	④	⑤
74	오래 걸리는 한 가지 일보다 간단한 일 여러 가지가 더 좋다.	①	②	③	④	⑤
75	상황판단이 빠르다.	①	②	③	④	⑤
76	불을 보면 매혹된다.	①	②	③	④	⑤
77	고집이 세다는 소리를 종종 듣는다.	①	②	③	④	⑤
78	원칙주의자에 가까워 변칙이나 변화를 좋아하지 않는다.	①	②	③	④	⑤
79	나는 자존심이 매우 강하다.	①	②	③	④	⑤

2편

직무성격검사 · 상황판단검사

80 남을 설득하고 이해시키는 데 자신이 있다. ① ② ③ ④ ⑤

81 사람을 잘 믿어서 손해 볼 때가 자주 있다. ① ② ③ ④ ⑤

82 모험하기를 좋아하고 어려운 일에 도전하기를 좋아한다. ① ② ③ ④ ⑤

83 즉흥적인 여행을 좋아한다. ① ② ③ ④ ⑤

84 무엇이든 시작하면 이루어야 한다. ① ② ③ ④ ⑤

85 조심성이 없는 사람을 보면 한심하다. ① ② ③ ④ ⑤

86 협상과 타협에 자신 있다. ① ② ③ ④ ⑤

87 학창시절에 조용한 학생이었다. ① ② ③ ④ ⑤

88 일을 모아서 한 번에 시간을 내어 처리한다. ① ② ③ ④ ⑤

89 감정 표현에 솔직한 편이다. ① ② ③ ④ ⑤

90 속을 모르겠다는 소리를 자주 듣는다. ① ② ③ ④ ⑤

91 지나간 일에 미련을 두지 않는다. ① ② ③ ④ ⑤

92 실수나 잘못에 대해 오랫동안 고민하고 생각한다. ① ② ③ ④ ⑤

93 활동적인 일을 좋아한다. ① ② ③ ④ ⑤

94 경쟁에 지거나 만족하지 못한 일에 대해 부끄럽게 생각한다. ① ② ③ ④ ⑤

95 다른 사람의 부탁을 거절하기 힘들다. ① ② ③ ④ ⑤

96 대인관계에서 자신을 어느 정도 감추어야 한다고 생각한다. ① ② ③ ④ ⑤

97 과감하며 대범한 성격이다. ① ② ③ ④ ⑤

98 상상하는 것을 좋아한다. ① ② ③ ④ ⑤

99 흥분을 잘하고 눈물이 많다. ① ② ③ ④ ⑤

100 불필요한 규칙이라도 정해지면 따라야 한다. ① ② ③ ④ ⑤

101 이성보다 감성이 중요하다. ① ② ③ ④ ⑤

102 첫인상만으로도 다른 사람의 성격을 쉽게 파악할 수 있다. ① ② ③ ④ ⑤

103 경쟁하는 일보다는 협동하는 일이 더 좋다. ① ② ③ ④ ⑤

104 참고 견디는 일에는 자신 있다. ① ② ③ ④ ⑤

105 순진하다는 소리를 종종 듣는다. ① ② ③ ④ ⑤

106 감정의 변화를 쉽게 드러내지 않는다. ① ② ③ ④ ⑤

107 주변 사람들의 의논이나 상담의 상대를 자주 해 준다. ① ② ③ ④ ⑤

108 나의 입장을 먼저 방어한다. ① ② ③ ④ ⑤

109 억울한 일이 생기면 기억에 오래 남는다. ① ② ③ ④ ⑤

110 한자리에서 오랫동안 하는 일을 좋아한다. ① ② ③ ④ ⑤

111 임기응변적인 일이 적성에 맞는 것 같다. ① ② ③ ④ ⑤

112 자기주장이 강하다. ① ② ③ ④ ⑤

113 상대방을 설득하는 일에는 자신이 없다. ① ② ③ ④ ⑤

114 순간적인 대처에 능하다. ① ② ③ ④ ⑤

115 사람의 마음을 쉽게 움직일 수 있다. ① ② ③ ④ ⑤

116 어질러진 물건은 치워야 마음이 편하다. ① ② ③ ④ ⑤

117 새로운 일에 도전하거나 모험하기를 좋아한다. ① ② ③ ④ ⑤

118 음악이나 영화 등 대중문화에 관심이 많다. ① ② ③ ④ ⑤

119 돈 관리에 철저한 편이다. ① ② ③ ④ ⑤

120 방 청소와 정리정돈을 게을리하지 않는다. ① ② ③ ④ ⑤

121 어려운 일이 닥치면 스스로 해결하려고 노력한다. ① ② ③ ④ ⑤

122 부하직원이나 후배들의 능력을 이끌어 낼 수 있다. ① ② ③ ④ ⑤

123 상대방의 실수에 관대한 편이다. ① ② ③ ④ ⑤

124 분위기 파악을 하지 못해 지적을 받곤 한다. ① ② ③ ④ ⑤

125 어려운 일은 주변 사람들과의 상담을 통해 해결한다. ① ② ③ ④ ⑤

126 자신의 의견을 주장하기보다는 타인의 말에 귀 기울인다. ① ② ③ ④ ⑤

127 타인의 부탁을 거절하지 못한다. ① ② ③ ④ ⑤

128 철저하게 규칙을 지키는 편이다. ① ② ③ ④ ⑤

129 일을 능률적으로 빠르게 해치우는 편이다. ① ② ③ ④ ⑤

130 자신의 손익을 생각해 가며 행동하는 편이다. ① ② ③ ④ ⑤

131 약속 시간은 정확하게 지킨다. ① ② ③ ④ ⑤

132 상대방의 장점을 잘 깨닫는 편이다. ① ② ③ ④ ⑤

133 눈물이 많다. ① ② ③ ④ ⑤

134 작은 부정이라도 그냥 넘어가지 않는 편이다. ① ② ③ ④ ⑤

135 융통성이 없다는 소리를 종종 듣는다. ① ② ③ ④ ⑤

2편

직무성격검사 · 상황판단검사

136	강요되는 규범을 좋아한다.	① ② ③ ④ ⑤
137	불확실한 미래에는 투자하지 않는 편이다.	① ② ③ ④ ⑤
138	마음에 들어도 다시 점검한다.	① ② ③ ④ ⑤
139	오늘 해야 할 일을 내일로 자주 미룬다.	① ② ③ ④ ⑤
140	위기에 몰릴 때는 회피하는 편이다.	① ② ③ ④ ⑤
141	새로운 분야에 도전할 기회가 생겼을 경우 바로 도전한다.	① ② ③ ④ ⑤
142	눈치가 빠른 편이다.	① ② ③ ④ ⑤
143	낯가림이 없고 사람을 쉽게 잘 사귄다.	① ② ③ ④ ⑤
144	다른 사람의 부탁을 거절하는 일이 힘들다.	① ② ③ ④ ⑤
145	자랑하기를 좋아한다.	① ② ③ ④ ⑤
146	나는 긍정적인 사람이라고 생각한다.	① ② ③ ④ ⑤
147	밖에서 활동하는 것을 좋아한다.	① ② ③ ④ ⑤
148	누군가에게 지적받는 일을 참을 수 없다.	① ② ③ ④ ⑤
149	자주 반성하는 타입이다.	① ② ③ ④ ⑤
150	주로 지시를 하는 편이다.	① ② ③ ④ ⑤
151	스포츠는 직접 하는 것을 좋아한다.	① ② ③ ④ ⑤
152	나는 사교적인 편이다.	① ② ③ ④ ⑤
153	생각한 것은 즉시 행동으로 옮긴다.	① ② ③ ④ ⑤
154	다가올 일들을 미리 생각해 대비한다.	① ② ③ ④ ⑤
155	매사 조심스럽게 행동한다.	① ② ③ ④ ⑤
156	성격이 급한 편이다.	① ② ③ ④ ⑤
157	어떤 일이든 포기해서는 안 된다고 생각한다.	① ② ③ ④ ⑤
158	집중력이 강하다.	① ② ③ ④ ⑤
159	실패하는 것이 매우 두렵다.	① ② ③ ④ ⑤
160	대범한 편이다.	① ② ③ ④ ⑤
161	포기가 빠르다.	① ② ③ ④ ⑤
162	생각이 많은 편이다.	① ② ③ ④ ⑤
163	다른 사람 눈에 띄지 않는 것이 좋다.	① ② ③ ④ ⑤

164 쾌활하다는 말을 많이 듣는다.　　　　　① ② ③ ④ ⑤

165 끝난 일도 다시 확인해 보는 편이다.　　　① ② ③ ④ ⑤

166 아침에 규칙적으로 일찍 일어난다.　　　　① ② ③ ④ ⑤

167 비판을 받아도 적절히 대응할 수 있다.　　① ② ③ ④ ⑤

168 목표는 확고한 것이 좋다.　　　　　　　① ② ③ ④ ⑤

169 대체로 양보하는 편이다.　　　　　　　① ② ③ ④ ⑤

170 현실 감각이 뛰어나다.　　　　　　　　① ② ③ ④ ⑤

171 해야 할 말은 하는 편이다.　　　　　　① ② ③ ④ ⑤

172 새 그룹에 들어가면 힘이 솟으며 기대가 된다.　① ② ③ ④ ⑤

173 쓸데없는 일에도 자존심을 내세운다.　　① ② ③ ④ ⑤

174 사귐의 폭이 넓은 편이다.　　　　　　　① ② ③ ④ ⑤

175 형식과 규율을 싫어한다.　　　　　　　① ② ③ ④ ⑤

176 감정이 쉽게 얼굴에 표현된다.　　　　　① ② ③ ④ ⑤

177 윗사람에게 신임을 받는 편이다.　　　　① ② ③ ④ ⑤

178 다른 사람과는 타협하지 않는 편이다.　　① ② ③ ④ ⑤

179 스포츠는 눈으로 보는 것이 더 좋다.　　① ② ③ ④ ⑤

180 다른 사람과 의견 차이가 자주 발생한다.　① ② ③ ④ ⑤

2편

직무성격검사 · 상황판단검사

상황판단검사

CHAPTER 2

[1~15] 다음에는 당신이 군 조직생활에서 겪을 수 있는 일들과 그에 대해 당신이 취할 수 있는 행동들이 제시되어 있다. 주어진 상황들을 자세히 읽고 ⓐ 가장 할 것 같은 행동과 ⓑ 가장 하지 않을 것 같은 행동을 선택하여 순차적으로 표시하시오.　　[문항 : 15　시간 : 20분]

01　부사관인 당신의 소대에 후임병들에게 성추행을 일삼는 병장이 있어 부대에 보고하였으나 부대 이미지 때문인지 아무런 조치가 없다. 당신은 어떻게 하겠는가?

① 가해 사병의 타 부대 전출을 건의한다.
② 가해 사병의 전역이 얼마 남지 않았으므로 모르는 척한다.
③ 전 소대원이 모인 자리에서 가해 사병을 꾸짖는다.
④ 선임 부사관 등에게 대처 방법 등에 대한 조언을 구한다.
⑤ 상급부대에 다시 보고한다.
⑥ 소대원 전체에 대해 성추행 방지에 관한 교육을 실시한다.
⑦ 가해 사병을 따로 불러 훈계한다.

> ⓐ 가장 할 것 같은 행동 [　　] 　 ⓑ 가장 하지 않을 것 같은 행동 [　　]

02　당신은 부사관이다. 새로 전입한 중대장이 밤마다 불러 술을 마시자고 하는데, 당신은 술을 즐기지도 잘 마시지도 못해서 다음날 정상적인 업무 수행이 힘든 상황이다. 당신은 어떻게 하겠는가?

① 중대장에게 현재 자신의 상황을 이야기하고 가급적 술자리에서 빠지려고 한다.
② 행정보급관에게 이야기하고 술자리에서 빠진다.
③ 같이 힘들어하는 중대 장교들과 대처 방안을 논의한다.
④ 대대장 등 상급 장교들에게 상황을 보고하고 처분을 기다린다.
⑤ 타 부대 전출을 지원한다.
⑥ 계속 같이 근무해야 하는 상관이기에 힘들어도 참고 시키는 대로 한다.
⑦ 술은 못하지만 술자리를 자주 갖는 사람을 찾아 조언을 구한다.

> ⓐ 가장 할 것 같은 행동 [　　] 　 ⓑ 가장 하지 않을 것 같은 행동 [　　]

03 퇴근 후 혼자 숙소로 가는데 영외에서 민간인들 간에 시비가 붙어 한 사람이 일방적으로 폭행을 당하는 사건을 우연히 목격하였다. 주변에는 여자와 노약자만 있어 이 상황을 말릴 만한 사람이 없다. 혼자 폭행을 말리다간 자신의 안전도 보장받기 힘든 험악한 상황이다. 당신은 어떻게 하겠는가?

① 영외에서 발생한 민간인들 간의 사고에는 관여하지 않는다.
② 우선 경찰에 신고하고 사건이 전개되는 과정을 관찰한다.
③ 폭행을 당하는 사람의 상태를 봐서 폭행을 말릴지 결정한다.
④ 폭행은 무조건 잘못된 것이므로 폭행을 못하도록 저지한다.
⑤ 목격자가 되면 골치 아프므로 못 본 척 지나간다.
⑥ 섣불리 폭행을 말리다가 내가 다칠 수 있으므로 현장에서 조금 물러나 휴대폰 등으로 증거를 수집한다.
⑦ 주변 사람들의 반응을 보고 폭행을 말릴지 결정한다.

ⓐ 가장 할 것 같은 행동 [   ]   ⓑ 가장 하지 않을 것 같은 행동 [   ]

04 당신은 10년 차 경력의 부사관이다. 그 누구보다 열심히 군 생활을 해 왔고, 이에 대해 자긍심을 가지고 있다. 하지만 타성에 젖어 어느 순간 군 생활과 인생에 대한 회의가 느껴져 업무가 손에 잡히지 않는다. 당신은 어떻게 하겠는가?

① 진지하게 전역 이후의 삶에 대해 생각해 본다.
② 무엇 때문에 회의감이 드는지 곰곰이 생각해 본다.
③ 나보다 경력이 많은 선배 부사관에게 조언을 구한다.
④ 정신과 진료 또는 상담 프로그램을 통해 마음의 안정을 찾는다.
⑤ 전역 신청서를 제출하고 휴가를 떠난다.
⑥ 지금까지 군 생활에서 가장 보람을 느꼈던 순간을 상기해 본다.
⑦ 가족에게 심정을 토로하고 의견을 듣는다.

ⓐ 가장 할 것 같은 행동 [   ]   ⓑ 가장 하지 않을 것 같은 행동 [   ]

05 연대 체육대회에서 축구 경기 중 상대 팀의 병장 B가 과격한 태클을 하여 당신의 소대원이 부상을 당하였고, 이로 인해 시비가 붙어 싸움이 일어날 상황이 발생하였다. B와 당신의 선임인 상대 팀 소대장은 미안하다는 말은커녕 대수롭지 않은 반응을 보였다. 당신은 어떻게 하겠는가?

① 내가 상대 팀 소대장보다 후임이므로 참는다.
② 경기가 끝난 후 대대장에게 상황을 보고하여 후속조치가 단행되기를 바란다.
③ 주심에게 강력하게 항의하고 주심의 결정에 따른다.
④ 우리 팀 소대원에게 상대 팀 선수에게 보복성 태클을 하라고 지시한다.
⑤ 대회가 끝난 후 상대 팀 소대장과 거리를 두고 지낸다.
⑥ 대회가 끝난 후 B를 불러 부상을 당한 우리 소대원에게 사과하라고 지시한다.
⑦ 대회가 끝난 후 상대 팀 소대장과 허심탄회한 대화의 시간을 갖는다.

> ⓐ 가장 할 것 같은 행동 [   ]   ⓑ 가장 하지 않을 것 같은 행동 [   ]

06 당신은 소대장이다. 장마철 홍수로 인해 부대의 막사가 침수되는 등의 많은 피해를 입었다. 부대 주변의 민간인 시설도 많은 피해를 입어 신속한 복구가 필요한 상황이다. 교통이 두절되어 당장 복구 작업에 투입될 수 있는 인력은 부대원밖에 없는 상황이다. 당신은 어떻게 하겠는가?

① 군 시설이 중요하므로 우선 부대의 복구 작업에 전념한다.
② 민간의 피해 상황을 파악하여 우선순위를 정한 뒤 복구 작업을 실시한다.
③ 가능한 한 민간의 2차 피해를 줄이기 위해 부대시설보다 민간시설 복구 작업에 주력한다.
④ 부대 내의 피해 상황을 보고하고 상급부대의 명령을 기다린다.
⑤ 부대원의 안전이 최우선이므로 일기예보나 주변의 기상 상태를 예의주시하고, 2차 피해를 입지 않도록 부대 내에서 대기하며 지원 병력이 오기를 기다린다.
⑥ 민간의 수해 복구 요청이 들어오기 전까지는 민간시설에 대한 선제적 지원을 하지 않는다.
⑦ 미리 예정된 훈련 등 부대 일정을 최대한 지키려고 노력한다.

> ⓐ 가장 할 것 같은 행동 [   ]   ⓑ 가장 하지 않을 것 같은 행동 [   ]

07 당신은 소대장이다. 혹한기 훈련 도중 눈이 너무 많이 내려 사전에 준비한 훈련 일정을 제대로 수행하기 힘든 상황에 처해 있다. 당신은 예정대로 훈련 일정을 소화하면 많은 부대원들이 동상과 같은 질병에 걸릴 것이라고 예상하고 있다. 당신은 어떻게 하겠는가?

① 소대원의 의견을 물어 훈련 일정을 재조정한다.

② 대대장에게 상황을 보고하고 명령을 기다린다.

③ 일기예보를 참고하여 스스로 훈련 일정 조정 여부를 결정한다.

④ 큰 사고가 나기 전까지 일단 정해진 훈련 일정을 진행한다.

⑤ 소대원의 건강과 일기 상태, 남은 훈련 과정 등을 종합적으로 고려하여 훈련 일정의 수정 여부를 판단한다.

⑥ 어떤 훈련보다 소대원의 건강이 우선이므로 훈련을 중단하고 복귀한다.

⑦ 다른 소대의 훈련 상황을 보고 그대로 따른다.

ⓐ 가장 할 것 같은 행동 [   ]　　ⓑ 가장 하지 않을 것 같은 행동 [   ]

08 당신이 부사관으로 임관한 지 3달이 지났다. 소대원 중 병장 A가 유독 명령에 이유를 달면서 잘 따르려 하지 않는다. 하지만 다른 소대의 장교나 부사관의 명령은 잘 이행한다. 군 경력이 짧다는 이유로 A가 당신을 무시하고 있다는 생각이 든다. 당신은 어떻게 하겠는가?

① 부사관 선배들에게 조언을 구한다.

② 소대장에게 상황을 설명하고 대처 방법에 대한 조언을 구한다.

③ 소대원 전체에 대해서 군인 정신과 군대 조직에 대한 정신 교육을 실시한다.

④ A를 따로 불러 그렇게 행동하는 이유에 대해 물어본다.

⑤ A의 제대가 얼마 남지 않았으므로 분란이 생기지 않도록 내가 참는다.

⑥ A의 타 부대 전출을 건의한다.

⑦ 전 소대원이 모인 자리에서 A에게 훈계한다.

ⓐ 가장 할 것 같은 행동 [   ]　　ⓑ 가장 하지 않을 것 같은 행동 [   ]

09 중대 과제로 내려온 작업에 대해 복수의 소대가 함께 일하게 되었다. 선임 부소대장이 자신의 소대에는 편한 일만 골라서 시키고, 당신의 소대에는 힘든 일만 시켜 당신뿐만 아니라 소대원들의 불만이 높아지고 있다. 당신은 어떻게 하겠는가?

① 맡은 바 임무에 충실해야 하므로 일을 계속하라고 지시한다.

② 중대장 등에게 상황을 보고하고 조치를 기다린다.

③ 소대원들을 간식 등으로 구슬려서 하던 일을 계속하도록 시킨다.

④ 소대원들의 작업을 중지시키고 선임 부소대장의 지시를 거부한다.

⑤ 선임 부소대장에게 작업 상황을 설명하고 업무를 다시 정한다.

⑥ 일단 지시받은 일을 마무리한 다음 불공평한 처사에 대해 중대장에게 보고한다.

⑦ 작업장에서 철수하고 중대장에게 다른 일을 하겠다고 요청한다.

ⓐ 가장 할 것 같은 행동 [　　] 　　ⓑ 가장 하지 않을 것 같은 행동 [　　]

---

10 당신은 오랫동안 부사관으로서 근무하면서 부대의 혁신적인 개선 방안에 대해 지속적으로 건의해 왔다. 하지만 그에 대해 아무런 조치가 없다가 대대장이 바뀌고 나서 당신이 제안한 개선 방안이 시행되었고, 이에 대한 가시적인 성과가 나타났다. 선임 부사관은 자신이 그 개선 방안을 창안했다고 주장하였고, 부대에서는 선임 부사관에 대한 포상을 고려하고 있다. 당신은 어떻게 하겠는가?

① 중대장에게 상황을 설명하고 시정을 요구한다.

② 상급기관에 그것이 나의 아이디어였다고 주장한다.

③ 동료 부사관들에게 그것이 나의 아이디어였다고 말한다.

④ 선임 부사관을 따로 만나 그것이 내 아이디어임을 알고 있지 않느냐고 따진다.

⑤ 억울하지만 부대의 결정에 따른다.

⑥ 선임 부사관과 일절 말을 섞지 않는다.

⑦ 내가 제안한 아이디어임을 알고 있는 동료들에게 도움을 요청한다.

ⓐ 가장 할 것 같은 행동 [　　] 　　ⓑ 가장 하지 않을 것 같은 행동 [　　]

---

11 선임 부사관이 돈을 빌려가서는 지금껏 갚지 않고 있다. 많은 액수는 아니지만 돈을 돌려
달라고 하면 인색한 사람으로 여겨질까 전전긍긍하고 있고, 추후에도 똑같은 일이 반복
될까 걱정되어 일이 손에 잡히지 않고 있다. 당신은 어떻게 하겠는가?

① 선임 부사관에게 요즘 주머니 사정이 좋지 않음을 넌지시 알린다.
② 중대장에게 상황을 설명하고 조언을 구한다.
③ 없던 돈이라 생각하고 그 선임 부사관을 고의적으로 피한다.
④ 돈을 갚으라고 지속적으로 독촉한다.
⑤ 상급부대에 보고해서 인사상의 불이익을 받게 한다.
⑥ 선임 부사관과 친한 부사관에게 같은 방법으로 돈을 빌린다.
⑦ 공개적인 장소에서 많은 사람들에게 나의 상황을 알린다.

ⓐ 가장 할 것 같은 행동 [   ]   ⓑ 가장 하지 않을 것 같은 행동 [   ]

12 당신은 중대에서 최고참 부사관이자 선임 부소대장이다. 이번에 신임 소대장이 갓 임관
해서 전입을 왔는데, 군 생활을 오래한 당신과 의견 대립이 잦은 상황이다. 당신은 어떻
게 하겠는가?

① 중대장에게 보고하고 조언을 구한다.
② 소대장의 근무 기간은 짧으므로 하고 싶은 대로 하도록 둔다.
③ 소대장의 지시가 부대 규정과 상황에 맞는지 조목조목 따진다.
④ 너그러운 경험자의 입장에서 의견이 합치될 수 있도록 소대장을 보필한다.
⑤ 각자 추구하는 바를 따로 정해서 시시비비를 가린다.
⑥ 소대장의 의견에 동의하는 척 시늉만 하고, 실제로는 소대장과 의견이 다름을 행동으
로 보여 준다.
⑦ 어쨌든 상관이므로 소대장의 지시를 그대로 따른다.

ⓐ 가장 할 것 같은 행동 [   ]   ⓑ 가장 하지 않을 것 같은 행동 [   ]

2편

직무성격검사 · 상황판단검사

13 부대의 서무계원이 서류를 조작하여 부대 자금을 착복하는 것을 우연히 목격하였다. 당신은 어떻게 하겠는가?

① 상급부대에 보고하여 시정되도록 한다.
② 계원의 직속 상관에게 보고하여 시정되도록 한다.
③ 금액이 크지 않으면 못 본 척 넘어간다.
④ 서무계원을 따로 불러 잘못을 지적하고, 자금을 원래대로 복구하면 상부에 보고하지 않고 넘어간다.
⑤ 서무계원으로부터 부대 자금을 착복하게 된 경위를 듣고 또 다른 상급자가 연루되어 있는지 확인한 뒤 상급부대 보고 여부를 결정한다.
⑥ 상급부대에 사실이 알려지면 골치 아프므로 쉬쉬하며 넘어간다.
⑦ 부대에서 절대로 일어나서는 안 되는 일이므로 일벌백계 차원에서 강력한 처벌을 요구한다.

ⓐ 가장 할 것 같은 행동 [　　] 　ⓑ 가장 하지 않을 것 같은 행동 [　　]

14 당신이 부소대장으로 근무하고 있는 소대에 입대 전 알고 지내던 사회 선배가 신병으로 전입해 왔다. 나이가 많아서인지 군 생활에 적응을 잘하지 못해 다른 소대원들로부터 원성이 잦은 상황이다. 당신은 어떻게 하겠는가?

① 선배 대우를 일절 하지 않고 기존 신병과 마찬가지로 군 적응 훈련을 실시한다.
② 중대장에게 상황을 보고한다.
③ 타 부대 전출을 건의해 본다.
④ 사적인 자리에서는 선배 대우를 해 주며 힘든 상황을 위로한다.
⑤ 가급적 부대 업무에서 열외를 시켜 준다.
⑥ 선배가 군 생활에 적응할 수 있도록 특별 훈련을 시킨다.
⑦ 다른 소대원들에게 신병이 나와 아는 사이라는 것을 주지시키고 편의를 봐 주라고 지시한다.

ⓐ 가장 할 것 같은 행동 [　　] 　ⓑ 가장 하지 않을 것 같은 행동 [　　]

15 중대 업무를 소대가 분담하려고 하는데, 중대장이 일방적인 지시를 내리지 않고 각 소대장 및 부소대장에게 자발적 참여 의사를 물었다. 그런데 당신 소대의 소대장이 중대 업무의 대부분을 자기 소대가 맡아서 하겠다고 자원했다. 열심히 군 생활을 해 보겠다는 소대장의 의지가 느껴지긴 하지만 부소대장인 당신과 소대원들은 불만이 많다. 당신은 어떻게 하겠는가?

① 상관의 결정이므로 그대로 따른다.
② 중대장에게 상황을 설명하고 절충 방법을 구한다.
③ 과하다고 생각되는 업무는 할 수 없다고 딱 잘라 말한다.
④ 소대장과 개인적으로 이야기해 본다.
⑤ 소대회의를 통하여 소대원들의 생각을 소대장이 알 수 있도록 한다.
⑥ 업무량이 적은 소대의 부소대장에게 일을 분담할 것을 요청한다.
⑦ 소대원들과 합심하여 소대장의 명령에 비협조적으로 응한다.

ⓐ 가장 할 것 같은 행동 [   ]   ⓑ 가장 하지 않을 것 같은 행동 [   ]

Non-Commissioned Officer

실전모의고사

실전모의고사

01 언어논리

01 다음 밑줄 친 단어와 의미가 반대인 것은?

> 우리 학교 야구팀은 만루 홈런에다 타자 전원 안타를 기록하며 <u>쾌승</u>했다.

① 낙승   ② 대패   ③ 신승
④ 참패   ⑤ 석패

02 다음 밑줄 친 단어와 의미가 가장 유사한 것은?

> 오늘은 <u>마수걸이</u>를 일찍 했다.

① 시비   ② 흥정   ③ 타결
④ 개시   ⑤ 갈무리

03 다음 밑줄 친 단어와 바꿔 쓸 수 있는 것은?

> 이웃 사람들의 <u>서슬</u>에 기가 죽어 고개를 들지 못하겠다.

① 세평(世評)   ② 시선(視線)   ③ 기세(氣勢)
④ 권세(權勢)   ⑤ 기색(氣色)

04 다음 중 단어의 관계가 다른 하나는?

① 유명(有名) - 저명(著名)   ② 풍조(風潮) - 시류(時流)
③ 과작(寡作) - 다작(多作)   ④ 활용(活用) - 변통(變通)
⑤ 췌언(贅言) - 사족(蛇足)

05 다음 밑줄 친 부분의 관용적 의미로 옳은 것은?

> 평소에 내 말을 귓등으로 듣더니 오늘 내 제의에 갑자기 <u>회가 동했나</u> 보군!

① 구미가 당기다. ② 비위에 거슬리다.
③ 조바심이 나다. ④ 마음에 흡족하다.
⑤ 흥미가 떨어지다.

06 다음 밑줄 친 부분의 문맥상 의미로 옳은 것은?

> 지구 환경 변화를 연구하는 선진국의 많은 사람들은 농업 환경 변화에 대한 인간의 적응 능력을 매우 낙관적으로 <u>보고</u> 있다. 예를 들면 기업형 농업과 농업 기술의 발달을 통해 대규모 환경 변화에 성공적으로 적응할 수 있고, 이에 따라 미래에 필요로 하는 식량을 충분히 생산할 수 있다고 확신한다.

① 관찰하고   ② 예언하고   ③ 간주하고
④ 추정하고   ⑤ 전망하고

07 다음 밑줄 친 ㉠과 ㉡의 관계와 같은 것은?

> 양분법적 사고는 모든 것을 두 부류로 나누어 생각하는 것을 말한다. '희다'와 '검다', '좋다'와 '나쁘다'처럼 양분법적 사고는 어떤 대상이 두 무리 중 어느 하나에만 속한다는 제한된 생각을 하도록 만든다. 이 같은 생각이 다양하게 변화하지 못한 채 굳어지면 모든 사람들을 적과 동지로 나누려 들게 된다. 그 결과로 오는 것이 이른바 흑백논리이다. 세상에는 선한 것과 선한 것끼리의 ㉠<u>대립</u>이나 ㉡<u>대결</u>도 있을 수 있다. 또 취미가 다양하듯이 가치관도 다양할 수 있으며, 또 다양해야 하는 것이다. 그렇기 때문에 여럿이 더불어 살아가는 이 세상에서 양분법적 사고는 조화를 깨뜨리는 요소가 된다. 따라서 다채롭고 다양한 삶을 영위하기 위해서는 다양성을 고려한 사고가 반드시 필요하다.

① 오해 : 이해   ② 맘마 : 밥   ③ 살다 : 죽다
④ 꽃 : 장미   ⑤ 사람 : 친구

부록
실전모의고사

08　다음 밑줄 친 부분이 어문 규정에 어긋나는 것은?

① 합격률이 높아질 것 같아요.
② 좋지 않은 소문이 금세 퍼졌다.
③ 문제의 답을 맞히면 상품권을 드리겠습니다.
④ 장맛비가 예년보다 오래 계속된다.
⑤ 주택 문제를 해결하기 위해서는 공급을 늘여야 한다.

[9~10] 다음 빈칸에 들어갈 알맞은 것을 고르시오.

09

우리는 백제 문화의 역사적 가치와 의미를 (　　　)하는 작업에 들어갔다.

① 규명(糾明)　　　② 구명(究明)　　　③ 증명(證明)
④ 강구(講究)　　　⑤ 고증(考證)

10

흉악 범죄가 늘고 있다는 것은 우리 사회의 병폐가 그만큼 심각하다는 (　　　)이다.

① 변증(辨證)　　　② 근거(根據)　　　③ 증명(證明)
④ 반증(反證)　　　⑤ 방증(傍證)

11　다음 빈칸에 공통으로 들어갈 알맞은 단어는?

• 우리 문화에는 유교 문화가 깊이 (　　　)되어 있다.
• 벽에 빗물이 (　　　)하여 얼룩졌다.

① 침전(沈澱)　　　② 침잠(沈潛)　　　③ 침식(浸蝕)
④ 침윤(浸潤)　　　⑤ 침강(沈降)

12 다음 제시된 속담과 의미가 비슷한 한자성어는?

> 눈 가리고 아옹

① 적반하장(賊反荷杖)　　② 좌정관천(坐井觀天)　　③ 고식지계(姑息之計)

④ 면종복배(面從腹背)　　⑤ 연목구어(緣木求魚)

13 다음 밑줄 친 단어가 다른 의미로 쓰인 것은?

① 다시 보아도 틀린 곳을 잘 못 찾겠습니다.

② 침체로 접어든 경제 상황이 이번 해에는 다시 살아났으면 좋겠습니다.

③ 아무리 공부해도 맞춤법 조항은 이해가 가지 않으니 다시 한 번 설명해 주십시오.

④ 만약 내가 이번 시험에 낙방한다면 내년에 다시 도전할 것입니다.

⑤ 꺼진 불도 다시 보자.

[14~16] 다음 밑줄 친 단어와 같은 의미로 쓰인 것을 고르시오.

14

> 그는 자신의 명예를 걸고 대회에 참가하였다.

① 사무실 자물쇠를 걸어라.

② 잔칫상이 걸게 차려져 있었다.

③ 마지막 전투에 목숨을 걸고 싸웠다.

④ 그녀는 목에 항상 목걸이를 걸고 다닌다.

⑤ 범인을 잡는 데 현상금을 걸었다.

15

> 일상생활 속에서 우리는 심신이 지치고 육체가 피로해지는 경험을 자주 한다. 홀로 한가하게 자신을 돌보고 휴식을 취할 수 있는 방학은 일종의 보너스이다. 이 한가한 틈을 타서 잠깐 동안이나마 일상에서 떠나 사람과 일을 잊고, 풀과 나무와 하늘과 바람과 더불어 호흡하고 느끼고 노래한다면 정신은 한층 풍요로워질 것이다.

① 그는 나무를 잘 탄다.　　　　　　② 어둠을 타고 도망쳤다.

③ 타는 듯한 색채를 그리다.　　　　④ 비가 오지 않아 밀이 탄다.

⑤ 이곳엔 연줄을 타고 온 사람들이 많다.

16

> 과학은 하루하루의 실천과 더불어 역사라는 수레를 굴려 나가는 바퀴이며, 역사가 계속되는 한 역사와 더불어 계속 전진하면서 자신의 한계를 극복해 나갈 것이다. 이것은 우리의 실천이 구체적으로 늘 일정한 벽에 부딪히게 될 뿐만 아니라 종종 잘못에 빠지기도 하지만, 그럼에도 불구하고 실천이야말로 우리의 삶을 지탱하고 개선하는 유일한 길이라는 사실과 똑같은 원리라고 할 수 있다.

① 벽에 기대서서 잠시 생각에 빠졌다.
② 우리 사이엔 보이지 않는 벽이 있어 제대로 된 대화를 할 수 없다.
③ 그의 극단적인 자기애는 하나의 벽으로 작용했다.
④ 이념과 종교의 벽을 넘으면 세계의 평화가 보인다.
⑤ 남자 마라톤에서 마의 벽으로 여겨지던 2시간 2분대 기록이 깨졌다.

[17~18] 다음 제시된 문장을 순서대로 바르게 배열한 것을 고르시오.

17

> (가) 선비 정신은 조선조의 신분 사회를 지배한 양반들의 도의적 규범으로서, 철저히 반민중적이고 세속적이며 관념적이었다. 그러므로 이러한 선비형 인간이 오늘날에도 바람직한 인간상일 수는 없다.
> (나) 오늘날과 같이 사회가 혼탁한 상황에서 우리가 요구하는 바람직한 선비상은 대중 속에서 함께 호흡하며 현실 의식에 투철하고 현실을 보다 높은 차원으로 고양하려는 인간이며, 우리는 선비 정신을 현대 시민 사회에 맞게 계승해야 할 것이다.
> (다) 이상적 인간상은 나라나 시대마다 그 사회의 역사적 조건에 따라 달라진다. 그런데 조선 시대의 이상적 인간상이었던 선비가 오늘날 현대 시민 사회에서 다시 이상적 인간상으로 대두되고 있다.
> (라) 그럼에도 불구하고 이런 선비가 오늘날 새삼스럽게 예찬까지 받는 것은 서거정이나 황현, 의병 대장, 순국열사 등의 예에서 보듯이 선비에겐 대의를 위해 용기를 발휘하는 정신 또한 있었기 때문일 것이다.

① (가) - (나) - (다) - (라)　　② (가) - (다) - (라) - (나)
③ (나) - (가) - (다) - (라)　　④ (나) - (다) - (라) - (가)
⑤ (다) - (가) - (라) - (나)

18

> (가) 과학은 현재 있는 그대로의 실재에만 관심을 두고 그 실재가 앞으로 어떠해야 한다는 당위에는 관심을 두지 않는다.
> (나) 그러나 각자 관심을 두지 않는 부분에 대해 상대로부터 도움을 받을 수 있기 때문에 상호 보완적이라고 보는 것이 더 합당하다.
> (다) 과학과 종교는 상호 배타적인 것이 아니며 상호 보완적이다.
> (라) 반면 종교는 현재 있는 그대로의 실재보다는 당위에 관심을 가진다.
> (마) 이처럼 과학과 종교는 서로 관심의 영역이 다르기 때문에 배타적이라고 볼 수 있다.

① (가) − (라) − (나) − (다) − (마) ② (가) − (라) − (마) − (다) − (나)
③ (다) − (가) − (라) − (마) − (나) ④ (다) − (나) − (가) − (라) − (마)
⑤ (다) − (나) − (가) − (마) − (라)

19 다음 글의 논리적 구조를 바르게 분석한 것은?

> ㉠ 역사는 어느 시대, 어떤 상황에 있어서도 삶과 동떨어진 가치란 존재하기 어렵다는 사실을 우리에게 일깨워 주고 있다.
> ㉡ 문학은 그 시대적 상황을 수렴한다.
> ㉢ 따라서 작가는 현실에 대한 바른 안목으로 그 안에 용해되어 있는 삶의 모습들을 예술적으로 형상화하는 데 부단한 노력을 경주해야 한다.
> ㉣ 현실적 상황이 제시하고 만들어 내는 여러 요소들을 깊이 있게 통찰하고, 이를 진지한 안목에서 분석하여 의미를 부여할 때, 문학은 그 존재 가치가 더욱 빛나는 것이다.
> ㉤ 그뿐만 아니라 문학의 궁극적인 목적이 인간성을 구현하는 데 있는 것이라면, 이를 효과적으로 드러낼 수 있는 현실의 가능성을 찾아내고, 거기에 사람의 옷을 입혀 살아 숨 쉬게 하는 작업이 필요하다.
> ㉥ 그런 면에서 문학은 삶을 새롭게 하고 의미를 부여하며 그 삶의 현실을 재창조하는 작업이라 할 수 있다.

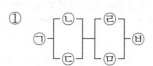

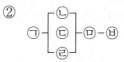

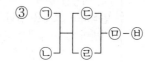

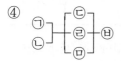

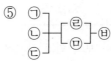

부록
실전모의고사

20 다음 밑줄 친 부분의 구체적인 내용으로 알맞은 것은?

> 일제 36년 동안에 뚫고 들어 온 일본어를 한꺼번에 우리말로 바꾸기란 여간 힘든 일이 아니었다. '우리말 도로 찾기 운동'이라든가 '국어 순화 운동'이 지속적으로 전개되어 지금은 특수 전문 분야를 제외하고는 일본어의 찌꺼기가 많이 사라졌다.
> 원래 새로운 문물과 함께 그것을 나타내는 말까지 따라 들어오는 것은 자연스러운 일이다. 그동안은 우리가 때로는 주권을 잃었기 때문에, 때로는 먹고사는 일에 바빴기 때문에 우리의 가장 소중한 정신적 문화유산인 말과 글을 가꾸는 데까지 신경을 쓸 수 있는 형편이 못 되었지만 지금은 사정이 달라졌다.

① 정치적 안정, 문화의 발달
② 선진 문물의 수용, 국어에 대한 관심 고조
③ 국민의 교양 수준 향상, 문맹률 급감
④ 외래어의 발달, 국력의 신장
⑤ 국가 주권의 회복, 경제적 번영

21 다음 글의 내용과 부합하지 않는 것은?

> 김정호는 조선 후기에 발달했던 군현 지도, 방안 지도, 목판 지도, 칠첩식 지도, 휴대용 지도 등의 성과를 독자적으로 종합하고, 각각의 장점을 취하여 대동여지도를 만들었다. 대동여지도의 가장 뛰어난 점은 조선 후기에 발달했던 대축척지도의 두 계열, 즉 정상기의 동국지도 이후 민간에서 활발하게 전사되었던 전국지도·도별지도와 국가와 관아가 중심이 되어 제작했던 상세한 군현 지도를 결합하여 군현 지도 수준의 상세한 내용을 겸비한 일목요연한 대축척 전국 지도를 만든 것이다.
> 대동여지도가 많은 사람에게 애호를 받았던 가장 큰 이유는 목판본 지도이기 때문에 일반에게 널리 보급될 수 있었으며, 개인적으로 소장, 휴대, 열람하기에 편리한 데에 있었다. 국가적 차원에서는 18세기에 상세한 지도가 만들어졌다. 그러나 그 지도는 일반인들은 볼 수도, 이용할 수도 없는 지도였다. 김정호는 정밀한 지도의 보급이라는 사회적 욕구와 변화를 인식하고 그것을 실현하였던 측면에서 더욱 빛을 발한다. 그러나 흔히 생각하듯이 아무런 기반이 없는 데에서 혼자의 독자적인 노력으로 대동여지도와 같은 훌륭한 지도를 만들었던 것은 아니다. 비변사와 규장각 등에 소장된, 이전 시기에 작성된 수많은 지도들을 검토하고 종합한 결과인 것이다.

① 대동여지도는 일반 대중이 보기 쉽고 가지고 다니기 편하도록 제작되었다.
② 대동여지도가 만들어진 토대에는 이전 시기에 만들어진 갖가지 지도가 있었다.
③ 대동여지도는 목판본으로 만들어진 지도여서 다량으로 제작·배포될 수 있었다.
④ 김정호는 지도에 대한 일반 대중의 욕구를 잘 이해하고 있었다.
⑤ 대동여지도는 정밀한 지도 제작이라는 국가 과제를 김정호가 충실히 수행한 결과이다.

22 다음 빈칸 ⊙~②에 들어갈 말을 순서대로 나열한 것은?

> 지정은 가장 단순한 설명 방법으로 사물을 지적하여 말하는 방식이다. 정의는 어떤 단어의 뜻과 개념을 밝히는 것으로 충분한 지식을 가지고 있어야 정확한 정의를 내릴 수 있다. 어떠한 대상을 파악하고자 할 때 대상을 적절히 나누거나 묶어서 정리해야 하는데, 하위 개념을 상위 개념으로 묶어 가면서 설명하는 (⊙)의 방법과 상위 개념을 하위 개념으로 나누어 가면서 설명하는 (ⓒ)의 방법이 있다. 설명을 할 때 서로 비슷비슷하여 구별이 어려운 개념에 대해 그들 사이의 공통점이나 차이점을 지적하면 이해하기가 쉬운데, 둘 이상의 대상 사이의 유사점에 대해 설명하는 일을 (ⓒ)(이)라 하고, 그 차이점에 대해 설명하는 일을 (②)(이)라 한다.

	⊙	ⓒ	ⓒ	②
①	대조	비교	구분	분류
②	비교	대조	분류	구분
③	분류	구분	비교	대조
④	구분	분류	대조	비교
⑤	분류	비교	대조	구분

23 다음 글의 내용과 부합하지 않는 것은?

> 1960년대 중반 생물학계에는 조지 윌리엄스와 윌리엄 해밀턴이 주도한 일대 혁명이 일어났다. 리처드 도킨스의 '이기적 유전자'라는 개념으로 널리 알려지게 된 이 혁명의 골자는, 어떤 개체의 행동을 결정하는 일관된 기준은 그 소속 집단이나 가족의 이익도 아니고, 그 개체 자신의 이익도 아니고, 오로지 유전자의 이익이라는 것이다. 이 주장은 많은 사람들에게 충격으로 다가왔다. 인간은 또 하나의 동물일 뿐 아니라 자신의 이익을 추구하는 유전자들로 구성된 협의체의 도구이자 일회용 노리개에 불과하다는 주장으로 이해되었기 때문이다. 그러나 '이기적 유전자' 혁명이 전하는 메시지는 인간이 철저하게 냉혹한 이기주의자라는 것이 아니다. 사실은 정반대이다. 그것은 오히려 인간이 왜 때로 이타적이고 다른 사람들과 잘 협력하는가를 잘 설명해 준다. 인간의 이타성과 협력이 유전자의 이익에도 도움이 되기 때문이다.

① '이기적인 유전자' 혁명은 인간이 유전자 때문에 철저하게 이기적으로 행동한다고 주장한다.
② 인간은 때로 이타적인 행동을 하기도 하고 다른 사람과 협력을 하기도 한다.
③ 인간은 유전자의 지배를 받아 행동하는 수동적인 존재가 아니다.
④ 유전자의 이익이라는 관점에서 인간의 이타적인 행동을 설명할 수 있다.
⑤ 인간은 유전자의 이익에 따라 행동한다.

부록 실전모의고사

[24~25] 다음 글을 읽고 물음에 답하시오.

컴퓨터는 그것이 처리할 수 있는 정보의 양과 속도 면에서는 인간의 능력을 뛰어넘는다. 그러나 컴퓨터의 기능은 복잡하기는 하더라도 궁극은 공식에 따라 진행되는 수리적·논리적인 여러 조작의 집적으로 이루어지는 기능을 말한다. 공식에 따르지 않는 지적·정신적 기능은 컴퓨터에는 있을 수 없다.

심리학에서는 컴퓨터처럼 공식에 따른 정신 기능을 수렴적 사고라 하고, 인간이 이루어 내는 종합적 사고를 발산적 사고라 한다. 발산적 사고는 과학, 문학, 예술, 철학 등에서도 아주 중요한 지적 기능이다. 이러한 지적 기능은 컴퓨터에는 없다. 컴퓨터가 아무리 발달한다고 해도 컴퓨터가 '죄와 벌'과 같은 문학 작품을 써낼 수는 없다. 지나치게 컴퓨터에 의존하거나 중독되는 일은 이러한 발산적 사고의 퇴화를 가져올 수 있다.

컴퓨터의 발전이 하도 빨라서 컴퓨터 사용자는 내일의 진보는 믿으면서도 어제로 향하는 역사에 대해서는 무관심하다. 말하자면 '시간의 섬'에서 살고 있는 셈이다. 따라서 컴퓨터 시대의 인간은 그 이전의 사람들과 달리 어떤 대상에 대해 강한 정의적 애착도 증오도 느끼지 않는다.

24 다음 중 발산적 사고에 해당하는 것은?

① 지도 위에 백지를 대고 미국 지도를 본뜬다.
② 저축금의 이자를 복리로 계산한다.
③ 오락실에서 조이스틱을 움직여 게임을 한다.
④ 다각적인 그림 감상을 위해 작품을 위아래로 뒤집어 본다.
⑤ 교과서 내용을 이해하기 위해 참고서를 구매한다.

25 밑줄 친 '시간의 섬'이 의미하는 것은?

① 외부로부터의 고립   ② 역사와의 단절
③ 사고의 퇴화   ④ 인간에 대한 무관심
⑤ 지적 활동의 중단

02 자료해석

01 연속하는 세 자연수 $x-1$, x, $x+1$의 합이 36일 때, 세 자연수 중에서 가장 큰 수는 얼마인가?

① 11 ② 12
③ 13 ④ 14

02 어떤 일을 끝내는 데 혜지는 12일, 하나가 하면 15일이 걸린다. 처음에는 혜지 혼자 3일 동안 일하다가 이후에 두 사람이 함께 일을 했다면, 이 일을 끝내는 데 걸린 시간은 총 얼마인가?

① 5일 ② 6일
③ 7일 ④ 8일

03 다음 표는 30명이 두 종류의 게임을 한 후의 득점 결과이다. $a+b+c$의 값은 얼마인가?

A＼B	1	2	3	4	5	계
5				3	2	5
4			6	5		11
3		1	3	3		7
2	2	a	1			c
1	1	1				2
계	3	4	10	b	2	30

① 18 ② 19
③ 20 ④ 21

04 60m/s의 속력으로 달리는 기차가 490m 길이의 터널을 지나는 데 9초 걸렸다. 이 기차의 길이는?

① 45m   ② 50m
③ 55m   ④ 60m

05 작년 A고등학교의 전체 학생 수는 1,200명이다. 올해는 남자가 5% 증가하고, 여자가 5% 감소하여 전체 학생 수가 4명 증가하였을 때 올해 남학생 수는 몇 명인가?

① 532명   ② 582명
③ 632명   ④ 672명

06 다음 표는 연령별 경제활동인구와 실업률을 나타낸 것이다. 다음 중 2015년 5월 실업자 수가 가장 많은 연령대는 무엇인가?

(단위 : 천 명, %)

연령	경제활동인구수	실업률	
		2015년 5월	2015년 9월
15~19세	1,100	6.2	6.7
20~29세	2,333	7.0	7.4
30~39세	4,208	3.2	3.5
40~49세	4,023	1.9	2.2
50~59세	2,133	2.3	1.9
60세 이상	1,425	1.3	1.2

※ 실업률 $= \dfrac{\text{실업자수}}{\text{경제활동인구수}} \times 100$

① 15~19세   ② 20~29세
③ 30~39세   ④ 40~49세

07 다음 숫자의 규칙을 찾아 빈칸에 들어갈 알맞은 것을 고르면?

2 3 6 9 18 23 46 ( )

① 50
② 51
③ 52
④ 53

08 다음 문자의 규칙을 찾아 빈칸에 들어갈 알맞은 것을 고르면?

ㅈ ㅊ ㅇ ㅌ ㅅ ㅎ ( )

① ㄴ
② ㄹ
③ ㅂ
④ ㅇ

09 연못 위에 $1m^2$만큼 덮여 있는 어떤 식물이 하루가 지나면 넓이가 2배가 된다고 한다. 일주일 후 연못이 완전히 덮였다면, 연못의 $\frac{1}{8}$이 덮인 날은 언제인가?

① 4일째
② 5일째
③ 6일째
④ 7일째

10 농장에서 기르는 오리와 염소는 32마리이고, 오리와 염소의 다리 수의 합은 100개였다. 농장에서 기르는 오리는 몇 마리인가?

① 12마리
② 14마리
③ 16마리
④ 18마리

11 다음 표는 4개 대학의 흡연상황을 조사한 것이다. 다음 〈보기〉에서 옳은 것을 모두 고른 것은?

구분	A대학			B대학			C대학			D대학		
	흡연	비흡연	계	흡연	비흡연	계	흡연	비흡연	계	흡연	비흡연	계
남성	65	500	565	719	5,343	6,062	61	545	606	37	303	340
여성	85	673	758	736	3,351	4,087	93	647	740	18	129	147
계	150	1,173	1,323	1,455	8,694	10,149	154	1,192	1,346	55	432	487

┌ 보기 ┐
ㄱ 흡연자 총수가 많은 대학일수록 흡연자 중에 여성이 차지하는 비율이 높다.
ㄴ 학생 총수에서 여성이 차지하는 비율이 높은 대학일수록 학생 총수 중 여성 흡연자가 차지하는 비율이 높다.
ㄷ 흡연율이 높은 대학일수록 학생 총수에서 남성 흡연자가 차지하는 비율이 높다.

① ㄱ, ㄴ   ② ㄱ, ㄷ
③ ㄴ, ㄷ   ④ 없다.

12 예원이네 반 학생 30명이 수학 시험을 보았다. 이 중 15명의 점수 합계는 1,100점이고, 다른 14명의 점수 합계는 1,070점이었으며 나머지 한 명의 점수는 평균보다 5점이 높다. 예원이네 반의 수학점수 평균은 얼마인가?

① 75점   ② 76점
③ 77점   ④ 78점

13 물이 가득 차 있는 반지름이 10인 구 안에 부피가 36π인 구슬을 넣었더니 물이 흘러넘쳤다. 구 안에 남아 있는 물의 양은 처음 물의 양의 몇 %인가?

① 96.3%   ② 96.8%
③ 97.3%   ④ 97.8%

14 다음 우리나라의 세대수별 가구분포에 관한 표를 보고 3세대가 같이 거주하는 가정과 4세대가 같이 거주하는 가정을 합한 비율이 1970년에 비해 2000년에는 약 얼마나 감소하였는지 구하면?

(단위 : %)

연도	1세대	2세대	3세대	4세대
1970	6.8	70.0	22.1	1.1
1980	9.0	74.2	17.8	0.6
1990	12.0	74.1	13.6	0.3
2000	14.7	73.7	11.4	0.2

① 47%　　　　　　　　　② 50%

③ 53%　　　　　　　　　④ 55%

15 다음 실업자수와 실업률에 대한 자료를 보고 2001년 3월 실업자수와 실업률은 각각 얼마인지 구하면?

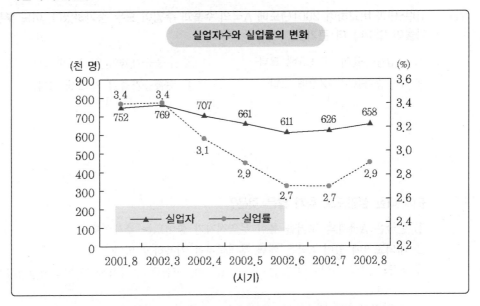

[전년 동월 대비 실업자수와 실업률의 증감]　(단위 : 천 명, %p)

구분	2001.8	2002.3	2002.4	2002.5	2002.6	2002.7
실업자수 증감	-66	-266	-141	-119	-134	-134
실업률 증감	-0.3	-1.4	-0.7	-0.6	-0.6	-0.7

① 503천 명, 2.0%　　　　② 503천 명, 4.8%

③ 1,035천 명, 2.0%　　　④ 1,035천 명, 4.8%

[16~17] 다음은 A국의 대외교역현황표이다. 다음 물음에 답하여라.

[표1] 대외교역 추이

(단위 : 백만 불)

연도 ＼ 구분	수입	수출	무역수지
1998	9,432	7,779	−1,653
1999	10,184	8,459	−1,725
2000	10,729	9,202	−1,527
2001	10,340	9,250	−1,090

[표2] 대 한국 교역 추이

(단위 : 백만 불)

연도 ＼ 구분	수입	수출	무역수지
1998	75	172	97
1999	105	169	64
2000	131	202	71
2001	160	177	17

16 1998년과 비교하여 2001년도에 A국의 수출과 수입이 모두 증가하였다. 어느 부분의 증가율이 얼마나 더 큰가?

① 수입증가율이 약 1.5배 크다.　　② 수출증가율이 약 1.5배 크다.

③ 수입증가율이 약 2배 크다.　　④ 수출증가율이 약 2배 크다.

17 표에 대한 설명으로 옳지 않은 것은?

① 한국은 A국과의 교역을 통한 무역적자가 줄어드는 추세이다.

② 대외교역에 있어 A국은 매년 무역적자를 기록하고 있다.

③ A국의 교역규모는 매년 증가하고 있으며, 아울러 무역적자 문제도 해결기미가 보이고 있다.

④ 수출이 꾸준히 증가하고 있는 점이 A국의 대외교역 전망을 그나마 긍정적으로 평가할 수 있는 요소 중 하나이다.

[18~19] 다음 표는 연도별 인구이동률을 나타낸 것이다. 다음 물음에 답하시오.

(단위 : %)

구 분	1950년대	1980년대	2000년대
도시 → 도시	4.0	5.0	10.0
도시 → 농촌	0.2	0.8	3.8
농촌 → 도시	0.7	10.0	9.0
농촌 → 농촌	0.1	0.2	0.2
전 체	5.0	16.0	23.0

※ 인구이동률 $= \dfrac{\text{이동 인구수}}{\text{5세 이상 인구수}} \times 100$

18 2000년에 도시인구가 3,000만 명이고 농촌인구가 1,200만 명이라면, 2010년도 도시인구는 대략 얼마나 변하였나?

① 3만 명 감소했다.   ② 3만 명 증가했다.

③ 6만 명 감소했다.   ④ 6만 명 증가했다.

19 위의 자료를 보고 추론한 내용으로 틀린 것은?

① 총 인구이동률이 늘어나는 경향을 보인다.

② 1950년대 인구이동은 주로 도시 간 이동이다.

③ 농촌에서 농촌으로의 인구이동 유형이 가장 낮은 비율을 차지한다.

④ 농촌에서 도시로의 인구이동은 계속 증가하는 추세이다.

20 어느 학년의 기말고사 수학 성적의 평균은 84점이었고, 그 중 남학생과 여학생의 평균은 각각 82.5점, 86점이었다. 이때, 남학생 수와 여학생 수의 비로 옳은 것은?

① 1 : 2   ② 2 : 3

③ 3 : 2   ④ 4 : 3

부록

실전모의고사

03 ▷ 공간능력

[1~5] 다음 지문을 읽고 입체도형의 전개도로 알맞은 것을 고르시오.

- 입체도형의 전개하여 전개도를 만들 때, 전개도에 표시된 그림(예 █▌, ◢ 등)은 회전의 효과를 반영함. 즉, 본 문제의 풀이과정에서 보기의 전개도 상에 표시된 "█▌"와 "▬"은 서로 다른 것으로 취급함
- 단, 기호 및 문자(예 ☎, ♤, ♨, K, H)의 회전에 의한 효과는 본 문제의 풀이과정에서 반영하지 않음. 즉, 입체도형을 펼쳐 전개도를 만들었을 때에 "🄳"의 방향으로 나타나는 기호 및 문자도 보기에서는 "☎" 방향으로 표시하며 동일한 것으로 취급함

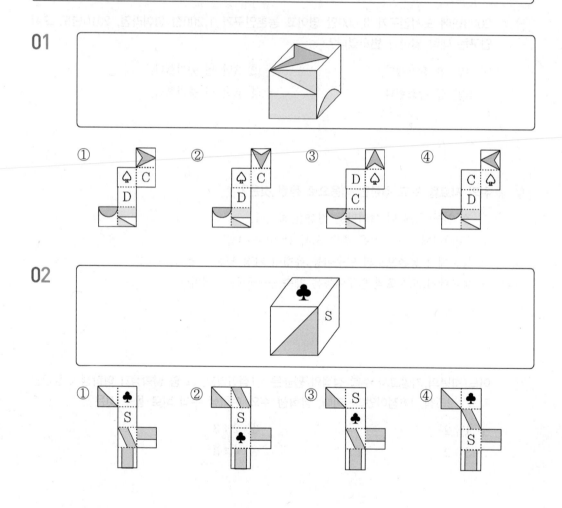

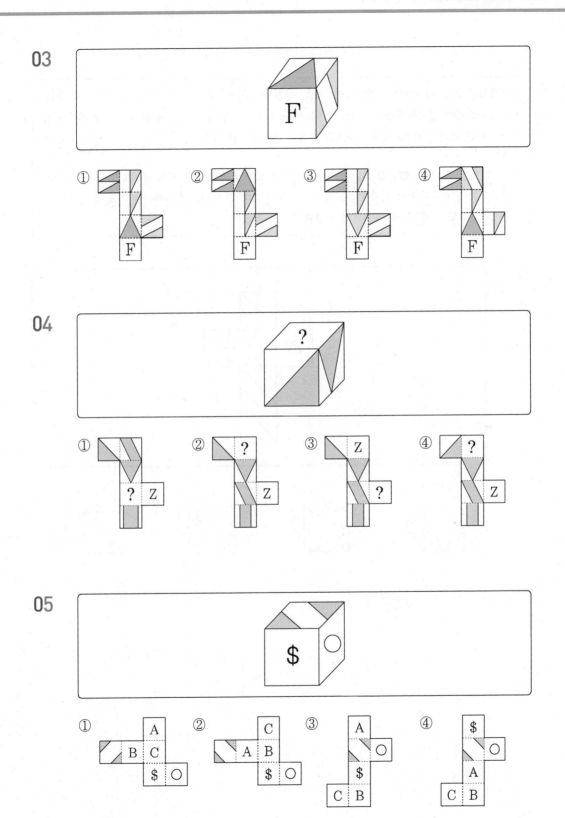

[6~10] 지문을 읽고 다음 전개도로 만든 입체도형에 해당하는 것을 고르시오.

- 전개도를 접을 때 전개도 상의 그림, 기호, 문자가 입체도형의 겉면에 표시되는 방향으로 접음
- 전개도를 접어 입체도형을 만들 때, 전개도에 표시된 그림(예 █, ◢ 등)은 회전의 효과를 반영함. 즉, 본 문제의 풀이과정에서 보기의 전개도 상에 표시된 "█"와 "▬"은 서로 다른 것으로 취급함
- 단, 기호 및 문자(예 ☎, ♤, ♨, K, H)의 회전에 의한 효과는 본 문제의 풀이과정에서 반영하지 않음. 즉, 전개도를 접어 입체도형을 만들었을 때에 "⊡"의 방향으로 나타나는 기호 및 문자도 보기에서는 "☎" 방향으로 표시하며 동일한 것으로 취급함

06

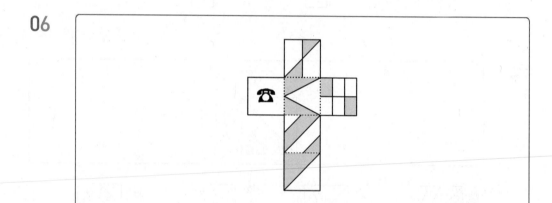

① 　② 　③ 　④

07

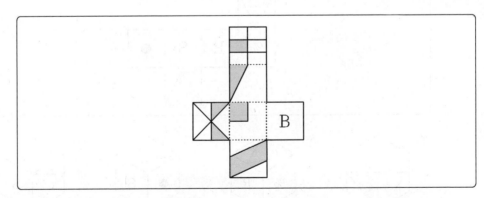

① 　② 　③ 　④

08

09

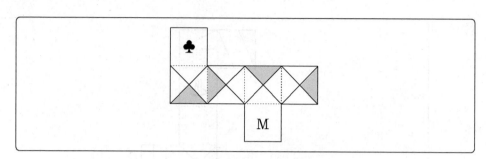

① 　② ③ ④

10

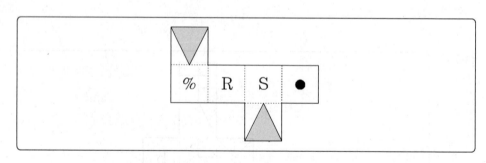

① ② ③ ④

[11~14] 다음 제시된 그림과 같이 쌓기 위해 필요한 블록의 수를 고르시오.

블록은 모양과 크기는 모두 동일한 정육면체임

11

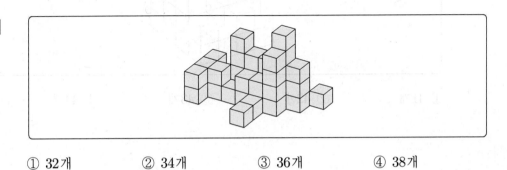

① 32개   ② 34개   ③ 36개   ④ 38개

12

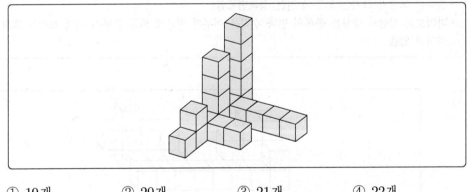

① 19개   ② 20개   ③ 21개   ④ 22개

13

① 40개   ② 41개   ③ 42개   ④ 43개

14

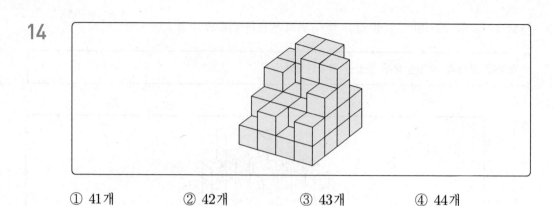

① 41개   ② 42개   ③ 43개   ④ 44개

[15~18] 다음 제시된 블록들을 화살표 표시한 방향에서 바라봤을 때의 모양으로 알맞은 것을 고르시오.

- 블록은 모양과 크기는 모두 동일한 정육면체임
- 바라보는 시선의 방향은 블록의 면과 수직을 이루며 원근에 의해 블록이 작게 보이는 효과는 고려하지 않음

15

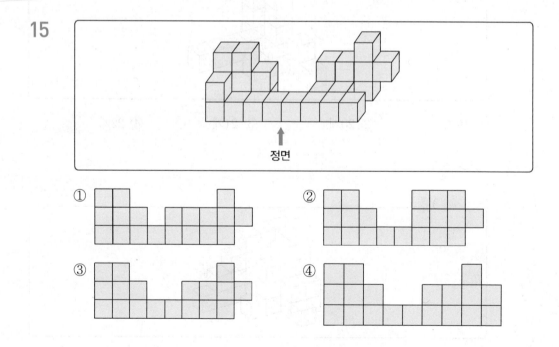

16

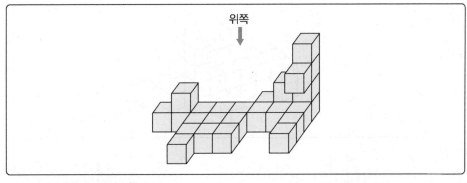

①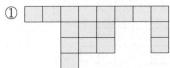

②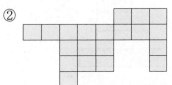

③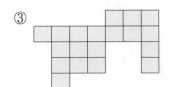

④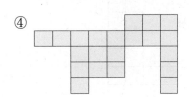

17

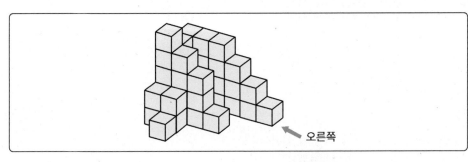

①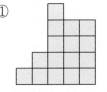

②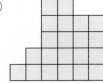

③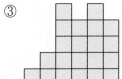

④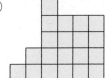

18

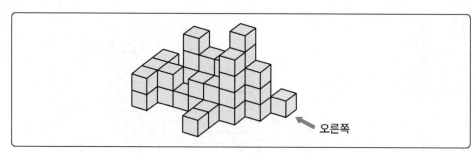

오른쪽

①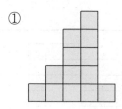

②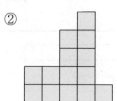

③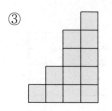

④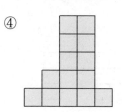

04 〉 지각속도

[1~5] 아래 〈보기〉의 왼쪽과 오른쪽 기호의 대응을 참고하여 각 문제의 대응이 같으면 답안지에
‘① 맞음’을, 틀리면 ‘② 틀림’을 선택하시오.

a = 립	b = 틴	c = 충	d = 전
e = 고	f = 셔	g = 최	h = 박

01
전고틴최박 – debgh

① 맞음   ② 틀림

02
립박충셔전 – ahcfb

① 맞음   ② 틀림

03
gfaed – 최셔틴고전

① 맞음   ② 틀림

04
cdeag – 충전고립최

① 맞음   ② 틀림

05
fdaeh – 셔전립고충

① 맞음   ② 틀림

[6~10] 아래 〈보기〉의 왼쪽과 오른쪽 기호의 대응을 참고하여 각 문제의 대응이 같으면 답안지에 '① 맞음'을, 틀리면 '② 틀림'을 선택하시오.

① = 책	③ = 위	⑤ = 동	⑦ = 철
② = 파	④ = 력	⑥ = 수	⑧ = 폰

06

수동파폰철 – ⑥⑤②⑧⑦

① 맞음　　　　　　　　　　② 틀림

07

파력위책동 – ②④③①⑤

① 맞음　　　　　　　　　　② 틀림

08

④①⑦⑥③ – 력책철수폰

① 맞음　　　　　　　　　　② 틀림

09

⑧①⑤④② – 폰책동력파

① 맞음　　　　　　　　　　② 틀림

10

⑥③⑧②⑦ – 수위폰책철

① 맞음　　　　　　　　　　② 틀림

[11~15] 아래 〈보기〉의 왼쪽과 오른쪽 기호의 대응을 참고하여 각 문제의 대응이 같으면 답안지에 '① 맞음'을, 틀리면 '② 틀림'을 선택하시오.

I = 진	II = 탕	V = 재	VI = 투
III = 교	IV = 립	VII = 력	VIII = 한

11

진립교력재 – I IV III VII V

① 맞음　　　　　　② 틀림

12

한교투진력 – VIII III VI I VII

① 맞음　　　　　　② 틀림

13

VII I II V VI – 력진탕재립

① 맞음　　　　　　② 틀림

14

IV III VIII VI IV – 립교한투립

① 맞음　　　　　　② 틀림

15

VI V VIII I II – 투재한교탕

① 맞음　　　　　　② 틀림

[16~20] 아래 〈보기〉의 왼쪽과 오른쪽 기호의 대응을 참고하여 각 문제의 대응이 같으면 답안지에 '① 맞음'을, 틀리면 '② 틀림'을 선택하시오.

ゅ = thn	ら = kms	ね = hud	ぜ = zxe
も = gyw	ぱ = boq	ふ = vxp	に = fek

16

ふ も ゅ ぜ ね － vxp gyw thn zxe hud

① 맞음　　　　　　　　② 틀림

17

ぱ ふ ゅ ぜ ら － boq vxp thn hud kms

① 맞음　　　　　　　　② 틀림

18

も ら ね に ゅ － gyw kms hud fek thn

① 맞음　　　　　　　　② 틀림

19

ね ぜ ゅ に ぱ － hud zxe thn vxp boq

① 맞음　　　　　　　　② 틀림

20

ら ふ も ぜ ぱ － kms vxp gyw fek boq

① 맞음　　　　　　　　② 틀림

[21~30] 다음 각 문제의 왼쪽에 표시된 굵은 글씨체의 기호, 문자, 숫자의 개수를 찾으시오.

21

| 7 | 57896235741685307597145760 |

① 3개   ② 4개
③ 5개   ④ 6개

22

| 0 | 85403689209720369285941O |

① 3개   ② 4개
③ 5개   ④ 6개

23

| w | adtwcmitwmnvvopwxawmiklhjiu |

① 3개   ② 4개
③ 5개   ④ 6개

24

| ㅂ | 다시는 이러한 불행한 일이 반복되는 일이 없어야 |

① 3개   ② 4개
③ 5개   ④ 6개

25

| ㄴ | 새싹과 꽃이 핀 모양이 귀엽고 이쁘다 |

① 4개   ② 5개
③ 6개   ④ 7개

26

| ¥ | ¥£¥W¢$&¥W&$£¥¢¥&$¥¥ |

① 4개   ② 5개
③ 6개   ④ 7개

27

| 滑 | 句洛烙滑狼骨淚滑汨牢滑車更豈滑契牢 |

① 4개   ② 5개
③ 6개   ④ 7개

28

| t | yghtodjstwpieotxlapqtreedtowpdtdldvtxcdktaqastkl |

① 6개   ② 7개
③ 8개   ④ 9개

29

| IX | Ⅲ Ⅹ ⅧⅨⅣ ⅥⅤⅢⅨⅩⅦⅥ Ⅹ ⅧⅥⅦⅩⅪⅫⅩⅣⅥ Ⅲ Ⅱ Ⅻ |

① 3개   ② 4개
③ 5개   ④ 6개

30

| 閔 | 問開間聞閔開閛閖間閂間閔閉閔閛開閖閔閛間 |

① 3개   ② 4개
③ 5개   ④ 6개

실전모의고사

01 > 언어논리

[1~2] 다음 밑줄 친 단어와 같은 의미로 쓰인 것을 고르시오.

01

> 세상이 나를 중심으로 돌아갔으면 좋겠다.

① 서울은 우리나라 정치·경제·문화의 중심이다.
② 태양의 중심에서는 핵융합 반응이 일어난다.
③ 신도시의 중심에는 상업지구를 조성하였다.
④ 그는 마음이 약해서인지 중심이 쉽게 흔들린다.
⑤ 그녀의 언행은 늘 중심이 잡혀 있다.

02

> 너는 도대체 정신을 어디에다 판 거니?

① 돈 몇 푼에 양심을 팔다니….
② 그는 사람들에게 재주를 팔아서 먹고산다.
③ 고인의 이름을 팔아 빚을 갚으니 좋으냐?
④ 운전할 때 한눈을 팔았다가는 큰일 난다.
⑤ 친구에게서 쌀을 싸게 팔아 왔다.

03 다음 빈칸에 들어갈 알맞은 것은?

> 첫인상을 결정하는 요소 중 외모가 차지하는 (   )은/는 생각보다 큰 편이다.

① 확률   ② 배율   ③ 비례
④ 비율   ⑤ 비중

04 다음 밑줄 친 ㉠의 의미와 거리가 먼 것은?

> 우리 민족의 고유한 음악적 정신과 성향을 보다 투철하게 믿고, 이것이 미래 한국 음악의 근간을 이루어야 한다고 생각하는 사람들은, 바로 이 음악적 정신과 성향이 우리 민족의 속성과 같은 것이어서 민족의 혈통과 함께 ㉠여러 세대를 거쳐 변함없이 이어 내려갈 것이라고 믿는다.

① 전파(傳播)　　　　② 지속(持續)　　　　③ 전승(傳承)
④ 보존(保存)　　　　⑤ 계승(繼承)

05 다음 빈칸에 들어갈 알맞은 것은?

> 고압선을 활선 상태로 두고 작업을 하면 위험도 하거니와 보수 시간도 몇 (　　　)이/가 더 든다.

① 마장　　　　② 아름　　　　③ 갑절
④ 바리　　　　⑤ 닷곱

06 다음 밑줄 친 단어의 의미로 옳은 것은?

> 고슴도치도 제 새끼 털은 고와 보인다는 것처럼 이건 아이가 무슨 저지레를 치기라도 하면 그게 무슨 장한 일이나 되는 것처럼 끌어안았다.

① 일이나 물건에 문제가 생기게 하여 그르치는 일
② 일이나 물건에 문제가 자주 일어나는 일
③ 일이나 물건에 문제를 일으키는 것을 단속하는 일
④ 일이나 물건에 문제가 있을 때 잘 수습하는 일
⑤ 일이나 물건을 남에게 제멋대로 떠맡기는 일

07 다음 밑줄 친 ㉠과 같은 의미로 쓰인 것은?

> 선교장(船橋莊)은 오죽헌에서 경포로 향하는 길가에 다소곳한 기품이 한눈에 느껴지는 고풍의 자태로 앉아 있다. 조선 후기 사대부가의 전형적인 99칸 저택이자 우리네 전통가옥의 백미이다. 효령대군의 11세손 이내번이 터를 ㉠잡고 지은 집이 10대를 이어 오며 현재의 모습을 갖췄다. 지금도 후손이 거주하며 원형을 잘 보존하고 있어 국가 지정 중요민속자료 제5호로 지정되어 있다.

① 열세였던 우리 팀이 서서히 경기의 주도권을 잡기 시작했다.
② 한밑천을 잡은 그는 강남에 있는 건물을 한 채씩 사들였다.
③ 평균대를 걷다가 균형을 잡지 못하고 바닥으로 떨어졌다.
④ 사건을 해결할 수 있는 실마리를 드디어 잡았다.
⑤ 네가 하루 빨리 직장을 잡아야 우리 가족이 먹고 살 텐데.

08 다음 중 표준 발음으로 옳지 않은 것은?

① 국밥[국빱] ② 삯돈[삭똔]
③ 더듬지[더듬찌] ④ 몰상식[몰상식]
⑤ 설익은[설리근]

09 다음 밑줄 친 부분과 의미가 통하는 한자성어는?

> 민족의 행복은 결코 계급투쟁에서 오는 것이 아니요, 개인의 행복도 이기심에서 오는 것이 아니다. 계급투쟁은 끊임없는 계급투쟁을 낳아서 국토에 피가 마를 날이 없고, 내가 이기심으로 남을 해하면 천하가 이기심으로 나를 해할 것이니, 이것은 조금 얻고 많이 빼앗기는 법이다.

① 소탐대실(小貪大失) ② 적소성대(積小成大)
③ 대동소이(大同小異) ④ 침소봉대(針小棒大)
⑤ 과유불급(過猶不及)

10 다음 밑줄 친 말과 바꿔 쓸 수 있는 것은?

> 요즘 소위 세계화라는 말이 내세워지고 있다.

① 주장하다   ② 표방하다
③ 제기하다   ④ 표명하다
⑤ 강조하다

11 다음 밑줄 친 단어의 뜻풀이가 잘못된 것은?

① 그냥 앉아 있기가 열없다.
   – 열없다 : 좀 겸연쩍고 부끄럽다.
② 그는 해거름에 가겠다고 말했다.
   – 해거름 : 해가 서쪽으로 넘어갈 때
③ 길섶에 핀 코스모스를 보았다.
   – 길섶 : 시골 마을의 좁은 골목길
④ 나는 책장을 데면데면 넘겼다.
   – 데면데면 : 행동이 신중하거나 조심스럽지 않은 모양
⑤ 감자를 무트로 가져왔다.
   – 무트로 : 한꺼번에 많이

12 다음 밑줄 친 ㉠과 ㉡의 관계와 같은 것은?

> 자동차를 ㉠설계하거나 수리할 때 최하부 단위, 예를 들면 나사, 도선, 코일 등의 수준에서 할 수도 있지만, 그렇게 하면 일이 매우 복잡해지고 제작이나 수리도 어려워진다. 차 내부를 열어 보아도 어디서부터 어디까지가 시동장치인지 변속장치인지 알 수가 없게 온통 나사, 도선, 코일 등으로 가득 찬 경우를 상상해 보라.
> 실제로 차 내부를 열어 보면 변속기, 시동장치, 냉각기 등으로 확실하게 구분되어 있는 것을 볼 수 있다. 이렇게 구분해 주면 시동장치나 냉각기만을 전문으로 ㉡제작하는 회사가 생길 수 있고, 차의 고장 진단이나 유지·보수도 훨씬 쉬워질 것이다.

① 계획 : 실행   ② 유지 : 보수
③ 구분 : 구별   ④ 기술 : 개발
⑤ 정보 : 명령

13 다음 빈칸에 들어갈 알맞은 것은?

> 현재 재고가 없는 상태입니다. 부디 공급이 원활해질 때까지 (　　　) 부탁드립니다.

① 양지(量知)　　　② 납득(納得)　　　③ 수긍(首肯)

④ 양해(諒解)　　　⑤ 통촉(洞燭)

14 다음 밑줄 친 단어의 반의어는?

> 옥토(沃土)를 죽음의 땅으로 황폐화하는 불청객 미국산 잡초가 전국 공단 지역을 중심으로 급속히 번지고 있어 환경 문제를 유발하고 있다.

① 비토(肥土)　　　② 옥양(沃壤)　　　③ 토고(土膏)

④ 박토(薄土)　　　⑤ 건땅

15 다음 밑줄 친 ㉠과 같은 의미로 쓰인 것은?

> 　스페인 축구를 설명하는 대표적인 전술인 '티키타카'는 짧은 패스를 빠른 템포로 주고받으면서 상대의 진영을 조금씩 무너뜨리는 전술이다. 이는 프리메라리가의 대표적인 팀인 FC 바르셀로나를 특징짓는 전술이었으나 곧 스페인 축구를 대표하는 상징이 되었다. 이 전술로 스페인은 2010 독일 월드컵에서 우승을 차지하기도 했다. 하지만 스페인이 지난 브라질 월드컵에서 조별리그 탈락을 하면서 티키타카에 대한 재평가가 이루어져야 한다는 의견이 거세졌다. 어떤 이들은 티키타카가 스페인 축구를 ㉠버려 놓았다는 말을 하기도 한다. 볼 점유율을 높인답시고 상대팀을 꽁꽁 묶어 제대로 된 경기를 하지 못하게 만들뿐더러 오히려 '볼 돌리기'가 경기의 템포를 떨어뜨린다는 것이다. 축구는 어디까지나 엔터테인먼트인데 승패에 집착한 나머지 축구의 진정한 재미를 포기한 것이 아니냐는 지적이 나오고 있다.

① 지금 들고 있는 총을 당장 버려라.

② 기계 부품을 억지로 조립하려다간 기계 자체를 버릴 수 있다.

③ 세상살이가 힘들어도 희망을 버려서는 안 된다.

④ 나를 버리고 떠난 그 사람이 너무 미워 잠을 잘 수가 없다.

⑤ 가지고 있던 비밀문서들을 모두 불에 태워 버렸다.

16　다음 중 의미가 현저히 다른 한자성어는?

① 백척간두(百尺竿頭)　　　　　② 일촉즉발(一觸卽發)
③ 풍전등화(風前燈火)　　　　　④ 파란만장(波瀾萬丈)
⑤ 누란지위(累卵之危)

17　다음 제시된 문장을 순서대로 바르게 배열한 것은?

> (가) "인력이 필요해서 노동력을 불렀더니 사람이 왔더라."라는 말이 있다. 인간을 경제적
>   요소로만 단순하게 생각했으나 이에 따른 인권 문제, 복지 문제, 내국인과 이민자와의
>   갈등 등이 수반된다는 말이다. 프랑스처럼 우선 급하다고 이민자를 선별하지 않고 받
>   으면 인종 갈등과 이민자 빈곤화 등 많은 사회비용이 발생한다.
> (나) 이제 다문화 정책의 패러다임을 전환해야 한다. 한국에 들어온 다문화 가족을 적극적으
>   로 지원해야 한다. 다문화 가족과 더불어 살면서 다양성과 개방성을 바탕으로 상생의 발
>   전을 도모해야 한다. 그리고 결혼 이민자만 다문화 가족으로 볼 것이 아니라 외국인 근로
>   자와 유학생, 북한 이탈 주민까지 큰 틀에서 함께 보는 것도 필요하다.
> (다) 다문화 정책의 핵심은 두 가지이다. 첫째, 새로운 사회에 적응하려는 의지가 강해서 언
>   어 학습, 취업, 문화 이해에 매우 적극적인 태도를 지닌 좋은 인력을 선별해서 입국하
>   도록 하는 것이다. 둘째, 이민자가 새로운 사회에 잘 정착할 수 있도록 사회통합에 주
>   력해야 하는 것이다. 해외 인구 유입 초기부터 사회비용을 절약할 수 있는 사람들을 들
>   어오게 하는 것이 중요하기 때문이다.
> (라) 이미 들어온 이민자에게는 적극적인 지원이 요구된다. 언어와 문화, 환경이 모두 낯선
>   이민자에게는 이민 초기에 세심한 배려가 필요하다. 특히 다문화 가족이 그들이 가지
>   고 있는 강점을 활용하여 취약 계층이 아닌 주류층으로 설 수 있도록 지원하는 것이 중
>   요하다. 또한 이민자에 대한 지원 시기를 놓치거나 차별과 편견으로 내국인에게 증오
>   감을 갖게 해서는 안 된다.

① (다) - (나) - (라) - (가)　　　② (다) - (라) - (나) - (가)
③ (다) - (가) - (라) - (나)　　　④ (라) - (가) - (다) - (나)
⑤ (라) - (다) - (가) - (나)

18 다음 글에 대한 반론으로 가장 적절한 것은?

> 우리가 민족 주체성을 외치면서 주체적 인간의 탄생을 가로막는다면, 이것은 너무나 자기 모순적인 일이 아닐 수 없다. 민족 주체성의 확보란 결국 민족을 구성하는 한 인간의 주체성의 확보로 환원될 수밖에 없다. 사실 우리가 민족 국가의 주체성이 확보되기를 바라는 것은 그 안에 살고 있는 우리들 자신이 주체성을 지닌 창조적 인간으로 보람된 삶을 살기를 원하기 때문이다. 주체적 인간이 존재하지 않는데 어떻게 개인으로 구성된 민족이 주체적 역량을 가질 수 있을 것인가? 우리가 과거의 역사, 적어도 가까운 조선 사회를 찬탄의 눈으로 보기보다는 비판적 안목으로 볼 수밖에 없는 것은, 그 사회의 틀이 창조적 인간의 탄생을 촉진하기보다 억압하는 틀이라는 점 때문이다.

① 우리는 진정 민족 주체성이 확보되기를 바라고 있는가?
② 과거의 역사를 비판인 시각으로만 보아야 하는가?
③ 창조적 인간은 보람된 삶을 누린다는 보장이 있는가?
④ 개인의 합이 단순히 전체라고 할 수 있는가?
⑤ 민족 주체성을 지닌 나라의 국민 개개인을 주체적 인간으로 볼 수 있는가?

19 다음 글의 제목으로 가장 적절한 것은?

> 우리는 비극을 즐긴다. 비극적인 희곡과 소설을 즐기고, 비극적인 그림과 영화 그리고 비극적인 음악과 유행가도 즐긴다. 슬픔, 애절, 우수의 심연에 빠질 것을 알면서도 소포클레스의 '안티고네'와 셰익스피어의 '햄릿'을 찾고, 베토벤의 '운명', 차이코프스키의 '비창', 피카소의 '우는 연인'을 즐긴다. 아니면 텔레비전의 멜로드라마를 보고 값싼 눈물이라도 흘린다. 이를 동정과 측은과 충격에 의한 '카타르시스', 즉 마음의 세척으로 설명한 아리스토텔레스의 주장은 유명하다. 그것은 마치 눈물로 스스로의 불안, 고민, 고통을 씻어 내는 역할을 한다는 것이다.
> 니체는 좀 더 심각한 견해를 갖는다. 그는 "비극은 언제나 삶에 아주 긴요한 기능을 가지고 있다. 비극은 사람들에게 그들을 싸고도는 생명 파멸의 비운을 똑바로 인식해야 할 부담을 덜어 주고, 동시에 비극 자체의 암울하고 음침한 원류에서 벗어나게 해서 그들의 삶의 흥취를 다시 돋우어 준다."라고 하였다. 그런 비운을 직접 전면적으로 목격하는 일, 또 더구나 스스로 직접 그것을 겪는 일은 너무나 끔찍하기에, 그것을 간접 경험으로 희석한 비극을 봄으로써 '비운'이란 그런 것이라는 이해와 측은지심을 갖게 되고, 동시에 실제 비극이 아닌 그 가상적인 환영(幻影) 속에서 비극에 대한 어떤 안도감도 맛보게 된다.

① 비극의 기원과 역사　　② 비극에 반영된 삶　　③ 비극의 현대적 의의
④ 비극을 즐기는 이유　　⑤ 비극이 주는 교훈

20 다음 글의 빈칸에 들어갈 알맞은 것은?

> 모든 학문은 나름대로 고유한 대상 영역이 있다. 법률을 다루는 학문이 법학이며, 경제 현상을 대상으로 삼는 것이 경제학이다. 물론 그 영역을 보다 더 세분화하고 전문화해 나갈 수 있다. 간단히 말해 학문이란 일정 대상에 관한 보편적인 기술을 부여하는 것이라 할 수 있다. 우리는 보편적인 기술(記述)을 부여함으로써 그 대상을 조작 및 통제할 수 있다. 물론 그러한 실천성만이 학문의 동기는 아니지만 그것을 통해 학문은 사회로 향한 문을 열게 된다.
>
> 여기에서 핵심 낱말은 (　　　)이다. 결국 학문이 어떤 대상의 기술을 목표로 한다고 해도 그것은 기술하는 사람의 주관에 좌우되지 않고, 원리적으로는 "누구에게도 그렇다."라는 식으로 이루어져야 한다. "나는 이렇게 생각한다."라는 것만으로는 불충분하며, 왜 그렇게 말할 수 있는가를 논리적으로 누구나가 알 수 있는 방법으로 설명하고 논증할 수 있어야 한다.
>
> 그것을 전문용어로 '반증가능성'이라고 한다. 즉 어떤 지(知)에 대한 설명도 같은 지(知)의 공동체에 속한 다른 연구자가 같은 절차를 밟아 그 기술과 주장을 재검토할 수 있고, 경우에 따라서는 반론하고 반박하고 갱신할 수 있도록 문이 열려 있어야 한다.

① 전문성 　　② 보편성 　　③ 정체성
④ 특수성 　　⑤ 자의성

21 다음 글에서 필자가 궁극적으로 말하고자 하는 것은?

> 역사가는 하나의 개인입니다. 그와 동시에 다른 많은 개인들과 마찬가지로 그들은 하나의 사회적 현상이고, 자신이 속해 있는 사회의 산물인 동시에 의식적이건 무의식적이건 그 사회의 대변인인 것입니다. 바로 이러한 자격으로 그들은 역사적인 과거의 사실에 접근하는 것입니다.
>
> 우리는 가끔 역사 과정을 '진행하는 행렬'이라 말합니다. 이 비유는 그런대로 괜찮다고 할 수 있겠지요. 하지만 이런 비유에 현혹되어 역사가들이, 우뚝 솟은 암벽 위에서 아래 경치를 내려다보는 독수리나 사열대에 선 중요 인물과 같은 위치에 서 있다고 생각해서는 안 됩니다. 이러한 비유는 사실 말도 안 되는 이야기입니다. 역사가도 이러한 행렬의 한 편에 끼어서 타박타박 걸어가고 있는 또 하나의 보잘것없는 인물밖에는 안 됩니다. 더구나 행렬이 구부러지거나, 우측 혹은 좌측으로 돌며, 때로는 거꾸로 되돌아오고 함에 따라, 행렬 각 부분의 상대적인 위치가 잘리게 되어 변하게 마련입니다.
>
> 따라서 1세기 전 우리들의 증조부들보다도 지금 우리들이 중세에 더 가깝다든가, 혹은 시저의 시대가 단테 시대보다 현대에 가깝다든가 하는 이야기는, 매우 좋은 의미를 갖는 경우도 될 수 있는 것입니다. 이 행렬—그와 더불어 역사가들도—이 움직여 나감에 따라서 새로운 전망과 새로운 시각은 끊임없이 나타나게 됩니다. 이처럼 역사가의 시각은 역사의 일부분만을 보는 데 지나지 않습니다. 즉, 그가 참여하고 있는 행렬의 지점이 과거에 대한 그의 시각을 결정한다는 것이지요.

① 역사는 사실의 객관적 편찬이다.
② 역사는 현재와 과거의 단절에 기초한다.
③ 역사가는 주관적으로 역사를 바라보아야 한다.
④ 역사가와 사실의 관계는 평등하다.
⑤ 과거의 역사는 현재를 통해서 보아야 한다.

22 **다음 글의 내용과 일치하지 않는 것은?**

> 방송과 통신이 융합하고 유무선 인터넷이 발달하면서 새로운 미디어가 출현하였고, 이는 콘텐츠의 형식과 내용에 있어서도 다양한 변화를 일으켰다. 이러한 변화는 미디어 환경과 콘텐츠의 제작기술이 디지털화하면서 더욱 가속화하는 양상을 보인다. 미디어와 콘텐츠의 디지털화는 기존 매스미디어의 일방적인 커뮤니케이션만이 아니라 콘텐츠 창작자 혹은 콘텐츠 제공자가 일반 대중과 쌍방향적으로 교류, 소통하게 하는 미디어 환경을 만들었고, 이것은 새로운 형식의 콘텐츠를 창조하고 발전시키는 기반이 되었다. 온라인 게임, 디지털 애니메이션, 캐릭터, 인터넷 콘텐츠 등 새롭게 부각되고 있는 문화 콘텐츠가 이에 속하며 기존의 영화, TV 방송물과 같은 문화 콘텐츠도 대중들의 즉각적이고 직접적인 반응과 평가에 의해 그 성패가 좌우되는 상황으로 바뀌고 있다. 이는 인터넷이 발달한 미디어 환경에서 대중이 직접적으로 창작자에게 의견을 개진하고 창작물에 대한 구체적인 평가를 내릴 수 있는 매체와 논의의 장이 무한히 확대되었기 때문이다. 한편에선 인터넷 등에서 인기를 얻은 일반 대중의 창작물들이 메이저 프로젝트로 발전하는 사례도 발생하고 있다.

① 기존의 문화 콘텐츠들은 대중의 관심에서 멀어져 갔다.
② 미디어와 콘텐츠의 디지털화는 새로운 형식의 콘텐츠를 만들어내는 데 기여하였다.
③ 온라인게임, 디지털 애니메이션, 캐릭터 등은 새로운 형식의 콘텐츠이다.
④ 방송과 통신이 융합하고 인터넷이 발달하면서 콘텐츠의 형식과 내용에 변화가 나타나게 되었다.
⑤ 콘텐츠 창작자와 대중이 쌍방향적으로 소통할 수 있는 환경이 만들어졌다.

23 다음 글의 요지로 적절한 것은?

조선 후기 상업주의가 개입되기 전까지 우리 고전 문학은 소박하면서도 어떤 의미에서 참으로 순수한 모습을 보여 주었다. 거기에는 오늘날의 문학이 요구하는 복잡하고 까다로운 이론이나 형식상의 제약이 있을 수 없었다. 마음속에 맺힌 생각을 털어 놓아서 시원하고, 또 그것을 들어서 즐거우면 그것으로 좋았다. 이렇게 입에서 입으로 전해 오면서 성장하고 발전해 온 까닭에 우리 고전 문학은 다른 나라에 비해 질적으로나 양적으로 떨어진다는 평을 받기도 하지만, 우리 민족의 사상이나 감정을 꾸밈없이 솔직하게 표현하고 있다는 데 가치가 있다. 이처럼 소박한 문학에 표현된 선조들의 사상이나 감정을 철학적이고 조직적인 개념으로 파악하려 든다는 것이 어쩐지 어울리지 않는 일처럼 생각된다. 순수한 마음의 표현을 순수하게 받아들이지 않고 까다롭게 분석하고 비판함으로써 고전 문학 특유의 순수성을 파괴하지 않을까 우려되기 때문이다.

① 고전 문학이 지니는 가치   ② 고전 문학을 대하는 우리의 자세
③ 고전 문학이 나아가야 할 방향   ④ 고전 문학의 개념 규정
⑤ 고전 문학이 지닌 순수성의 계승

24 다음 글의 전개상 불필요한 문장은?

백인의 피부는 색이 옅어서 햇빛의 자외선이 피부를 잘 통과하게 된다. 반면 흑인은 자외선이 통과하기 힘든 검은 피부를 가지고 있다. 햇빛에 노출되면 피부를 통과한 자외선 양에 비례하여 신체 내부에서 비타민 D가 만들어진다. ㉠비타민 D의 체내효과는 비타민 D에 반응한 세포의 수와 반응한 세포의 반응정도에 의해 결정된다. ㉡반응한 세포의 수는 체내 비타민 D의 양에 비례하며, 세포의 반응정도는 세포가 가지고 있는 비타민 D 수용체의 수에 비례한다. ㉢세포에서 수용체 수가 증가되는 것을 상향 변화라고 하고, 감소되는 것을 하향 변화라고 한다. ㉣체내의 비타민 D가 많아지면 비타민 D에 반응한 세포에서 하향 변화가 나타나고, 적어지면 상향 변화가 나타난다. ㉤사람의 피부형은 백인(1형)부터 흑인(6형)까지 6가지 피부형으로 나뉘며 피부색이 검을수록 멜라닌 색소가 더 많다.

① ㉠   ② ㉡   ③ ㉢
④ ㉣   ⑤ ㉤

25 다음 제시된 문장을 순서대로 바르게 배열한 것은?

> (가) 새롭게 다가오는 재앙으로부터 우리를 보호해 줄 과학 기술은 아직 존재하지 않는다.
> (나) 많은 기후학자들은 이상기후 현상이 유례없이 빈번하게 발생하는 원인을 지구온난화에 서 찾고 있다.
> (다) 그러나 과학과 기술의 발전으로 이룬 산업 발전은 지구온난화라는 부작용을 만들어 냈다.
> (라) 과학과 기술의 발전으로 우리는 적어도 기아와 질병으로부터는 어느 정도 탈출했다.

① (나) - (가) - (라) - (다) 　　② (나) - (다) - (가) - (라)
③ (라) - (가) - (다) - (나) 　　④ (라) - (나) - (다) - (가)
⑤ (라) - (다) - (나) - (가)

02 자료해석

01 연속한 두 자연수의 합이 작은 수의 $\frac{1}{2}$보다 64만큼 더 클 때, 두 수의 합은 얼마인가?

① 79

② 81

③ 83

④ 85

[2~3] 다음 자료를 이용하여 물음에 답하시오.

(단위 : %)

영양소	치 즈	우 유
수 분	47.6	88.2
단백질	18.3	3.2
당 질	5.5	4.7
지 질	24.2	3.2
회 분	(가)	0.7
합 계	100.0	100.0

02 자료의 (가)에 들어갈 올바른 것은?

① 2.2%

② 3.3%

③ 4.4%

④ 5.6%

03 우유에서 수분을 제거한 후, 남은 영양소에 대한 중량 백분율을 구할 때, 지질의 중량 백분율은 약 얼마인가? (단, 소수점 첫째 자리에서 반올림함)

① 18%

② 27%

③ 36%

④ 45%

04 성환이는 스페인여행에서 전 여정의 $\dfrac{1}{4}$ 일은 마드리드에서 머물고, 론다와 그라나다에서 각 $\dfrac{1}{6}$ 일을 머물렀으며, 바르셀로나에서 $\dfrac{1}{3}$ 일을 머무른 후 마지막 하루는 세비야에서 보냈다. 성환이는 스페인여행을 얼마동안 다녀왔는가?

① 12일　　　　② 13일　　　　③ 14일　　　　④ 15일

05 다음 별의 밝기와 등급에 관한 표에 따르면 4등급의 별은 6등급의 별보다 약 몇 배 밝은가?

별의 등급	1등급	2등급	3등급	4등급	5등급	6등급
별의 밝기	100	40	16		2.5	1

① 5배　　　　② 5.3배　　　　③ 5.8배　　　　④ 6.3배

06 A와 B 두 석유회사가 인접한 유전을 소유하고 있다. 이 유전은 땅 밑으로 원유가 연결되어 매장되어 있고, 원유를 채취하기 위해서 유공을 뚫는데 원유 채취에 따른 이윤을 유공의 개수에 따라 다음 표와 같이 나눈다고 할 때 옳지 않은 것을 〈보기〉에서 모두 고르면?

구분		A의 선택	
		유공 2개	유공 1개
B의 선택	유공 2개	• A 이윤 : 40만 달러 • B 이윤 : 40만 달러	• A 이윤 : 30만 달러 • B 이윤 : 60만 달러
	유공 1개	• A 이윤 : 60만 달러 • B 이윤 : 30만 달러	• A 이윤 : 50만 달러 • B 이윤 : 50만 달러

┌ 보기 ┐

　㉠ A회사가 유공을 1개 더 뚫어 2개의 유공을 갖고, B회사는 1개의 유공만을 갖게 되면 A회사의 이윤은 최대치가 된다.
　㉡ 두 회사 유공 개수의 합이 적을수록 두 회사 이윤의 합은 커진다.
　㉢ A회사와 B회사의 이윤 차이의 최대치는 A회사가 얻을 수 있는 최저이윤보다 크다.
　㉣ 유공이 1개일 때와 2개일 때 B회사의 이윤 차이는 10만 달러이다.

① ㉠, ㉡　　　　　　　　　　② ㉡, ㉢

③ ㉢, ㉣　　　　　　　　　　④ ㉠, ㉡, ㉢

07 일정한 속도로 달리는 기차가 320m 길이의 터널을 통과하는데 4초가 걸리고, 740m인 철교를 지나는데 7초가 걸린다면 기차의 길이는 얼마인가?

① 240m ② 270m

③ 300m ④ 330m

08 상지는 상점에서 인형을 정가에서 30% 할인된 가격으로 샀다. 10,000원을 내고 거스름돈으로 7,200원을 받았을 때 인형의 정가는 얼마인가?

① 3,200원 ② 3,600원

③ 4,000원 ④ 4,400원

09 다음 설명 중 옳지 않은 것은?

[여성 취업 장애요인]

(단위 : %)

장애요인 \ 나이	사회적 편견 및 관행	여성의 직업의식, 책임감 부족	불평등한 근로여건	일에 대한 여성의 능력부족	구인정보를 구하기 어렵다	육아부담	가사부담	잘 모르겠다	계
20~29세	26.4	4.8	14.6	1.9	1.8	41.6	4.2	4.7	100
30~39세	17.2	4.0	10.0	1.7	2.4	58.8	3.7	2.2	100

① 20대, 30대 모두 육아부담이 가장 큰 장애요인이다.

② 20대가 30대보다 더 사회적 편견 및 관행이 취업을 가로 막고 있다고 생각하고 있다.

③ 20대에서 30대로 갈수록 구인정보를 구하기 쉽지 않아 취업에 장애를 느낀다.

④ 30대에서는 20대보다 더 불평등한 근로여건을 취업의 장애요인이라고 느낀다.

10 농도가 8%인 소금물 200g이 있다. 이 소금물에 물을 부었더니 농도가 5% 소금물이 되었다면 새로 부은 물의 양은 얼마인가?

① 120g ② 220g

③ 240g ④ 280g

11 다음 우리나라의 2005년도 상반기의 월별 해외투자액을 나타낸 표를 보고 아시아의 5월 투자액 증가율이 전월 대비 20% 증가한 경우 총 투자액 총합 C는 얼마인가?

(단위 : 백만 불)

구분	총 투자액	아시아	북미	중남미	유럽
1월	365	228	122	5	10
2월	258	194	32	7	25
3월	671	371	161	29	110
4월	463	300	57	58	48
5월	A	B	203	54	24
6월	385	306	55	11	13
계	C	D	630	164	230

① 2,723백만 불
② 2,753백만 불
③ 2,783백만 불
④ 2,813백만 불

12 다음 숫자의 규칙을 찾아 빈칸에 들어갈 알맞은 것을 고르면?

10 7 28 14 11 44 ( )

① 22
② 24
③ 26
④ 28

13 월드컵 경기장의 한 부분에 태극기를 꽂으려고 한다. 총 거리는 100m이고 끝에서 끝까지 4m 간격으로 태극기를 꽂으려고 할 때, 필요한 깃발은 몇 개인가?

① 20개
② 25개
③ 26개
④ 30개

14 다음은 군포역, 금정역, 명학역의 이용 승객을 연령대별로 조사한 표이다. 명학역 이용 승객 가운데 20대 미만 승객은 금정역 이용 승객 가운데 20대 미만 승객의 약 몇 배인가?

구분	10~19세	20~29세	30~39세	40~49세	50세 이상	총 인원(명)
군포역	8%	23%	22%	23%	24%	2,000
금정역	2%	21%	40%	23%	14%	3,500
명학역	19%	50%	20%	9%	2%	1,000

① 약 2.1배   ② 약 2.4배
③ 약 2.7배   ④ 약 3.0배

15 두 형제 준현이와 준석이는 같은 일을 하는데 준현이는 숙련자이기 때문에 2시간에 끝낼 수 있지만 준석이는 비숙련자이기 때문에 4시간이 걸린다. 두 사람이 이 일을 가장 단시간에 끝내기 위해 함께 일을 한다고 할 때 걸리는 시간은 얼마인가?

① 50분   ② 60분
③ 70분   ④ 80분

16 강당에 모인 학생들이 한 의자에 5명씩 앉으면 7명의 학생이 앉지 못하고, 한 의자에 6명씩 앉으면 3명이 앉은 의자 1개와 빈 의자 3개가 남는다. 의자의 수는 총 몇 개인가?

① 28개   ② 30개
③ 32개   ④ 34개

17 다음 알파벳의 규칙을 찾아 빈칸에 들어갈 알맞은 것을 고르면?

B E D H G L K ( ) P

① O   ② P
③ Q   ④ R

18 다음 표는 에너지원별 발전량을 나타낸 것이다. 이에 대한 설명으로 틀린 것은?

(단위 : 백만kWh)

에너지원	2004	2005	2006	2007
계	342,148	364,639	381,180	403,125
수력	5,818	5,015	5,218	5,042
석탄	127,164	133,658	139,205	154,674
유류	22,298	17,728	16,598	18,228
LNG	56,002	58,118	68,302	78,427
원자력	130,714	146,779	148,748	142,841
집단, 신재생	152	3,341	3,108	3,913

① 총 발전량은 증가하는 추세이다.
② LNG를 이용한 전력 생산은 매해 증가하고 있다.
③ 집단, 신재생 에너지를 이용한 전력 생산이 2004년~2005년 사이에 급격히 늘어났다.
④ 2007년의 경우 집단, 신재생 에너지가 전체 발전량의 10% 이상 차지하면서 전력난 해결에 많은 도움을 주고 있다.

19 다음은 한국과 OECD 국가의 어린이 사고사망원인에 관한 통계자료이다. 다음 자료를 근거로 추론할 때 틀린 것은?

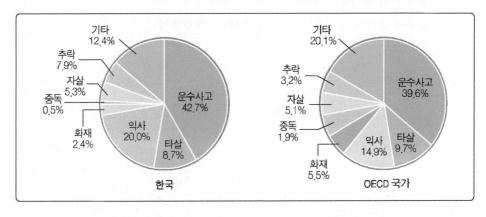

① 한국의 어린이 사고사망 3대 사인은 운수사고, 익사, 타살 순이다.
② OECD 국가의 어린이 사고사망 3대 사인은 운수사고, 타살, 익사 순이다.
③ 한국의 사고사망원인 비율 중 추락은 OECD 국가 평균보다 약 2.5배 높다.
④ 한국의 사고사망원인 비율 중 중독은 OECD 국가 평균의 약 26% 수준이다.

20   우리나라의 연도별 5대 범죄 발생과 검거에 관한 설명으로 옳지 않은 것은?

[우리나라의 연도별 5대 범죄 발생건수와 검거건수]   (단위 : 건, %)

구분		2008	2009	2010	2011	2012	2013
계	발생	544,527	590,366	585,637	617,910	624,956	507,750
	검거율	0.75	0.82	0.71	0.62	0.61	0.76
살인	발생	1,109	1,374	1,251	1,204	984	929
	검거율	0.98	0.98	0.98	0.97	0.98	0.98
강도	발생	4,811	6,346	4,409	3,994	2,586	1,980
	검거율	0.86	0.93	0.88	0.87	0.87	0.94
강간·강제추행	발생	9,883	10,215	18,220	19,491	19,619	22,310
	검거율	0.88	0.90	0.88	0.84	0.85	0.89
절도	발생	223,216	256,590	269,410	281,359	290,055	288,343
	검거율	0.51	0.69	0.54	0.40	0.37	0.41
폭력	발생	305,508	315,841	292,347	311,862	311,712	294,188
	검거율	0.92	0.92	0.85	0.82	0.82	0.83

※ 검거율 = $\dfrac{검거건수}{발생건수}$

① 강간·강제추행의 경우 2009년에 검거율이 가장 높았다.

② 절도의 경우 2012년에 검거율이 가장 낮았다.

③ 폭력의 검거율은 점차 감소하는 추세에 있다.

④ 5대 범죄의 검거율이 가장 높은 때는 2009년이다.

03 공간능력

- 전개도를 접을 때 전개도 상의 그림, 기호, 문자가 입체도형의 겉면에 표시되는 방향으로 접음
- 전개도를 접어 입체도형을 만들 때, 전개도에 표시된 그림(예 ▯, ◳ 등)은 회전의 효과를 반영함. 즉, 본 문제의 풀이과정에서 보기의 전개도 상에 표시된 "▯"와 "◳"은 서로 다른 것으로 취급함
- 단, 기호 및 문자(예 ☎, ⌂, ♨, K, H)의 회전에 의한 효과는 본 문제의 풀이과정에서 반영하지 않음. 즉, 전개도를 접어 입체도형을 만들었을 때에 "⬐"의 방향으로 나타나는 기호 및 문자도 보기에서는 "☎" 방향으로 표시하며 동일한 것으로 취급함

01

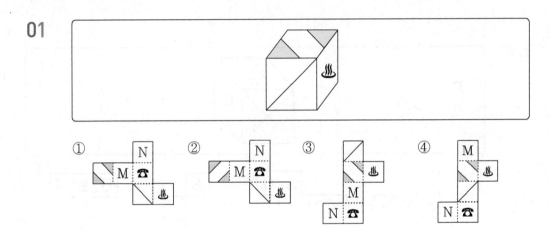

02

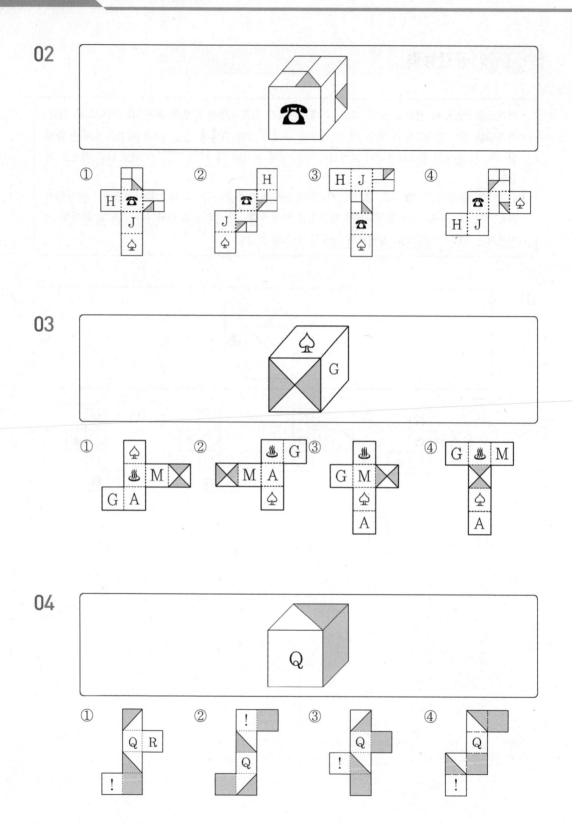

05

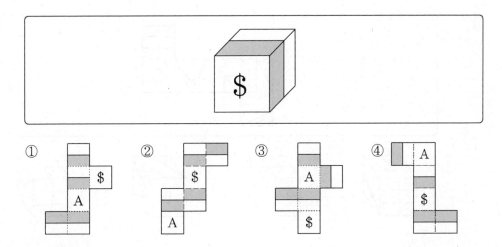

[6~10] 지문을 읽고 다음 전개도로 만든 입체도형에 해당하는 것을 고르시오.

- 전개도를 접을 때 전개도 상의 그림, 기호, 문자가 입체도형의 겉면에 표시되는 방향으로 접음
- 전개도를 접어 입체도형을 만들 때, 전개도에 표시된 그림(⑩ ▮▮, ◿ 등)은 회전의 효과를 반영함. 즉, 본 문제의 풀이과정에서 보기의 전개도 상에 표시된 "▮▮"와 "▬"은 서로 다른 것으로 취급함
- 단, 기호 및 문자(⑩ ☎, ♤, ♨, K, H)의 회전에 의한 효과는 본 문제의 풀이과정에서 반영하지 않음. 즉, 전개도를 접어 입체도형을 만들었을 때에 "📳"의 방향으로 나타나는 기호 및 문자도 보기에서는 "☎" 방향으로 표시하며 동일한 것으로 취급함

06

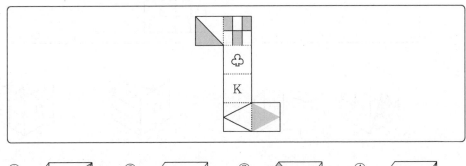

07

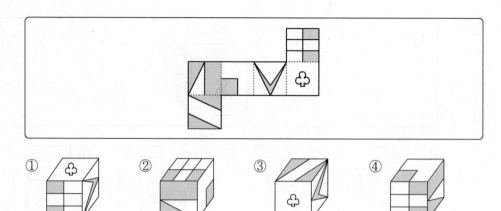

08

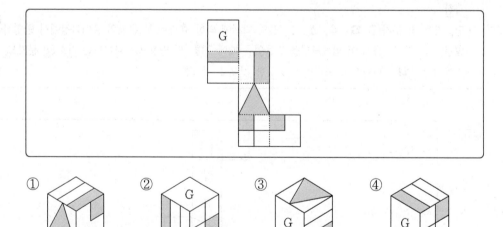

09

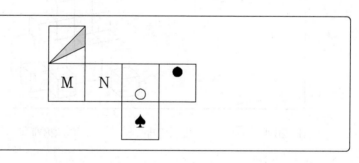

① 　② 　③ 　④

10

① 　② 　③ 　④

[11~14] 다음 제시된 그림과 같이 쌓기 위해 필요한 블록의 수를 고르시오.

블록은 모양과 크기는 모두 동일한 정육면체임

11

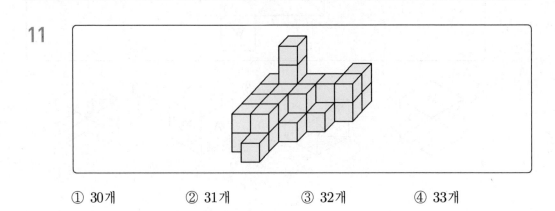

① 30개　　　　② 31개　　　　③ 32개　　　　④ 33개

12

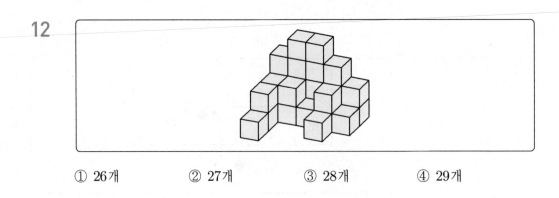

① 26개　　　　② 27개　　　　③ 28개　　　　④ 29개

13

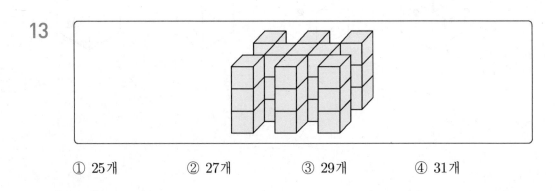

① 25개　　　　② 27개　　　　③ 29개　　　　④ 31개

14

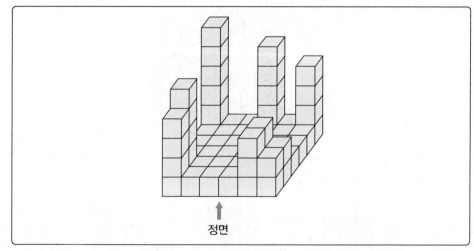

① 37개　　　② 39개　　　③ 41개　　　④ 43개

[15~18] 다음 제시된 블록들을 화살표 표시한 방향에서 바라봤을 때의 모양으로 알맞은 것을 고르시오.

- 블록은 모양과 크기는 모두 동일한 정육면체임
- 바라보는 시선의 방향은 블록의 면과 수직을 이루며 원근에 의해 블록이 작게 보이는 효과는 고려하지 않음

15

정면

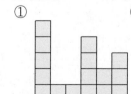 ①　　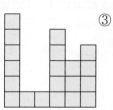 ②　　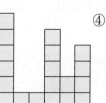 ③　　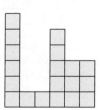 ④

부록

실전모의고사

16

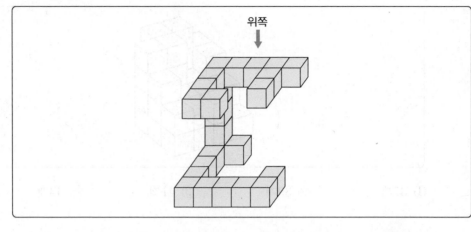

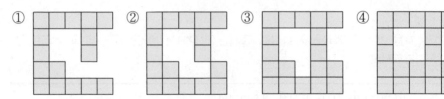

17

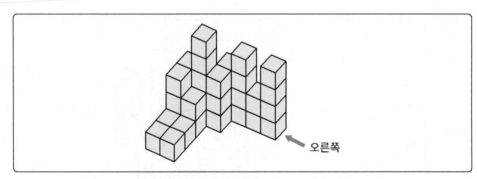

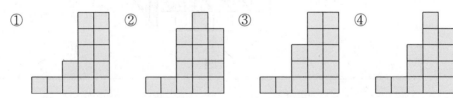

18

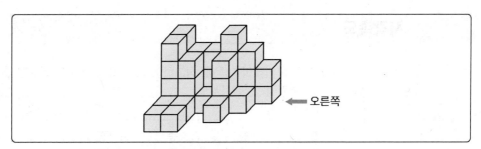

← 오른쪽

① 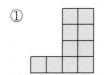　② 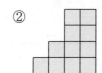　③ 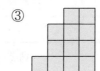　④

04 지각속도

[1~5] 아래 〈보기〉의 왼쪽과 오른쪽 기호의 대응을 참고하여 각 문제의 대응이 같으면 답안지에
'① 맞음'을, 틀리면 '② 틀림'을 선택하시오.

┌─ 보기 ───┐
│ ㄱ = 길   ㄴ = 펜   ㄷ = 종   ㄹ = 인 │
│ ㅁ = 사   ㅂ = 달   ㅅ = 문   ㅇ = 테 │
└───┘

01
> 테종사문길 – ㅇㄷㅁㅅㄱ

① 맞음   ② 틀림

02
> 테달인길문 – ㅇㅁㄹㄱㅅ

① 맞음   ② 틀림

03
> ㄷㄹㅇㅂㅁ – 종인테달사

① 맞음   ② 틀림

04
> ㅇㄱㅅㄹㄷ – 테길문펜종

① 맞음   ② 틀림

05
> ㅅㅁㄱㄹㅇ – 문사길펜테

① 맞음   ② 틀림

[6~10] 아래 〈보기〉의 왼쪽과 오른쪽 기호의 대응을 참고하여 각 문제의 대응이 같으면 답안지
에 '① 맞음'을, 틀리면 '② 틀림'을 선택하시오.

┌─ 보기 ───┐
│   W = 린   P = 폭   U = 미   T = 통   │
│   X = 병   L = 설   Q = 추   M = 킬   │
└──┘

06
> 폭설추통킬 – PLQTW

① 맞음   ② 틀림

07
> 미킬병설린 – UMXLW

① 맞음   ② 틀림

08
> TULWX – 통추설린병

① 맞음   ② 틀림

09
> TWQXL – 통린추병설

① 맞음   ② 틀림

10
> QMWPX – 추킬통폭병

① 맞음   ② 틀림

[11~15] 아래 〈보기〉의 왼쪽과 오른쪽 기호의 대응을 참고하여 각 문제의 대응이 같으면 답안
지에 '① 맞음'을, 틀리면 '② 틀림'을 선택하시오.

┌─ 보기 ──┐
│　　　　▥ = 방　　　目 = 측　　　▨ = 관　　　▦ = 심　　　│
│　　　　▧ = 에　　　▩ = 렵　　　■ = 천　　　□ = 굴　　　│
└──┘

11　　관측에방렵 － ▨目▧▥▩

　① 맞음　　　　　　　　　　② 틀림

12　　굴심관천방 － □▦▨■目

　① 맞음　　　　　　　　　　② 틀림

13　　■▧▦▥□ － 천관심방굴

　① 맞음　　　　　　　　　　② 틀림

14　　目▩▥▦■ － 측렵방심천

　① 맞음　　　　　　　　　　② 틀림

15　　▨□▧▦▩ － 관굴에천렵

　① 맞음　　　　　　　　　　② 틀림

[16~20] 아래 〈보기〉의 왼쪽과 오른쪽 기호의 대응을 참고하여 각 문제의 대응이 같으면 답안 지에 '① 맞음'을, 틀리면 '② 틀림'을 선택하시오.

┌─ 보기 ─
│   凵 = (i)   ◐ = (d)   凸 = (t)   ◑ = (k)
│   ◑ = (v)   ⊟ = (m)   ◐ = (r)   凷 = (c)
└─

16

凵凸⊟◐◑ — (i)(t)(m)(d)(r)

① 맞음   ② 틀림

17

凸◑⊟◑凵 — (t)(k)(m)(v)(c)

① 맞음   ② 틀림

18

◑⊟◑凷◑ — (r)(m)(v)(c)(k)

① 맞음   ② 틀림

19

⊟凸◑凵凷 — (m)(t)(k)(i)(c)

① 맞음   ② 틀림

20

◐凵⊟◑凸 — (d)(i)(m)(r)(t)

① 맞음   ② 틀림

[21~30] 다음 각 문제의 왼쪽에 표시된 굵은 글씨체의 기호, 문자, 숫자의 개수를 찾으시오.

21

| ㄹ | 죄를 미워하되 죄인은 사랑하라 |

① 2개　　　　　　　② 3개
③ 4개　　　　　　　④ 5개

22

| 5 | 36541208597415203699658457 |

① 2개　　　　　　　② 3개
③ 4개　　　　　　　④ 5개

23

| c | onlyicanchangemylifenoonecandoit |

① 3개　　　　　　　② 4개
③ 5개　　　　　　　④ 6개

24

| ☆ | ☆☆☆☆☆☆☆☆☆☆☆☆☆ |

① 3개　　　　　　　② 4개
③ 5개　　　　　　　④ 6개

25

| 放 | 放富差貧放捋豚放坊放曲放聲痛哭 |

① 3개　　　　　　　② 4개
③ 5개　　　　　　　④ 6개

26

| ㅇ | 가장 현명한 사람은 자신만의 방향을 따른다 |

① 4개　　　　　　　　② 5개
③ 6개　　　　　　　　④ 7개

27

| ♫ | ♫♫♪♪♫♫♫♪♪♫♪♪♩♪♫♫♫♫♫ |

① 4개　　　　　　　　② 5개
③ 6개　　　　　　　　④ 7개

28

| ヲ | フユラテヌフヨヌテフラユヨテヌフユラテユヌヨフユラテユヌユテヨユヌラフ |

① 4개　　　　　　　　② 5개
③ 6개　　　　　　　　④ 7개

29

| 木 | 攵水氷木攵水水永木攵木水攵水木永攵水木水攵水 |

① 4개　　　　　　　　② 5개
③ 6개　　　　　　　　④ 7개

30

| む | つんぬにふむんてぬむひんにむちんぬりんむひにむら
ゐむぬ |

① 3개　　　　　　　　② 4개
③ 5개　　　　　　　　④ 6개

부록

실전모의고사

실전모의고사

01 언어논리

01 다음 문장의 문맥상 ( ) 안에 들어갈 단어로 가장 적절한 것은?

> 녹색 식물은 엽록소를 이용하여 햇빛을 받아 이산화탄소와 물을 원료로 써서 녹말 등의 유기 영양분을 만들고 산소를 ( )한다.

① 방류(放流)　　　② 방사(放飼)　　　③ 방출(放出)
④ 방산(放散)　　　⑤ 방기(放棄)

02 다음 중 밑줄 친 단어의 표기가 바르지 않은 것은?

① 그 산돼지를 산 채로 잡았다.
② 이 채소는 아직 채 자라지 않았다.
③ 사장님께서 결재를 해 주셔야 합니다.
④ 그녀는 나를 보고도 본체만체했다.
⑤ 어제 드디어 밀린 카드 대금을 결제했다.

03 다음 밑줄 친 단어와 의미가 같거나 비슷한 것을 고르면?

> 지난번 그 사건 이후 책임자는 두 계급 강등되었다.

① 승격(昇格)　　　② 좌천(左遷)　　　③ 승진(昇進)
④ 특진(特進)　　　⑤ 등귀(騰貴)

04 제시된 단어의 관계와 유사한 것을 고르면?

> 지레짐작 : 예측 = (　　) : (　　)

① 이용(利用) : 악용(惡用)　　　② 낙천(樂天) : 염세(厭世)
③ 개연(蓋然) : 필연(必然)　　　④ 감정(鑑定) : 감상(鑑賞)
⑤ 발호(跋扈) : 육량(陸梁)

05 다음 중 밑줄 친 한자어가 바르게 쓰인 것은?

① 윤봉길 의사(醫師)의 정신을 받들어야 한다.
② 지나치게 큰 장식품은 절대 사절(謝絶)입니다.
③ 채무자는 채권자에게 적절하게 채무 이행(移行)을 해야 한다.
④ 십만 원에 상당(上堂)하는 금품을 받았다.
⑤ 일반 차량은 버스 전용(全用) 차로를 이용할 수 없다.

06 다음과 같은 뜻을 지닌 한자성어로 알맞은 것을 고르면?

> 바빠서 자세히 보지 못하고 건성으로 지나침

① 주객전도(主客顚倒)　　　② 주마가편(走馬加鞭)
③ 주마간산(走馬看山)　　　④ 좌정관천(坐井觀天)
⑤ 마이동풍(馬耳東風)

07 다음 밑줄 친 관용어구가 잘못 쓰인 것은?

① 우리 서로 그 일과는 관계없는 것으로 입을 맞추자.
② 나는 아직도 그때 일을 생각하면 얼굴이 팔려.
③ 너는 얼굴이 두꺼워 상관없을 줄 알았는데.
④ 시험에서 낙방한 그는 코가 빠진 모습이었다.
⑤ 그는 허파에 바람 들었는지 하루 종일 실없이 웃었다.

08 다음 제시된 문장을 순서대로 바르게 배열한 것은?

> (가) 소비자들에게 널리 인식된 PB브랜드는 소비자들에게 저렴한 가격으로 파는 곳이라는 이미지를 심어 준다.
> (나) 뿐만 아니라 유통업체에는 NB에 비해 고마진이 남는다.
> (다) 유통업체에서 PB상품 개발에 주력하는 이유는 무엇인가?
> (라) 이를 통해 유통업체는 고품질의 상품을 개발하는 데 필요한 비용을 확보할 수 있다.
> (마) 단편적으로 PB상품은 소비자들에게 좋은 품질의 상품을 저렴한 가격으로 제공한다.

① (가) - (나) - (다) - (라) - (마)   ② (가) - (라) - (나) - (마) - (다)
③ (다) - (가) - (나) - (마) - (라)   ④ (다) - (마) - (가) - (나) - (라)
⑤ (다) - (라) - (마) - (나) - (가)

09 다음 글을 통해 알 수 있는 내용으로 적절하지 않은 것은?

> 재판이란 법원이 소송 사건에 대해 원고·피고의 주장을 듣고 그에 대한 법적 판단을 내리는 소송 절차를 말한다. 오늘날과 마찬가지로 조선 시대에도 재판 제도가 있었다. 당시의 재판은 크게 송사(訟事)와 옥사(獄事)로 나뉘었다. 송사는 개인 간의 생활 관계에서 발생하는 분쟁의 해결을 위해 관청에 판결을 호소하는 것을 말하고, 옥사는 강도, 살인, 반역 등의 중대 범죄를 다스리는 일로서 적발·수색하여 처벌하는 것을 말한다.
> 송사는 다시 옥송과 사송으로 나뉜다. 옥송은 상해 및 인격적 침해 등을 이유로 하여 원(元 : 원고)과 척(隻 : 피고) 간에 형벌을 요구하는 송사를 말한다. 이에 반해 사송은 원과 척 간에 재화의 소유권에 대한 확인·양도·변상을 위한 민사 관련 송사를 말한다.
> 그렇다면 당시에 이러한 송사나 옥사를 맡아 처리하는 기관은 어느 곳이었을까? 조선 시대는 입법·사법·행정의 권력 분립이 제도화되어 있지 않았기에 재판관과 행정관의 구별이 없었다. 즉 독립된 사법 기관이 존재하지 않았으므로 재판은 중앙의 몇몇 기관과 지방 수령인 목사, 부사, 군수, 현령, 현감 등과 관찰사가 담당하였다.

① 일반적인 재판의 정의   ② 조선 시대 송사의 종류
③ 조선 시대 송사와 옥사의 차이점   ④ 조선 시대 재판 담당자
⑤ 조선 시대 재판관과 행정관의 역할

10 다음 글의 빈칸에 들어갈 내용으로 가장 적절한 것은?

> 아파트는 부엌이나 안방, 화장실이나 거실이 다 같은 높이의 평면 위에 있다. 그것보다 밑에 또는 위에 있는 것은 다른 사람의 아파트이다. 좀 심한 표현을 쓴다면 아파트는 모든 것이 평면적이다. 깊이가 없다. 사물은 아파트에서 그 부피를 잃고 평면 위에 선으로 존재하는 그림과 같이 되어 버린다. 모든 것은 한 평면 위에 나열되어 있다. 그래서 한 눈에 들어온다. 아파트는 사람이나 물건이나 숨길 데가 없다.
> 땅집에서는 사정이 전혀 딴판이다. 땅집에서는 모든 것이 자기 나름의 두께와 깊이를 가지고 있다. 같은 물건이라도 그것이 다락방에 있을 때, 안방에 있을 때, 부엌에 있을 때 모두 다르다. 아니, 집 자체가 인간과 마찬가지로 두께와 깊이를 가지고 있다. 집이 아름다운 이유는 (   ) 다락방은 의식이며 지하실은 무의식이다.

① 세상을 조망할 수 있기 때문이다.　　② 4차원의 공간이기 때문이다.
③ 안정을 뜻하기 때문이다.　　④ 어딘가로 떠날 수 있기 때문이다.
⑤ 인간을 닮았기 때문이다.

11 다음 글에서 ㉠~㉢의 논리적인 짜임을 올바르게 분석한 것은?

> ㉠ 사회 계약론은 사회 경제적 불평등에 전혀 주의를 기울이지 않는다는 점에서 본질적인 한계가 있다.
> ㉡ 계약은 형식상 당사자들 사이의 자유와 평등을 전제하지만 실질적으로는 일정한 세력 관계와 불평등 구조를 배제하지 않는다.
> ㉢ 총칼을 들이대는 통에 어쩔 수 없이 하는 계약이 있는가 하면, 먹고 살기 위해 울며 겨자 먹기로 하는 계약도 있다.
> ㉣ 이를테면 자본주의 사회에서 가진 것이라고는 몸뚱이밖에 없는 사람도 물론 형식적으로는 특정 자본가에게 노동력을 팔 수도 있고 팔지 않을 수도 있다.
> ㉤ 그러나 그는 굶어 죽지 않으려면 어떻게든 누군가에게 노동력을 팔지 않으면 안 될 것이고, 더구나 자기 말고도 일자리를 찾는 사람이 널려 있다면 불리한 조건으로라도 계약을 맺지 않을 수 없는 것이다.

① ㉠은 글의 결론으로 필자의 주장을 담고 있다.
② ㉠과 ㉡은 글의 주제를 암시하는 전제의 역할을 한다.
② ㉡은 ㉢의 근거로서 ㉢의 주장을 강화하고 있다.
③ ㉢은 ㉣을 예로 삼아 또 하나의 결론을 내리고 있다.
④ ㉣은 ㉤의 예를 제시한 것으로 ㉤의 설득력을 높이고 있다.

12 다음 (가)~(마)에 들어가기에 적절하지 않은 사례는?

아파트 주거환경은 일반적으로 공동체적 연대를 약화시키는 것으로 인식되어 왔다. 그러나 오늘날 한국 사회에서 보편화되어 있는 아파트 단지에는 도시화의 진전에 따른 공동체적 연대의 약화를 예방하거나 치유하는 집단적 노력이 존재한다. **(가)** 물론 아파트의 위치나 평형, 단지의 크기 등에 따라 공동체 형성의 정도가 서로 다른 것은 사실이다. **(나)**

더 심각한 문제는 사회문화적 동질성에 입각한 아파트 근린 관계가 점차 폐쇄적이고 배타적인 공동체로 변하고 있다는 것이다. 이에 대한 대책이 '소셜 믹스(social mix)'이다. 이는 동일 지역에 다양한 계층이 더불어 살도록 함으로써 계층 간 갈등을 줄이려는 정책이다. 그러나 이 정책의 실제 효과에 대해서는 회의적 시각이 많다. 대형 아파트 주민들도 소형 아파트 주민들과 이웃되기를 싫어하지만, 저소득층이 대부분인 소형 아파트 주민들 역시 부자들에게 위화감을 느끼면서 굳이 같은 공간에서 살려고 하지 않기 때문이다. **(다)**

그럼에도 불구하고 우리나라에서는 사회통합적 주거환경을 규범적 가치로 인식하여, 아파트 단지 구성에 있어 대형과 소형, 분양과 임대가 공존하는 수평적 공간 통합을 지향한다. 부자 동네와 가난한 동네가 뚜렷이 구분되지 않는 주거환경을 우리 사회가 규범적으로는 지향한다는 것이다. **(라)**

아파트를 둘러싼 계층 간의 공간 통합 혹은 공간 분리 문제를 단순히 주거환경의 문제로만 보면 근본적인 해결이 어려울 수도 있다. 지금의 한국인에게 아파트는 주거공간으로서의 의미를 넘어 부의 축적 수단이라는 의미를 담고 있기 때문이다. **(마)**

① (가) - 아파트 부녀회의 자원 봉사자들이 단지 내의 경로당과 공부방을 중심으로 다양한 프로그램을 운영하여 주민들 사이의 교류를 활성화한 사례

② (나) - 대형 고급 아파트 단지에서는 이웃에 누가 사는지도 잘 모르는 반면, 중소형 서민 아파트 단지에서는 학부모 모임이 활발한 사례

③ (다) - 소형 서민 아파트 단지에서 부동산 가격이 하락세를 보이던 시기에 부녀회를 중심으로 담합하여 아파트의 가격을 유지하려 노력했던 사례

④ (라) - 대규모 아파트 단지를 조성할 때 소형 및 임대 아파트를 포함해야 한다는 법령과 정책 사례

⑤ (마) - 재건축 예정인 아파트 소유자의 상당수가 거주 목적이 아닌 투자 목적으로 아파트를 소유하고 있는 사례

13 다음 글의 제목으로 가장 적절한 것은?

> 예술에 해당하는 '아트(art)'는 '조립하다', '고안하다'라는 의미를 가진 라틴어의 '아르스 (ars)'에서 비롯되었고, 예술을 의미하는 독일어 '쿤스트(Kunst)'는 '알고 있다', '할 수 있 다'라는 의미의 '쾬넨(Können)'에서 비롯되었다. 이러한 의미 모두 일정한 목적을 가진 일 을 잘 해낼 수 있는 숙련된 기술을 의미한다. 따라서 이들 용어는 예술뿐만 아니라 수공이나 기타 실용적인 기술들을 모두 포괄하고 있다고 볼 수 있다.
>
> 미적인 의미로 한정해서 쓰이는 예술의 개념은 18세기에 들어와서야 비로소 두드러지게 나타나기 시작했으며 예술을 일반적인 기술과 구별하기 위하여 특별히 '미적 기술(영어 : fine arts, 프랑스어 : beaux-arts)'이라고 하는 표현이 사용되었다. 생활에 유용한 것을 만들기 위한 실용적인 기술과 구별되는 좁은 의미의 예술은 조형 예술에 국한되기도 하지 만, 일반적으로는 조형 예술 이외의 음악, 문예, 연극, 무용 등을 포함한 미적 가치의 실현 을 본래의 목적으로 하는 기술을 가리키는 것으로 이해된다.

① 예술과 기술의 차이   ② 예술의 변천과 그 원인
③ 예술의 속성과 종류   ④ 예술의 어원과 그 의미의 변화
⑤ 예술의 목적과 그 변화

14 다음 서론을 참고할 때 본론에서 취할 글쓰기 태도로 가장 적절한 것은?

> 한국 사회도 다원화되고 있다. 단순히 거주 외국인의 수가 많고 다문화 가정이 늘어난 것 만 가지고 말하는 것이 아니다. 예전에 비해 다양한 사고와 가치가 공존하고 있다. 그러나 다 원화의 이면에는 염려되는 바도 없지 않다. 아직도 자신과 다른 생각이나 가치관에 대해 배 타적 자세를 취하는 경우가 많이 나타나고 있다. 그 결과 어떤 이슈가 있을 때 국론이 분열되 어 격렬하게 대립하는 상황도 생기곤 한다. 이러한 문제점을 그대로 방치한다면 장래 우리들 에게 큰 위기로 다가올 수 있다.

① 문제점을 해결할 수 있는 방책을 제시하고 타당성을 논의한다.
② 시간의 흐름과 더불어 상황이 어떤 식으로 변해 왔는지를 정리한다.
③ 대립되는 두 대상이 어떻게 다른지 살피고 그 차이의 원인을 제시한다.
④ 여러 사례를 나열한 후 공통적인 것끼리 묶어서 분류한다.
⑤ 문제를 다른 각도에서 바라본 관점을 소개한다.

부록

실전모의고사

15 다음 글의 ㉠에 해당하지 않는 것은?

> 키르케의 섬에 표류한 오디세우스의 부하들은 키르케의 마법에 걸려 변신의 형벌을 받았다. 변신의 형벌이란 몸은 돼지로 바뀌었지만 정신은 인간의 것으로 남아 자신이 돼지가 아니라 인간이라는 기억을 유지해야 하는 형벌이다. 그 기억은, 돼지의 몸과 인간의 정신이라는 기묘한 결합의 내부에 견딜 수 없는 비동일성과 분열이 담겨 있기 때문에 고통스럽다. "나는 돼지이지만 돼지가 아니다, 나는 인간이지만 인간이 아니다."라고 말해야만 하는 것이 비동일성의 고통이다.
>
> 바로 이 대목이 현대 사회의 인간을 '물화(物化)'라는 개념으로 파악하고자 했던 루카치를 전율케 했다. 물화된 현대 사회에서 인간 존재의 모습은 두 가지로 갈린다. 먼저 인간은 상품이 되었으면서도 인간이라는 것을 기억하는, 따라서 현실에서 소외당한 자신을 회복하려는 가혹한 노력을 경주해야 하는 존재이다. 자신이 인간이라는 점을 기억하고 있지 않다면 그에게 구원은 구원이 아닐 것이므로, 인간이라는 본질을 계속 기억하는 일은 그에게 구원의 첫째 조건이 된다. 키르케의 마법으로 변신의 계절을 살고 있지만, 자신이 기억을 계속 유지하면 그 계절은 영원하지 않을 것이라는 희망을 가질 수 있다. 그는 소외 없는 저편의 세계, 구원과 해방의 순간을 기다린다.
>
> 반면 ㉠<u>망각의 전략</u>을 선택하는 자는 자신이 인간이었다는 기억 자체를 포기하는 인간이다. 그는 구원을 위해 기억에 매달리지 않는다. 그는 그에게 발생한 변화를 받아들이고 그것을 새로운 현실로 인정하며 그 현실에 맞는 새로운 언어를 얻기 위해 망각의 정치학을 개발한다. 망각의 정치학에서는 인간이 고유의 본질을 갖고 있다고 믿는 것 자체가 현실적인 변화를 포기하는 것이 된다. 일단 키르케의 돼지가 된 자는 인간 본질을 붙들고 있는 한 새로운 변화를 꾀할 수 없다.
>
> 키르케의 돼지는 자신이 인간이었다는 기억을 망각하고 포기할 때 새로운 존재로 탄생할 수 있겠지만, 바로 그 때문에 그는 소외된 현실이 가져다주는 비참함으로부터 눈을 돌리게 된다. 대중소비를 신성화하는 대신 왜곡된 현실에는 관심을 두지 않는다고 비판받았던 1960년대 팝아트 예술은 망각의 전략을 구사하는 키르케의 돼지들이다.

① 물화된 세계를 비판 없이 받아들인다.
② 고유의 본질을 버리고 변화를 선택한다.
③ 왜곡된 현실을 자기합리화하여 수용한다.
④ 자신의 정체성이 분열되었음을 직시한다.
⑤ 소외된 상황에 적응할 수 있는 언어를 찾는다.

16 다음 주장에 대한 반론으로 가장 적절한 것은?

> 징크스는 일상생활을 통해서 부지불식간에 나타나는 금기(禁忌)로 작용한다. 즉 오랜 관습에서 어떤 사물에 대한 접촉이나 언급이 금지되는 부정적인 터부(taboo)와 같은 뜻으로 혐오스럽거나 열등한 것이 대표적인 금기의 대상이다. 이는 일상에서 피해야 할 대상으로 인식되며, 이는 결국 삶의 불안감을 증폭한다.

① 우리 삶에서 징크스는 필수불가결한 요소이다.
② 징크스는 극복하고 나면 인생의 새로운 길이 열린다.
③ 징크스는 개인에 따라 모두 다르게 나타나므로 극복 방법도 다르다.
④ 징크스는 인류 공동의 현상이며 국가나 민족에 따라 다르게 인식된다.
⑤ 징크스를 과신하면 자신의 인생을 운수에 맡기게 되므로 실패는 필연이다.

17 다음 글의 중심 내용으로 알맞은 것은?

> 투기에 있어서의 문제는 투기행위 자체에 있다기보다는 그것이 비경쟁적인 상황에서 이루어짐으로써 독점력을 행사하여 가격을 조작한다는 데 있다고 할 수 있다. 막대한 자금을 동원하여 쌀을 모두 매점매석해 놓고 가격을 올렸다면 그것은 구매자가 가격설정에 직접 영향을 미쳤기 때문에 이미 경쟁시장의 상황이라고 볼 수 없다. 이것은 불완전 경쟁시장에서 나타나는 자원배분의 왜곡이며, 이렇게 얻어지는 이득은 독과점기업이 독점력 행사를 통해 얻는 수입과 기본적으로 성격이 동일하다. 그러나 어느 누구도 가격에 영향을 미칠 수 없는 경쟁적인 상황에서 나타나는 투기는 미래의 위험과 불확실성을 감수하고 이루어지는 것이기 때문에, 여기서 얻어지는 이윤은 경쟁시장에서 기업 활동을 통한 이윤과 동일하다.

① 투기로 인해 특정 상품의 가격에 거품이 생기는 경우가 있다.
② 투기는 부정적인 측면이 있는 반면 때로 바람직한 기능을 수행하기도 한다.
③ 경쟁적인 시장에서 나타나는 투기는 합법적인 경제활동의 일종이라고 할 수 있다.
④ 투기는 특정 상품 가격이 급격하게 변하여 경제에 생기는 문제점을 완화하기도 한다.
⑤ 투기로 얻은 모든 수익은 기업이 획득한 이윤과 그 가치가 동일하다.

부록
실전모의고사

18   다음 글의 내용과 부합하지 않는 것은?

> 컴퓨터 매체에 의존한 전자 심의가 민주정치의 발전을 가져올 수 있을까? 이 질문에 답하는 데 도움이 될 만한 실험들이 있다. 한 실험에 따르면, 전자 심의에서는 시각적 커뮤니케이션이 없었지만 토론이 지루해지지 않았고, 오히려 대면 심의에서는 드러나지 않았던 내밀한 내용들이 쉽게 표출되었다. 이것으로 미루어 보건대, 인터넷은 소극적이고 내성적인 사람들이 자신의 의견을 적극 표출하도록 만들 수 있다는 장점이 있다. 하지만 다른 실험은 대면 심의 집단이 질적 판단을 요하는 복합적 문제를 다루는 경우 전자 심의 집단보다 우월하다는 결과를 보여 주었다.
>
> 이런 관점에서 보면 전자 심의는 소극적인 시민들의 생활에 숨어 있는 다양한 의견들을 표출하기에 적합하며, 대면 심의는 책임감을 요하는 정치적 영역의 심의에 더 적합하다고 볼 수 있다. 정치적 영역의 심의는 복합적 성격의 쟁점, 도덕적 갈등 상황, 그리고 최종 판단의 타당성 여부가 불확실한 문제들과 깊이 관련되어 있기 때문이다.
>
> 어려운 정치적 결정일수록 참여자들 사이에 타협과 협상을 필요로 하는데, 그 타협은 일정 수준의 신뢰 등 '사회적 자본'이 확보되어 있을 때 용이해진다. 정치적 사안을 심의하려면 토론자들이 서로 간에 신뢰하고 있을 뿐 아니라 심의 결과에 대해 책임의식을 느끼고 있어야 하고, 이런 바탕 위에서만 이성적 심의나 분별력 있는 심의가 가능하다. 하지만 이것은 인터넷 공간에서는 확보되기 어려운 것으로 보인다.

① 인터넷을 통한 전자 심의는 내밀한 내용이 표출된다는 점에서 토론자들 간의 신뢰를 증진할 수 있다.

② 질적 판단을 요하는 복합적 문제를 다루는 데에는 대면 심의 집단이 우월한 경우가 있다.

③ 인터넷은 소극적이고 내성적인 사람들이 자신의 의견을 표출하도록 만들 수 있다는 장점이 있다.

④ 정치적 사안을 심의하려면 토론자들이 서로 신뢰하고 심의 결과에 대해 책임의식을 느껴야 한다.

⑤ 불확실성이 개입된 복합적 문제에 대한 정치적 결정에서는 참여자 사이에 타협과 협상이 필요하다.

19 다음 글의 주제로 적절한 것을 고르면?

비대칭적 상호주의에 의거한 호혜적 교환 관계가 가장 현저하게 이루어지는 사회적 공간이 바로 시장이다. 어떠한 행위자도 공짜로 재화를 얻을 수 없다고 가정하는 시장 상황에서 실제로 이루어지는 교환의 내용은 결코 등량(等量), 등가(等價)의 것들이 아니다. 행위자 갑은 을이 소유하고 있는 쌀을 원하고, 을은 갑이 가지고 있는 설탕을 바랄 때, 갑은 쌀에 대하여, 을은 설탕에 대하여 각각 더 높은 가치를 부여하면서 양자를 서로 바꾸는 것이다. 이와 같이 시장은 각자의 선호와 자원의 범위 내에서 '줄 것은 주고, 받을 것은 받는' 장군 멍군 식의 관계가 성립되는 사회적 영역이다.

그런데 시장이 본연의 기능을 효율적으로 수행하기 위해서는 일정한 전제 조건이 요구된다. 교환에 참여하는 행위자의 자발성과 교환 과정의 공정성이 바로 그것이다. 이때 자발성은 행위자의 자율적 의사 결정을 의미하는 것이며, 공정성은 그들 간의 절차적 합리주의를 뜻한다. 예를 들어 강매나 사기, 도둑질 같은 행위는 선택의 자발성을 제한하고 절차의 공정성을 침해한다는 점에서 반(反)시장적인 것이다. 이러한 반시장적 행위는 시장의 논리만으로 통제하기 어렵다. 따라서 시장에는 자발성과 공정성의 원칙을 견지하는 윤리적 규범이나 사회적 규칙을 신뢰하고 준수하는 자세가 필요하다. 그것은 시장 속에 내재해 있는 것이 아니라는 점에서 '시장의 비(非)시장적 요소'라 말할 수 있다.

① 반시장적 행위를 통제하는 방법
② 시장에 내재해 있는 비시장적 요소
③ 자발적 교환과 교환 과정을 통한 시장의 활성화
④ 시장의 특성과 시장의 기능을 수행하기 위한 전제 조건
⑤ 교환이 이루어지는 사회적 영역으로서의 시장

20 다음 글의 중심 내용으로 적절한 것을 고르면?

> 어떤 사람들은 인간의 본성이 착하다고 믿고 역사의 보이지 않는 손을 믿는다. 시대마다 도덕은 조금씩 다르기 마련이고, 한 도덕 체계의 타락은 새로운 도덕 체계의 도래를 예시하는 것이라 믿는다. 그래서 인위적인 사회 통제나 도덕적 제재를 거부하고 개인의 자유를 확대해 모든 것을 시장 기능에 맡겨야 한다고 주장한다. 그러나 도덕적 가치가 시대마다 다르다는 주장은 윤리와 예의를 혼동한 데 기인한 것이 아닌가 한다. 정직해야 하고, 약속을 지켜야 하고, 정당한 대가를 받아야만 한다는 것은 어느 지역, 어느 시대에도 타당하고 또 타당해야 한다. 그리고 그 보이지 않는 손은 사람의 힘이 너무 커져 버린 오늘에는 별로 힘을 쓰지 못하는 것 같다. 한쪽에서는 사람들이 비만증에 시달리는 반면, 다른 쪽에서는 하루에 4만 명씩 굶어 죽고 있다. 그런데도 착한 인간성, 그 보이지 않는 손에 의지하는 것은 너무 무책임하지 않은가?

① 도덕적 가치가 시대마다 다르다는 주장은 보이지 않는 손에 의한 시장 기능을 인정하지 않는 것이다.

② 인간의 본성은 본디 착하기 때문에 인위적인 사회 통제나 도덕적 제재를 가하는 것은 옳지 못하다.

③ 도덕적 가치란 불변적인 것이며 도덕 문제를 인간의 본성에 입각하여 논의하는 것은 옳지 않다.

④ 사람의 힘이 너무 커져 버린 오늘날에는 개인의 자유를 극대화하여 시장 기능에 맡겨야 한다.

⑤ 성선설만으로는 인간의 이기심으로 발생하는 윤리적 문제를 해결할 수 없다.

21 다음 글의 내용과 일치하지 않는 것은?

> 수덕사 대웅전은 고려 충렬왕 34년에 건립된 것으로 현재까지 정확한 창건연대를 알고 있는 가장 오래된 목조 건축이다. 이를 기준으로 하여 건축사가들은 부석사 무량수전, 안동 봉정사 극락전, 강릉 객사문 등 고려 시대 건축의 양식과 편년을 고찰한다. 이런 수덕사 대웅전을 두고 문화재관리국에서 안내 표지판이라고 세워 둔 글귀를 읽어 보면 세상에 이런 망측스러운 글이 없다.
>
> "국보 제49호 …… 맞배지붕에 주심포 형식을 한 이 건물은 주두 밑에 헛첨차를 두고 주두와 소로는 굽받침이 있으며, 첨차 끝은 쇠서형으로 아름답게 곡선을 두어 장식적으로 표현하고, 특히 측면에서 보아 도리와 도리 사이에 우미량을 연결하여 아름다운 가구를 보이고 있다."
>
> 이게 도대체 어느 나라 말인가? 말인즉슨 다 옳고 중요한 얘기다. 그러나 그것은 전문가들끼리 따지고 분석할 때 필요한 말이지 우리 같은 일반 관객에게는 단 한마디도 필요한 구절이 없다. 그럼에도 불구하고 이런 안내문이 알루미늄 판에 좋게 새겨져 설치된 사정 속에서 나는 이 시대 문화의 허구를 역설로 읽게 된다. 그것은 전문성과 대중성에 대한 오해 내지는 무지의 소산이다. 전문가들은 흔히 이런 식으로 자신의 전문성을 티내는 무형의 횡포를 자행하고 있는 것이다. 진정한 전문성은 아무리 어렵고 전문적인 것이라도 대중이 알아들을 수 있는 언어로, 그것도 설득력 있게 해낼 때 쟁취되는 것이다. 전문가들의 대중성에 대한 무지 내지는 횡포, 이 표현이 심하다면 최소한 불친절함 때문에 우리는 문화재 안내판을 읽으면서 오히려 우리 문화에 대한 사랑과 자랑을 잃어가고 있는 것이다.

① 수덕사 대웅전은 고려 시대 건축 양식과 연대의 기준이 되는 건축물이다.
② 수덕사 대웅전의 안내문은 대부분 전문용어로 이루어져 이해하기가 쉽지 않다.
③ 문화재 안내문은 자국 문화에 대한 이해와 사랑을 높이는 데 중요한 역할을 한다.
④ 문화재 안내문은 전문성보다 대중성에 초점을 맞추어 작성되어야 한다.
⑤ 문화재에 대한 이해를 높이기 위해서 대중들도 전문성을 갖추어야 한다.

22 다음 글의 내용과 일치하는 것은?

> 남성과 여성 간의 불평등의 원인으로 첫째, 남성과 여성은 기본적으로 생물학적 차이를 가지고 태어나는데, 이러한 생물학적 차이를 남성과 여성의 사회적 지위나 능력의 차이를 낳는 원인으로 잘못 알고 있는 사람들이 많다.
>
> 다음은 사회·문화적으로 결정되는 사회적 성(gender)이다. 이는 그 사회나 국가의 사회적, 문화적, 심리적 특성 등에 의해 결정된다. 또 여성과 남성에게 기대되는 역할, 태도, 행동뿐 아니라 남성과 여성의 불평등한 관계를 포함하며, 남성에 의해 수행되는 업무, 역할, 기능은 여성이 수행하는 것보다 높이 평가되는 경향이 있다. 남성은 전체 사회의 기준으로 여겨지며, 이는 정책과 사회 제도에 반영되어 의도하지 않게 남성과 여성 간의 불평등을 재생산한다.
>
> 또 한 가지는 성 역할이라는 개념이다. 성 역할이란 그 사회에서 바람직하다고 여겨지는 남녀의 태도나 행동을 말한다. 남녀의 성별 역할에 대한 일반적인 경향은 교육이나 관심을 통해 전해지기 때문에 사회, 문화, 계층, 연령, 시기에 따라 다르게 나타난다. 이에 따라 우리 사회의 널리 일반화된 생각은, 남성은 강하고 독립적이며 객관적이라 여기는 데 비해 여성은 양보심과 인내심이 많으며 의존적이고 감성적이라 여긴다.

① 생물학적 측면에서 양성평등이 이루어져야 한다.
② 법과 제도의 개선으로 양성평등이 실현되었다.
③ 생물학적 성의 차이를 사회적 능력의 차이로 혼동해서는 안 된다.
④ 우리 사회에서 여성의 성 역할은 독립적이고 객관적인 모습이다.
⑤ 사회적 성은 고정된 것이 아니므로 개인의 성향에 따라 선택할 수 있다.

23 다음 글에 대한 이해로 적절하지 않은 것은?

> 한국 건축은 '사이'의 개념을 중요시한다. 그리고 '사이'의 크기는 기능과 사회적 위계에 영향을 받는다. 또한 공간, 시간, 인간 모두를 '사이'의 한 동류로 보기도 한다. 서양의 과학적 사고가 물체를 부분들로 구성되었다고 보고 불변하는 요소들을 분석함으로써 본질 파악을 추구하였다면 동양은 사이, 즉 요소들 간의 관련성에 초점을 두고, 거기에서 가치와 의미의 원천을 찾았던 것이다. 서양의 건축이 내적 구성, 폐쇄적 조직을 강조한 객체의 형태를 추구했다면, 동양의 건축은 그보다 객체의 형태와 그것이 놓이는 상황 및 자연환경과의 어울림을 통해 미를 추구하였던 것이다. 동양의 목재 가구법(낱낱의 재료를 조립하여 구조물을 만드는 법)에 의한 건축 구성 양식에서 '사이'의 중요성을 알 수 있다. 이 양식은 조적식(돌·벽돌 따위를 쌓아 올리는 건축 방식)보다 환경에 개방적이고, 우기에도 환기를 좋게 할 뿐 아니라 내·외부 공간의 차단을 거부하고 자연과의 대화를 늘 강조한다. 그로 인해 건축이 무대나 액자를 설정하고 자연이 끝을 내 주는 기분을 느끼게 한다.

① 동양과 서양 건축의 차이를 요소 간의 관련성으로 설명하고 있다.

② 동양의 건축 재료로 석재보다 목재가 많이 쓰인 이유를 알 수 있다.

③ 한국 건축에서 '사이'의 개념은 공간, 시간, 인간 모두를 포함하고 있다.

④ 동양의 건축은 자연환경에 개방적이지만 인공 조형물에 대해서는 폐쇄적이다.

⑤ 서양의 건축에는 물체를 구성하는 요소의 본질을 중요하게 여기는 사고가 반영되어 있다.

24 다음 글을 통해 알 수 있는 것은?

> 요한 제바스티안 바흐는 '경건한 종교음악가'로서 천직을 다하기 위한 이상적인 장소를 라이프치히라고 생각하여 27년 동안 그곳에서 열심히 칸타타를 써 나갔다고 알려졌다. 그러나 실은 7년째에 라이프치히의 칸토르(교회의 음악감독)직으로는 가정을 꾸리기에 수입이 충분치 못해서 다른 일을 하기도 했고, 다른 궁정에 자리를 알아보기도 했다. 그것이 계기가 되어 칸타타를 쓰지 않게 되었다는 사실이 최근의 연구에서 밝혀졌다. 또한 볼프강 아마데우스 모차르트의 경우에는 비극적으로 막을 내린 35년이라는 짧은 생애에 걸맞게 '하늘이 이 위대한 작곡가의 죽음을 비통해하듯' 천둥 치고 진눈깨비 흩날리는 가운데 장례식이 행해졌고, 그 때문에 그의 묘지는 행방을 알 수 없게 되었다고 하는데, 그 후 이러한 이야기는 빈 기상대에 남아 있는 기상 자료와 일치하지 않는다는 사실도 밝혀졌다. 게다가 만년에 엄습해 온 빈곤에도 불구하고 다수의 걸작을 남기고 세상을 떠난 모차르트가 실제로는 그 정도로 수입이 적지는 않았다는 사실도 드러나 최근에는 도박벽으로 인한 빈곤설을 주장하는 학자까지 등장하기에 이르렀다.

① 바흐는 일이나 신앙 못지않게 처우를 중시했다.

② 바흐는 생애 중 7년 정도 칸타타를 작곡했다.

③ 모차르트가 사망하던 당일 빈의 날씨는 궂었다.

④ 모차르트의 작품 수준은 자신의 경제적 상황과 반비례했다.

⑤ 모차르트는 생애 말년에 도박벽이 심해졌다.

25 당신은 한 매거진의 기자로 성공한 사업가들의 인터뷰를 바탕으로 다음과 같은 기사를 작성하였다. 다음 중 기사의 제목으로 적절하지 않은 것은?

> "철저하게 준비한 후에 시작하라"고 많은 사업들이 조언한다. 그들도 자신이 사업가가 되는 데 필요한 것을 준비하고, 또 시장성에 대해 고객 니즈에 대해 먼저 파악했다. 그러면서 때를 기다리는 것이다. 'IoT기술을 활용한 정품인증'이란 아이디어로 특허를 받은 ○○대표는 특허를 취득하고 2년 후에야 사업을 시작했다. ○○대표는 "2011년 7월 당시 국내에 20만 대에 불과했던 수요가 2년 후에 3,000만 대를 넘어섰다"며 "그때야 비로소 시장 기반이 마련된 것"이라고 설명했다. 하지만 준비하느라 세월을 언제까지 낭비하지는 않는다. 철저한 준비가 100% 준비를 뜻하는 것은 아니다. 이들은 기회가 찾아오면 과감하게 결단을 내리기도 한다. △△대표는 다이어트 사업 제안을 받고 단 하루 만에 사업을 결정했다. 물론 △△대표는 그 시장에 대해 이미 잘 알고 있었기에 가능했다. □□대표는 "창업하려면 자금, 상권 등이 중요하지만, 더 중요한 것은 용기"라며 "용기를 갖고 시작하면 반드시 길이 있다"고 조언했다.

① 성공한 사업가의 성공비결
② 시장 조사가 성공을 이끈다
③ 용기만 있다면 성공은 저절로 온다
④ 철저한 준비와 결단성의 가치
⑤ 성공한 사업가는 기회를 놓치지 않는다.

02 자료해석

01 1부터 7까지 제곱수의 합을 구하면 140이다. 더할 때 잘못하여 한 수를 빼고 다른 수를 두 번 더하였더니 129가 나왔다. 원래 더해야 하는 수와 두 번 더한 수를 구하면?

① 5, 4　　　　　　　　　　② 4, 5

③ 6, 5　　　　　　　　　　④ 5, 6

02 일정한 속력 16m/s로 달리는 기차가 540m의 철교를 완전히 통과하는 데 40초가 걸렸다. 이 기차의 길이는 얼마인가?

① 100m　　　　　　　　　② 120m

③ 140m　　　　　　　　　④ 160m

03 철수가 학교를 출발한 지 15분 후에 민재가 철수를 따라 나섰다. 철수는 매분 90m의 속력으로 걷고, 민재는 매분 100m의 속력으로 따라 간다면 민재가 학교를 출발한 지 몇 분 후에 철수를 만나겠는가?

① 120분 후　　　　　　　　② 125분 후

③ 130분 후　　　　　　　　④ 135분 후

04 현재 아버지의 나이는 아들 나이의 $\frac{8}{3}$배이다. 7년 후에 아버지의 나이가 아들 나이의 $\frac{11}{5}$배가 된다고 할 때, 현재 아들의 나이는?

① 17세　　　　　　　　　　② 18세

③ 19세　　　　　　　　　　④ 20세

05 다음 필통에는 빨간 펜, 샤프, 자, 수정테이프 총 4종류의 필기구가 여러 개 섞여 있다.

A필통	B필통	C필통
빨간 펜 1개 자 1개	샤프 2개 자 3개 수정테이프 1개	빨간 펜 1개 샤프 2개 수정테이프 1개
3,000원	16,000원	11,000원

빨간 펜의 가격이 얼마인지 구하면?

① 1,000원 ② 2,000원

③ 3,000원 ④ 4,000원

06 땅파기 작업을 민호 혼자하면 9일 걸리고, 승리 혼자하면 18일 걸린다고 할 때 둘이 함께 한다면 며칠이 걸리겠는가?

① 4일 ② 5일

③ 6일 ④ 7일

07 연못 주위에 나무를 심으려고 하는데, 나무의 간격을 $12m$에서 $8m$로 바꾸면 필요한 나무는 7그루로 늘어난다. 연못의 둘레는?

① 156m ② 168m

③ 180m ④ 192m

08 다음은 10년간의 출생아 수에 관한 자료이다. 출생아 수가 가장 많았던 연도와 가장 적었던 연도를 순서대로 고른 것은?

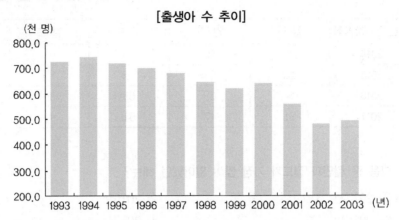

[출생아 수 추이]

① 1993년, 2003년   ② 2000년, 2002년

③ 1994년, 2002년   ④ 1994년, 2003년

09 다음 표는 어떤 한 반의 남녀 학생들에 대한 안경 착용 및 미착용 비율을 조사한 것이다. (가)에 들어갈 숫자로 알맞은 것은?

(단위 : %)

구 분	남 자	여 자	계
착 용	38	B	58
미착용	A	(가)	D
계	66	C	100

① 12   ② 14

③ 16   ④ 18

[10~11] 다음은 어떤 도시에서 매년 3월에 발생한 범죄현황을 나타낸 표이다. 다음 물음에 답하시오.

(단위 : 건)

연도＼범죄	살 인	강 간	강 도	절 도	폭 력
2014	20	49	70	61	63
2015	12	54	72	80	73
2016	8	62	65	30	50
2017	21	47	51	41	75

10 다음 중 살인과 절도가 가장 많이 일어났던 해는?

① 2014년   ② 2015년

③ 2016년   ④ 2017년

11 다음 중 위의 표에 나타난 범죄건수의 합이 두 번째로 높은 해는?

① 2014년   ② 2015년

③ 2016년   ④ 2017년

12 다음은 유나네 가족과 진수네 가족의 지난 한 해 지출 내역을 비율로 나타낸 것이다. 바르게 분석한 것은?

유나네 가족	20%	10%	30%	40%
진수네 가족	10%	30%	20%	40%

※ 순서대로 각각 주거비, 교육비, 의료비, 기타를 나타낸다.

① 주거비는 유나네 가족이 더 많이 지출하였다.

② 교육비는 진수네 가족이 더 많이 지출하였다.

③ 유나네 가족은 의료비를 교육비 2배 이상으로 지출하였다.

④ 진수네 가족은 의료비보다 주거비를 더 많이 지출하였다.

[13~14] 다음 표는 사회간접자본 건설비용과 기간, 그리고 총 길이에 대한 자료이다. 다음 물음에 답하시오.

구 분	건설기간(개월)	건설비(백 억)	총 길이(km)
고속도로	35	25	22
해상교량	55	50	12
지하철	12	8	2
터 널	20	11	3

13 1km당 건설비용이 가장 많이 드는 시설은?

① 고속도로　　　　　　　　② 해상교량
③ 지하철　　　　　　　　　④ 터널

14 사회적 비용을 건설기간과 건설비의 곱으로 계산할 때 1km당 사회적 비용이 가장 적게 드는 시설은?

① 고속도로　　　　　　　　② 해상교량
③ 지하철　　　　　　　　　④ 터널

[15~16] 다음은 A지역의 용도별 물 사용량 현황을 나타낸 것이다. 물음에 답하시오.

구 분	2015년	2016년	2017년
생활용수(단위 : m³)	136,762	162,790	182,490
농업용수(단위 : m³)	45,000	49,050	52,230
공업용수(단위 : m³)	61,500	77,900	90,300
총 사용량(단위 : 천 m³)	243	290	325
사용 인구(단위 : 천 명)	379	432	531

15 사용 인구가 2015년에 비해 2016년에 몇 % 증가하였는지 구하면?

① 약 11%　　　　　　　　② 약 14%
③ 약 17%　　　　　　　　④ 약 20%

16　다음 중 옳지 않은 것은?

① 농업용수의 사용량은 증가하고 있는 추세이다.

② 2016년 생활용수의 사용량은 $162,790\text{m}^3$이다.

③ 2017년의 총 사용량은 2016년에 비해 $350,000\text{m}^3$ 증가했다.

④ 2015년 생활용수의 사용량은 $136,762\text{m}^3$이다.

17　다음 연도별 벤처 1,000억 클럽 상위 3개사 매출액 합계와 비중에 관한 자료를 보고 잘못 설명한 것은?

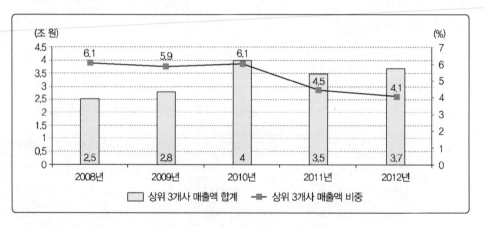

① 벤처 1,000억 클럽 상위 3개사 매출액의 합계가 가장 높았던 해는 2010년이다.

② 상위 3개사 매출액 비중은 2010년 이후 감소하고 있다.

③ 2011년에 상위 3개사 매출액 합계는 20% 이상 감소했다.

④ 2009년에 상위 3개사 매출액 합계는 증가했고, 상위 3개사 매출액 비중은 감소했다.

18 소득탄력성이 0보다 큰 것을 정상재, 특히 소득탄력성이 1보다 큰 정상재는 사치재, 소득 탄력성이 0보다 작은 것을 열등재라고 할 때, 다음 표에 대한 설명 중 옳지 않은 것은?

[연도별 소득 및 X재화의 구매량]

연도	소득(천 원)	X재화 구매량(개)	전년 대비 소득변화율(%)	X재화의 전년 대비 구매량 변화율(%)
2011	8,000	5	–	–
2012	12,000	10	50.0	100.0
2013	16,000	15	33.3	50.0
2014	20,000	18	25.0	20.0
2015	24,000	20	20.0	11.1
2016	28,000	19	16.7	−5.0
2017	32,000	18	14.3	−5.3

※ X재화의 소득탄력성 $= \dfrac{\text{X재화의 전년 대비 구매량 변화율}}{\text{전년 대비 소득변화율}}$

① 소득은 매년 4,000천 원씩 증가하였다.

② 2015년에 X재화는 사치재이다.

③ 2011~2015년 동안 X재화 구매량은 매년 증가하였다.

④ 2012년 X재화의 전년 대비 구매량 증가율은 전년 대비 소득증가율보다 크다.

19 다음 표는 S사의 분기별 실적을 나타낸 것이다. 다음 자료에 대한 설명 중 옳지 않은 것은?

(단위 : 억 원)

구분	2016년 3분기	2016년 4분기	2017년 1분기	2017년 2분기
매출액	1,241	1,090	1,159	1,154
영업이익	522	282	295	318

① 영업이익률과 영업이익 모두 2016년 3분기가 가장 크다.

② 2016년 4분기는 바로 전 분기보다 영업이익률이 하락했다.

③ 2017년 2분기는 바로 전 분기보다 영업이익률이 개선됐다.

④ 지난 4분기 동안 매출액의 변동(최대−최소)폭보다 영업이익의 변동(최대−최소) 폭이 작았다.

20 다음 표는 암환자 100명을 대상으로 한 신약 A, B에 대한 임상실험결과를 나타낸 것이다. 이에 대한 설명 중 옳지 않은 것은?

[신약 A, B에 따른 암환자의 생존·사망자 수] (단위 : 명)

투여약 \ 구분	조기 암환자		말기 암환자		전체 암환자	
	생존자	사망자	생존자	사망자	생존자	사망자
A	21	15	4	10	25	25
B	10	6	11	23	21	29

※ 생존율 $= \dfrac{생존자\ 수}{생존자\ 수\ +\ 사망자\ 수} \times 100$

※ 사망률 $= 100 - 생존율$

① A약을 투여한 말기 암환자의 사망률은 B약을 투여한 말기 암환자의 사망률보다 높다.

② A약을 투여한 말기 암환자의 사망자 수는 B약을 투여한 말기 암환자의 사망자 수보다 적다.

③ A약을 투여한 조기 암환자와 말기 암환자의 생존율 차이는 B약을 투여한 조기 암환자와 말기 암환자의 생존율 차이보다 크다.

④ 조기 암환자와 말기 암환자 모두 A약을 투여했을 때의 생존율이 B약을 투여했을 때의 생존율에 비해 약 4%p 낮다.

03 공간능력

[1~5] 다음 지문을 읽고 입체도형의 전개도로 알맞은 것을 고르시오.

- 입체도형의 전개하여 전개도를 만들 때, 전개도에 표시된 그림(例 ▯, ◿ 등)은 회전의 효과를 반영함. 즉, 본 문제의 풀이과정에서 보기의 전개도 상에 표시된 "▯"와 "▭"은 서로 다른 것으로 취급함
- 단, 기호 및 문자(例 ☎, ♤, ♨, K, H)의 회전에 의한 효과는 본 문제의 풀이과정에서 반영하지 않음. 즉, 입체도형을 펼쳐 전개도를 만들었을 때에 "🄳"의 방향으로 나타나는 기호 및 문자도 보기에서는 "☎" 방향으로 표시하며 동일한 것으로 취급함

01

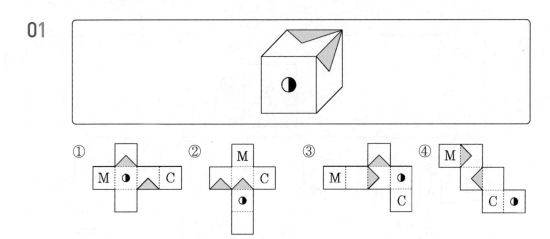

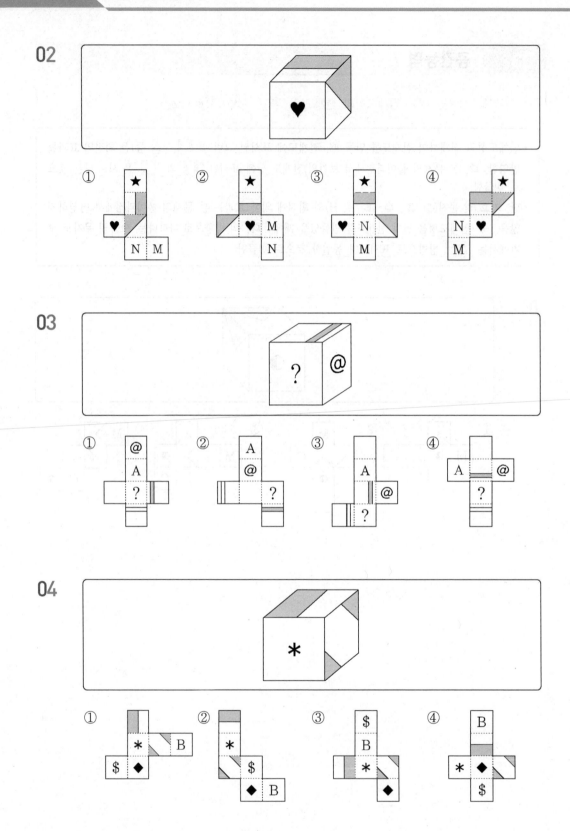

05

① ② ③ ④

[6~10] 지문을 읽고 다음 전개도로 만든 입체도형에 해당하는 것을 고르시오.

- 전개도를 접을 때 전개도 상의 그림, 기호, 문자가 입체도형의 겉면에 표시되는 방향으로 접음
- 전개도를 접어 입체도형을 만들 때, 전개도에 표시된 그림(예 █, ◢ 등)은 회전의 효과를 반영함. 즉, 본 문제의 풀이과정에서 보기의 전개도 상에 표시된 "█"와 "▬"은 서로 다른 것으로 취급함
- 단, 기호 및 문자(예 ☎, ♧, ♨, K, H)의 회전에 의한 효과는 본 문제의 풀이과정에서 반영하지 않음. 즉, 전개도를 접어 입체도형을 만들었을 때에 "☏"의 방향으로 나타나는 기호 및 문자도 보기에서는 "☎" 방향으로 표시하며 동일한 것으로 취급함

06

① ② ③ ④

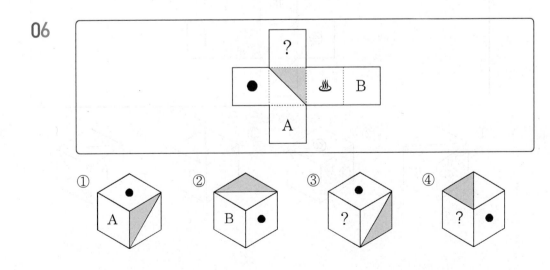

07

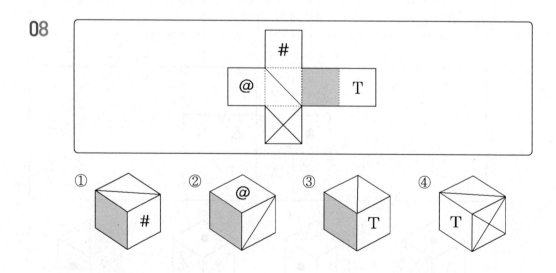

08

09

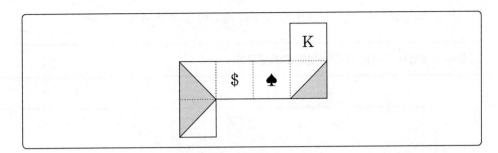

 ① ② ③ ④

10

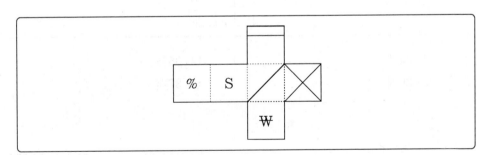

 ① ② ③ ④

부록

실전모의고사

[11~14] 다음 제시된 그림과 같이 쌓기 위해 필요한 블록의 수를 고르시오.

블록은 모양과 크기는 모두 동일한 정육면체임

11

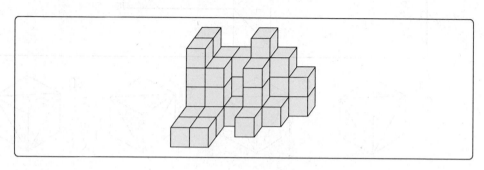

① 34개　　　　　　　　　　② 35개
③ 36개　　　　　　　　　　④ 37개

12

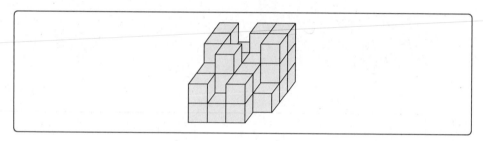

① 34개　　　　　　　　　　② 35개
③ 36개　　　　　　　　　　④ 37개

13

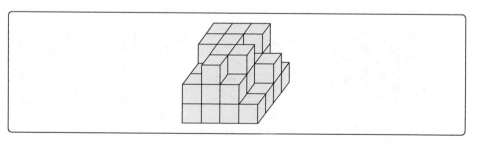

① 34개　　　　　　　　　　② 35개
③ 36개　　　　　　　　　　④ 37개

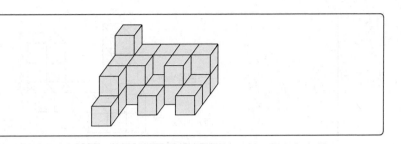

① 23개   ② 24개

③ 25개   ④ 26개

[15~18] 다음 제시된 블록들을 화살표 표시한 방향에서 바라봤을 때의 모양으로 알맞은 것을 고르시오.

- 블록은 모양과 크기는 모두 동일한 정육면체임
- 바라보는 시선의 방향은 블록의 면과 수직을 이루며 원근에 의해 블록이 작게 보이는 효과는 고려하지 않음

15

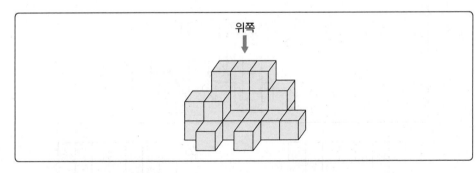

위쪽

①

②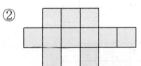

③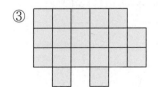

④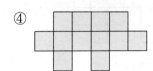

제3회 실전모의고사 **297**

Dreams come true

부록

실전모의고사

16

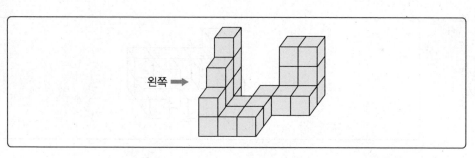

① 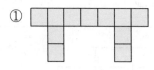 ② ③ ④

17

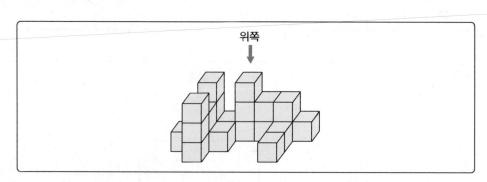

① 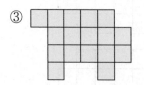   ②

③ 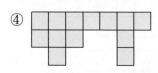   ④

18

왼쪽 ➡

①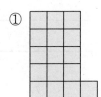

②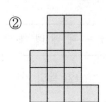

③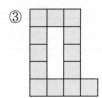

④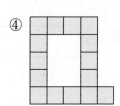

부록

실전모의고사

04 > 지각속도

[1~5] 아래 〈보기〉의 왼쪽과 오른쪽 기호의 대응을 참고하여 각 문제의 대응이 같으면 답안지에 '① 맞음'을, 틀리면 '② 틀림'을 선택하시오.

┌─ 보기 ───┐

| a = 돼 | b = 페 | c = 채 | d = 혜 | e = 볘 |
| f = 켸 | g = 꽤 | h = 례 | i = 몌 | j = 뎨 |

└──┘

01
> b e h a f – 페 볘 례 혜 켸

① 맞음   ② 틀림

02
> c g h d i – 채 꽤 례 혜 몌

① 맞음   ② 틀림

03
> g h j d f – 꽤 례 뎨 채 켸

① 맞음   ② 틀림

04
> f h b i a – 켸 례 혜 몌 돼

① 맞음   ② 틀림

05
> h a j f e – 례 돼 뎨 켸 볘

① 맞음   ② 틀림

[6~10] 아래 〈보기〉의 왼쪽과 오른쪽 기호의 대응을 참고하여 각 문제의 대응이 같으면 답안지
    에 '① 맞음'을, 틀리면 '② 틀림'을 선택하시오.

보기

♪ = Hop	♫ = Ket	⌀ = Biq	♯ = Mad	♮ = Wyr
⌢ = Tew	𝄢 = Chi	♫♫ = Jiz	♯♯ = Ler	♩ = Nud

06

ㅣ ♫♫ ⌀ ♯♯ ♮ ⌢ – Ket Biq Ler Chi Tew

① 맞음   ② 틀림

07

ㅣ 𝄢 ♯ ♪ ♩ ♫♫ – Chi Wyr Hop Nud Ket

① 맞음   ② 틀림

08

ㅣ ⌀ ♯♯ ♫♫ ♮ ⌢ – Biq Ler Jiz Wyr Tew

① 맞음   ② 틀림

09

ㅣ ♪ ♯♯ ♩ ♫♫ 𝄢 – Hop Ler Nud Jiz Chi

① 맞음   ② 틀림

10

ㅣ ♫♫ ♮ ♯ ⌀ ⌢ – Jiz Wyr Mad Biq Tew

① 맞음   ② 틀림

부록
실전모의고사

[11~15] 아래 〈보기〉의 왼쪽과 오른쪽 기호의 대응을 참고하여 각 문제의 대응이 같으면 답안 지에 '① 맞음'을, 틀리면 '② 틀림'을 선택하시오.

┌─ 보기 ─
| 굴 = めゃ | 납 = ょり | 뒤 = ろく | 목 = こげ | 변 = いん |
| 속 = ゃゆ | 월 = えヤ | 접 = バダ | 참 = シス | 끝 = ギヒ |
└─

11

속 접 목 뒤 납 – ゃゆ バダ こげ ギヒ ょり

① 맞음　　　　　② 틀림

12

뒤 참 목 굴 접 – ろく シス こげ めゃ バダ

① 맞음　　　　　② 틀림

13

월 목 납 끝 속 – えヤ こげ ょり ゃゆ ギヒ

① 맞음　　　　　② 틀림

14

참 변 굴 월 접 – シス いん ょり えヤ バダ

① 맞음　　　　　② 틀림

15

월 접 변 납 끝 – えヤ バダ シス ょり ギヒ

① 맞음　　　　　② 틀림

[16~20] 아래 〈보기〉의 왼쪽과 오른쪽 기호의 대응을 참고하여 각 문제의 대응이 같으면 답안
지에 '① 맞음'을, 틀리면 '② 틀림'을 선택하시오.

┌─ 보기 ─
| 🖐w = 8da | g☢ = gs2 | ✵c = ps1 | d☠ = rs4 | ?y = m7t |
| 8d = dt6 | v☮ = 5dq | n♌ = h1k | ☂a = y4s | ♒h = 3bn |
└─

16

g☢ ✵c n♌ d☠ 8d － gs2 ps1 y4s rs4 dt6

① 맞음　　　　　　　② 틀림

17

🖐w n♌ ☂a d☠ ?y － 8da h1k y4s rs4 m7t

① 맞음　　　　　　　② 틀림

18

v☮ ♒h g☢ 8d ✵c － 5dq ps1 gs2 dt6 ps1

① 맞음　　　　　　　② 틀림

19

☂a ?y 🖐w ✵c v☮ － y4s m7t 8da ps1 5dq

① 맞음　　　　　　　② 틀림

20

♒h g☢ n♌ 8d n♌ － 3bn gs2 y4s dt6 h1k

① 맞음　　　　　　　② 틀림

[21~30] 다음 각 문제의 왼쪽에 표시된 굵은 글씨체의 기호, 문자, 숫자의 개수를 찾으시오.

21

| d | gethstitdsjbcldpqkdotgdsjabncghsohtpdpeqzxc vbnbmlpoiudsethiubkdhjkcalwoeidfgio |

① 6개　　② 7개　　③ 8개　　④ 9개

22

| iv | iii v iv vii iii ix xi xii v iv vi i iii v ivviiiviviiivi ixviiiivi iv v viiviiiixviivi ivvii v iv viviiiix viviiiiv vi |

① 6개　　② 7개　　③ 8개　　④ 9개

23

| 7 | 23471568943156679256612327311534761762113754849732113257117181658379 2 |

① 10개　　② 11개　　③ 12개　　④ 13개

24

| δ | ηξεδγβεδζηεγδυδζξεγδεζημξεδβαργδεβζηδξπγδ ρπεζδβαζδγεζδεζβηξεδβ |

① 12개　　② 13개　　③ 14개　　④ 15개

25

| ウ | オヲタオユモチヌネルウカキクネフスチウヲウネユラウチタモウセホワラモテウ オキネウスセホチイウツモカケオリネウサ |

① 6개　　② 7개　　③ 8개　　④ 9개

26

| ㅇ | 들의 콩깍지는 깐 콩깍지인가 안 깐 콩깍지인가 깐 콩깍지면
어떻고 안 깐 콩깍지이면 어떠냐 |

① 10개   ② 11개   ③ 12개   ④ 13개

27

| ㅇ | 멍멍이네 꿀꿀이는 멍멍해도 꿀꿀하고,
꿀꿀이네 멍멍이는 꿀꿀해도 멍멍하네 |

① 10개   ② 11개   ③ 12개   ④ 13개

28

| ㅇ | 강낭콩 옆 진 콩깍지는 완두콩 깐 빈 콩깍지고,
완두콩 옆 빈 콩깍지는 강낭콩 깐 빈 콩깍지이다. |

① 15개   ② 16개   ③ 17개   ④ 18개

29

| p | If peter piper picked a peck of pickled peppers, where's
the peck of pickled peppers peter piper picked? |

① 15개   ② 16개   ③ 17개   ④ 18개

30

| 仃 | 仕代休仢估仃仢仸侏佽仈仃伤仁什仇仃仉仈仆仃任仃仅伤什仆仕仃
仾仟仠仇仃仔 |

① 6개   ② 7개   ③ 8개   ④ 9개

실전모의고사

01 언어논리

01 다음 밑줄 친 단어와 같은 의미로 쓰인 것은?

> 요즘은 불경기라 회사에 좀처럼 <u>자리</u>가 나지 않는다.

① 태풍이 지나간 <u>자리</u>는 참혹했다.
② 화해를 위해 둘만의 <u>자리</u>를 마련했다.
③ 그는 <u>자리</u>가 높다고 위세를 떤다.
④ 이 <u>자리</u>에 가게를 하나 차리면 좋겠다.
⑤ 신붓감으로 이만한 <u>자리</u>도 없다.

02 다음 중 띄어쓰기가 바르게 된 것을 고르면?

① 십 여 년 만에 집을 장만했다.
② 이분이 내 장인어른이시다.
③ 부모님에게 만큼은 잘해 드려라.
④ 그는 집밖을 통 나다니지 않는다.
⑤ 우리는 그렇게 할 수 밖에 없었다.

03 다음 중 맞춤법 표기가 옳지 않은 것을 고르면?

① 방을 깨끗이 치우다.
② 그는 느긋이 여유를 즐기고 있다.
③ 그녀는 아이를 따뜻이 바라보고 있었다.
④ 그녀는 약속을 번번이 어긴다.
⑤ 공원에는 젊은 남녀들이 간간이 눈에 띄었다.

04 다음 빈칸에 들어갈 말을 순서대로 나열한 것은?

> • 지금의 상황으로는 이 주식의 값이 오를 것인지 (㉠)할 수 없다.
> • 새로운 소재의 발굴이야말로 창작극의 성공을 (㉡)하는 가장 중요한 요소라고 생각합니다.
> • 간략하게나마 우선 이것으로 소개의 말을 (㉢)할까 합니다.

	㉠	㉡	㉢
①	가늠	가름	갈음
③	갈음	가늠	가름
⑤	가름	가늠	갈음

	㉠	㉡	㉢
②	가름	갈음	가늠
④	가늠	갈음	가름

05 다음 밑줄 친 단어의 용례와 다른 하나는?

> 우리말 어휘 중 '형님'과 같은 말은 친척 관계와 친척이 아닌 관계로 나누어 사용될 수 있다. 가령 부인이 남편에게 "여보, 큰 형님 어디 가셨어요?"라고 할 경우 여기서 형님은 아내의 손위 동서를 지칭하는 호칭이다.

① (교통사고 현장에서) 형씨가 잘못했어요.
② (종친회 모임에서) 이분이 자네에게는 아저씨뻘 되시지.
③ (형의 아내를 보고) 아주머니, 제가 이번에 회사에서 진급했습니다.
④ (외가에 안부 전화를 걸며) 할머니, 그동안 안녕하셨어요?
⑤ (손위 동서에게) 형님이 먼저 고모부님께 말씀드리는 것이 좋을 것 같아요.

06 다음 제시된 단어의 관계와 유사한 것을 고르면?

> 얼굴 : 상통

① 뺨 : 볼　② 폐 : 허파　③ 머리 : 골통
④ 심장 : 염통　⑤ 도둑 : 양상군자

07　다음과 같은 뜻을 지닌 한자성어로 알맞은 것을 고르면?

> 사물이 매우 위태로운 처지에 놓여 있음

① 각주구검(刻舟求劍)　　　　　② 반포보은(反哺報恩)
③ 풍전등화(風前燈火)　　　　　④ 연목구어(緣木求魚)
⑤ 상전벽해(桑田碧海)

08　다음 중 속담과 한자성어가 잘못 연결된 것은?

① 불면 꺼질까 쥐면 터질까 – 금지옥엽(金枝玉葉)
② 조약돌을 피하니까 수마석을 만난다 – 금상첨화(錦上添花)
③ 콩 심은 데 콩 난다 – 종두득두(種豆得豆)
④ 나중 난 뿔이 우뚝하다 – 청출어람(靑出於藍)
⑤ 제 논에 물 대기 – 아전인수(我田引水)

09　다음 제시된 문장을 순서대로 바르게 배열한 것은?

> (가) 세계 최저의 문맹률이라는 자랑스러운 현상에 대해 우리는 낯익은 설명을 제시할 수 있다. 한글의 과학성과 우수성, 세계에서 둘째가라면 서러워할 한국인의 높은 교육열, 학령기의 모든 국민을 대상으로 하는 잘 짜인 공교육 제도 등이 가장 짧은 시간 동안에 가장 낮은 문맹률을 달성한 원인으로 이야기된다.
>
> (나) 40년을 격하여 드러난 한국 문맹률의 극적인 반전을 우리는 어떻게 이해해야 할까? 40년이 지나는 동안 한국 국민들의 읽고 쓰는 능력이 심각하게 저하된 것일까? 그렇지는 않을 것이다. 이 문제를 이해하기 위한 핵심은 문해력을 바라보는 관점의 변화를 쫓아가는 데 있다.
>
> (다) 그러나 한국 문맹률의 실상은 무엇일까? 한국교육개발원의 2002년 보고서에 따르면 19세 이상인 우리나라 전체 성인 인구의 24.8%는 생활하는 데에서 읽기, 쓰기, 셈하기에 어려움을 겪고 있다고 보고하고 있다.
>
> (라) 1950년대 문맹 퇴치 운동이 '신화적인 성공'을 거두면서 1959년 우리나라 비문해율은 4.1%, 그리고 1960년도 의무교육 취학률은 96%에 달했다고 한다. 한국은 전 세계에서 문맹률이 가장 낮은 국가에 속하면서 1980년대 중반 이후에는 문맹률을 조사하는 것이 의미가 없어져 더 이상 기초 조사를 하지 않고 있다.

① (나) – (라) – (가) – (다)　　　② (나) – (라) – (다) – (가)
③ (라) – (다) – (나) – (가)　　　④ (라) – (가) – (다) – (나)
⑤ (라) – (나) – (다) – (가)

10 다음 글의 주제로 적절한 것을 고르면?

> 옛날에는 오히려 정신적인 것이 사회생활의 비중을 더 많이 차지했다. 종교, 학문, 이상 등이 존중되었고 그 정신적 가치가 쉬이 인정받았다. 그러나 현대 사회로 넘어 오면서 모든 것이 물질 만능주의로 기울고 있다. 이것은 세계적인 현상이며 한국도 예외는 아니다. 물론 주원인이 된 것은 현대 산업 사회의 비대성이다. 산업 사회는 기계와 기술을 개발했고 공업에 의한 대량 생산과 소비를 가능케 했다. 인간의 관심이 물질적 부를 즐기는 방향으로 쏠렸는가 하면 생산과 부(富)가 가치 평가의 기준이 되기에 이르렀다.
>
> 그 결과 문화 경시의 현실이 당도하였으며 그것이 심화되어 인간소외 현상이 나타났다. 정신적 가치는 설 곳을 잃었고 물질이 모든 것을 지배하고야 말았다. 이러한 상황이 계속된다면 우리는 문화를 잃을 것이며 삶의 주체가 되는 인격마저 상실할 것이다. 그 뒤에 따르는 불행은 더 말할 필요도 없다.

① 물질 만능주의의 폐해 ② 현대 산업 사회의 비대성 ③ 대량 생산과 소비 풍조
④ 정신적 가치의 타락   ⑤ 인간소외 현상의 팽배

11 다음 글의 내용을 포괄하는 진술로 가장 적절한 것은?

> 사람의 신체는 형체가 있으나 지각은 형체가 없습니다. 형체가 있는 것은 죽으면 썩어 없어지지만, 형체가 없는 것은 모이거나 흩어지는 일이 없으니, 죽은 뒤에 지각이 있을 법도 합니다. 죽은 뒤에도 지각이 있을 경우에만 불교의 윤회설이 맞고, 지각이 없다고 한다면 제사를 드리는 것에 실질적 근거는 없을 것입니다.
>
> 사람의 지각은 정기(精氣)에서 나옵니다. 눈과 귀가 지각하는 것은 넋의 영이며, 마음이 생각하는 것은 혼의 영입니다. 지각하고 생각하는 것은 기(氣)이며, 생각하도록 하는 것은 이(理)입니다. 이(理)는 지각이 없고, 기(氣)는 지각이 있습니다. 따라서 귀가 있어야 듣고, 눈이 있어야 보며, 마음이 있어야 생각할 수 있으니 정기가 흩어지고 나면 무슨 물체에 무슨 지각이 있겠습니까? 지각이 없다고 한다면 비록 천당과 지옥이 있다고 하더라도 즐거움과 괴로움을 지각할 수 없으니 불가의 인과응보설(因果應報設)은 저절로 무너지게 됩니다.
>
> 죽은 뒤에는 지각이 없다 해도 제사를 지내는 것에는 이치[理]가 있습니다. 사람이 죽어도 오래되지 않으면 정기가 흩어졌다 해도 바로 소멸되는 것은 아니기 때문에 정성과 공경을 다하면 돌아가신 조상과 느껴서 통할 수 있습니다. 먼 조상의 경우 기운은 소멸했지만 이치는 소멸한 것이 아니니, 또한 정성으로 느껴서 통할 수 있습니다. 감응할 수 있는 기운은 없지만 감응할 수 있는 이치가 있기 때문입니다. 조상이 돌아가신 지 오래되지 않았으면 기운으로써 감응하고, 돌아가신 지 오래되었으면 이치로써 감응하는 것입니다.

① 윤회설이 부정된다고 해서 제사가 부정되지는 않는다.
② 제사는 조상의 기를 느껴서 감응하는 것이다.
③ 죽은 사람과는 기운과 정성을 통해 감응할 수 있다.
④ 사람이 죽으면 지각이 없어지므로 인과응보설은 옳지 않다.
⑤ 사람이 죽으면 정기는 흩어지므로 지각은 존재하지 않는다.

12 다음 글의 논지를 가장 잘 요약한 것은?

> 젊은이들은 인구의 구성에 있어서나 사회적 영향력의 측면에서나 막강한 세력을 자랑하며 현대 사회에 등장했다. 우리나라 또한 고용 기회가 증대함에 따라 젊은이들의 경제적 능력이 크게 향상했다. 그 결과 이들이 곧 상품 판매의 주요 고객이 되었다. 그래서 광고는 젊은이들을 대상으로 삼지 않을 수 없게 되었다. 여기에 더하여 현대는 생활의 박자가 매우 빨라진 시대이다. 모든 면에서 속도를 요구하며 속도에 속도가 붙는 사회 속에서 삶을 영위하고 있다. 광고는 이 같은 시대적인 요구나 감각에 맞게 만들어져야 하므로 젊은이 지향적인 경향을 띠게 된다.

① 현대 광고는 젊은이들을 그 주된 대상으로 하고 있는데, 이는 이들 계층에서 광고의 파급 효과가 가장 크기 때문이다.

② 광고의 생명은 속도와 강한 호소력인데, 이것에 가장 민감한 계층이 젊은이들이기 때문이다.

③ 광고는 젊은이들의 사회적 위상의 상승과 현대의 빠른 속도에 맞게 젊은이 지향성을 띤다.

④ 경제적 능력이 향상된 젊은이들이 점차 다양하고 젊은이 지향적인 광고를 요구하게 되었다.

⑤ 젊은이들이 상품 판매의 주요 고객이 되었으므로 이들을 대상으로 한 마케팅 전략을 펼쳐야 한다.

13 다음 글에 비추어 볼 때, 밑줄 친 현상을 설명하기 위한 가설로 가장 적절한 것은?

> 암컷 초파리는 수컷과 교미 후 정자를 보관해 둘 수 있는 주머니인 저정낭에 수컷으로부터 받은 정자를 보관한다. 암컷 초파리가 두 번 교미하면 그 자손의 90%는 두 번째 교미한 수컷의 정자에서 비롯된다. 과학자들은 이러한 현상이 어떻게 나타나는지 확인해 보고자 초파리 수컷 생식 기관의 돌연변이체를 만들었다. 돌연변이 수컷 A는 교미 행위는 가능하지만 사정이 불가능하고, 돌연변이 수컷 B는 사정은 가능하지만 정자를 만들지 못해 무정자 정액을 방출한다. 과학자들은 400마리의 암컷이 한 번 또는 두 번 교미하게 하였는데, 이 중 200마리는 다음처럼 교미하게 하였다. 100마리는 한 번은 정상 수컷, 다음번은 돌연변이 수컷 A와 교미하게 하고, 나머지 100마리는 한 번은 정상 수컷, 다음번은 돌연변이 수컷 B와 교미하게 하였다. 남은 200마리 중 100마리의 암컷은 정상 수컷과 두 번 교미하게 하였다. 대조군으로서 나머지 100마리 암컷은 정상 수컷과 한 번만 교미하게 하였다. 이러한 과정을 거친 다음 과학자들은 암컷을 해부하여 저정낭에 정자가 존재하는지 확인하였다. 정상 수컷과 재교미한 암컷의 2%에서는 저정낭에 정자가 존재하지 않았다. 반면에 돌연변이 수컷 A와 재교미한 암컷, 그리고 돌연변이 수컷 B와 재교미한 암컷의 92% 이상에서 저정낭에 정자가 존재하지 않았다. 대조군 암컷의 5%에서 저정낭에 정자가 존재하지 않았다.

① 초파리의 수컷은 교미의 횟수를 인식한다.

② 최근에 교미한 수컷의 정자일수록 우수한 유전자를 갖고 있다.

③ 새로 유입된 정자는 저정낭에 저장된 이전 정자의 수정력을 없앤다.

④ 재교미에 의해 새로 유입된 정자가 이전에 저장된 정자를 교체한다.

⑤ 초파리의 암컷은 교미할 때마다 이전에 저장된 정자를 제거한다.

14 다음 글에 대한 비판으로 가장 적절한 것은?

> 철학이 현실 정치에서 꼭 필요한 것이라고 생각하는 사람은 드물 것이다. 인간 사회는 다양한 개인들이 모여 구성한 것이며 현실의 다양한 이해와 가치가 충돌하는 장이다. 이 현실의 장에서 철학은 비현실적이고 공허한 것으로 보이기 쉽다. 그렇다면 올바른 정치를 하기 위해 통치자가 해야 할 책무는 무엇일까? 통치자는 대립과 갈등의 인간 사회를 조화롭고 평화롭게 만들기 위해서 선과 악, 옳고 그름을 명확히 판단할 수 있는 기준을 제시해야 할 것이다.
>
> 개인들은 자신의 입장에서 자신의 이해관계를 관철시키기 위해 의견을 개진한다. 의견들을 제시하여 소통함으로써 사람들은 합의를 도출하기도 하고 상대방을 설득하기도 한다. 이렇게 보면 의견의 교환과 소통은 선과 악, 옳고 그름을 판단하는 기준을 마련해 줄 수 있을 것처럼 보인다. 하지만 의견을 통한 합의나 설득은 사람들로 하여금 일시적으로 옳은 것을 옳다고 믿게 할 수는 있지만, 절대적이고 영원한 기준을 찾을 수는 없다.
>
> 절대적이고 영원한 기준은 현실의 가변적 상황과는 무관한, 진리 그 자체여야 한다. 따라서 인간 사회의 판단 기준을 제시할 수 있는 사람은 바로 철학자이다. 철학자야말로 진리와 의견의 차이점을 분명히 파악할 수 있으며 절대적 진리를 궁구할 수 있기 때문이다. 따라서 철학자가 통치해야 인간 사회의 갈등을 해소하고 사람들의 삶을 올바르게 이끌 수 있다.

① 인간 사회의 판단 기준이 가변적이라 해도 개별 상황에 적합한 합의 도출을 통해 사회 갈등을 해소할 수 있다.

② 다양한 의견들의 합의를 이루기 위해서는 개별 상황 판단보다 높은 차원의 판단 능력과 기준이 필요하다.

③ 인간 사회의 판단 기준이 현실의 가변적 상황과 무관하다고 해서 비현실적인 것은 아니다.

④ 정치적 의견은 이익을 위해 왜곡될 수 있지만, 철학적 의견은 진리에 순종한다.

⑤ 철학적 진리는 일상 언어로 표현된 의견과 뚜렷이 구분된다.

15 다음 글의 내용과 일치하지 않는 것은?

고려 사람들이 중국 청자의 비색(祕色)과 분별하기 위해서 스스로 이름 지어 비색(翡色) 이라고 자랑삼아 불러 온 고려청자의 이 푸른 빛깔은 맑고도 담담해서, 깊고 조용한 맛이 오히려 화사스러움을 가두어 준다고 할 수 있으며, 고려청자의 자랑은 이 비색의 깊고 은은한 빛깔과 길고 기품 있는 곡선의 아름다움이 멋진 조화를 이루는 데 있다고 할 수 있다. 번잡스러운 듯하면서도 바라보면 결코 지나친 장식도 없고, 너무 담담하기만 한가 싶어 다시 돌아보면 흑백으로만 상감해 놓은 복사문이 의젓한 장식 효과를 거두고 있는 것이 신기로울 만큼 몸체의 빛깔에 잘 어울린다. 원래 이러한 매병의 원형은 중국 당·송의 사기그릇에서 찾아볼 수 있고, 또 매병이라는 이름도 중국에서 붙여진 이름이다. 그러나 이러한 매병의 양식이 고려 시대 초기에 중국 북송(北宋)의 영향으로 시작된 지 얼마 안 되어 이미 12세기 초에는 중국 매병이 지닌 권위와 오만이 깃들인 모습에서 완전히 탈피해서 부드럽고 상냥하며 또 연연한 고려적인 아름다움으로 국풍화(國風化)되었던 것이다. 외래 양식을 재빠르게 소화해서 민족양식으로 승화해 온 예는 비단 고려청자에서만 볼 수 있는 일이 아니지만, 중국 것과 함께 놓고 바라볼 때 우리네가 지닌 조형 역량과 전통의 고마움을 새삼스럽게 느끼지 않을 수가 없다.

① 고려 청자의 빛깔은 화사하다.
② 고려 청자의 빛깔과 선이 조화를 이루고 있다.
③ 고려 청자의 원형은 중국에서 찾아볼 수 있다.
④ 우리 민족은 외래 양식을 주체적으로 수용하였다.
⑤ 매병은 중국에서 붙여진 이름이다.

16 다음 글의 전개 방식에 대한 설명으로 가장 적절한 것은?

학문의 궁극적인 목적은 무엇인가? 그 자체로서 학문을 추구하는 행위가 즐거운 이유는 바로 학문이 다름 아닌 진리를 탐구하는 것이기 때문이다. 실용적이라서, 재미가 있어서가 아니라 그것이 진리이기 때문에 인간 생활에 유용한 것이요, 재미도 있는 것이다. 유용하다든지 재미가 있다는 것은 학문에 있어서 부차적으로 따라오는 것이지 그것이 곧 궁극적인 목적이라고 말하기는 어렵다.

학문의 목적은 진리 탐구에 있다. 이렇게 말하면 또 진리 탐구는 해서 무얼 하나 할지 모르나 학문의 목적은 그로써 족한 것이다. 진리 탐구로서의 학문의 목적이 현실 생활과 너무 동떨어져 우원(迂遠)함을 탓함직도 하다. 그러나 오히려 학문은 현실 생활로부터 유리된 것처럼 보일 때 그것이 지닌 가장 풍부한 축복이 현실 생활 위에 수놓아진다.

세상은 흔히 학문밖에 모르는 상아탑 속의 연구 생활을 현실 도피라고 비난하기 일쑤지만 상아탑의 덕택이 있었음을 깨달아야 한다. 오늘날 현대인들이 편리한 생활을 향락할 수 있는 데는 오히려 그러한 향락과 담을 쌓고 진리 탐구에 몰두한 학자들의 노고가 있었기 때문이다. 그렇다고 남의 향락을 위하여 자신은 일부러 고난의 길을 걷는 것은 아니다.

① 사실의 대조와 검증을 통해 설득하고 있다.
② 자문자답의 방법으로 논지를 확대하고 있다.
③ 대조와 역설의 방법으로 논지를 전개하고 있다.
④ 예상되는 다른 의견을 비판함으로써 주장을 강화하고 있다.
⑤ 처음 주장을 반박하면서 새로운 주장을 강화하고 있다.

17 다음은 안중근 의사의 재판 기록 중 최후 진술의 일부이다. 밑줄 친 부분에 드러난 안중근 의사의 의도로 가장 적절한 것은?

검찰의 논고와 변호사의 변론은 모두 이토(伊藤)의 시정 방침은 완전 무결하나 내가 이를 잘못 알고 있다고 주장한다. 그러나 이는 그 내용을 잘 알지 못하고 하는 말이다. 그는 한국이 날로 발전하는 양 신문에 떠들고 일본 왕에게도 같은 거짓말로 속여 왔다. 실로 오늘날 한국의 비참한 운명은 모두 이토의 정책 때문이다.

한국 황제께서는 일본이 한국을 정복하려는, 참으로 국가의 운명이 위급한 순간에 가만히 앉아서 방관하는 자는 백성의 의무를 다하지 못하는 자라는 조칙을 내리시기에 이르렀다. 이에 한국민들은 오늘날까지 항전(抗戰)을 멈추지 않고 있으며, 벌써 10만 명 이상이 나라를 위해 싸우다 죽었다.

내가 이토를 죽인 것은 의병장의 자격으로 한 것이지 결코 자객으로서 한 것이 아니다. 한·일 두 나라의 친선을 저해하고 동양의 평화를 어지럽힌 장본인이 바로 이토이므로 나는 한국의 의병장의 자격으로 그를 제거한 것이다. 그리고 나의 희망은 일본왕의 취지와 같은 것이다.

오늘날 모든 사람은 법률 아래서 생활하고 있다. 살인을 해도 아무런 제재를 가하지 않는다면 말이 되지 않는다. 그러나 나는 의병으로서 전쟁에 나갔다가 포로가 되어 이곳에 온 것이므로 나를 국제공법에 의해 처리해 줄 것을 희망하는 바이다.

---

① 일본 왕도 겉으로는 동양 평화를 내세우고 있는 사실의 분명한 제시
② 이토는 일본 왕의 취지에 따르고 한국 황제의 호소는 무시했으므로 죽어 마땅함의 강조
③ 안중근을 포함한 한국인들도 동양 평화를 갈망하는 데는 일본과 차이가 없음의 천명
④ 이토는 동양 평화에 방해가 되므로 제거해도 일본에 해가 되지 않음의 합리화
⑤ 이토가 추진했던 정책에 대한 비판

18 ⓐ~ⓓ 중 〈보기〉의 내용이 들어갈 알맞은 곳은?

> ┌ 보기 ┐
> 즉, 앞으로 사회의 구성원들은 점점 더 자신의 이상과 행복의 추구와 조직 혹은 사회의 목표나 가치가 일치하기를 원하게 된다는 관점을 우리는 주시해야 한다.

> 우리가 추진해 온 경제 발전은 한 마디로 다른 지역에서 오랜 시간을 두고 축적된 시간상의 궤적이 같은 시간대와 같은 공간에 혼재하고 있는 독특한 상황을 보이고 있다. 이 같은 자본주의의 여러 모습이 간혹 서로 상충되어 나타나기 때문에, 우리 스스로도 과연 우리가 장기적으로 나아가야 할 방향의 정립을 모색하면서 현실적인 한계에 직면한다. ⓐ 그러나 보편성의 측면에서 시장을, 궁극적으로 여러 경제 주체의 이해 조정 기구로 신뢰해야 한다는 큰 테두리에는 합의할 수 있을 것이다. 경제적인 측면에서 진행되고 있는 국경 없는 경제나 지구화 경제의 추세는 한 개별 국가 단위에서의 경쟁력과 경제 형평 사이의 의미를 이전과는 전혀 다른 시각에서 인식하게 만들고 있으며, 이를 가속화하는 것이 바로 정보 사회의 급진전이다. ⓑ 정보 사회의 진전은 양적인 개념에서 인간 생활을 풍요롭게 혹은 편리하게 만들면서 효율성을 급속도로 늘려 주었지만, 동시에 질적인 개념에서 이제까지 한 부문 혹은 계층이 다른 계층 혹은 부문을 장악하고 지배하는 유용한 도구였던 정보의 독점 체제를 붕괴하고 있다. ⓒ 이 점이 우리가 경쟁력 강화와 경제 형평을 조화시켜야 할 중요한 이유 중 하나이다. ⓓ 이 점은 우리 사회가 목표를 어디다 설정해야 하는가와도 깊은 관련이 있지만 구성원들의 협조와 자발적인 참여를 유도하지 않고서는 기업 조직이나 사회가 경쟁에서 이기기 힘든 상황이 전개되고 있다. ⓔ

① ⓐ   ② ⓑ   ③ ⓒ
④ ⓓ   ⑤ ⓔ

19 밑줄 친 부분에 깔려 있는 전제는?

> 과거에는 기업이 나쁜 소식에 대처하는 속도가 느릴 수밖에 없었다. <u>정보를 신속히 전할 수 있는 수단이라고는 전화뿐이었으므로</u>, 경영자들은 종종 상황이 심각한 지경에 이르고 나서야 문제를 발견할 수 있었다. 또, 문제 해결에 나선 직원들은 필요한 정보를 찾느라 산더미처럼 쌓인 서류뭉치와 씨름했거나, 일이 진행되는 상황을 알고 있는 누군가를 찾아 사내를 뛰어다녀야만 했다. 그리고 일단 늦게나마 불완전한 정보라도 얻게 되면, 다시 전화로 서로 의논을 하거나 팩스로 정보를 교환하곤 했다. 이러한 과정마다 매우 많은 시간이 소모되었음을 물론이고, 결과적으로 곳곳에 흩어진 관련 정보들을 모아 전체적인 상황을 파악하기란 사실상 불가능했다.

① 상황 대처 능력은 정보 수집 속도에 비례한다.
② 전화는 기업의 발전에 부정적으로 작용하였다.
③ 전화는 정보 전달 면에서 우수한 전송 수단이었다.
④ 전화는 수집된 정보에 따라 상황에 대처하는 데 쓰인다.
⑤ 정보를 습득하는 데 많은 시간이 필요하다.

20 다음 글의 내용을 바르게 이해한 것은?

> 한자를 빌려 우리말을 표기한 유형과 방식은 대체로 다음의 네 가지로 분류된다.
>
> 첫째, 한자를 수용하여 그대로 사용하되 우리말의 순서대로 배열한 것을 흔히 서기체 표기라 한다. 서기체 표기는 우리말의 어순에 따라 한자가 배열되고 한자의 뜻이 모두 살아 있으므로 우리말의 문법 형태소를 보충하면 전체적인 의미를 파악할 수 있다.
>
> 둘째, 이두체 표기로, 어휘 형태소와 문법 형태소가 구분되어 표기된다. 즉 어휘 형태소는 중국식 어휘가 그대로 사용되고 문법 형태소는 훈독, 훈차, 음독, 음차 등 다양한 방법으로 표기된다. 그리고 구나 절은 한문이 그대로 나타나기도 한다.
>
> 셋째, 어휘 형태소와 문법 형태소를 가리지 않고 훈독, 훈차, 음독, 음차 등의 다양한 방법으로 표기되어 있는 것을 향찰체 표기라 한다. 국어 문장의 모습을 그대로 보여 주는 대표적인 차자 표기 방식이라 하겠다.
>
> 넷째, 한문 문장을 그대로 두고 필요한 곳에 구결을 달아 이해의 편의를 도모한 문장이 있다. 이를 흔히 구결문이라고 한다.

① '서기체 표기'는 문법 형태소를 반영하였다.
② '이두체 표기'는 문법 형태소가 표기되지 않는다.
③ '향찰체 표기'는 중국어 어순에 따라 어휘가 배열된다.
④ '구결문'은 구결이 없어도 문장의 의미를 파악할 수 있다.
⑤ 답이 없다.

21 다음 글에서 두 문단의 관계를 가장 바르게 제시한 것은?

> 이것이 고려 말 14세기의 후반에 '산대 잡극'이라고 불리던 놀이 내용의 묘사인데, 채붕과 함께 가·악·무와 기이한 곡예(曲藝)가 관중의 이목을 즐겁게 하던 일종의 연희라고 할 수 있겠다. 우리가 삼국 시대 이래로 다분히 영향을 받았던 중국의 산악(散樂)은 정악(正樂)에 속하지 않은 잡다한 예능들이었다. 그 내용은 배우 가무적 요소, 기기 곡예적 요소, 환술적(幻術的) 요소들이었는데, 송(宋)의 서긍(徐兢)의 '고려도경(高麗圖經)'에는 고려 백희의 숙련됨을 말하고 있어 중국에까지 알려졌던 것을 알 수 있다.
>
> 고려조의 이러한 산대 잡극은 연등회와 팔관회 외에도 왕의 행행(行幸)한 때, 원나라에 갔다가 환국(還國)할 때, 연락환오(宴樂歡娛)할 때에 행하고, 개선 장군을 환영하는 잔치에도 행하였음이 고려사(高麗史)에 보인다. 가례(嘉禮)인 연등회나 팔관회에서 산대를 시설하고 백희 가무를 연행하였을 뿐 아니라, 흉례에 속하는 나례(儺禮)에서도 채붕은 시설하지 않았지만 백희는 역시 연행되었음을 같은 이색의 시 '구나행(驅儺行)'의 내용으로 보아 알 수 있다.

① 주지 – 주지   ② 주지 – 부연
③ 도입 – 주지   ④ 주지 – 예시
⑤ 주지 – 반박

22　(가)와 (나)의 관계를 바르게 파악한 것은?

> (가) 이렇게 되면, 개인과 사회의 관계는 어떻게 되는가? 어떤 때는 서로가 조화를 이루어 서로 협조할 수 있으나, 때에 따라서는 심한 대립과 반발을 일으키는 경우도 있다. 개인이 사회를 위하고, 사회가 개인을 위할 때에는 크게 문제가 되지 않는다. 그러나 개인이 사회를 거부하거나 사회가 개인을 부정할 때에는 갈등과 모순을 피하지 못하게 된다. 전체주의 사회에서 개인들이 자유를 찾아 투쟁했던 역사를 본다든지, 독재 국가에서 지성인들이 처해 있는 상황을 보면, 우리는 이러한 사실을 도저히 부정할 수가 없게 된다.
>
> (나) 대체로, 이러한 갈등과 불행은 두 가지 경우에 초래된다. 하나는, 전체로서의 사회가 개체로서의 개인의 자유와 가치를 억압했을 때이며, 또 다른 하나는, 개인들이 스스로 속해 있는 사회에 반항을 하며 대립을 일으켰을 때이다. 어떤 사람은 도덕적 인간과 비도덕적 사회라는 말을 사용했다. 그렇다면 도덕적인 사회와 비도덕적인 개인도 문제가 될 수가 있다. 그러나 현대는 사회를 중심으로 삼고 있기 때문에 전자에 더 큰 어려움이 있는 경우가 많다.

	(가)	(나)		(가)	(나)
①	주지	예시	②	현상	원인
③	전제	결론	④	가설	검증
⑤	주장	반박			

23　다음 글의 (　　)에 들어갈 문장으로 가장 적절한 것은?

> 우리들이 걸핏하면 서양 것은 덮어놓고 과학적이려니 짐작하는 수가 많다. 그리고 과학적인 것은 더 우수하고 좋다는 생각을 가지고 있다. 사실 우리 역사를 돌이켜보면 과학이란 지난 수십 년 사이 서양에서 배워 들여온 셈이지, 우리들이 스스로 물리나 화학을 제대로 발달시켰다고 주장하기는 어려운 실정이다. 그러니 우리들은 '과학'이라거나 '과학적' 또는 '논리적'이란 말만 들어도 지레 기가 죽어서 그것은 서양 사람들의 전매특허거니 생각해 버리고 마는 것이다. 그리고는 사사건건 우리들의 전통적인 어느 문화가 서양의 그것과 다를 때는 무조건 우리 것은 '비과학적'이라고 매도해 버리는 것이다. 하지만 (　　　　　　　　)

① 서양에도 '비과학적'인 것은 있다.
② 우리 것에도 '과학적'인 것은 있다.
③ '비과학적'이라 해서 반드시 나쁜 것은 아니다.
④ 이런 우리들의 태도야말로 '비과학적'인 것이다.
⑤ 우리 것을 '비과학적'으로 매도하는 것은 좋지 않다.

[24~25] 다음을 읽고 물음에 답하시오.

(가) 한국의 대중문화 현상이란 기본적으로 서구 국가, 특히 미국에서 발생한 문화 유형이 우리 사회에 밀려들어 옴으로써 나타난 것으로 파악할 수 있다. 더욱이 1965년에 한일 회담이 타결되자 일본의 경제적·사회 문화적 물결도 한국 사회에 급격히 밀려들어 왔다. 그리하여 한국의 대중문화는 다분히 외래적인 요소로 가득 차게 되었다.

(나) ㉠한편 한국 사회는 1960년대 후반부터 급속한 산업화를 추진해 왔다. 산업화 과정은 필연적으로 대중화 현상을 낳는다. 한국의 산업화 과정에서도 대중화 현상이 두드러지게 나타났다. 유럽의 산업화 과정이 역사적인 길이를 두고 자연스럽게 이루어진 데 비해 한국의 그것은 다분히 인공적이고 계획적으로 이루어져 많은 불합리와 부작용을 낳았다. 한국의 대중화 과정은 서구 사회의 그것보다도 순탄하지 못한 과정을 거치면서 진행되어 온 것이다.

(다) 이와 같은 대중화 과정 속에서 사람들은 전근대적인 지역 사회로부터 해방되고, 도시화와 근대화의 충격파 속에 휩쓸리게 되었다. ㉡대중화 과정에서 우선시되는 사회적 가치는 소비와 향락, 권력과 부, 사회적 지위 등이다. 이러한 사회적 목표를 성취할 수 있는 수단이나 기회는 누구에게나 평등하게 주어지는 것이 아니므로 여기서 욕구 불만이나 좌절감이 생겨나며, 나아가서 일탈 행위나 비행, 범죄 등이 사회의 밑바탕에 깔리게 된다.

(라) 대중화 과정이 급격할수록 거기에 따르는 부작용 또한 심해질 수밖에 없다. 이러한 급격한 사회 변동 속에서 ㉢한국의 문화는 대중문화로, 그것도 서구의 대중문화에 비해 더욱 거칠고 성숙하지 못한 상태로 형성되었다.

(마) 한국의 대중문화는 미국과 일본의 대중문화의 영향을 직접적으로 받는 한편, 한국 사회 자체의 대중화 과정 속에서 형성되었다고 볼 수 있다. 이와 같은 한국의 대중문화는 대중문화 일반이 지니는 갖가지 역기능을 더욱 심하게 드러내고 있다. ㉣한국의 대중 사회적 상황이 서구의 그것보다 더욱 조잡하고 미숙한 것과 마찬가지로 한국의 대중문화가 자아내고 있는 역기능은 대중문화 일반이 지니는 그것보다 더욱 거칠고 조악한 상태로 나타나고 있는 것이다.

24 위 글의 내용과 일치하지 않는 것은?
① 한국의 대중문화는 민족의 정서와 동떨어진 외래적인 요소가 많이 가미되었다.
② 한국의 대중문화는 한일 회담 타결의 여파로 급격히 형성되었다.
③ 산업화와 대중화 과정에서 초래된 불평등 현상으로 사회 문제가 대두되었다.
④ 한국의 대중화 과정은 유럽이나 미국에 비해 급격하게 진행되었다.
⑤ 한국의 대중문화는 대중문화 일반이 지니는 갖가지 역기능을 더욱 심하게 드러내고 있다.

25 다음 〈보기〉의 내용이 들어갈 위치로 적절한 곳은?

> ─● 보기 ●─
> 산업화의 혜택이 일부의 사람들에게만 돌아가면 대다수의 사람들은 항상 심리적 기아(饑餓) 상태에 놓인다. 여기에 상류 계층의 생활 양식이나 생활 태도가 사회의 전면에 노출됨으로써 갈등이 일어나게 된다.

① (가)의 뒤 　② (나)의 뒤 　③ (다)의 뒤
④ (라)의 뒤 　⑤ (마)의 뒤

02 자료해석

01 한강 상류 뚝섬 지구에서 하류 여의 지구까지 $10km$를 배로 왕복한다. 여의 지구까지 내려갈 때 1시간, 다시 뚝섬 지구까지 올라올 때 5시간이 걸린다면 이 배의 속도는?

① 4km/h   ② 5km/h

③ 6km/h   ④ 7km/h

02 형제가 함께 하면 15일 만에 끝낼 수 있는 일을 형이 14일간 하고, 남은 일은 동생이 18일 걸려서 끝냈다. 형 혼자서 일하면 며칠 만에 끝낼 수 있겠는가?

① 16일   ② 18일

③ 20일   ④ 22일

03 A, B 두 상품을 합하여 18,000원에 사서 A상품은 원가에 35%의 이익을 붙여 팔고, B상품은 원가에 10%를 할인하여 팔았더니 3,150원의 이익을 얻었다. 이때 A상품의 원가는?

① 8,000원   ② 9,000원

③ 10,000원   ④ 11,000원

04 A고등학교 학생 수는 작년에 비해 8% 감소하여 올해는 828명이 되었다. A고등학교의 작년 학생 수는 몇 명인가?

① 800명   ② 820명

③ 850명   ④ 900명

05 현재 아버지의 나이는 아들 나이의 $\dfrac{8}{3}$배이다. 7년 후에 아버지의 나이가 아들 나이의 $\dfrac{11}{5}$배가 된다고 할 때, 현재 아들의 나이는?

① 17세   ② 18세

③ 19세   ④ 20세

06 아버지가 두 아들에게 사탕을 나눠줬다. 동생은 형이 사탕 1개를 자신에게 주면 둘의 수가 같아지고, 자신이 사탕 1개를 형에게 주면 형의 사탕 수가 자신의 사탕 수의 2배가 된다고 하면서 자기에게 준 사탕의 수가 너무 적다고 불평했다. 아버지가 동생에게 준 사탕은 몇 개인가?

① 5개   ② 6개

③ 7개   ④ 8개

07 가위바위보를 하여 이기면 4계단 올라가고 지면 2계단 내려온다. 가위바위보를 10회 하였을 때 처음 위치보다 22계단 위에 있었다. 이긴 횟수는?

① 6회   ② 7회

③ 8회   ④ 9회

08 길이가 13cm, 17cm인 초가 있다. 13cm짜리 초는 5분에 2cm씩 타서 없어지고, 17cm짜리 초는 10분에 6cm씩 타서 없어진다. 두 개의 초에 동시에 불을 붙였을 때 남은 길이가 같아지는 것은 몇 분 후인가?

① 17분   ② 18분

③ 19분   ④ 20분

09 다음 중 온도 차가 가장 큰 때는 언제인가?

연도	2016년				2017년			
계절	봄	여름	가을	겨울	봄	여름	가을	겨울
온도(℃)	11.6	25.3	14.1	−0.8	12.0	25.9	14.4	0.3

① 2016년 봄 ~ 여름   ② 2016년 여름 ~ 가을

③ 2017년 봄 ~ 여름   ④ 2017년 여름 ~ 가을

[10~11] 다음은 한 학급 50명의 국어와 수학 성적(100점 평가)을 상관표로 나타낸 것이다. 국어 성적이 80점인 학생들의 수학 성적 평균이 70점일 때 다음 물음에 답하여라.

수학＼국어	20	40	60	80	100
20		2	1		
40	2		㉮	2	
60	1	3	7	3	1
80			2	㉯	2
100				1	4

10 ㉯에 들어갈 숫자는?

① 5명 ② 6명
③ 7명 ④ 8명

11 ㉮에 들어갈 숫자는?

① 10명 ② 11명
③ 12명 ④ 13명

12 다음은 5년 동안 A도시에서 1인 가구와 4인 가구가 차지하는 비율의 변화를 나타낸 그래프이다. 그래프를 보고 알 수 있는 내용으로 가장 적절한 것은?

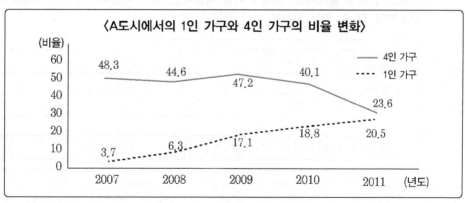

〈A도시에서의 1인 가구와 4인 가구의 비율 변화〉

① 4인 가구가 차지하는 비율은 2007년 이후로 꾸준히 감소하고 있다.
② 1인 가구가 차지하는 비율은 2008년과 2009년 사이에 급격하게 증가하였다.
③ 2010년에 4인 가구가 차지하는 비율은 1인 가구가 차지하는 비율의 약 4배이다.
④ 4인 가구가 차지하는 비율이 가장 많이 변화한 해는 2008년과 2009년 사이이다.

부록 실전모의고사

13 다음은 20세 이상 인구를 대상으로 직장에서의 이면지 재사용률에 대한 설문조사를 한 후 학력별, 월 소득별로 나타낸 표이다. 이에 대한 설명으로 가장 적절한 것은?

[직장에서의 이면지 재사용에 대한 설문조사 결과]

(단위 : %)

구 분		매우 그렇다	약간 그렇다	별로 그렇지 않다	전혀 그렇지 않다
학력별	초졸 이하	31.0	26.5	19.6	22.9
	중 졸	34.6	26.8	23.9	14.7
	고 졸	45.4	33.4	14.7	6.5
	대졸 이상	50.7	36.7	10.0	2.6
월소득별	200만 원 미만	42.2	34.4	15.0	8.4
	200~400만 원 미만	48.3	33.4	12.9	5.4
	400~600만 원 미만	50.1	35.9	10.0	4.0
	600만 원 이상	47.7	37.5	10.4	4.4

① 교육수준이 높은 사람일수록 직장에서 이면지 사용을 잘한다고 볼 수 있다.

② 월 소득이 높을수록 직장에서의 이면지 재사용을 철저히 하고 있음을 알 수 있다.

③ 약간 그렇다에 응답한 응답자 중 학력이 고졸인 집단과 월소득이 200~400만 원 미만인 집단의 인원수는 같다.

④ 월 소득이 200만 원 미만인 집단에서 직장에서의 이면지 재사용에 적극적인 사람은 과반수가 넘는다.

14 다음은 인터넷 중독자군, 잠재적 위험 사용자군, 일반 사용자군에 관한 자료이다. 이 자료로부터 알 수 있는 사실이 아닌 것은?

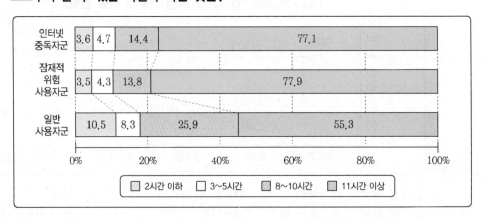

① 하루 평균 11시간 인터넷을 사용하는 비율이 가장 높은 집단은 잠재적 위험 사용자 군이다.

② 인터넷 중독자군과 잠재적 위험 사용자군의 1일 평균 인터넷 이용 시간은 큰 차이가 없다.

③ 인터넷을 하루 2시간 이하로 사용하는 비율은 일반 사용자군이 인터넷 중독자군의 3배 이상이다.

④ 일반 사용자군에서 인터넷을 하루 평균 11시간 이상을 사용하는 이용자는 과반수를 초과한다.

15 다음 표에 대한 설명으로 옳은 것을 고르면?

[상품군별 전자상거래액] (단위 : 백만 원)

상품군＼분기	1/4	2/4	3/4	4/4
컴퓨터 및 주변기기	224,877	215,732	205,442	228,452
소프트웨어	20,121	21,086	20,562	20,784
가전·전자·통신기기	256,780	278,341	290,342	312,356
서적	75,112	71,221	73,219	74,885
여행 및 예약서비스	74,673	82,553	92,908	114,553

[운영형태별 전자상거래액] (단위 : 백만 원)

운영형태＼분기	1/4	2/4	3/4	4/4
온라인 전문쇼핑몰	445,656	462,231	483,324	553,224
온라인·오프라인 쇼핑몰	866,547	1,002,348	1,100,872	1,204,432

① 온라인 전문쇼핑몰이 온라인·오프라인 쇼핑몰의 시장을 잠식해 나갈 것으로 예측된다.

② 여행 및 예약서비스에 대한 시장은 연중 지속적인 성장세를 보이고 있다.

③ 온라인 또는 온라인·오프라인 쇼핑몰은 꾸준히 하락세를 보이고 있다.

④ 주어진 기간 내에서 온라인·오프라인 쇼핑몰의 전자상거래액이 가장 크게 증가한 분기는 온라인 전문쇼핑몰의 전자상거래액이 가장 적은 분기와 일치한다.

16 A, B, C, D사의 연간 매출액에 관한 자료이다. 각 회사의 연간 이익률이 매년 일정하며 B, C, D사의 연간 이익률은 각각 2%, 3%, 3%이다. A~D사의 연간 순이익 총합이 전년에 비해 감소하지 않았다고 할 때, A사의 최소 연간 이익률은?

(단위 : 백억 원)

회사 \ 연도	2005년	2006년	2007년	2008년	2009년	2010년
A	300	350	400	450	500	550
B	200	250	300	250	200	150
C	300	250	200	150	200	250
D	350	300	250	200	150	100

※ 순이익 = 매출액 × 이익률

① 6%　　　　　　　　　　　　② 7%
③ 8%　　　　　　　　　　　　④ 9%

17 다음 표는 2013년부터 2017년까지 정부지원 직업훈련 현황에 대한 자료이다. 이에 대한 설명 중 옳지 않은 것은?

[연도별 정부지원 직업훈련 현황]　(단위 : 천 명, 억 원)

구분 \ 연도		2013	2014	2015	2016	2017
훈련인원	실업자	102	117	113	153	304
	재직자	2,914	3,576	4,007	4,949	4,243
	계	3,016	3,693	4,120	5,102	4,547
훈련지원금	실업자	3,236	3,638	3,402	4,659	4,362
	재직자	3,361	4,075	4,741	5,597	4,669
	계	6,597	7,713	8,143	10,256	9,031

① 실업자 훈련인원과 실업자 훈련지원금의 연도별 증감방향은 서로 일치한다.
② 1인당 훈련지원금은 매년 실업자가 재직자보다 많았다.
③ 훈련인원은 매년 실업자가 재직자보다 적었다.
④ 훈련지원금 총액은 2016년에 1조 원을 넘어 최고치를 기록하였다.

18 다음 A, B, C사의 매출액을 표시한 그래프에 대한 설명으로 옳지 않은 것은?

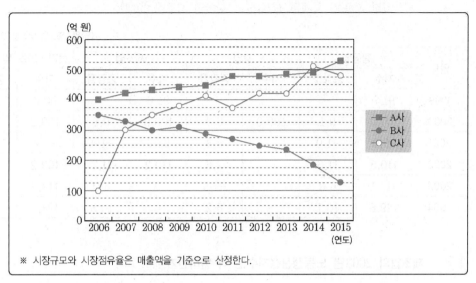

① A사의 시장점유율이 전년도에 비해 가장 크게 상승한 연도는 2015년이다.

② 2012~2015년 사이 B사의 시장점유율은 매년 하락하였다.

③ 2013년 A사의 시장점유율은 2012년에 비해 상승하였다.

④ 2015년까지 전체 시장규모는 2011년을 제외하고 매년 증가하였다.

[19~20] 다음은 1999년부터 2004년까지 우리나라 산업별 노동생산성지수를 나타낸 것이다. 단, 일부 자료는 삭제된 상태이다. 주어진 자료를 토대로 다음 물음에 답하여라.

(단위 : %, 2000년 100% 기준)

연도	광공업		광업		제조업		전기·가스 및 수도업	
	지수	증감률	지수	증감률	지수	증감률	지수	증감률
1999	91.7	–		–	91.6	–	90.6	–
2000	100.0	9.1	100.0	6.3	100.0	9.1	100.0	10.4
2001	99.0	-1.0		5.8	98.6	-1.4	97.2	-2.8
2002	110.5	11.6		2.6	110.2	11.7	109.2	12.4
2003	117.1	6.0		-1.5		6.0	118.6	8.6
2004	129.6	10.7		6.2		10.8	128.6	8.4

19 제조업의 2003년 노동생산성지수는 약 얼마인가?

① 106.0　　　　　　　　　② 106.8

③ 108.9　　　　　　　　　④ 116.8

20 광업의 2002년 노동생산성지수는 1999년에 비하여 약 몇 % 증가하였는가?

① 10.8%　　　　　　　　　② 12.0%

③ 13.7%　　　　　　　　　④ 15.4%

03 ▶ 공간능력

[1~5] 다음 지문을 읽고 입체도형의 전개도로 알맞은 것을 고르시오.

- 입체도형의 전개하여 전개도를 만들 때, 전개도에 표시된 그림(⑩ , ◢ 등)은 회전의 효과를 반영함. 즉, 본 문제의 풀이과정에서 보기의 전개도 상에 표시된 "▯"와 "▭"은 서로 다른 것으로 취급함
- 단, 기호 및 문자(⑩ ☎, ♤, ♨, K, H)의 회전에 의한 효과는 본 문제의 풀이과정에서 반영하지 않음. 즉, 입체도형을 펼쳐 전개도를 만들었을 때에 "D"의 방향으로 나타나는 기호 및 문자도 보기에서는 "☎" 방향으로 표시하며 동일한 것으로 취급함

01

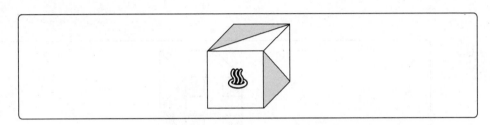

① 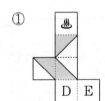 ② 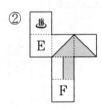 ③ 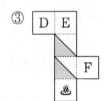 ④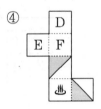

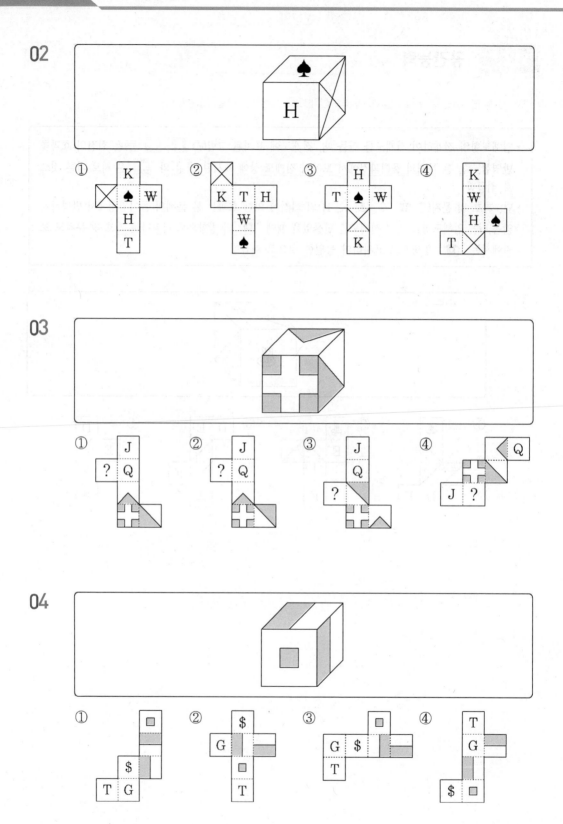

05

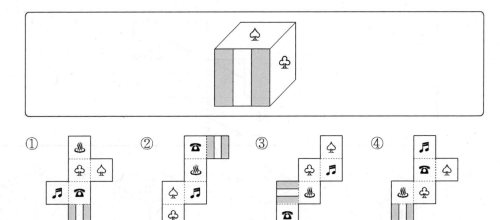

[6~10] 지문을 읽고 다음 전개도로 만든 입체도형에 해당하는 것을 고르시오.

- 전개도를 접을 때 전개도 상의 그림, 기호, 문자가 입체도형의 겉면에 표시되는 방향으로 접음
- 전개도를 접어 입체도형을 만들 때, 전개도에 표시된 그림(예 █, ◿ 등)은 회전의 효과를 반영함. 즉, 본 문제의 풀이과정에서 보기의 전개도 상에 표시된 "█"와 "▬"은 서로 다른 것으로 취급함
- 단, 기호 및 문자(예 ☎, ♠, ♨, K, H)의 회전에 의한 효과는 본 문제의 풀이과정에서 반영하지 않음. 즉, 전개도를 접어 입체도형을 만들었을 때에 "⧉"의 방향으로 나타나는 기호 및 문자도 보기에서는 "☎" 방향으로 표시하며 동일한 것으로 취급함

06

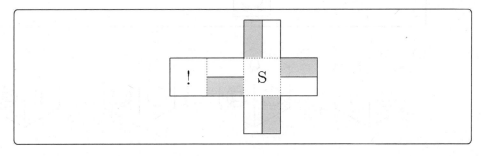

① 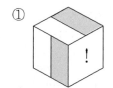　② 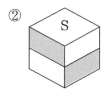　③ 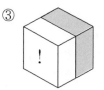　④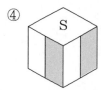

부록
실전모의고사

07

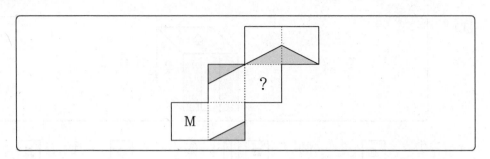

①   ②   ③   ④

08

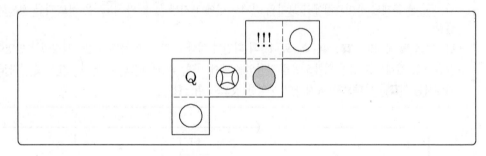

①   ②   ③   ④

09

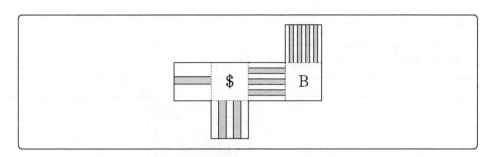

① ② ③ ④

10

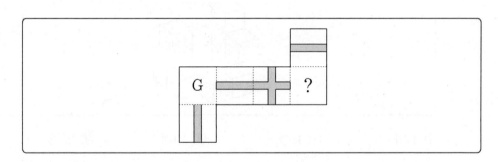

① ② ③ ④

[11~14] 다음 제시된 그림과 같이 쌓기 위해 필요한 블록의 수를 고르시오.

블록은 모양과 크기는 모두 동일한 정육면체임

11

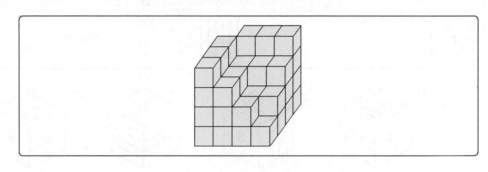

① 45개　　　② 46개　　　③ 47개　　　④ 48개

12

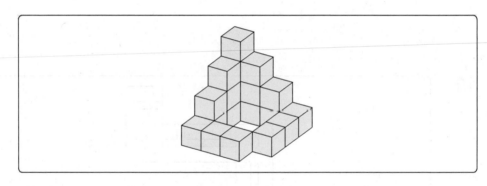

① 17개　　　② 18개　　　③ 19개　　　④ 20개

13

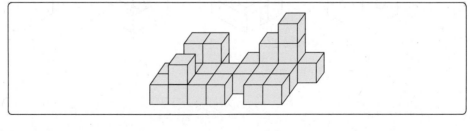

① 25개　　　② 26개　　　③ 27개　　　④ 28개

14

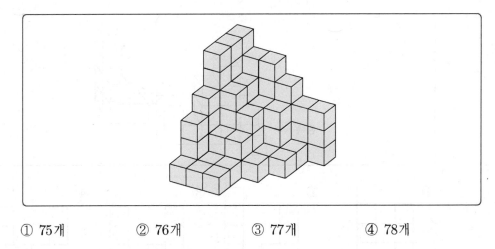

① 75개　　　　② 76개　　　　③ 77개　　　　④ 78개

[15~18] 다음 제시된 블록들을 화살표 표시한 방향에서 바라봤을 때의 모양으로 알맞은 것을 고 르시오.

- 블록은 모양과 크기는 모두 동일한 정육면체임
- 바라보는 시선의 방향은 블록의 면과 수직을 이루며 원근에 의해 블록이 작게 보이는 효과는 고 려하지 않음

15

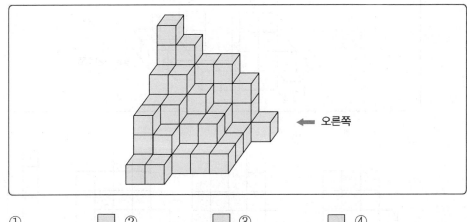

← 오른쪽

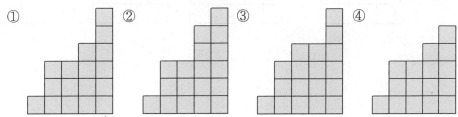

① ② ③ ④

부록

실전모의고사

16

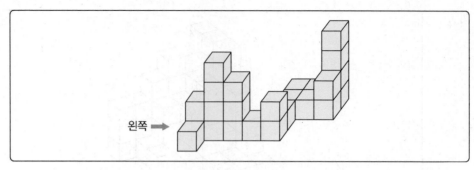

왼쪽 ➡

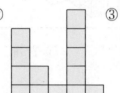

17

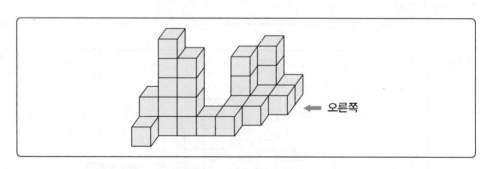

⬅ 오른쪽

①  ② ③ ④

18

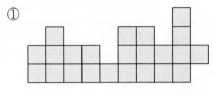

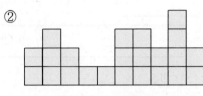

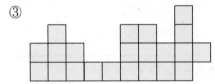

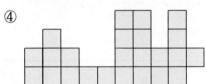

04 > 지각속도

[1~5] 아래 〈보기〉의 왼쪽과 오른쪽 기호의 대응을 참고하여 각 문제의 대응이 같으면 답안지에 '① 맞음'을, 틀리면 '② 틀림'을 선택하시오.

― 보기 ―

| 27 = ♤ | 79 = ♧ | 45 = ☆ | 53 = ♡ | 98 = ☎ |
| 61 = ◈ | 13 = ■ | 39 = ◑ | 87 = △ | 47 = ⑪ |

01 79 13 53 87 61 - ♧ ■ ♡ ☎ ◈

① 맞음 ② 틀림

02 45 53 87 98 27 - ☆ ♡ △ ☎ ⑪

① 맞음 ② 틀림

03 39 79 45 87 61 - ◑ ♧ ♤ △ ◈

① 맞음 ② 틀림

04 45 39 53 13 61 - ☆ ◑ ♡ ■ ◈

① 맞음 ② 틀림

05 79 87 47 27 98 - ♧ △ ⑪ ♤ ☎

① 맞음 ② 틀림

[6~10] 아래 〈보기〉의 왼쪽과 오른쪽 기호의 대응을 참고하여 각 문제의 대응이 같으면 답안지에 '① 맞음'을, 틀리면 '② 틀림'을 선택하시오.

┌ 보기 ┐

| 제웃 = art | 퉤술 = eyw | 츄뷔 = ptd | 혜뎨 = pst | 뻬쑤 = dbo |
| 꿔팃 = une | 쳬톄 = csi | 푀뮤 = yth | 쥐큐 = hgs | 뜌렛 = ked |

06

제웃 푀뮤 쥐큐 뜌렛 츄뷔 − art yth hgs eyw ptd

① 맞음 ② 틀림

07

쳬톄 츄뷔 혜뎨 뻬쑤 꿔팃 − csi ptd pst dbo une

① 맞음 ② 틀림

08

퉤술 쥐큐 뜌렛 제웃 푀뮤 − eyw hgs ked art yth

① 맞음 ② 틀림

09

꿔팃 뻬쑤 혜뎨 쳬톄 쥐큐 − une ptd pst csi hgs

① 맞음 ② 틀림

10

푀뮤 혜뎨 꿔팃 뜌렛 퉤술 − yth pst une dbo eyw

① 맞음 ② 틀림

부록

실전모의고사

[11~15] 아래 〈보기〉의 왼쪽과 오른쪽 기호의 대응을 참고하여 각 문제의 대응이 같으면 답안 지에 '① 맞음'을, 틀리면 '② 틀림'을 선택하시오.

─ 보기 ─

kℓ = 745	mℓ = 984	km = 278	mm = 862	cm = 547
dℓ = 490	μℓ = 621	ha = 398	mg = 136	kg = 403

11

ha kℓ mm km mg ― 398 745 862 278 403

① 맞음　　　　　　　　　② 틀림

12

μℓ kg cm dℓ mℓ ― 621 403 547 490 984

① 맞음　　　　　　　　　② 틀림

13

mm cm kℓ dℓ km ― 862 547 745 490 136

① 맞음　　　　　　　　　② 틀림

14

mℓ mm kg μℓ mg ― 984 547 403 621 136

① 맞음　　　　　　　　　② 틀림

15

μℓ ha km dℓ cm ― 621 398 745 490 547

① 맞음　　　　　　　　　② 틀림

[16~20] 아래 〈보기〉의 왼쪽과 오른쪽 기호의 대응을 참고하여 각 문제의 대응이 같으면 답안지에 '① 맞음'을, 틀리면 '② 틀림'을 선택하시오.

┌─ 보기 ─
│ ㅂ = 예㉦   ⪶ = 끝㊀   ≈ = 말㉯   ⪬ = 참㊌   ㄱ = 접㉾
│ ㄷ = 해㊁   ⪡ = 낫㉧   ≳ = 활㉠   ÷ = 표㉾   ⋄ = 속㉣
└─

16

≳ ÷ ㄷ ≈ ㄱ － 활㉠ 표㉾ 낫㉧ 말㉯ 접㉾

① 맞음   ② 틀림

17

⪡ ⪶ ⪬ ㅂ ⋄ － 낫㉧ 끝㊀ 참㊌ 접㉾ 속㉣

① 맞음   ② 틀림

18

≳ ÷ ⪡ ㄷ ≈ － 활㉠ 표㉾ 낫㉧ 해㊁ 참㊌

① 맞음   ② 틀림

19

⪡ ㄱ ⋄ ㅂ ⪶ － 낫㉧ 접㉾ 속㉣ 예㉦ 끝㊀

① 맞음   ② 틀림

20

≳ ÷ ⪬ ㅂ ≈ － 활㉠ 표㉾ 끝㊀ 예㉦ 말㉯

① 맞음   ② 틀림

부록
실전모의고사

[21~30] 다음 각 문제의 왼쪽에 표시된 굵은 글씨체의 기호, 문자, 숫자의 개수를 찾으시오.

21

F4

F1 F3 F5 F7 F9 F7 F5 F4 F8 F10 F12 F3 F9 F10 F6 F4 F7 F4 F9 F11 F2 F4 F2 F1 F12 F8 F11
F4 F6 F9

① 4개　　　　　　　　② 5개
③ 6개　　　　　　　　④ 7개

22

C

AOBOCDPFOIRPHLFJCVPSEGDMOCPDNSNLALXKOXBC
NVWEOTKCEPALQPDLCNDLS

① 4개　　　　　　　　② 5개
③ 6개　　　　　　　　④ 7개

23

♫

♫♫♫♪♫♫♫♫♫♫♪♪♫♪♫♫♪♫♫♫♫♫♫♫♫♫♪♪♫♬♪
♫♫♫♫♫♪♫♫♫♫♫♫♫♫♫

① 6개　　　　　　　　② 7개
③ 8개　　　　　　　　④ 9개

24

す

びふさしすめんなにすぇよるれわすをぁけさすらゆやもらるろぼみ
ゑをんすあえゆ

① 4개　　　　　　　　② 5개
③ 6개　　　　　　　　④ 7개

25

八	九入八人万人丁八儿乃入刀人力八丁乄丿人九丁人入九刀儿人入九万 人入八人力九

① 4개   ② 5개
③ 6개   ④ 7개

26

진	오자신축술미인묘신진축유자술사해축신진오사유해묘축미진인신묘 술유자해진미신유축술진오

① 4개   ② 5개
③ 6개   ④ 7개

27

츠	촉촉한 초코칩 나라에 살던 안촉촉한 초코칩이 촉촉한 초코칩 나라의 촉촉한 초코칩을 보고 촉촉한 초코칩이 되고 싶어

① 20개   ② 21개
③ 22개   ④ 23개

28

76	71435689761346895843765943287643121983764913594 6768 4736146598476164973

① 5개   ② 6개
③ 7개   ④ 8개

부록

실전모의고사

29

(i)	(j)(k)(i)(m)(n)(p)(r)(s)(v)(f)(i)(d)(b)(z)(t)(i)(l)(f)(w)(i)(j)(l)(i)(f)(t)(r)(i)(v)(u)(t)(i)(h)(j)(l)(r)(l)(t)(i)(f)(j)(l)

① 6개　　　　　　　　　② 7개
③ 8개　　　　　　　　　④ 9개

30

j	↕gh↕ie! i ojdl I jc?ioid↕lg ! ioa2il7j] mn?j7eos7pi↕[fi7j ! hhd7i?cjo7leh7jrpi

① 6개　　　　　　　　　② 7개
③ 8개　　　　　　　　　④ 9개

실전모의고사

01 언어논리

01 다음 밑줄 친 단어의 쓰임이 적절하지 않은 것은?

① 동아리 활성화를 위한 프로그램 <u>개발</u>이 필요하다.
② 그 회사는 사건의 진상을 <u>호도</u>하려 한다.
③ 빙산이 바다 위를 <u>부상</u>하는 것은 온난화 때문이다.
④ 세입자에게 밀린 집세를 너무 자주 <u>채근</u>하지 마라.
⑤ <u>배후</u>에서 그를 조종한다는 느낌이 들었다.

02 다음 밑줄 친 부분과 같은 의미로 사용된 것을 고르면?

> 그녀는 요리에 익숙한지 음식을 장만하는 손놀림이 <u>쟀다</u>.

① 그 정도 일은 누구나 할 수 있는 일이니 너무 그렇게 <u>재지</u> 마라.
② 체구는 작아도 동작이 <u>재서</u> 각종 운동을 잘한다.
③ 일을 너무 <u>재다가는</u> 아무것도 못한다.
④ 네가 총알을 <u>재는</u> 동안 나의 단검은 널 향해 날아갈 것이다.
⑤ 아버지는 볏단을 논에 <u>재고</u> 있었다.

03 다음 속담과 같은 의미를 지닌 한자성어를 고르면?

> 죽은 자식 나이 세기

① 본말전도(本末顚倒)　　　　　② 맥수지탄(麥秀之嘆)
③ 반포지효(反哺之孝)　　　　　④ 망양보뢰(亡羊補牢)
⑤ 와각지쟁(蝸角之爭)

04 다음 중 단어나 문장의 표현이 어법상 옳지 않은 것은?

① 당 쇄신을 위해 여권 전체를 개편하는 작업이 필요하다.
② 경쟁사가 낸 광고는 지나친 상업성으로 인해 빈축을 샀다.
③ 올해는 한국 경제가 침체 국면에서 벗어날 수 있을 것으로 보인다.
④ 적군의 완강한 투항에 쉬이 공격할 수 없었다.
⑤ 현대 사회의 특징 중 하나는 새로운 이론들이 서로 경합하는 혼돈의 시대라는 것이다.

05 다음 중 띄어쓰기가 바른 것은?

① 나도 할수 있다.
② 슈퍼에서 두부 한모를 샀다.
③ 그는 감정적이라기보다는 이성적이다.
④ 그 일을 끝내려면 세 시간내지 다섯 시간이 걸린다.
⑤ 나는 꼭 해내고 말것이다.

06 다음 빈칸에 들어갈 알맞은 속담은?

> 사람 팔자는 아무도 모른다. 그 집안 막내는 비록 팔푼이였지만 그래도 그가 고향에 남아서 (　　　)(이)라고/고 그나마 자식 구실을 하고 있다.

① 개천에서 용 난다
② 굽은 나무가 선산 지킨다
③ 끝 부러진 송곳
④ 국수 먹은 배
⑤ 염불에는 맘이 없고 잿밥에만 맘이 있다

07 다음 제시된 단어의 관계와 유사한 것을 고르면?

배심원 : 평결

① 학생 : 선생   ② 도서관 : 장서   ③ 가수 : 매력
④ 경찰 : 군인   ⑤ 국회의원 : 입법

08 다음 중 맞춤법 표기가 옳은 것을 고르면?

① 우리는 양지바른 곳에 둘러앉아 소꿉놀이를 했다.
② 해 저물도록 숨박꼭질을 하며 놀았다.
③ 조그만 헝겊 조각도 버리기 아까워 반짇고리에 담아 놓았다.
④ 쓰레받이에 쓰레기를 쓸어 담아서 쓰레기통에 버려라.
⑤ 산 정상에는 구름이 걷쳐 있었다.

09 다음 밑줄 친 ㉠을 뒷받침할 수 있는 진술로 볼 수 없는 것은?

육체의 모든 부분은 그것이 어떤 직능의 기관이든 인간의 의지 표현이 아닌 것은 없다. 손발의 활동은 그러한 것의 대표적인 것이다. 그러나 인간의 미묘한 감정을 표현해 주는 것은 눈뿐이다. 입도 인간의 희비애락(喜悲哀樂)을 표현해 주는 중요한 기관의 하나이지만 그것은 결코 눈의 그것처럼 미묘한 것은 아니다. ㉠말[言語]은 인간의 가장 정확한 감정 표현이 될 수 있지만 눈의 그것처럼 진실되지 못하다. 또한 눈은 있는 그대로의 모습으로써 무한한 의미를 표현하며 조그만 변화로써 중대한 다른 의미를 지니기도 한다. 모나리자의 미소는 신비적인 표현의 대표적인 일례로 되어 있지만, 항상 그 이외의 미묘한 신비적인 표현을 나타내 주고 있는 것이 누구나 가지고 있는 일상의 눈이다. 고래(古來)로 많은 시인들이 그 애인의 눈의 비밀을 그 무엇보다도 더 많이 노래했던 것도 이 때문이다. 눈은 무언(無言)의 언어이며, 그 무언의 언어가 항상 설명을 초월해 있기 때문에 그것은 언제나 가장 정확한 언어이기도 하다.

① 그리운 사람을 만났을 때 눈은 울면서도 즐거움을 말해 주기도 한다.
② 눈은 말로는 표현할 수 없는 미묘한 사랑의 느낌을 전달하기도 한다.
③ 말로 하기에 곤란한 상황에서는 눈짓을 통해 의사를 전달할 수 있다.
④ 사람의 감추어진 진실은 말이 아니더라도 그 눈빛을 통해 알 수 있다.
⑤ 어떤 사람을 상대하느냐에 따라 눈빛이 천차만별로 다를 수 있다.

10　다음 제시된 문장을 순서대로 바르게 배열한 것은?

> (가) 동양화에서는 산점투시를 택하여 구도를 융통성 있게 짜기 때문에 유모취신(遺貌取神)적 관찰 내용을 화면에 그대로 표현할 수 있다.
> (나) 이 여백은 빈 공간을 넘어서서 화면에 예술적 분위기를 불어넣음으로써 주제 의식을 명확하게 한다.
> (다) 동양화의 특징인 여백의 표현은 산점투시와 관련된다.
> (라) 즉, 대상 가운데 주제와 사상을 가장 잘 나타낼 수 있는 본질적인 부분만을 취하고 주제와 관련이 없는 부분을 화면에서 제거해 여백을 만드는 것이다.

① (가) - (라) - (다) - (나)　　② (나) - (라) - (가) - (다)
③ (다) - (가) - (라) - (나)　　④ (다) - (나) - (가) - (라)
⑤ (라) - (가) - (나) - (다)

11　다음 빈칸에 들어갈 알맞은 것을 고르면?

> 　죽음의 편재성(遍在性)이란 우리가 언제 어디서든 죽을 수 있다는 것을 뜻한다. 죽음의 편재성은 부인할 수 없는 사실이고, 그 사실은 우리에게 죽음의 공포를 불러일으킨다. 보통 우리는 죽음의 공포를 불러일으키는 것을 회피 대상으로 생각하고 가급적 피하려고 한다. 예를 들어 자정에서 새벽 1시까지는 아무도 죽지 않는 세계가 있다고 상상해 보자. 아마도 그 세계의 사람들은 매일 그 시간이 오기를 바랄 것이고 최소한 그 시간 동안에는 죽음의 공포를 느끼지 않을 것이다. 이번에는 아무도 죽지 않는 장소가 있는 세계가 있다고 상상해 보자. 아마도 그 장소는 발 디딜 틈도 없이 북적일 것이다. 그 장소에서는 죽음의 공포를 피할 수 있기 때문이다. 이런 점들만 생각해 보아도 죽음의 편재성이 우리에게 죽음의 공포를 불러일으키고, 이로 인해 우리는 죽음의 편재성을 회피대상으로 생각한다는 것을 알 수 있다.
> 　그런데 죽음의 편재성과 관련된 이러한 생각이 항상 맞지는 않다는 것을 보여 주는 사례가 있다. 우리는 죽음의 공포를 기꺼이 감수하면서 즐기는 활동들이 있다는 것을 알고 있다. 혹시 그 활동들이 죽음의 공포를 높이기 때문에 매력적으로 보이는 것은 아닐까? 스카이다이버들은 죽음의 공포를 느끼면서도 그것을 무릅쓰고 비행기에서 뛰어 내린다. 그들은 땅으로 떨어지면서 조그마한 낙하산 가방에 자신의 운명을 맡긴다. 이러한 사례가 보여 주는 것은, 그렇다면 앞서 상상해 본 세계와 관련된 우리의 생각에는 문제가 있다고 할 수 있다. 즉
> (　　　　　　　　　　　　　　　　) 죽음의 편재성이 인간에게 죽음의 공포를 불러일으킨다고 해서 죽음의 편재성이 회피 대상이라는 결론으로 나아갈 수는 없다.

① 스카이다이버들은 죽음에 대한 공포를 느끼지 않는 사람들이라는 것이다.
② 인간에게 죽음의 공포를 불러일으키는 것이 반드시 회피 대상은 아니라는 것이다.
③ 죽음의 편재성이 우리에게 죽음의 공포를 불러일으킨다는 것은 거짓이라는 것이다.
④ 죽음의 공포로부터 자유로운 공간이나 시간이 존재한다는 상상은 현실과 동떨어졌다는 것이다.
⑤ 죽음을 피할 수 있는 공간에 사람들이 모이는 이유는 죽음에 대한 공포 때문이라기보다는 죽음에 대한 동경 때문이라고 보아야 한다는 것이다.

[12~13] 다음 글의 주제로 적절한 것을 고르시오.

12

선진국은 산업혁명 이후 오랫동안 산업화가 진행되어 왔기에 산업화의 문제점을 조금씩 수정·보완해 왔다. 그러나 개발도상국은 짧은 시간 내에 산업화를 겪었기 때문에 많은 문제점을 안고 갈 수밖에 없었다. 따라서 개발도상국에는 산업화가 되지 못한 지역과 산업화가 이루어진 지역이 동시에 존재하기 때문에 여러 가지 문제가 한꺼번에 폭발하는 경우가 많다.

① 개발도상국의 산업화 문제는 정부 주도로 풀어야 한다.
② 산업화의 여파로 지역적 소외감이 팽배하고 있다.
③ 산업화의 부작용은 개발도상국이 더 심각하다.
④ 선진국은 개발도상국보다 산업화가 더 많이 이루어졌다.
⑤ 선진국이 개발도상국보다 우월하다.

13

우리나라 사람들은 여가를 위해 도박 형태의 놀이를 하는 경우가 많다. 이것은 놀이 방식이 다양하게 개발되지 않은 탓도 있을 것이고, 우리나라에서는 인간관계가 폐쇄적이어서 가까운 사람들끼리만 모여 더 이상의 화제가 없기 때문일 수도 있을 것이다. 한편 급속한 경제 발전 과정에서 받은 스트레스를 해소하기 위하여 어쩔 수 없이 도박과 같이 긴장감 있고 자극이 강한 놀이에 흥미를 느꼈을 수도 있다.

① 도박의 폐단과 그 원인
② 우리가 도박을 하는 이유
③ 놀이 문화 부재의 원인과 문제점
④ 사행성 놀이와 여가 선용의 문제점
⑤ 도박의 문제점

부록
실전모의고사

14 다음 글에 〈보기〉의 문장을 첨가하고자 할 때 ㉠~㉤ 중 가장 적절한 곳은?

> 세계화와 정보화로 대표되는 현대 사회에서 사람들은 다양한 기호, 이미지, 상징들이 결합된 상품들의 홍수 속에서, 그리고 진실과 경계를 구분할 수 없는 정보와 이미지의 바다 속에서 살아가고 있다. ㉠ 이러한 사회적 조건들은 개인들의 정체성 형성에 커다란 변화를 가져다주었다. ㉡ 절약, 검소, 협동, 양보, 배려, 공생 등과 같은 전통적인 가치와 규범은 이제 쾌락, 소비, 개인적 만족과 같은 새로운 가치와 규범들로 대체되고 있다. ㉢ 그래서 개인적 경험의 장이 넓어지는 만큼 역설적으로 사람들 간의 공유된 경험과 의사소통의 가능성은 점차 줄어들고 있다. ㉣ 파편화된 경험 속에서 사람들이 세계에 대한 '인식적 지도'를 그리기란 더 이상 불가능해진 것이다. ㉤

> ━ 보기 ━
> 개인들의 다양한 삶과 경험은 사고와 행위의 기준들을 다양화했으며, 이로 인해 전통적인 정체성은 해체되었다.

① ㉠   ② ㉡   ③ ㉢
④ ㉣   ⑤ ㉤

15 다음 예화를 이용하여 독자에게 교훈을 제시하는 글을 쓰고자 한다. 교훈의 내용으로 가장 적절한 것은?

> 옛날 중국에 글깨나 한다는 묘진이라는 선비가 있었다. 이 선비가 과거(科擧)를 준비한다는 소문을 듣고 안주라는 재상이 그에게 이렇게 말했다.
> "과거에 합격하려면 공부를 열심히 해야 할 것이네."
> 그러자 묘진은,
> "뭐, 그리 어려울 게 있겠습니까? 30년 유모(乳母)가 아이를 거꾸로 업을 리가 없겠지요?"
> 하며 시큰둥하게 대답했다.
> 그러나 묘진은 정작 시험 때 가서 '온 천하에 임금의 신하가 아닌 사람이 없도다(普天之下 莫非王土).'로 쓴다는 것이 '온 천하에 임금 아닌 사람이 없도다(普天之下 莫非王).'로 써 버리는 바람에 낙방하고 말았다.
> 후에 묘진은 안주로부터,
> "여보게, 자네는 아이를 거꾸로 업고 말았네그려."
> 하는 핀잔을 듣고 아무 대꾸도 못 했다고 한다.

① 안락 속에서도 위기에 대처하는 능력을 길러야 한다.
② 무분별한 욕심을 경계하고 절제해야 한다.
③ 자신에게 기회가 주어지면 그 즉시 능력을 발휘해야 한다.
④ 오만한 자기 과신과 안일하고 불성실한 태도는 실패를 부르는 첩경이다.
⑤ '돌다리도 두들겨 보고 건너라'는 말처럼 잘 아는 일도 세심하게 주의를 기울여야 한다.

16 "개발이냐, 보존이냐"라는 제목으로 글을 쓸 때 ㉠에 뒷받침 문장을 추가하여 논지를 보강하고자 한다. 다음 중 가장 적절한 것은?

> 　최근 들어 나라 곳곳에서 큰 규모로 이루어지는 여러 가지 '자연 개발'에 대하여 상반된 주장이 맞서고 있다. 한쪽에서는 현재 인간이 겪고 있는 상황을 고려해 볼 때 자연에 손을 대는 일은 불가피하며, 그 과정에서 생기는 일부 손실은 감내해야 한다고 주장한다.
> (　　　　　　㉠　　　　　　)

① 인구는 많고 삶의 질에 대한 사람들의 기대는 높아졌는데, 이를 충족해 줄 자원이나 주거 공간, 사회 기반 시설은 매우 부족하다. 그래서 이를 해결하려면 자연을 개발해야 하고, 이 과정에서 자연 환경이 어쩔 수 없이 훼손된다는 것이다.

② 현대 사회는 예전에 비해 훨씬 더 빠르게 돌아가기 때문에 사람들은 피로와 스트레스에 시달리고 있다. 그런데 이를 치유할 수 있는 가장 좋은 방법은 자연 속에서 휴식을 취하는 것이며, 그 과정에서 경제적인 비용이 들어간다는 것이다.

③ 자연은 스스로를 치유하는 능력이 있다고 한다. 그래서 강이나 바다가 조금 오염되어도 오래지 않아 정상으로 돌아올 수 있다. 인간이 이 점을 잘 활용하면 폐수 처리 비용을 줄이고 쾌적한 환경에서 생활할 수 있다는 것이다.

④ 자연은 생명이 있어서 외부의 자극에 반응을 보인다. 이러한 성질을 인간이 명확히 밝혀내어 잘 활용하면 식량을 획기적으로 증산할 수 있다고 한다. 그러면 인간은 예전보다 훨씬 더 풍요로운 생활을 할 수 있다는 것이다.

⑤ 자연을 포함한 이 우주는 질서에서 무질서로, 또 무질서에서 질서로 향해 나아간다. 자연 개발이 무질서라면 이 무질서 뒤에는 자연과 인간 모두에 이득이 되는 질서가 따라오게 된다. 즉 자연 개발이 가져오는 손실은 우주의 균형에 따라 자연스럽게 메워진다는 것이다.

17 다음 글의 내용과 부합하는 것은?

> 조선 시대 우리의 전통적인 전술은 흔히 장병(長兵)이라고 불리는 것이었다. 장병은 기병(騎兵)과 보병(步兵)이 모두 궁시(弓矢)나 화기(火器) 같은 장거리 무기를 주 무기로 삼아 원격전(遠隔戰)에서 적을 제압하는 것이 특징이었다. 이에 반해 일본의 전술은 창과 검을 주무기로 삼아 근접전(近接戰)에 치중하였기 때문에 단병(短兵)이라 일컬어졌다. 이러한 전술상의 차이로 인해 임진왜란 이전에는 조선의 전력(戰力)이 일본의 전력을 압도하는 형세였다. 조선의 화기 기술은 고려 말 왜구를 효과적으로 격퇴하는 방도로 수용된 이래 발전을 거듭했지만, 단병에 주력하였던 일본은 화기 기술을 습득하지 못하고 있었다.
>
> 그러나 이러한 전력상의 우열관계는 임진왜란 직전 일본이 네덜란드 상인들로부터 조총을 구입함으로써 역전되고 말았다. 일본의 새로운 장병 무기가 된 조총은 조선의 궁시나 화기보다도 사거리나 정확도 등에서 훨씬 우세하였다. 조총은 단지 조선의 장병 무기류를 압도하는 데 그치지 않고 일본이 본래 가지고 있던 단병 전술의 장점을 십분 발휘하게 하였다. 조선이 임진왜란 때 육전(陸戰)에서 참패를 거듭한 것은 정치·사회 전반의 문제가 일차적 원인이겠지만, 이러한 전술상의 문제에도 전혀 까닭이 없지 않았던 것이다.
>
> 그러나 일본은 근접전이 불리한 해전(海戰)에서 조총의 화력을 압도하는 대형 화기의 위력에 눌려 끝까지 열세를 만회하지 못했다. 일본은 화약무기 사용의 전통이 길지 않았기 때문에 해전에서도 조총만을 사용하였다. 반면 화기 사용의 전통이 오래된 조선의 경우 비록 육전에서는 소형 화기가 조총의 성능을 당해내지 못했지만, 해전에서는 함선에 탑재한 대형 화포의 화력이 조총의 성능을 압도하였다. 해전에서 조선 수군이 거둔 승리는 이순신의 탁월한 지휘력에도 힘입은 바 컸지만, 이러한 장병 전술의 우위가 승리의 기본적인 토대가 되었던 것이다.

① 장병 무기인 조총은 일본의 근접 전투기술을 약화시켰다.
② 조선의 장병 전술은 고려 말 화기의 수용으로부터 시작되었다.
③ 임진왜란 당시 조선은 육전에서 전력상 우위를 점하고 있었다.
④ 원격전에 능한 조선 장병 전술의 장점이 해전에서 잘 발휘되었다.
⑤ 임진왜란 때 조선군이 참패한 일차적인 원인은 전술의 열세에 있었다.

18 다음 글에서 의사들이 오류를 범한 까닭으로 가장 적절한 것은?

> 로젠햄 교수의 연구원들은 몇몇 정신병원에 위장 입원했다. 연구원들은 병원의 의사들이 자신을 어떻게 대하는지 알아보았다. 그들은 모두 완벽하게 정상이었으며 정신병자인 것처럼 가장하지 않고 정상적으로 행동했음에도 불구하고, 다만 그들이 병원에 입원해 있다는 사실 하나만으로 그들에게 정신적인 문제가 있는 것으로 간주되었다. 다시 말해 이 가짜 환자들의 모든 행위가 입원 당시의 서류에 적혀 있는 정신병의 증상으로 해석되고 있었다. 연구원들이 자신은 환자가 아니라고 주장하는 것조차 오히려 정신병의 일종으로 해석되었다. 진짜 환자 중 한 명이 그들에게 이런 주의를 주었다. "절대로 의사에게 다 나았다는 말을 하지 마세요. 안 믿을 테니까요." 의사들 중 연구원들의 정체를 알아차린 사람은 한 명도 없었지만 진짜 환자들은 오히려 이들이 가짜 환자라는 사실을 간파했다.
>
> 의사들은 한 행동이 정신병 증상인지 아닌지를 판정하는 기준에 대한 가설을 세우고, 이 가설 하에서 모든 행동을 이해하려고 들었다. 모든 행위가 그 가설에 맞는 방식으로 해석되었다. 하지만 그 가설을 통해 사람들의 모든 행동을 나름대로 해석할 수 있다고 해서 그 가설이 옳다는 것이 증명된 것은 아니다. 누군가 '어미 코끼리는 소형 냉장고에 통째로 들어간다'라는 가설을 세웠다고 해 보자. 우리는 이 가설이 참이 되는 상황과 거짓이 되는 상황을 명료하게 판정할 수 있다. 가령 우리가 어미 코끼리를 냉장고에 직접 넣어 본다고 해 보자. 우리는 그때 벌어진 상황이 어미 코끼리가 통째로 냉장고에 들어가 있는 상황인지 그렇지 않은 상황인지 잘 판별할 수 있다. 이렇게 판별할 수 있는 가설이 좋은 가설이다. 의사들이 세웠던 가설은 좋은 가설이 갖는 이런 특성을 갖지 못했기 때문에 의사들은 가짜 환자들을 계속 알아볼 수 없었다.

① 의사들은 자신의 가설이 틀렸다는 것을 자각하지 못했다.

② 의사들의 가설은 진위 여부가 명료하게 판별되지 않는 가설이었다.

③ 의사들의 가설에는 정신병이 치료될 수 있다는 사실이 반영되지 않았다.

④ 의사들은 자신의 가설이 정신병자 환자의 주장과 부합되어야 한다는 점을 알지 못했다.

⑤ 의사들은 자신의 가설이 일반인의 행동을 해석하지 못한다는 점을 인정하지 못했다.

19 다음 글의 내용과 양립할 수 있는 것은?

> 자본주의 초기 독일에서 종교적 소수집단인 가톨릭이 영리활동에 적극적으로 참여하지 않았다는 것은 다음과 같은 일반적 인식과 배치된다. 민족적, 종교적 소수자는 자의건 타의건 정치적으로 영향력 있는 자리에서 배제되기 때문에 영리활동에 몰두하는 경향이 있다. 이 소수자 중 뛰어난 재능을 가진 자들은 관직에서 실현할 수 없는 공명심을 영리활동으로 만족시키려 한다. 이는 19세기 러시아와 프러시아 동부지역의 폴란드인들, 그 이전 루이 14세 치하 프랑스의 위그노 교도들, 영국의 비국교도들과 퀘이커 교도들, 그리고 2천 년 동안 이방인으로 살아온 유태인들에게 적용되는 것이다. 그러나 독일 가톨릭의 경우에는 그러한 경향이 전혀 없거나 뚜렷하게 나타나지 않는다. 이는 다른 유럽 국가들의 프로테스탄트가 종교적 이유로 박해를 받을 때조차 적극적인 경제활동으로 사회의 자본주의 발전에 기여했던 것과 대조적이다. 이러한 현상은 독일을 넘어 유럽사회에 일반적인 현상이었다. 프로테스탄트는 정치적 위상이나 수적 상황과 무관하게 자본주의적 영리활동에 적극적으로 참여하는 뚜렷한 경향을 보였다. 반면 가톨릭은 어떤 사회적 조건에 처해 있든 간에 이러한 경향을 나타내지 않았고 현재도 그러하다.

① 소수자이든 다수자이든 유럽의 종교집단은 사회의 자본주의 발전에 기여하지 못했다.
② 독일에서 가톨릭은 정치 영역에서 배제되었기 때문에 영리활동에 적극적으로 참여하였다.
③ 독일 가톨릭의 경제적 태도는 모든 종교적 소수집단에 폭넓게 나타나는 보편적인 경향이다.
④ 프로테스탄트와 가톨릭에 공통적인 금욕적 성격은 두 종교집단이 사회에서 소수이든 다수자이든 동일한 경제적 행동을 하도록 추동했다.
⑤ 종교집단에 따라 경제적 태도에 차이가 나타나는 원인은 특정 종교집단이 처한 정치적, 사회적 상황이 아니라 종교 내적인 특성에 있다.

20 다음 글에 나타난 인간의 행동 양식과 거리가 먼 것은?

> 우리는 무엇이 옳은지 결정하기 위해 다른 사람들이 옳다고 생각하는 것이 무엇인지 알아보기도 한다. 이것을 '사회적 증거의 법칙'이라고 한다. 이 법칙에 따르면 주어진 상황에서 어떤 행동이 옳고 그른가는 얼마나 많은 사람들이 같은 행동을 하느냐에 의해 결정된다. 다른 사람들이 하는 대로 행동하는 경향은 여러 모로 매우 유용하다. 일반적으로 다른 사람들이 하는 대로 행동하면 실수할 확률이 확실히 줄어든다. 왜냐하면 다수의 행동이 올바르다고 인정되는 경우가 많기 때문이다. 그러나 이러한 사회적 증거의 특성은 장점인 동시에 약점이 될 수 있다. 왜냐하면 사회적 증거는 우리가 주어진 상황에서 어떻게 행동해야 할지 결정하는 지름길로 사용될 수 있지만, 이를 맹목적으로 따를 경우 그 지름길에 숨어서 기다리고 있는 불로소득자들에 의해 이용당할 수도 있기 때문이다.

① 영희는 고속도로에서 주변의 차들과 같은 속도로 달리다가 속도위반으로 범칙금을 냈다.
② 철수는 검색 우선순위에 따라 인터넷 뉴스를 본다.
③ 순이는 발품을 팔아 값이 가장 싼 곳에서 물건을 산다.
④ 주아는 페이스북에 올라온 콘텐츠를 볼 때 '좋아요'를 누른 수가 많은 것을 골라서 본다.
⑤ 명수는 여행을 가서 밥을 먹을 때 구석진 곳이라도 주차장에 차가 가장 많은 식당에서 밥을 먹는다.

21 다음 글의 요지로 가장 적절한 것은?

신문이 진실을 보도해야 한다는 것은 새삼스러운 설명이 필요 없는 당연한 이야기이다. 정확한 보도를 하기 위해서는 문제를 전체적으로 보아야 하고 역사적으로 새로운 가치의 편에서 봐야 하며, 무엇이 근거이고 무엇이 조건인가를 명확히 해야 한다. 그런데 이러한 준칙을 강조하는 것은 기자들의 기사 작성 기술이 미숙하기 때문이 아니라 이해관계에 따라 특정 보도의 내용이 달라지기 때문이다. 자신들에게 유리하도록 보도되게 하려는 외부 세력이 있으므로 진실 보도는 일반적으로 수난의 길을 걷게 마련이다. 흔히 신문의 임무가 '사실 보도'라고 말한다. 그 임무를 다하기 위해서는 신문이 자신들의 이해관계에 따라 진실을 왜곡하려는 권력과 이익 집단, 구속과 억압의 논리로부터 자유로워야 한다.

① 진실 보도에 방해가 되는 사회적 이해관계를 철저히 배격해야 한다.
② 자신들에게 유리하도록 기사가 보도되게 하려는 외부 세력이 있다.
③ 신문의 임무는 사실 보도이나 이는 수난을 겪게 마련이다.
④ 정확한 보도를 하기 위하여 전체적 시각을 가져야 한다.
⑤ 진실 보도를 위하여 구속과 억압의 논리로부터 자유로워야 한다.

22 다음 글의 논지를 가장 잘 요약한 것은?

동물끼리의 커뮤니케이션은 문법이 갖춰진 언어가 필요하지 않다. 적이 다가왔을 때는 큰 소리로 외치면 위험 신호로 충분하고, 음식의 존재를 알릴 때는 과일의 달콤한 냄새를 입주위에 풍기며 저쪽이라고 가리키기만 하면 된다.

목전의 상황과 밀착해서 지각에 직접 호소하는 언어기호 또한 문법요소 없이도 그런대로 기능을 한다. 문법에 따른 언어를 사용해서 논리적 판단 등을 시도하면 오히려 시간이 걸리고 적절한 행동을 할 수 없는 경우도 많을 것이다.

고도의 문법이 아무래도 필요한 때는 목전의 현실 상황에서 동떨어진 시 · 공간에서의 사건을 기술할 때이다. 특히 시 · 공간에서 다수의 인물에 의해 행해지는 복잡한 상호행동을 묘사할 때이다. 예컨대 '만약 p 내지는 q가 r에게 y를 했더라면 r은 p에게 z와 같은 일을 할 리는 없었을 것이다.'라는 내용을 표현할 때는 제대로 된 문법이 필수적이다. 즉 상상하는 가공의 이야기나 가공이 아니더라도 목전의 상황과 관계가 없는 부대조건이 있는 상황을 기술하기 위해서는 여러 가지 문법요소에 따라서 전후 관계나 논리적인 맥락을 지정해 줄 필요가 있다.

① 동물들의 커뮤니케이션   ② 언어기호와 문법요소
③ 문법에 따른 언어활동   ④ 고도의 문법요소가 필요한 상황
⑤ 시 · 공간을 초월한 비언어적 소통

23 다음 글을 읽고 '뇌의 파장'에 대해 올바르게 이해한 것은?

우리가 깨어 있을 때 뇌는 규칙적인 파장을 낸다. 우리가 깨어 있을 때 뇌의 파장은 1초에 8회 정도로 규칙적이다. 이러한 각성 상태의 파장을 '알파(α)파'라 부른다. 그러나 우리가 잠들기 시작하면 뇌의 파장은 달라진다. 잠이 들면 뇌의 파장은 느려지고, 그 진폭은 커진다. 이러한 뇌파의 변화는 잠이 깊어질수록 더 뚜렷해진다. 아주 깊은 잠에 빠지면 우리의 뇌에서는 1초에 3~4회 정도 반복되는 느린 파장인 '델타(δ)파'가 나온다. 각성 상태의 알파파보다 훨씬 느린 파장이다.

① 깨어 있을 때 뇌의 파장은 규칙적인 횟수를 보인다.
② 잠이 들기 시작하면 뇌의 파장은 그 진폭이 작아진다.
③ 깊은 잠을 잘 때는 느린 알파파의 파장이 나온다.
④ 알파파보다 델타파의 파장이 훨씬 빠르다.
⑤ 각성 상태에서는 1초에 3~4회 정도로 반복되는 느린 파장이 나온다.

[24~25] 다음 글을 읽고 물음에 답하시오.

> 과학은 설명을 추구한다. 이것이 성공을 거둔다면 우리는 미래를 예측할 수 있을 것이다. 하지만 윤리는 명령으로 이루어져 있다. 사실 그 자체는 그 무엇도 명령하지 않는다. 자기 이익을 떠나서 오직 의무를 행한다는 도덕적 선의 개념은 경험이나 인간 행위를 관찰함으로써 발견되는 것이 아니기 때문이다.
>
> | (A) |
> | --- |
>
> 황소가 사람에게 돌진할 때 많은 사람이 피한다는 사실을 관찰한다고 해서 황소가 나에게 돌진한다는 사실이 "피해!"라는 명령을 함축한다고 볼 수는 없다. 내가 자살을 의도하고 있다면 피하라는 명령을 마음속으로 내리지는 않을 것이다.
>
> 어떤 사람은 우리가 내리는 선택을 관찰자가 정확히 예측할 수 있다면, 그것은 곧 우리의 선택 능력에 대한 믿음이 환영이었음을 보여 주는 것이라 말한다. 하지만 관찰자의 시점이 아무리 발전한다고 해도 참여자의 시점을 완전히 배제할 수는 없다. 참여자의 시점이 완전히 배제되지 않는다면 예측이 반드시 가능한 것은 아니다. 자선단체에 기부하는 선택에 관한 이론이 매우 정확하여 내가 어떤 선택을 할지 예측한다고 해 보자. 그렇더라도 나는 예측과 다른 선택을 할 수 있다. 나는 나의 행위가 예측 가능하다는 이유로 인해 화가 날 수 있으며, 그에 따라 진정한 의미의 선택을 할 수 있다는 위안을 얻기 위해 반대되는 선택을 할 수가 있다. 아무리 과학 이론이 뒷받침되더라도 나의 선택에 대한 예측은 내가 결정을 내릴 때 고려해야 할 또 한 가지 사실에 불과하다. 어떤 선택의 상황에서 나는 내가 알게 되는 나의 선택에 대한 모든 예측을 거부할 수 있다.

24 문맥상 빈칸 (A)에 들어갈 문장으로 가장 적절한 것은?

① 따라서 과학적 언명은 윤리적 명령의 기반이 된다.
② 따라서 과학적 언명은 윤리적 명령을 산출하지 못한다.
③ 따라서 과학적 언명은 연역적 추론을 통해서만 윤리적 명령의 근거가 된다.
④ 따라서 과학적 언명과 윤리적 명령은 질의 문제가 아니라 단지 양의 문제일 뿐이다.
⑤ 따라서 과학적 언명은 인간의 자유 의지가 있을 때만 설명될 수 있다.

25 위 글에서 필자가 궁극적으로 제기하고자 하는 주장은?

① 과학은 사실에 관한 학문이지만 윤리는 가치에 관한 학문이다.
② 도덕적 선은 의무를 요소로 하는 것이므로 인간은 자신의 필요가 아니라 양심에 귀를 기울여야 한다.
③ 인간은 자기의 행위가 예측되었다는 이유만으로도 관찰자의 예측 자체를 거부할 수 있다.
④ 인간의 윤리적 선택에 관한 문제는 과학적 분석이나 해명의 대상이 될 수 없다.
⑤ 인간은 과학 이론을 거스를 수 있는 선택의 의지를 지닌 동물이다.

02 자료해석

01 지수는 집에서 20km 떨어진 친구 집까지 처음에는 시속 5km로 걷다가 중간에 시속 3km로 걸어서 6시간 이내에 도착하려고 한다. 집에서부터 몇 km 이상을 시속 5km로 걸어야 하는가?

① 5km
② 6km
③ 7km
④ 8km

02 물통에 물을 채우는 데 A관은 15분, B관은 21분이 걸린다. 7분 동안 두 관 모두를 사용하여 물통을 채우다가 이후에는 A관만 사용하여 물통을 가득 채울 때 걸리는 시간은?

① 10분
② 11분
③ 12분
④ 13분

03 어떤 일을 세호와 재범이가 함께하면 하루 동안 전체 일의 $\frac{3}{20}$을 할 수 있다. 같은 일을 두 사람이 5일 동안 함께하고 나머지는 세호 혼자 3일 동안 해서 끝냈다면, 같은 일을 세호 혼자하는 데 걸리는 시간은?

① 9일
② 10일
③ 11일
④ 12일

04 마트에서 추석맞이 20% 할인 행사를 하는데, 판촉요원에게 판매액의 5%를 수수료로 준다면 판매 수입금은 원래 가격의 몇 %인가?

① 75%
② 76%
③ 78%
④ 80%

05 가을 축제를 맞이하여 A대학교에서는 참여한 과별로 추첨을 하여 상금을 주는 행사를 개최하였다. 표 밑에는 과마다 총 당첨금액이 얼마인지 적혀 있다.

수학과	경제학과	영문학과	국문학과
1학년 1명 2학년 2명 3학년 3명	1학년 2명 2학년 3명 3학년 4명	2학년 1명 4학년 2명 졸업생 1명	4학년 2명 졸업생 1명
97,000원	133,000원	41,000원	40,000원

3학년에게 돌아간 1인당 당첨금은 얼마인가?

① 1,000원　　　　　　　　　② 5,000원
③ 10,000원　　　　　　　　④ 30,000원

06 S사에서는 상반기에 신입사원을 채용하였다. 1차 서류전형 지원자 1,200명 중에서 합격자는 90%이고, 이 중 85%가 2차 면접시험에 응시하였다. 면접시험 응시자 기준으로 면접시험 경쟁률은 17 : 1이었다. 최종 합격자는 몇 명인가?

① 50명　　　　　　　　　　② 52명
③ 54명　　　　　　　　　　④ 60명

07 현재 어머니의 나이는 45세이고, 딸의 나이는 15세이다. 어머니의 나이가 딸의 나이의 4배가 되었던 것은 지금으로부터 몇 년 전이었는가?

① 3년 전　　　　　　　　　② 4년 전
③ 5년 전　　　　　　　　　④ 6년 전

08 갑과 을 두 사람이 980,000원짜리 물건 하나를 같이 구매하고 두 달간 대금을 갚아 나가기로 했다. 갑은 첫 달에 비해 두 번째 달에 40% 적게 내고, 을은 첫 달에 비해 두 번째 달에 50% 더 지불하여 결과적으로 을이 갑보다 20,000원을 더 지불했다면 첫 달에 갑이 지불한 금액은?

① 200,000원　　　　　　　② 230,000원
③ 250,000원　　　　　　　④ 300,000원

09 다음은 5월 공항별 운항 및 수송현황에 관한 자료이다. 이에 대한 설명 중 옳지 않은 것은?

공항 \ 구분	운항편수(편)	여객수(천 명)	화물량(톤)
인 천	20,818	3,076	249,076
김 포	11,924	1,836	21,512
김 해	6,406	834	10,279
광 주	944	129	1,290
대 구	771	121	1,413
청 주	755	108	1,582
제 주	11,204	1,820	21,137
전 체	52,822	7,924	306,289

① 김포공항과 제주공항 여객수의 합은 인천공항 여객수보다 많다.
② 화물량이 많은 공항부터 순서대로 나열하면 제주공항이 두 번째이다.
③ 김해공항 여객수는 광주공항 여객수의 6배 이상이다.
④ 운항편수가 적은 공항부터 순서대로 나열하면 대구공항이 두 번째이다.

10 다음 그림과 표는 현재 이동통신 사용자의 회사별 구성비와 1년 뒤 번호이동 성향에 관한 자료이다. 이 자료에 대한 설명 중 옳지 않은 것은?

[현재 이동통신 사용자의 회사별 구성비]

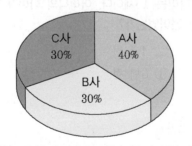

[이동통신 사용자의 회사 이동 성향]

(단위 : %)

현재 \ 1년 뒤	A사	B사	C사	합 계
A사	75	15	10	100
B사	10	65	25	100
C사	50	10	40	100

※ 현재 사용자 수와 1년 뒤 사용자 수는 같은 것으로 가정

① 1년 뒤 A사 사용자 구성비는 증가할 것으로 예측된다.
② 1년 뒤 A사 사용자 구성비는 50%를 넘어설 것으로 예측된다.
③ 1년 뒤 총 사용자 가운데 B사 사용자가 28.5%일 것으로 예측된다.
④ 1년 뒤 가장 적은 사용자를 두는 회사는 C사일 것이다.

11 지원이가 사는 빌라는 총 세대수가 4세대이다. 3개월간 하수도 사용량이 300m^3이고, 구경이 20mm라 할 때, 다음의 하수도 요금표를 참고하여 이 빌라의 3개월간 하수도 요금을 구하면?

[하수도 사용요금]

구 분	사용구분(m^3)	m^3당 단가(원)
하수도	0 ~ 30 이하	300
	30 초과 ~ 50 이하	700
	50 초과	1,070

① 30,000원　　　　　　　② 90,000원

③ 210,000원　　　　　　④ 321,000원

12 다음 표와 같이 지하층이 없고 건물마다 각 층의 바닥 면적이 동일한 건물이 완공되었다. 다음 중 층수가 가장 낮은 건물은?

[건물의 정보]

건 물	건폐율(%)	대지 면적(m^2)	연면적(m^2)	건축비(만 원/m^2)
A	50	300	600	800
B	60	300	1,080	750
C	60	200	720	700
D	50	200	800	750

※ 건폐율 = $\dfrac{\text{건축 면적}}{\text{대지 면적}} \times 100$

※ 건축 면적 : 건물 1층의 바닥 면적

※ 연면적 : 건물의 각 층 바닥 면적의 총합

① A　　　　　　　　　　② B

③ C　　　　　　　　　　④ D

13 다음은 직원들의 초과 근무수당을 지급하기 위해 나타낸 표이다. 초과 근무수당이 잘못 기재 된 사람은 누구인가? (단, 초과근무수당은 시간당 통상임금의 1.5배이다)

이름	초과 근무시간	시간당 통상임금(원)	초과 근무수당(원)
최동호	20	25,000	750,000
김순식	25	22,000	825,000
이태민	20	21,000	630,000
전상식	10	20,000	300,000
도영일	25	19,000	712,500
유상식	30	17,000	765,000
한민우	20	16,000	510,000

① 최동호   ② 이태민
③ 전상식   ④ 한민우

14 다음은 상사 평가와 동기 및 부하직원 평가를 나타낸 점수표이다. 다음 중 상사 평가와 동기 및 부하직원 평가 점수의 차이가 가장 큰 사람은?

[상사 평가]

이름	직위	점수
이정훈	부장	90
염정민	과장	85
윤영조	과장	85
박상국	대리	85
이광훈	대리	91
이재영	사원	96
박세중	사원	88
이동일	사원	89
박혜슬	사원	85

[동기 및 부하직원 평가]

이름	직위	점수
이정훈	부장	85
염정민	과장	80
윤영조	과장	90
박상국	대리	94
이광훈	대리	89
이재영	사원	84
박세중	사원	93
이동일	사원	92
박혜슬	사원	85

① 박상국   ② 윤영조
③ 박세중   ④ 이재영

15 다음은 산업체 기초통계량을 나타낸 것이다. 이 자료에 대한 설명으로 옳은 것을 다음 〈보기〉에서 모두 고른 것은?

구분	사업체(개)	종사자(명)	남자(명)	여자(명)
농업	200	400	250	150
어업	50	100	35	65
광업	300	600	500	100
제조업	900	3,300	1,500	1,800
건설업	150	350	300	50
도매업	300	1,100	650	450
숙박업	100	250	50	200
계	2,000	6,100	3,285	2,815

─ 보기 ─
㉠ 여성고용비율이 가장 높은 산업은 숙박업이다.
㉡ 제조업에서 남성이 차지하는 비율은 약 50%이다.
㉢ 광업에서 여성이 자치하는 비율은 농업에서의 여성이 차지하는 비율보다 높다.
㉣ 제조업과 건설업을 합한 사업체 수는 전체 산업체의 반을 넘는다.

① ㉠, ㉡ ② ㉠, ㉣
③ ㉡, ㉢ ④ ㉡, ㉣

16 다음 선박종류별 기름 유출사고 발생 현황에 대한 표의 설명으로 옳은 것은?

(단위 : 건, ㎘)

연도＼항목 ＼선박종류	유조선	화물선	어선	기타	전체
2005 사고 건수	37	53	151	96	337
2005 유출량	956	584	53	127	1,720
2006 사고 건수	28	68	247	120	463
2006 유출량	21	49	166	151	387
2007 사고 건수	27	61	272	123	483
2007 유출량	3	187	181	212	583
2008 사고 건수	32	33	218	102	385
2008 유출량	38	23	105	244	410
2009 사고 건수	39	39	149	116	343
2009 유출량	1,223	66	30	143	1,462

① 2005년부터 2009년 사이의 전체 기름 유출사고 건수와 전체 유출량은 비례한다.

② 유출량을 가장 많이 줄이는 방법은 화물선 사고 건수를 줄이는 것이다.

③ 연도별 전체 사고 건수에 대한 유조선 사고 건수 비율은 매년 감소하고 있다.

④ 전체 유출량이 가장 적은 연도에서 기타를 제외하고 사고 건수에 대한 유출량 비율이 가장 낮은 선박종류는 어선이다.

17 다음 표는 조선시대 화포인 총통의 종류별 제원에 대한 자료이다. 다음 설명 중 옳지 않은 것은?

제원 ＼ 종류		천자총통	지자총통	현자총통	황자총통
전체 길이(cm)		129.0	89.5	79.0	50.4
약통 길이(cm)		35.0	25.1	20.3	13.5
구경	내경(cm)	17.6	10.5	7.5	4.0
구경	외경(cm)	22.5	15.5	13.2	9.4
사정거리		900보	800보	800보	1,100보
사용되는 화약 무게		30냥	22냥	16냥	12냥
총통 무게		452근 8냥	155근	89근	36근
제조년도		1555	1557	1596	1587

① 전체 길이가 짧은 총통일수록 사용되는 화약무게가 가볍다.

② 지자총통의 무게가 93.0kg일 때, 황자총통의 총통 무게는 21.0kg이다.

③ 현자총통의 내경과 외경의 차이가 가장 크다.

④ 전체 길이 대비 약통 길이의 비율이 가장 큰 총통은 지자총통이다.

18 다음 표는 약물 투여 후 특정기간이 지나 완치된 환자 수에 관한 자료이다. 이에 대한 〈보기〉의 설명 중 옳은 것을 모두 고르면?

[약물종류별, 성별, 질병별 완치 환자의 수] (단위 : 명)

약물 종류		약물A		약물B		약물C		약물D	
성별		남	여	남	여	남	여	남	여
질병	가	2	3	2	4	1	2	4	2
	나	3	4	6	4	2	1	2	5
	다	6	3	4	6	5	3	4	6
계		11	10	12	14	8	6	10	13

※ 세 가지 질병(가~다) 중 한 가지 질병에만 걸린 환자를 각 질병별로 40명씩 총 120명을 선정하여 실험함
※ 각 질병별 환자 40명을 무작위로 10명씩 4개 집단으로 나눠 각 집단에 네 가지 약물(A~D) 중 하나씩 투여함

─ 보기 ─
㉠ 완치된 전체 남성 환자 수가 완치된 전체 여성 환자 수보다 많다.
㉡ 네 가지 약물 중 완치된 환자 수가 많은 약물부터 나열하면 B, D, A, C이다.
㉢ '다' 질병의 경우 완치된 환자 수가 가장 많다.
㉣ 전체 남성 환자 수 대비 약물D를 투여 받고 완치된 남성 환자 수의 비율은 25% 이상이다.

① ㉠　　　　　　　　　　　② ㉠, ㉢
③ ㉡, ㉢　　　　　　　　　④ ㉡, ㉣

19 다음 표는 A지역 전체 가구를 대상으로 원자력발전소 사고 전과 후의 식수 조달원에 대한 조사 결과이다. 다음 설명 중 옳은 것은?

(단위 : 가구)

사고 전 조달원 ＼ 사고 후 조달원	수돗물	정 수	약 수	생 수
수돗물	40	30	20	30
정 수	10	50	10	30
약 수	20	10	10	40
생 수	10	10	10	40

※ A지역 가구의 식수 조달원은 수돗물, 정수, 약수, 생수로 구성되며, 각 가구는 한 종류의 식수 조달원만 이용한다.

① 사고 전에 식수 조달원으로 정수를 이용하는 가구 수가 가장 많다.
② 사고 전에 비해 사고 후에 이용 가구 수가 감소한 식수 조달원의 수는 3개다.
③ 사고 전·후 식수 조달원을 변경한 가구 수는 전체 가구 수의 60% 이하이다.
④ 각 식수 조달원 중에서 사고 전·후에 이용 가구 수의 차이가 가장 큰 것은 생수이다.

20 다음 표는 2010~2017년 우리나라 연령대별 여성취업자에 관한 자료이다. 다음 설명 중 옳지 않은 것은?

(단위 : 천 명)

연도	전체 여성취업자	연령대		
		20대	50대	60대 이상
2010	9,364	2,233	1,283	993
2011	9,526	2,208	1,407	1,034
2012	9,706	2,128	1,510	1,073
2013	9,826	2,096	1,612	1,118
2014	9,874	2,051	1,714	1,123
2015	9,772	1,978	1,794	1,132
2016	9,914	1,946	1,921	1,135
2017	10,091	1,918	2,051	1,191

① 20대 여성취업자는 매년 감소하고 있다.

② 2017년 20대 여성취업자는 전년 대비 약 1.5% 감소하였다.

③ 50대 여성취업자가 20대 여성취업자보다 많은 연도는 2017년뿐이다.

④ 전체 여성취업자 중 50대 여성취업자가 차지하는 비율은 2017년이 2011년보다 낮다.

03 ▷ 공간능력

[1~5] 다음 지문을 읽고 입체도형의 전개도로 알맞은 것을 고르시오.

- 입체도형의 전개하여 전개도를 만들 때, 전개도에 표시된 그림(⑩ ▮, ◿ 등)은 회전의 효과를 반영함. 즉, 본 문제의 풀이과정에서 보기의 전개도 상에 표시된 "▮"와 "▭"은 서로 다른 것으로 취급함
- 단, 기호 및 문자(⑩ ☎, ♤, ♨, K, H)의 회전에 의한 효과는 본 문제의 풀이과정에서 반영하지 않음. 즉, 입체도형을 펼쳐 전개도를 만들었을 때에 "⬙"의 방향으로 나타나는 기호 및 문자도 보기에서는 "☎" 방향으로 표시하며 동일한 것으로 취급함

01

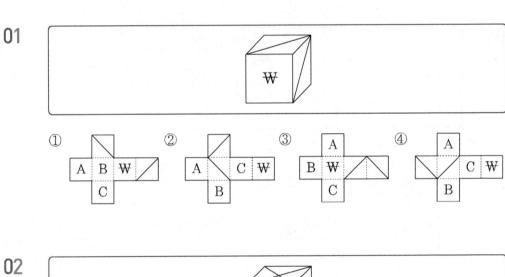

02

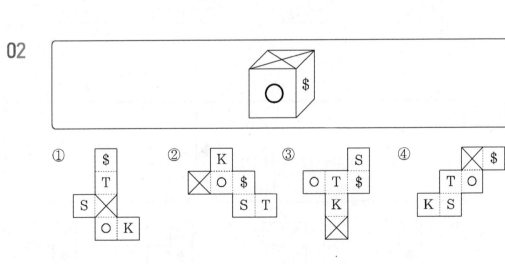

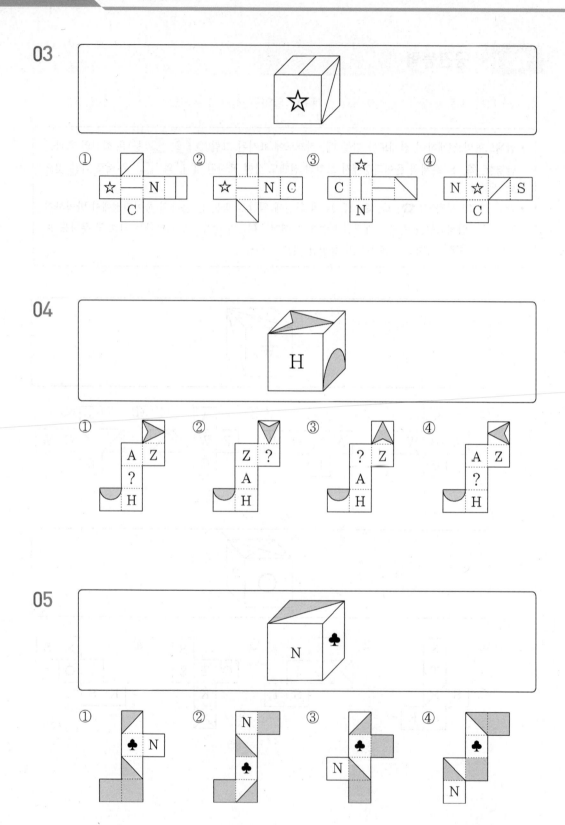

[6~10] 지문을 읽고 다음 전개도로 만든 입체도형에 해당하는 것을 고르시오.

- 전개도를 접을 때 전개도 상의 그림, 기호, 문자가 입체도형의 겉면에 표시되는 방향으로 접음
- 전개도를 접어 입체도형을 만들 때, 전개도에 표시된 그림(⑩ ▯, ◪ 등)은 회전의 효과를 반영함. 즉, 본 문제의 풀이과정에서 보기의 전개도 상에 표시된 "▯"와 "▬"은 서로 다른 것으로 취급함
- 단, 기호 및 문자(⑩ ☎, ♤, ♨, K, H)의 회전에 의한 효과는 본 문제의 풀이과정에서 반영하지 않음. 즉, 전개도를 접어 입체도형을 만들었을 때에 "🕻"의 방향으로 나타나는 기호 및 문자도 보기에서는 "☎" 방향으로 표시하며 동일한 것으로 취급함

06

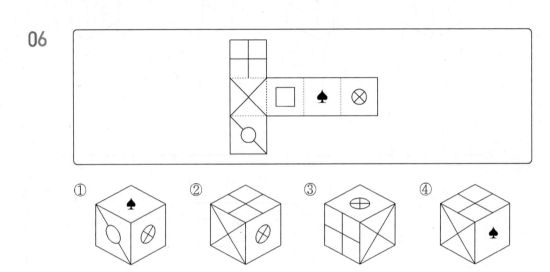

07

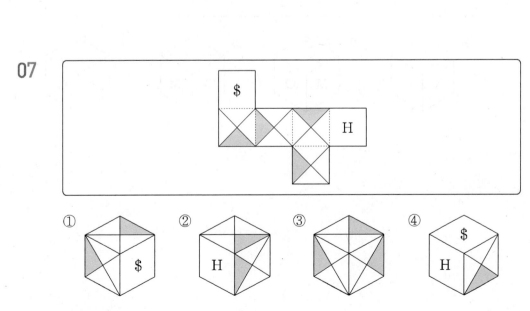

부록

실전모의고사

08

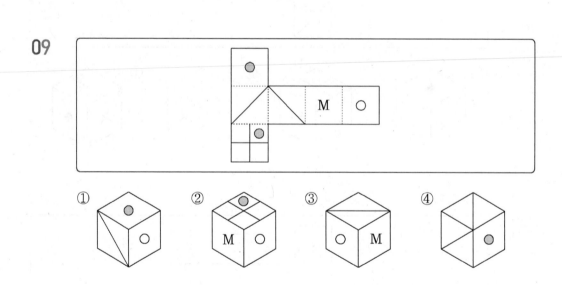

09

10

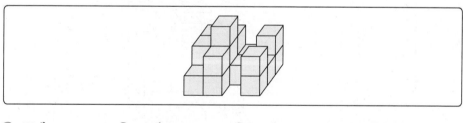

[11~14] 다음 제시된 그림과 같이 쌓기 위해 필요한 블록의 수를 고르시오.

블록은 모양과 크기는 모두 동일한 정육면체임

11

① 17개　　　② 18개　　　③ 19개　　　④ 20개

12

① 45개　　　② 46개　　　③ 47개　　　④ 48개

13

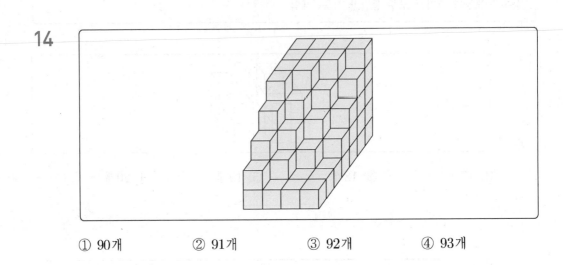

① 79개   ② 80개   ③ 81개   ④ 82개

14

① 90개   ② 91개   ③ 92개   ④ 93개

[15~18] 다음 제시된 블록들을 화살표 표시한 방향에서 바라봤을 때의 모양으로 알맞은 것을 고르시오.

- 블록은 모양과 크기는 모두 동일한 정육면체임
- 바라보는 시선의 방향은 블록의 면과 수직을 이루며 원근에 의해 블록이 작게 보이는 효과는 고려하지 않음

15

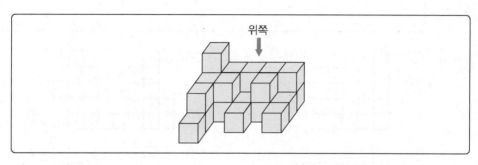

①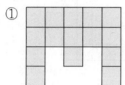

②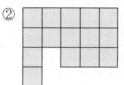

③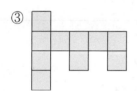

④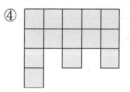

16

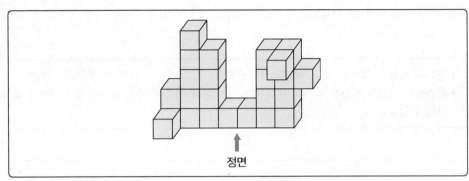

정면

①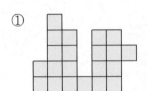

②

③

④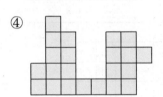

17

위쪽

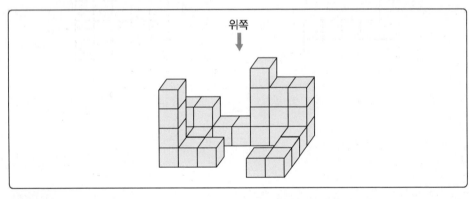

①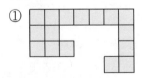

②

③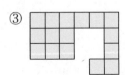

④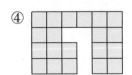

18

정면

①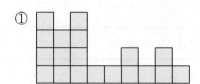

②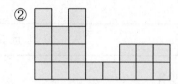

③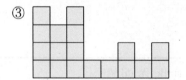

④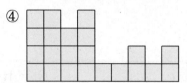

04 > 지각속도

[1~5] 아래 〈보기〉의 왼쪽과 오른쪽 기호의 대응을 참고하여 각 문제의 대응이 같으면 답안지에
'① 맞음'을, 틀리면 '② 틀림'을 선택하시오.

┌─ 보기 ───┐
│ ⌗ = μg   ∝ = sr   ⌘ = Wb   ♯ = Pa   ⌨ = lm   │
│ ∃ = kt   ∿ = cm   ≅ = Bq   ⊡ = cd   ⋔ = dB   │
└───┘

01
∿ ⌘ ⌗ ⌨ ⊡ – cm Pa μg lm cd

① 맞음   ② 틀림

02
∝ ≅ ♯ ⋔ ∃ – sr Bq Pa dB kt

① 맞음   ② 틀림

03
⌘ ≅ ⊡ ⌗ ⋔ – Wb Bq lm μg dB

① 맞음   ② 틀림

04
∃ ∿ ♯ ⌨ ∝ – kt cm Pa lm sr

① 맞음   ② 틀림

05
≅ ∝ ⊡ ⌗ ⌘ – Bq sr cd kt Wb

① 맞음   ② 틀림

[6~10] 아래 〈보기〉의 왼쪽과 오른쪽 기호의 대응을 참고하여 각 문제의 대응이 같으면 답안지에 '① 맞음'을, 틀리면 '② 틀림'을 선택하시오.

┌─ 보기 ─
ㄶ = t1e	ㅄ = n2d	ㄼ = d3r	ㄺ = g7v	ㄾ = 0it
ㅆ = ph8	ㅺ = b6r	ㅽ = o6s	ㄵ = m4y	ㅁㅂ = tu9

06

ㅺ ㅽ ㅄ ㅆ ㄾ — b6r o6s n2d ph8 0it

① 맞음   ② 틀림

07

ㄼ ㄺ ㄵ ㅁㅂ ㄶ — d3r g7v o6s tu9 t1e

① 맞음   ② 틀림

08

ㅄ ㅆ ㄵ ㅺ ㅁㅂ — n2d ph8 m4y b6r tu9

① 맞음   ② 틀림

09

ㄶ ㅽ ㅺ ㄼ ㄾ — t1e o6s b6r m4y 0it

① 맞음   ② 틀림

10

ㅆ ㅽ ㄺ ㅁㅂ ㅄ — ph8 o6s g7v tu9 n2d

① 맞음   ② 틀림

부록 / 실전모의고사

[11~15] 아래 〈보기〉의 왼쪽과 오른쪽 기호의 대응을 참고하여 각 문제의 대응이 같으면 답안지에 '① 맞음'을, 틀리면 '② 틀림'을 선택하시오.

┌ 보기 ┐

↕ = 상아탑	⇌ = 무산몽	→ = 등용문	↑ = 금의행	↓ = 과불급
↔ = 비익조	↔ = 육허기	↳ = 연리지	← = 반포조	↵ = 반소사

11

↔ ↳ ← ↳ ↕ – 비익조 연리지 반포조 연리지 상아탑

① 맞음   ② 틀림

12

↵ ↕ ↔ ⇌ ↑ – 반소사 상아탑 등용문 무산몽 금의행

① 맞음   ② 틀림

13

⇌ → ↳ ↑ ↔ – 무산몽 등용문 연리지 과불급 육허기

① 맞음   ② 틀림

14

↕ ↑ ↓ → ↔ – 상아탑 금의행 과불급 반포조 비익조

① 맞음   ② 틀림

15

↔ ⇌ ↳ ↔ → – 비익조 무산몽 반소사 육허기 등용문

① 맞음   ② 틀림

[16~20] 아래 〈보기〉의 왼쪽과 오른쪽 기호의 대응을 참고하여 각 문제의 대응이 같으면 답안
지에 '① 맞음'을, 틀리면 '② 틀림'을 선택하시오.

┌─ 보기 ───┐
│ ↘ = Tnt   ↘ = Tie   ⇐ = Tai   ↕ = Tbc   ↗ = Tad │
│ ⇔ = Teg   ↕ = Ter   ⇌ = Tue   ↙ = Top   ⇒ = Toy │
└──┘

16 ┌──┐
        │   ↕ ↙ ⇐ ↕ ↗ – Ter Top Tai Tbc Tad   │
        └──┘

① 맞음   ② 틀림

17 ┌──┐
        │   ⇒ ↘ ⇔ ↘ ↘ – Toy Tie Tue Tnt Tie   │
        └──┘

① 맞음   ② 틀림

18 ┌──┐
        │   ⇔ ⇌ ↕ ↙ ↗ – Teg Tai Ter Top Tad   │
        └──┘

① 맞음   ② 틀림

19 ┌──┐
        │   ⇔ ⇐ ↕ ↘ ↗ – Teg Tai Tbc Tie Tad   │
        └──┘

① 맞음   ② 틀림

20 ┌──┐
        │   ↘ ↘ ↕ ↙ ⇒ – Tnt Tie Tbc Top Toy   │
        └──┘

① 맞음   ② 틀림

[21~30] 다음 각 문제의 왼쪽에 표시된 굵은 글씨체의 기호, 문자, 숫자의 개수를 찾으시오.

21

| **γ** | ξλεξηθιγκλξπγχηγζλδγβςτγφλψωγσπλρδγεζηλγμξπλρβγδζη κλ |

① 8개　　　② 9개　　　③ 10개　　　④ 11개

22

| **夂** | 夲大本太欠文夂大本太夂朩大欠文夂木朩夲太本夂夲大朩文夂犬夲丈 六朩大夂本文太夂欠 |

6개　　　② 7개　　　③ 8개　　　④ 9개

23

| **s** | she sells sea shells by the sea shore shells she sells are surely seashells |

① 16개　　　② 17개　　　③ 18개　　　④ 19개

24

| **ㅅ** | 산새가 속삭이는 산림 숲속에서 수사슴을 살살이 수색해 식사하고 산속 샘물로 세수하는 사람 |

① 20개　　　② 21개　　　③ 22개　　　④ 23개

25

| **p** | tidbwpdoqusdpxdpsdeqfpdjnmsqldkfjpntodqwndkcldqspo wenerpfndqklcpdntndkqcns |

① 8개　　　② 9개　　　③ 10개　　　④ 11개

26

| 27 | 3748272646161284279375289426527242728294656213685
54127212187546187285 |

① 4개　　　　② 5개　　　　③ 6개　　　　④ 7개

27

| ‡ | ✎ ↑‡✍↑ ✝⊗‡ # ↑ ‡‡‡✝ ‡ ‡ #‡↑‡ ↑ ✝ ‡ # ‡#‡↑↑ ✝ #‡✕✝ ‡
‡‡#✘ ✝ #‡↓ ⊠ ↓ ✝ ‡↑ |

① 4개　　　　② 5개　　　　③ 6개　　　　④ 7개

28

| ↑ | ↑↑↕↕↥↑↑ ↑↗↕↕↑↓↓↑↑↗↕↓↑↑↗↑↓↓↓↑↑↕↑↗↓
↓↑↑↕↑↑↑↑↑↗↑↑↑↓↗↕ |

① 4개　　　　② 5개　　　　③ 6개　　　　④ 7개

29

|] | 「[⌊「]]」「⌊ [「」「⌊⌊]]「⌊]」「⌊[「]」⌊⌊「}[⌊
「⌊⌊「「⌉✕「「⌊ ⌊]]」]「[「 |

① 5개　　　　② 6개　　　　③ 7개　　　　④ 8개

30

| ≦ | ≦≳≥≦≳≥≦≳≥≦≦≤≥≵≥≥≦≥≦≦≦≵≮≥≥≦≦≦≦≠≥≥
≳≦≦≤≥≦≦≦≱≭≦≳≥≦ |

① 3개　　　　② 4개　　　　③ 5개　　　　④ 6개

부록

실전모의고사

Non-Commissioned Officer

정답 및 해설

정답 및 해설

01 언어논리

01. ④	02. ④	03. ③	04. ③	05. ①	06. ⑤	07. ②	08. ⑤
09. ②	10. ⑤	11. ④	12. ③	13. ②	14. ③	15. ②	16. ⑤
17. ⑤	18. ③	19. ④	20. ⑤	21. ⑤	22. ③	23. ①	24. ④
25. ②							

01 쾌승(快勝) : 시원스럽게 이김
- ④ 참패(慘敗) : 참담할 만큼 일방적으로 패배하거나 실패함
- ① 낙승(樂勝) : 힘들이지 않고 쉽게 이김 ↔ 신승(辛勝)
- ② 대패(大敗) : 싸움이나 경기에서 크게 짐, 어떤 일에 크게 실패함 ↔ 대승(大勝)
- ③ 신승(辛勝) : 힘들여 가까스로 이김
- ⑤ 석패(惜敗) : 경기나 경쟁에서 약간의 점수 차이로 아깝게 짐

02 마수걸이 : 장사를 시작하여 맨 처음 물건을 파는 일
- ④ 개시(開市) : 하루 중 처음으로 또는 가게 문을 연 뒤 처음으로 이루어지는 거래

03 서슬 : 강하고 날카로운 기세
- ③ 기세(氣勢) : 남에게 영향을 끼칠 기운이나 태도
- ① 세평(世評) : 세상 사람들 사이에 오가는 평판이나 비평
- ② 시선(視線) : 주의 또는 관심을 비유적으로 이르는 말
- ④ 권세(權勢) : 권력과 세력을 아울러 이르는 말
- ⑤ 기색(氣色) : 마음의 작용으로 얼굴에 드러나는 빛, 어떠한 행동이나 현상 따위가 일어나는 것을 짐작할 수 있게 하여 주는 눈치나 낌새

04 ③은 반의관계이고, 나머지는 유의관계이다.

05 회가 동하다 : 구미가 당기거나 무엇을 하고 싶은 마음이 생기다.

06 밑줄 친 '보다'는 대상을 평가한다는 의미로 사용되었으므로 '앞날을 헤아려 내다보다'라는 뜻을 지닌 '전망하다'와 문맥상 의미가 가장 가깝다.

07 대립과 대결, 맘마와 밥은 유의관계이다.

08 ⑤ 늘여야 → 늘려야 : '늘이다/늘리다'의 경우 반대말로 구별하는 것이 쉽다. 즉, '줄이다'가 성립하는 경우 그 반대말인 '늘리다'도 성립한다. '공급을 줄이다'가 성립하므로 '공급을 늘리다'가 옳다.

09 ② 구명(究明) : 사물의 본질, 원인 따위를 깊이 연구하여 밝힘
- ① 규명(糾明) : 어떤 사실을 자세히 따져서 바로 밝힘
- ✤ '구명(究明)'과 '규명(糾明)'은 모두 '어떠한 사실을 밝히다'라는 의미를 지니고 있지만 '규명(糾明)'은 '잘못한 행동을 올바르게 밝히거나, 어떤 사건이나 사태의 진상을 따져서 밝히는 일'을 나타낸다.
- ③ 증명(證明) : 어떤 사항이나 판단 따위에 대하여 그것이 진실인지 아닌지 증거를 들어서 밝힘
- ④ 강구(講究) : 좋은 대책과 방법을 궁리하여 찾아내거나 좋은 대책을 세움
- ⑤ 고증(考證) : 예전에 있던 사물들의 시대, 가치, 내용 따위를 옛 문헌이나 물건에 기초하여 증거를 세워 이론적으로 밝힘

10 ⑤ 방증(傍證) : 사실을 직접 증명할 수 있는 증거가 되지는 않지만, 주변의 상황을 밝힘으로써 간접적으로 증명에 도움을 줌, 또는 그 증거
- ④ 반증(反證) : 어떤 사실과 모순되는 것 같지만, 오히려 그것을 증명한다고 볼 수 있는 사실

11 ④ 침윤(浸潤) : 물기가 스며들어 젖음, 사상이나 분위기가 사람들에게 번져 나감

12 눈 가리고 아웅 : 얕은수로 남을 속이려 한다는 말
- ③ 고식지계(姑息之計) : 한때의 안정을 얻기 위하여 임시로 둘러맞추어 처리하거나 이리저리 주선하여 꾸며 내는 계책
- ① 적반하장(賊反荷杖) : 잘못한 사람이 아무 잘못도 없는 사람을 나무람을 이르는 말
- ② 좌정관천(坐井觀天) : 사람의 견문이 매우 좁음을 이르는 말
- ④ 면종복배(面從腹背) : 겉으로는 복종하는 체하면서 내심으로는 배반함
- ⑤ 연목구어(緣木求魚) : 도저히 불가능한 일을 굳이 하려 함을 비유적으로 이르는 말

13 ②의 '다시'는 '이전 상태로 또'라는 의미로, 나머지는 '하던 것을 되풀이해서'라는 의미로 사용되었다.

14 제시문과 ③의 '걸다'는 '목숨, 명예 따위를 담보로 삼거나 희생할 각오를 하다'라는 의미로 쓰였다.
- ① 자물쇠, 문고리를 채우거나 빗장을 지르다.
- ② 음식 따위가 가짓수가 많고 푸짐하다.
- ④ 벽이나 못 따위에 어떤 물체를 떨어지지 않도록 매달아 올려놓다.
- ⑤ 돈 따위를 계약이나 내기의 담보로 삼다

15 ② (어떤 조건이나 때·틈 따위를) 잘 살피어 얻거나 이용하다.
① (발붙이기 어려운 곳을) 오르거나 지나가다.
③ 몹시 높다, 누른빛이 나도록 조금 타다.
④ 물기가 없어 바짝 마르다.
⑤ 의거하는 계통, 질서나 선을 밟다.

16 제시문과 ⑤의 '벽'은 '극복하기 어려운 한계나 장애를 비유적으로 이르는 말'로 사용되었다.
① 집이나 방 따위의 둘레를 막은 수직 건조물
②, ③, ④ 관계나 교류의 단절을 비유적으로 이르는 말

17 선비 예찬론에 대해 문제를 제기하고 과거 선비들의 삶을 비판한 후 오늘날 우리가 본받아야 할 선비 정신의 올바른 계승을 피력하고 있다.

18 글 전체의 내용을 집약하는 진술인 (다)가 글의 첫머리에 온다는 것을 파악한다. 다음은 접속 부사를 확인해야 하는데, (나)의 '그러나', (라)의 '반면', (마)의 '이처럼' 중에서 글을 마무리 짓는 접속 부사는 '이처럼'이다. 이때 (나)는 (마)의 내용을 전환하고 있으므로 (마) 다음에 (나)가 온다.

19 ©의 '따라서'는 인과의 접속사이면서 결론을 내릴 때 주로 사용된다. ©의 소결론은 그 다음 내용을 전개하기 위한 전제(서론)으로 쓰인다. ⑭의 '그뿐만 아니라'는 내용을 첨가하는 접속사로 사용되었으며 ⑭의 '그런 면에서'는 최종적으로 결론을 짓는 역할을 한다. 결론적으로 글의 구조를 ㉠(서론) + ㉡(본론) + ㉢(결론 ≒ 전제) + ㉣(논거) + ㉤(논거) + ㉥(결론)으로 나타낼 수 있다.

21 '국가적 차원에서는 18세기에 상세한 지도가 만들어졌지만 그 지도는 일반인들은 볼 수도, 이용할 수도 없는 지도였다'는 내용을 통해 김정호의 정밀한 지도 제작이 국가적 과제를 수행하기 위한 것은 아님을 알 수 있다.

22 상위 개념 '분류'는 다시 하위 개념 '분류(묶어 가기 방향)'와 '구분(나눠 가기 방향)'으로 나뉘고, 상위 개념 '비교'는 다시 하위 개념 '비교(유사점 견주기)'와 '대조(차이점 견주기)'로 나뉜다.

23 '이기적인 유전자'는 오히려 인간이 왜 때로 이타적이고 다른 사람들과 잘 협력하는가를 잘 설명해 준다는 내용에 부합하지 않는 것은 ①이다.

24 ④는 창조적인 발상을 드러내는 발산적 사고이고, 나머지는 공식에 따르는 수렴적 사고이다.

25 '시간의 섬'은 과거나 미래에 연결되지 못한 채 현재에 고립된 상태를 섬에 비유한 것으로, 이는 곧 역사와의 단절을 의미한다.

02 자료해석

정답

01. ③	02. ④	03. ①	04. ②	05. ④	06. ②	07. ④	08. ③
09. ①	10. ②	11. ④	12. ①	13. ③	14. ②	15. ④	16. ④
17. ③	18. ③	19. ④	20. ④				

01 $(x-1)+x+(x+1)=36 \Rightarrow x=12$
따라서 가장 큰 수는 13이다.

02 전체 일의 양을 1이라 하면 혜지와 하나는 하루 동안 각각 $\frac{1}{12}$, $\frac{1}{15}$의 일을 하므로 두 사람이 함께 하루 동안 하는 일의 양은 $\frac{1}{12}+\frac{1}{15}=\frac{3}{20}$이다.

두 사람이 함께 일한 일수를 x라고 하면 $\frac{1}{12}\times3+\frac{3}{20}\times x=1 \Rightarrow x=5$(일)

따라서 일을 끝내는 데 걸린 시간은 총 $3+5=8$(일)이다.

03 B가 2일 때, $1+a+1=4$이므로 $a=2$,
B가 4일 때, $3+5+3=11=b$
A가 2일 때, $2+a+1=2+2+1=5=c$,
따라서 $a+b+c=2+11+5=18$이다.

04 기차의 길이를 x라 하면 $\frac{490+x}{9}=60$
$\Rightarrow x=50$(m)

05 작년 A고등학교 남학생 수를 x, 여학생 수를 y라고 하면
$x+y=1,200 \cdots ㉠$,
$1.05x+0.95y=1,204 \cdots ㉡$
㉠식과 ㉡식을 연립하여 풀면
$x=640$(명), $y=560$(명)
따라서 올해 남학생 수는 $640\times1.05=672$(명)이다.

06 실업률 $=\frac{실업자수}{경제활동인구수}\times100$이므로

실업자수 $=$ 경제활동인구수 $\times\frac{실업률}{100}$

2015년 5월 실업자수를 구하면
• 15~19세 : $1,100\times0.062=68.2$(천 명)
• 20~29세 : $2,333\times0.070≒163.3$(천 명)
• 30~39세 : $4,208\times0.032≒134.7$(천 명)
• 40~49세 : $4,023\times0.019≒76.4$(천 명)

07 2 3 6 9 18 23 46 (53)
　　+1 ×2 +3 ×2 +5 ×2 +7

08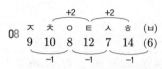

09 1m^2 넓이가 하루가 지나면 2배가 되므로 일주일 후 연못을 완전히 덮은 식물의 넓이는 $1\times 2^7=128(\text{m}^2)$이다.

따라서 128m^2의 $\dfrac{1}{8}$은 $128\times\dfrac{1}{8}=16=2^4(\text{m}^2)$이므로 연못의 $\dfrac{1}{8}$이 덮인 날은 4일째이다.

10 오리의 수를 x, 염소의 수를 y라 하면
$x+y=32\cdots\bigcirc$, $2x+4y=100\cdots\bigcirc$
$\bigcirc$식과 $\bigcirc$식을 연립하여 풀면 $x=14$(마리),
$y=18$(마리) 따라서 오리는 14마리이다.

11 ㉠ 틀림. 흡연자 총수는 B > C > A > D 순이고, 흡연자 중에서 여성이 차지하는 비율은 B대학이 약 50%이고, C대학은 50%가 넘으므로 옳지 않다.
　㉡ 틀림. A, B, C, D대학의 학생 총수에서 여성이 차지하는 비율은 각각 약 57%, 40%, 55%, 30%이고, 학생 총수에서 여성 흡연자가 차지하는 비율은 각각 약 6.42%, 7.25%, 6.9%, 3.7%이므로 옳지 않다.
　㉢ 틀림. A, B, C, D대학의 흡연율은 각각 11.34%, 14.34%, 11.44%, 11.29%이고, 학생 총수에서 남성 흡연자가 차지하는 비율은 각각 4.91%, 7.08%, 4.53%, 7.6%이므로 옳지 않다.

12 예원이네 반 학생의 수학점수 평균을 x라고 하면
$\dfrac{1,100+1,070+(x+5)}{30}=x \Rightarrow x=75$(점)

13 처음 물의 양은 $\dfrac{4}{3}\pi\times 10^3$이고, 흘러넘친 물의 양은 36π이므로 구 안에 남아 있는 물의 양은
$\dfrac{4,000}{3}\pi-36\pi=\dfrac{3,892}{3}\pi$이다.
따라서 남아 있는 물의 양은 처음 물의 양의
$\dfrac{3,892}{4,000}\times 100=97.3(\%)$이다.

14 $23.2\%(=22.1+1.1)$에서 $11.6\%(=11.4+0.2)$로 줄어들어 50% 감소하였다.

15 2002년 3월 실업자수는 769천 명, 실업률은 3.4%이고, 전년 동월 대비 실업자수 증감은 −266천 명, 실업률 증감은 −1.4%p이다. 따라서 2001년 3월 실업자수는 $769+266=1,035$(천 명), 2001년 3월 실업률은 $3.4+1.4=4.8(\%)$이다.

16 수입증가율 : $\dfrac{10,340-9,432}{9,432}\times 100\fallingdotseq 9.6(\%)$,

수출증가율 : $\dfrac{9,250-7,779}{7,779}\times 100\fallingdotseq 19(\%)$
따라서 수출증가율이 약 2배 크다.

17 ③ A국의 교역규모는 2000년 19,931
$(=10,729+9,202)$에서 2001년 19,590
$(=10,340+9,250)$으로 줄어들었다.

18 도시 → 농촌 : $3,000$만 $\times \dfrac{3.8}{100}=114$(만 명)

농촌 → 도시 : $1,200$만 $\times \dfrac{9}{100}=108$(만 명)

따라서 도시인구는 $114-108=6$(만 명) 감소했다.

19 ④ 2000년대의 경우 농촌에서 도시로의 인구이동은 감소하였다.

20 남학생의 수와 여학생의 수를 각각 x, y라고 하면 해당 학년의 학생 수는 $(x+y)$명이고, 전체 평균은 84점이므로 $\dfrac{82.5x+86y}{x+y}=84$
$\Rightarrow 82.5x+86y=84x+84y \Rightarrow 3x=4y$
따라서 $x:y=4:3$이다.

03 | 공간능력

01. ③	02. ①	03. ①	04. ②	05. ③	06. ②	07. ①	08. ④
09. ③	10. ③	11. ④	12. ②	13. ①	14. ①	15. ③	16. ②
17. ①	18. ①						

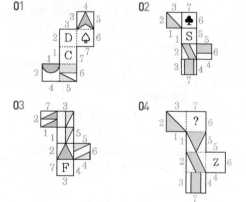

05
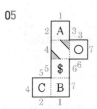

06
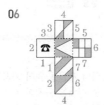

07
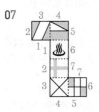

08
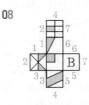

09
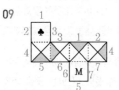

10
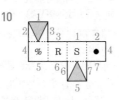

11 5층 : 1개, 4층 : 3개, 3층 : 6개, 2층 : 12개,
1층 : 16개
따라서 1+3+6+12+16 = 38(개)

12 5층 : 1개, 4층 : 2개, 3층 : 2개, 2층 : 3개, 1층 : 12개
따라서 1+2+2+3+12 = 20(개)

13 5층 : 1개, 4층 : 6개, 3층 : 8개, 2층 : 11개,
1층 : 14개
따라서 1+6+8+11+14 = 40(개)

14 4층 : 4개, 3층 : 7개, 2층 : 14개, 1층 : 16개
따라서 4+7+14+16 = 41(개)

15 왼쪽 열부터 개수를 세면,
첫째 열 3층, 둘째 열 3층, 셋째 열 2층, 넷째 열 1층, 다섯째
열 1층, 여섯째 열 2층, 일곱째 열 2층, 여덟째 열 3층, 아홉
째 열 2층(1층은 없음)에 해당하는 보기는 ③이다.

16 맨 뒤쪽을 5층이라고 가정하고 개수를 세면,
5층 : 3개, 4층 : 8개, 3층 : 4개, 2층 : 4개, 1층 : 1개
이에 해당하는 보기는 ②이다.

17 첫째 열 1층, 둘째 열 2층, 셋째 열 5층, 넷째 열 4층,
다섯째 열 4층에 해당하는 보기는 ①이다.

18 첫째 열 1층, 둘째 열 2층, 셋째 열 4층, 넷째 열 5층,
다섯째 열 1층에 해당하는 보기는 ①이다.

04 지각속도

정답

01. ①	02. ②	03. ②	04. ①	05. ②	06. ①	07. ①	08. ②
09. ①	10. ②	11. ①	12. ①	13. ②	14. ①	15. ②	16. ①
17. ②	18. ①	19. ②	20. ①	21. ③	22. ②	23. ②	24. ②
25. ①	26. ④	27. ①	28. ④	29. ①	30. ①		

02 립박충셔전 → ahcfd

03 gfaed → 최셔립고전

05 fdaeh → 셔전립고충
h = 박, c = 충

08 ④①⑦⑥③ - 력책철수위

10 ⑥③⑧②⑦ - 수위폰책철
② = 파, ① = 책

12 한교투진력 → Ⅷ Ⅲ Ⅵ Ⅰ Ⅶ

13 Ⅶ Ⅰ Ⅱ Ⅴ Ⅵ → 력진탕재투

15 Ⅵ Ⅴ Ⅷ Ⅰ Ⅱ → 투재한교탕
Ⅰ = 진, Ⅲ = 교

17 ぱ ふ ゅ ぜ ら - boq vxp thn hud kms
ぜ = zxe, ね = hud

19 ね ぜ ゅ に ぱ - hud zxe thn vxp boq
に = fek, ふ = vxp

20 ら ふ も ぜ ぱ - kms vxp gyw fek boq
ぜ = zxe, に = fek

21 57896235741685307597145760

22 85403689209720369285941 0

23 adtwcmitwmnvvopwxawmiklhjiu

24 다시는 이러한 불행한 일이 반복되는 일이 없어야

25 새싹과 꽃이 핀 모양이 귀엽고 이쁘다

26 ¥£¥₩₵$&¥₩&$£¥₵¥&$¥¥

27 句洛烙滑狼骨淚滑汨牢滑車更豈滑契牢

28 yghtodjstwpieotxlapqtreedtowpdtdldvtxcdk
taqastkl

29 Ⅲ Ⅹ Ⅷ Ⅸ Ⅰ Ⅴ Ⅵ Ⅷ Ⅹ Ⅶ Ⅵ Ⅰ Ⅹ Ⅷ Ⅵ Ⅰ Ⅸ Ⅻ Ⅸ Ⅳ Ⅵ Ⅲ Ⅱ Ⅻ

30 問開間闐閔開閖閔間閉間閔閉閔閗開閔閔閔開閏間

정답 및 해설

정답 P.423

01. ①	02. ④	03. ⑤	04. ①	05. ③	06. ①	07. ⑤	08. ④
09. ①	10. ②	11. ③	12. ①	13. ④	14. ④	15. ②	16. ④
17. ③	18. ④	19. ④	20. ②	21. ⑤	22. ①	23. ①	24. ⑤
25. ⑤							

01 ① 사물이나 행동에서 매우 중요하고 기본이 되는 부분
②, ③ 사물의 한가운데
④, ⑤ 확고한 주관이나 줏대

02 ④ 주의를 집중해야 할 곳에 두지 않고 다른 데로 돌리다.
① 옳지 아니한 이득을 얻으려고 양심이나 지조 따위를 저버리다.
② 값을 받고 물건이나 권리 따위를 남에게 넘기거나 노력 따위를 제공하다.
③ 자기의 이익을 위하여 무엇을 끌어다가 핑계를 대다.
⑤ 돈을 주고 곡식을 사다.

03 '비중(比重)'은 '다른 것과 비교할 때 차지하는 중요도'를 의미하고, '비율(比率)'은 '다른 수나 양에 대한 어떤 수나 양의 비'를 의미하므로 제시문의 내용상 '비중'이 적합하다. 또한 '비율'은 '크다'와 호응하지 않는다.

04 ㉠의 '여러 세대를 거쳐 변함없이 이어 내려갈'은 '시간성'에 초점이 있다. 나머지는 모두 '시간적 개념'임에 비해 전파(傳播)는 '공간적 개념'이다.

05 ③ 갑절 : 어떤 수량이나 분량을 두 번 합한 것
① 마장 : 거리의 단위를 나타내는 말, 1마장은 십 리나 오 리가 못 되는 거리를 나타냄
② 아름 : 두 팔을 벌려 껴안은 둘레의 길이나 물건의 양
④ 바리 : 마소가 실어 나르는 짐을 세는 단위
⑤ 닷곱 : 다섯 홉 = 반 되

06 속담의 의미와 문맥적 의미를 이용하여 풀이한다. '고슴도치도 제 새끼 털은 고와 보인다, 고슴도치도 제 새끼는 함함하다고 한다'는 털이 바늘같이 꼿꼿한 고슴도치도 제 새끼의 털이 부드럽다고 옹호한다는 뜻으로, 자기 자식의 나쁜 점은 모르고 도리어 자랑으로 삼는다는 뜻이다. 이러한 문맥과 서술어 '치다'를 고려할 때 '저지레'는 어떤 부정적인 일이나 행동을 의미함을 유추할 수 있다.

07 ⑤ 일, 기회 따위를 얻다.
① 권한 따위를 차지하다.
② 돈이나 재물을 얻어 가지다.
③ 어떤 상태를 유지하다.
④ 실마리, 요점, 단점 따위를 찾아내거나 알아내다.

08 ④ 몰상식[몰쌍식]

09 ① 소탐대실(小貪大失) : 작은 것을 탐하다가 큰 것을 잃음
② 적소성대(積小成大) : 작거나 적은 것도 쌓이면 크게 되거나 많아짐
③ 대동소이(大同小異) : 큰 차이 없이 거의 같음
④ 침소봉대(針小棒大) : 작은 일을 크게 불리어 떠벌림
⑤ 과유불급(過猶不及) : 지나친 것은 미치지 못한 것과 같음

10 • 내세우다 : 주장이나 의견 따위를 내놓고 주장하거나 지지하다.
• 표방하다 : 어떤 명목을 붙여 주의나 주장을 앞에 내세우다.

11 ③ 길섶은 길의 가장자리, 흔히 풀이 나 있는 곳을 가리킨다. 시골 마을의 좁은 골목길 또는 골목 사이를 나타내는 말은 '고샅'이다.

12 설계와 제작, 계획과 실행 모두 일의 선후관계를 나타낸다.

13 ④ 양해(諒解) : 남의 사정을 헤아려 너그러이 받아들임
① 양지(諒知) : 추측하여 앎
② 납득(納得), ③ 수긍(首肯)은 의미 면에서 '양해'와 비슷하지만 상대에게 부탁하는 말로 쓰기에는 적절하지 않다.
⑤ 통촉(洞燭) : 윗사람이 아랫사람의 사정이나 형편 따위를 깊이 헤아려 살핌

14 옥토(沃土) ≒ 건땅, 고양(膏壤), 고유지지(膏腴之地), 고토(膏土), 비토(肥土), 옥양(沃壤), 토고(土膏) ↔ 박토(薄土)

15 ② 본바탕을 상하게 하거나 더럽혀서 쓰지 못하게 망치다.
① 가지거나 지니고 있을 필요가 없는 물건을 내던지거나 쏟거나 하다.
③ 품었던 생각을 스스로 잊다.
④ 직접 깊은 관계가 있는 사람과의 사이를 끊고 돌보지 아니하다.
⑤ (보조 동사로 쓰여) 앞말이 나타내는 행동이 이미 끝났음을 나타내는 말

16 ④를 제외한 한자성어는 모두 '위태롭고 위급한 상황'을 의미한다.
④ 파란만장(波瀾萬丈) : 사람의 생활이나 일의 진행이 여러 가지 곡절과 시련이 많고 변화가 심함
① 백척간두(百尺竿頭) : 백 자나 되는 높은 장대 위에 올라섰다는 뜻으로, 몹시 어렵고 위태로운 지경을 이르는 말
② 일촉즉발(一觸卽發) : 한 번 건드리기만 해도 폭발할 것같이 몹시 위급한 상태
③ 풍전등화(風前燈火) : 바람 앞의 등불이라는 뜻으로,

사물이 매우 위태로운 처지에 놓여 있음을 비유적으로 이르는 말

⑤ 누란지위(累卵之危) : 층층이 쌓아 놓은 알의 위태로움이라는 뜻으로, 몹시 아슬아슬한 위기를 비유적으로 이르는 말

17 다문화 정책의 핵심 두 가지를 설명하는 (다)가 글의 맨 앞에 와야 한다. (다)의 뒤에는 다문화 정책의 핵심으로 언급한 '인력 선별'과 '정착 지원'에 관련한 내용인 (가)와 (라)가 순차적으로 이어져야 한다.

18 주체적 인간이 모여 주체적 역량을 가진 민족을 만들 수 있다는 주장은 '합성의 오류'의 결과이다.

19 제시문의 주지 문장은 '우리는 비극을 즐긴다'이다. 이에 대해 아리스토텔레스와 니체의 견해를 통해 비극을 즐기는 이유를 밝히고 있다.

20 학문이란 '일정 대상에 관한 보편적인 기술을 부여하는 것'이므로 '보편성'이 핵심어가 된다.

21 제시문의 논지는 마지막 부분에 나타나 있다. 마지막 문장에서 '그가 참여하고 있는 행렬의 지점'은 현재를 의미하고, '과거에 대한 그의 시각을 결정한다'는 것은 '현재를 통해 과거가 결정된다'는 뜻이므로 '과거의 역사는 현재를 통해서 보아야 한다'는 것이 필자의 주장이 된다.

22 기존의 문화 콘텐츠가 대중의 관심에서 멀어졌다는 내용은 제시문에 언급되지 않았다.

23 제시문은 고전 문학이 지닌 독특한 가치를 고찰하고 있는 글이다.

24 제시문은 백인과 흑인의 피부 차이에 따른 비타민 D의 생산량 차이를 다룬 글이므로, 사람의 피부형과 멜라닌 색소의 관계를 설명하고 있는 ⑩은 글의 통일성을 해친다.

25 (다)의 접속어 '그러나'를 참고로 대응하는 내용인 (라)가 (다)의 앞 문장임을 알 수 있다. (다)의 지구온난화 때문에 (나)의 이상기후 현상이 나타나고, 마지막 결론으로 (가)에서 이에 대응할 과학 기술의 미비에 대해 서술하였다.

---

02 자료해석

정답 P.434

01. ④ 02. ③ 03. ② 04. ① 05. ④ 06. ③ 07. ① 08. ③
09. ④ 10. ① 11. ③ 12. ① 13. ③ 14. ③ 15. ④ 16. ①
17. ③ 18. ④ 19. ② 20. ③

01 연속한 두 자연수를 x, $x+1$이라고 하면

$$x+(x+1) = \frac{1}{2}x+64 \Rightarrow x=42$$

따라서 연속한 두 자연수는 42, 43이고 두 수의 합은 $42+43=85$이다.

02 합계 항목에서 보듯이 치즈를 구성하는 모든 영양소의 합은 100%가 되어야 하므로 $47.6+18.3+5.5+24.2+$(가)$=100$이다. 따라서 (가)에 들어갈 올바른 것은 4.4%이다.

03 우유에서 수분을 제거하고 남은 양은 전체의 11.8%이다. 따라서 지질의 중량 백분율은

$$\frac{3.2}{11.8} \times 100 ≒ 27(\%)이다.$$

04 성환이가 스페인여행을 x일 동안 했다고 하면

$$\frac{1}{4}x + \frac{1}{6}x + \frac{1}{6}x + \frac{1}{3}x + 1 = x \Rightarrow$$
$$x = 12(일)$$

05 별의 등급이 1등급씩 줄어들 때마다 별의 밝기는 약 2.5배씩 증가하고 있다.
따라서 4등급의 별의 밝기는 $2.5 \times 2.5 = 6.25$이므로 6등급의 별보다 약 6.3배 밝다고 할 수 있다.

06 ⓒ 틀림. 두 회사 이윤 차이의 최대치는 30만 달러이고, A회사가 얻을 수 있는 최저이윤도 30만 달러로 같다.
ⓔ 틀림. A회사 유공 개수에 따라 B회사 이윤은 최소 30만 달러, 최대 60만 달러이다.
㉠ 옳음. A회사가 유공 2개, B회사가 유공 1개이면 A회사 이윤은 60만 달러로 최대, B회사 이윤은 30만 달러로 최소이다.
ⓛ 옳음. 유공 개수의 합이 4개, 3개, 2개일 때 두 회사 이윤의 합은 각각 80만 달러, 90만 달러, 100만 달러이다.

07 기차의 길이를 x라고 하면

$$\frac{320+x}{4} = \frac{740+x}{7} \Rightarrow x=240(\text{m})$$

08 인형의 정가를 x라고 하면
$$x(1-0.3) = 10,000-7,200 \Rightarrow x=4,000(\text{원})$$

09 ④ 20대(14.6%)에서 30대(10%)보다 더 불평등한 근로여건을 취업의 장애요인이라고 느낀다.

10 농도 8%의 소금물 200g에 녹아 있는 소금의 양은

$200 \times \dfrac{8}{100} = 16(g)$이다.

새로 부은 물의 양을 x라 하면,

$\dfrac{16}{200+x} \times 100 = 5 \Rightarrow 1,600 = 1,000 + 5x$

$\Rightarrow x = 120(g)$

11 5월 아시아 투자액 $B = 300 \times (1+0.2) = 360$
(백만 불)이므로
$A = 360 + 203 + 54 + 24 = 641$(백만 불)
따라서 총 투자액
$C = 365 + 258 + 671 + 463 + 641 + 385$
$= 2,783$(백만 불)

12 $\underbrace{10 \ \ 7 \ \ 28 \ \ 14 \ \ 11 \ \ 44 \ \ (22)}_{-3 \ \ \times4 \ \ \div2 \ \ -3 \ \ \times4 \ \ \div2}$

13 처음과 끝이 일치하는 경우이므로

$\dfrac{100}{4} = 25$

25개의 4m 간격에 26(개)의 깃발을 꽂을 수 있다.

14 금정역 20대 미만 승객은 $3,500 \times \dfrac{2}{100} = 70$(명), 명학

역 20대 미만 승객은 $1,000 \times \dfrac{19}{100} = 190$(명)이므로

$\dfrac{190}{70} \fallingdotseq 2.7$이다. 즉, 약 2.7배이다.

15 전체 일의 양을 1이라고 하면 1시간 동안 준현이는 $\dfrac{1}{2}$,

준석이는 $\dfrac{1}{4}$의 일을 하므로 두 사람이 함께 하면 1시간 동안

$\dfrac{1}{2} + \dfrac{1}{4} = \dfrac{3}{4}$의 일을 한다.

두 사람이 함께 일하는 시간을 x라고 하면

$\dfrac{3}{4} \times x = 1 \Rightarrow x = \dfrac{4}{3}$(시간)

즉, 80분이 걸린다.

16 의자의 개수를 x라고 하면
$5x + 7 = 6(x-4) + 3 \Rightarrow x = 28$(개)

17 $\underbrace{B \quad E \quad D \quad H \quad G \quad L \quad K \quad (Q) \quad P}_{2 \quad 5 \quad 4 \quad 8 \quad 7 \quad 12 \quad 11 \quad (17) \quad 16}$
$\quad +3 \ -1 \ +4 \ -1 \ +5 \ -1 \ +6 \ -1$

18 2007년 집단, 신재생 에너지 발전량은

$\dfrac{3,913}{403,125} \times 100 \fallingdotseq 0.97(\%)$이다.

19 ② OECD 국가의 어린이 사고사망 3대 사인은 운수사
고, 익사, 타살 순이다.

20 ③ 폭력의 검거율은 점차 감소하다가 2013년 다시 증가
하였다.

03 공간능력

01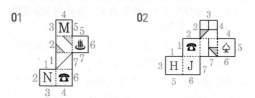

02

03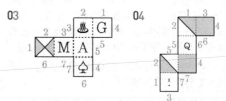

04

05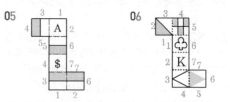

06

07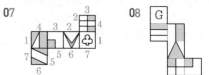

08

09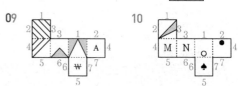

10

11 4층 : 1개, 3층 : 1개, 2층 : 13개, 1층 : 16개
따라서 $1+1+13+16 = 31$(개)

12 4층 : 2개, 3층 : 4개, 2층 : 9개, 1층 : 13개
따라서 $2+4+9+13 = 28$(개)

13 1층, 2층, 3층 모두 같은 모양이므로 $9 \times 3 = 27$(개)

14 4층 : 4개, 3층 : 7개, 2층 : 13개, 1층 : 15개
따라서 4＋7＋13＋15＝39(개)

15 왼쪽 열부터 개수를 세면,
첫째 열 6층, 둘째 열 1층, 셋째 열 1층, 넷째 열 5층,
다섯째 열 3층, 여섯째 열 4층에 해당하는 보기는 ②이다.

16 맨 뒤쪽을 5층이라고 가정하고 개수를 세면,
5층 : 5개, 4층 : 2개, 3층 : 2개, 2층 : 3개, 1층 : 5개
이에 해당하는 보기는 ②이다.

17 첫째 열 1층, 둘째 열 1층, 셋째 열 3층, 넷째 열 5층,
다섯째 열 4층에 해당하는 보기는 ④이다.

18 첫째 열 1층, 둘째 열 1층, 셋째 열 4층, 넷째 열 4층에
해당하는 보기는 ①이다.

21 죄를(2개) 미워하되 죄인은 사랑하라

22 365412085974152036996958457

23 onlyicanchangemylifenoonecandoit

24 ⊱⊰⊱⊁⊱⊳⊱⊱⊱⊳⊱⊰⊁⊱

25 放富差貧放將豚放坊放曲放聲痛哭

26 가장 현명한 사람은 자신만의 방향을 따른다

27 ♫▱♪♫♫♫▱♪♪▯♪▮♪♫▱♫♫

28 フユラテヌフヨヌテフラユヨテヌフユラテユヌヨフテユラヌユテヨユ
ヌラフ

29 夊氺氺朩夊氺氺永朩夊氺氺夊氺朩永夊氺朩夊氺

30 つんぬにふむんてぬむひんにむちんぬりんむひにむらゐむぬ

---

04 │ 지각속도

정답 P.450

01. ①	02. ②	03. ①	04. ②	05. ②	06. ②	07. ①	08. ②
09. ①	10. ②	11. ①	12. ②	13. ②	14. ①	15. ②	16. ②
17. ②	18. ①	19. ②	20. ②	21. ③	22. ④	23. ①	24. ②
25. ③	26. ④	27. ①	28. ①	29. ①	30. ④		

02 테달인길문 → ㅇㅂㄹㄱㅅ

04 ㅇㄱㅅㄹㄷ → 테길문인종

05 ㅅㅁㄱㄹㅇ → 문사길펜테
ㄹ = 인, ㄴ = 펜

06 폭설추통킬 → PLQTM

08 TULWX → 통미설린병

10 QMWPX → 추킬통폭병
W = 린, T = 통

12 귤심관천방 → ▥▧▨▨▥▥

13 ▣▨▥▥▥ → 천에심방귤

15 ▨▥▨▨▨ → 관귤에천렵
▥ = 심, ▣ = 천

16 ⊞⊟⊡⊟⊙⊝ → (i)(t)(m)(d)(r)
⊟ = (c), ⊟ = (t)

17 ⊟⊙⊝⊟⊙⊞ → (t)(k)(m)(v)(c)
⊟ = (i), ⊟ = (c)

19 ⊟⊟⊙⊟⊟ → (m)(t)(k)(i)(c)
⊙ = (r), ⊝ = (k)

20 ⊙⊙⊟⊟⊙⊟ – (d)(i)(m)(r)(t)
⊙ = (v), ⊙ = (r)

부록 정답 및 해설

정답 및 해설

01 | 언어논리

P.462

정답

01. ③ 02. ② 03. ② 04. ⑤ 05. ② 06. ③ 07. ② 08. ④
09. ⑤ 10. ⑤ 11. ① 12. ③ 13. ④ 14. ① 15. ④ 16. ⑤
17. ③ 18. ① 19. ④ 20. ③ 21. ⑤ 22. ③ 23. ④ 24. ①
25. ③

01 ③ 방출(放出) : 비축하여 놓은 것을 내놓음
① 방류(放流) : 모아서 가두어 둔 물을 흘려보냄, 어린 새끼 고기를 강물에 놓아 보냄
② 방사(放飼) : 가축을 매어 두지 않고 놓아서 기름
④ 방산(放散) : 제멋대로 제각기 흩어짐, 풀어서 헤침
⑤ 방기(放棄) : 내버리고 돌아보지 아니함

02 ② '채 자라지 않았다'가 타당하다.
• 채 : '아직'의 뜻(부사)
① 채 : 이미 있는 상태 그대로 있음(의존 명사)
③ 결재(決裁) : 안건을 허가한다는 의미 = 재가(裁可)
④ 체 : 거짓 행동(의존 명사)
⑤ 결제(決濟) : 증권 또는 대금을 주고받아 매매 당사자 사이의 거래 관계를 맺는 것

03 강등(降等) : 등급이나 계급 따위가 낮아짐, 또는 등급이나 계급 따위를 낮춤
② 좌천(左遷) : 낮은 관직이나 지위로 떨어지거나 외직으로 전근됨을 이르는 말

04 제시된 단어의 관계는 유의관계이다.
• 발호(跋扈) : 권세나 세력을 제멋대로 부리며 함부로 날뜀
• 육량(陸梁) : 제멋대로 날뜀

05 ② 사절(謝絕) : 요구나 제의를 받아들이지 않고 사양하여 물리침
① 의사(醫師, 의술과 약으로 병을 치료·진찰하는 것을 직업으로 삼는 사람) → 의사(義士, 의로운 지사)
③ 이행(移行, 다른 상태로 옮아감) → 이행(履行, 실제로 행함)
④ 상당(上堂, 선종의 장로나 주지가 법당의 강단에 올라가 설법함) → 상당(相當, 일정한 액수나 수치 따위에 해당함)
⑤ 전용(全用, 온전히 씀) → 전용(專用, 특정한 목적으로 일정한 부문에만 한하여 씀)

06 ① 주객전도(主客顚倒) : 사물의 경중·선후·완급 따위가 서로 뒤바뀜을 이르는 말
② 주마가편(走馬加鞭) : 달리는 말에 채찍질한다는 뜻으로, 잘하는 사람을 더욱 장려함을 이르는 말
④ 좌정관천(坐井觀天) : 우물 속에 앉아서 하늘을 본다는 뜻으로, 사람의 견문(見聞)이 매우 좁음을 이르는 말
⑤ 마이동풍(馬耳東風) : 동풍이 말의 귀를 스쳐 간다는 뜻으로, 남의 말을 귀담아듣지 아니하고 흘려버림을 이르는 말

07 ② 얼굴이 팔리다 : 세상에 알려져 유명하게 되다.
① 입을 맞추다 : 서로의 말이 일치하도록 하다.
③ 얼굴이 두껍다 : 부끄러움을 모르고 염치가 없다.
④ 코가 빠지다 : 근심에 싸여 기가 죽고 맥이 빠지다.
⑤ 허파에 바람 들다 : 실없이 행동하거나 지나치게 웃어 대다.

08 이 글은 (다)의 문제 제기로부터 시작된다. 왜 유통업체가 PB상품 개발에 주력하는지 답을 내리고자 하는 것이다. 이 질문에 대한 개괄적인 증거로 (마)가 뒤에 오고, 연결되는 문장으로 (가)가 이어진다. 또 하나의 증거로 (나)가 뒤에 오고, 이를 모두 종합한 결과로 (라)가 마지막에 온다.

09 마지막 단락에 '재판관과 행정관의 구별이 없었다'는 내용만 나타나 있으므로 ⑤는 알 수 없다.

10 제시문은 아파트를 부정적으로 평가하면서 땅집을 긍정적으로 그리고 있다. 빈칸이 있는 문장의 주어인 '집'은 아파트와 대비되는 '땅집'의 의미이다. 바로 앞 문장 '집 자체가 인간과 마찬가지로 두께와 깊이를 가지고 있다'에 기대어 이해한다.

11 ㉠은 하나의 판단을 담고 있는 명제이다. 그러나 이것만으로는 왜 ㉠이 결론인지 알 수 없다. ㉡이 있음으로 해서 ㉠이 정당화될 수 있으므로 ㉡은 ㉠의 근거이다. 또 이와 같은 논리로 ㉢은 ㉡의 근거이다. ㉣은 ㉢의 예외로 제시되나 그럼에도 불구하고 불평등한 관계에서 맺는 계약이 불가피하는 내용이 ㉤에 나타난다. 이는 ㉡을 강화하는 진술이므로 ㉡의 근거가 될 수 있다. 이를 보아 ㉠은 이 논증의 최종적인 결론으로 필자의 주장을 담고 있음을 알 수 있다.

12 (다)에는 대형 아파트 주민과 소형 아파트 주민 사이에서 발생하는 계층 간 갈등 사례가 와야 한다.

13 첫 번째 단락에서는 예술의 어원을, 두 번째 단락에서는 예술의 의미의 변화를 다루었다.

14 제시문은 문제 상황을 제시한 뒤 그 문제점을 방치하면 위기로 다가올 수 있다는 것을 지적하고 있다. 그러므로 본론에서는 그 문제의 해결책을 다뤄야 한다.

15 망각의 전략은 자신이 인간이었다는 기억 자체를 포기하고, 새로이 발생한 변화를 받아들여 그것을 새로운 현실로 인정하는 것이다. 또한 새로운 언어를 획득하여 새로운 존재로 탄생하는 것이 망각의 정치학이다. ④는 '나는

인간이지만 인간이 아니'라는 비동일성의 고통에 따른 결과이므로 정답이 될 수 없다.

16 인생은 정해진 그 무엇이나 어떤 법칙도 없이 무한한 변수로 이루어져 있다는 반론을 제기할 수 있다.

17 경쟁적인 상황에서 나타나는 투기는 기업 활동을 통한 이윤과 동일하다.

18 인터넷을 통한 전자 심의는 내밀한 내용을 표출하게 만드는 장점이 있으나 참여자 또는 토론자들 사이의 신뢰를 증진하지는 못한다.

19 첫 번째 단락에서는 상호주의에 의거한 사회적 공간으로서의 시장에 대해, 두 번째 단락에서는 시장 본연의 기능을 수행하기 위한 전제 조건에 대해 말하고 있다.

20 필자는 도덕적 가치는 영원하며 시대에 따라 다르게 평가되어서는 안 된다고 역설하고 있다.

21 전문가들이 대중이 알아들을 수 있고 설득력 있는 언어로 문화재 안내문을 작성해야 일반 대중들이 문화재를 잘 이해할 수 있게 된다.

22 남성과 여성의 생물학적 차이가 사회적 지위나 능력의 차이를 낳는 원인으로 생각해서는 안 된다.

23 ④ 지문에 인공 조형물에 대한 내용은 없다.

24 ② 바흐가 몇 년 동안 칸타타를 작곡했는지 확실하게 알 수 없다.
③ 모차르트가 사망하던 날 빈의 날씨가 궂었다고 전해지나 이는 당시 기상 자료와 일치하지 않는다.
④ 모차르트의 작품 수준과 그의 경제적 상황 간의 관계는 알 수 없다.
⑤ 모차르트가 도박벽으로 인해 빈곤한 생활을 했다는 것은 하나의 학설일 뿐이다.

25 ③ 시장에 대한 정확한 파악과 함께 용기가 요구된다.

02 자료해석

정답
P.476

01. ③ 02. ① 03. ④ 04. ② 05. ① 06. ③ 07. ② 08. ③
09. ② 10. ② 11. ① 12. ③ 13. ② 14. ① 15. ② 16. ③
17. ③ 18. ② 19. ④ 20. ③

01 원래 더해야 하는 수를 x, 두 번 더한 수를 y라 하면
$x^2 - y^2 = 11$이므로
$x + y = 11 \cdots ㉠$, $x - y = 1 \cdots ㉡$
㉠식과 ㉡식을 연립하여 풀면 $x = 6$, $y = 5$
주어진 두 수의 제곱수 차가 11이 나오는지 확인한다.

02 기차의 길이를 x라 하면 $16 \times 40 = 540 + x$
$\Rightarrow x = 100$(m)

03 민재가 학교를 출발한 지 x분 후에 철수를 만난다고 하면 x분 동안 민재가 간 거리는 $100x$이고, 철수가 간 거리는 $90(15 + x)$이므로
$100x = 90(15 + x) \Rightarrow x = 135$(분)

04 현재 아들의 나이를 x, 아버지의 나이를 y라고 하면
$y = \dfrac{8}{3}x \cdots ㉠$, $y + 7 = \dfrac{11}{5}(x + 7) \cdots ㉡$
㉠식과 ㉡식을 연립하여 풀면 $x = 18$(세), $y = 48$(세)
따라서 현재 아들의 나이는 18세이다.

05 빨간 펜 a원, 샤프 b원, 자 c원, 수정테이프 d원이라 하면
$a + c = 3,000 \cdots ㉠$
$2b + 3c + d = 16,000 \cdots ㉡$
$a + 2b + d = 11,000 \cdots ㉢$
㉡과 ㉢을 연립하면 $3c - a = 5,000$
위 구한 식을 ㉠과 연립하면
$a = 1,000$, $c = 2,000$
따라서 빨간 펜의 가격은 1,000원이다.

06 전체 작업량을 1이라 하면 민호의 하루 작업량은 $\dfrac{1}{9}$, 승리의 하루 작업량은 $\dfrac{1}{18}$, 함께 한 작업량은 $\dfrac{1}{9} + \dfrac{1}{18} = \dfrac{1}{6}$이다.
둘이 함께 작업한 일수를 x라 하면 $\dfrac{1}{6} \times x = 1 \Rightarrow x = 6$(일)

07 나무의 간격이 12m일 때 필요한 나무의 그루 수를 x라 하면 $12x = 8(x + 7) \Rightarrow x = 14$(그루)
따라서 연못의 둘레는 $12 \times 14 = 168$(m)이다.

08 막대가 가장 긴 연도가 출생아 수가 가장 많았던 시기이고, 가장 짧은 연도가 출생아 수가 가장 적었던 시기이다.

09 A $= 66 - 38 = 28$, D $= 100 - 58 = 42$이므로 (가)는 $42 - 28 = 14$가 된다. 또한
B $= 58 - 38 = 20$, C $= 100 - 66 = 34$이므로 역시 (가)는 $34 - 20 = 14$가 된다.

10 ② 2015년 : $12 + 80 = 92$(건)
① 2014년 : $20 + 61 = 81$(건)
③ 2016년 : $8 + 30 = 38$(건)
④ 2017년 : $21 + 41 = 62$(건)
따라서 2015에 살인과 절도가 가장 많이 일어났다.

11 ① 2014년 : $20 + 49 + 70 + 61 + 63 = 263$(건)
② 2015년 : $12 + 54 + 72 + 80 + 73 = 291$(건)
③ 2016년 : $8 + 62 + 65 + 30 + 50 = 215$(건)
④ 2017년 : $21 + 47 + 51 + 41 + 75 = 235$(건)
따라서 범죄건수의 합이 두 번째로 높은 해는 2014년도이다.

12 ③ 유나네 가족은 의료비 지출이 교육비 지출의 3배이다.
①, ② 총 지출이 주어지지 않았으므로 비교할 수 없다.
④ 진수네 가족은 주거비보다 의료비를 더 많이 지출하였다.

13 ② 해상교량 : $\dfrac{50}{12} ≒ 4.2$(백 억)

① 고속도로 : $\dfrac{25}{22} ≒ 1.1$(백 억)

③ 지하철 : $\dfrac{8}{2} = 4$(백 억)

④ 터널 : $\dfrac{11}{3} ≒ 3.7$(백 억)

14 ① 고속도로 : $\dfrac{35 \times 25}{22} ≒ 39.8$(백 억)

② 해상교량 : $\dfrac{55 \times 50}{12} ≒ 229.2$(백 억)

③ 지하철 : $\dfrac{12 \times 8}{2} = 48$(백 억)

④ 터널 : $\dfrac{20 \times 11}{3} ≒ 73.3$(백 억)

15 $\dfrac{432 - 379}{379} \times 100 = \dfrac{53}{379} \times 100 ≒ 14(\%)$

16 ③ 2017년의 총 사용량은 2016년에 비해 $35{,}000m^3$ 증가했다.

17 ③ $\dfrac{3.5 - 4}{4} \times 100 = -12.5\%$이므로 2011년에 상위 3개사 매출액은 12.5% 감소했다.
① 상위 3개사 매출액의 합계가 가장 높았던 해는 2010년이므로 옳다.
② 상위 3개사 매출액 비중은 6.1%, 4.5%, 4.1%로 매년 감소하고 있다.
④ 매출액 합계는 2.5조 원에서 2.8조 원으로 증가했고, 매출액 비중은 6.1%에서 5.9%로 감소했다.

18 ② 2015년 X재화의 소득탄력성은 $1 > \dfrac{11.1}{20.0}$
$= 0.555 > 0$이므로 정상재이다.

19 ④ 매출액 변동폭 : $1{,}241 - 1{,}090 = 151$(억 원),
영업이익 변동폭 : $522 - 282 = 240$(억 원)
따라서 매출액의 변동폭보다 영업이익의 변동폭이 크다.
※ 영업이익률
• 2016년 3분기 : $\dfrac{522}{1{,}241} \times 100 ≒ 42.1(\%)$

• 2016년 4분기 : $\dfrac{282}{1{,}090} \times 100 ≒ 25.9(\%)$

• 2017년 1분기 : $\dfrac{295}{1{,}159} \times 100 ≒ 25.5(\%)$

• 2017년 2분기 : $\dfrac{318}{1{,}154} \times 100 ≒ 27.6(\%)$

20 신약 A, B에 따른 암환자의 생존율은 다음과 같다.

구분 투여약	조기 암환자	말기 암환자	전체 암환자
A	58.3%	28.6%	50%
B	62.5%	32.4%	42%

③ A약을 투여한 조기 암환자와 말기 암환자의 생존율 차이는 $58.3 - 28.6 = 29.7(\%p)$이고, B약을 투여한 조기 암환자와 말기 암환자의 생존율 차이는 $62.5 - 32.4 = 30.1(\%p)$이다.
① A약을 투여한 말기 암환자의 사망률은 71.4(%)이고, B약을 투여한 말기 암환자의 사망률은 67.6(%)이다.
④ 조기 암환자의 경우 $62.5 - 58.3 = 4.2(\%p)$, 말기 암환자의 경우 $32.4 - 28.6 = 3.8(\%p)$ 차이가 난다.

03 | 공간능력

정답

P.484

01. ③ 02. ④ 03. ③ 04. ① 05. ② 06. ④ 07. ② 08. ①
09. ③ 10. ④ 11. ③ 12. ① 13. ④ 14. ② 15. ④ 16. ①
17. ② 18. ③

01 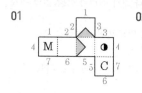　　02

03 　　04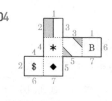

05 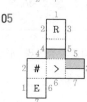　　06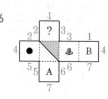

07 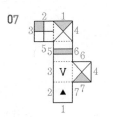 08

09 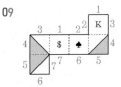 10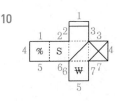

11 4층 : 3개, 3층 : 8개, 2층 : 9개, 1층 : 16개
따라서 3＋8＋9＋16＝36(개)

12 3층 : 6개, 2층 : 13개, 1층 : 15개
따라서 6＋13＋15＝34(개)

13 3층 : 8개, 2층 : 13개, 1층 : 16개
따라서 8＋13＋16＝37(개)

14 3층 : 1개, 2층 : 9개, 1층 : 14개
따라서 1＋9＋14＝24(개)

15 맨 뒤쪽을 3층이라고 가정하고 개수를 세면,
3층 : 4개, 2층 : 6개, 1층 : 2개
이에 해당하는 보기는 ④이다.

16 왼쪽 열부터 개수를 세면,
첫째 열 3층, 둘째 열 4층, 셋째 열 3층, 넷째 열 2층에
해당하는 보기는 ①이다.

17 맨 뒤쪽을 3층이라고 가정하고 개수를 세면,
3층 : 6개, 2층 : 4개, 1층 : 2개
이에 해당하는 보기는 ②이다.

18 왼쪽 열부터 개수를 세면,
첫째 열 5층, 둘째 열 5층(2~4층은 없음), 셋째 열 5
층, 넷째 열 1층에 해당하는 보기는 ③이다.

04 지각속도

정답 P.493

01. ②	02. ①	03. ②	04. ②	05. ①	06. ②	07. ②	08. ①
09. ②	10. ①	11. ②	12. ①	13. ②	14. ②	15. ②	16. ②
17. ①	18. ②	19. ①	20. ②	21. ③	22. ②	23. ①	24. ②
25. ③	26. ④	27. ③	28. ③	29. ④	30. ①		

01 b e h a f － 폐 베 레 혜 케
a = 퇘, d = 혜

03 g h j d f － 꽤 레 데 채 케
d = 혜, c = 채

04 f h b i a － 케 레 혜 메 퇘
b = 폐, d = 혜

06 ♫ ¢ ♮ ♮ ⌒ － Ket Biq Ler Chi Tew
♮ = Wyr, ♪ = Chi

07 ♪ # ♪ ♪ ♫ － Chi Wyr Hop Nud Ket
= Mad, ♮ = Wyr

09 ♪ ♮ ♪ ♫ ♪ － Hop Ler Nud Jiz Chi
♫ = Ket, ♫ = Jiz

11 솹 졉 뫔 붼 닯 － やゆ バダ こげ ギヒ より
붼 = ろく, 뫔 = ギヒ

13 웗 뫔 닯 뫒 솹 － えヤ こげ より やゆ ギヒ
뫒 = ギヒ, 솹 = やゆ

14 찹 뻔 굴 웗 졉 － シス いん より えヤ バダ
굴 = めや, 닯 = より

15 웗 졉 뻔 닯 뫒 － えヤ バダ シス より ギヒ
뻔 = いん, 찹 = シス

16 g☢ ✂c n☸ d☊ 8d － gs2 ps1 y4s rs4 dt6
n☸ = h1k, ☂a = y4s

18 v☊ ✂h g☢ 8d ✂c － 5dq ps1 gs2 dt6 ps1
✂h = 3bn, ✂c = ps1

20 ✂h g☢ n☸ 8d n☸ － 3bn gs2 y4s dt6 h1k
n☸ = h1k, ☂a = y4s

21 gethstitdsjbcldpqkdotgdsjabncghsohtpdpeqzxcvbnbm
lpoiudsethiubkdhjkcalwoeidfgio

22 iii v iv vii ii ix xi xii v iv vi i iii v ivviii vi vii vi i ixviii vi iv v vii
viii ix vii vi iv vii v iv vi viii ix vi viii iv vi

23 23471568943156679256612327311534761762113754
84973211325711718165583792

24 η ξ ε δ γ β ε δ ζ η ε γ δ υ δ ξ ε γ δ ε ζ η μ ξ ε
δ β α ρ γ δ ε β ζ η δ ξ π γ δ ρ π ε ζ δ β α ζ δ γ ε
ζ δ ε ζ β η ξ ε δ β

부록 정답 및 해설

25 オヲタオユモチヌネルゥカキクネフスチゥヲウネユラウチタモゥセホワラモテゥオ
キネゥスセホチイゥツモカケォリネゥサ

26 <u>들의</u> 콩깍지는 깐 <u>콩깍지인</u>가 <u>안</u> 깐 <u>콩깍지인</u>가 깐 콩깍
지면 어떻고 안 깐 콩깍지이면 어떠냐

27 <u>멍멍이네 꿀꿀이</u>는 멍멍해도 꿀꿀하고, 꿀꿀이네 <u>멍멍이</u>
는 꿀꿀해도 멍멍하네

28 강낭콩 옆 진 콩깍지는 완두콩 깐 빈 콩깍지고, 완두콩
옆 빈 콩깍지는 강낭콩 깐 빈 콩깍지이다.

29 If peter piper picked a peck of pickled peppers, where's
the peck of pickled peppers peter piper picked?

30 仕代休忻估仃仢任伕仃伢仁什仇仃仉仈仆仃任仜仅伪什
仆仕仃任仟仟仇仃仔

01 언어논리

01 제시문과 ⑤의 '자리'는 '일정한 조건의 사람을 필요로 하는 곳'으로 사용되었다.
① 사람의 몸이나 물건이 어떤 변화를 겪고 난 후 남은 흔적
② 일정한 사람이 모인 곳 또는 그런 기회
③ 일정한 조직체에서의 직위나 지위
④ 사람이나 물체가 차지하고 있는 공간

02 ① 십 여 년 만에 → 십여 년 만에 : '-여'는 '그 수를 넘음'의 뜻을 더하는 접미사이므로 붙여 쓴다.
③ 부모님에게 만큼은 → 부모님에게만큼은 : 앞말과 비슷한 정도나 한도임을 나타내는 격 조사이므로 체언이나 조사의 바로 뒤에 붙여 쓴다.
④ 집밖을 → 집 밖을 : '밖'은 명사이므로 앞말과 띄어 쓴다.
⑤ 할 수 밖에 → 할 수밖에 : '밖에'는 조사이므로 붙여 쓴다.

03 ③ 따듯히 → 따뜻이 : 부사의 끝음절이 분명히 '이'로만 나는 것은 '-이'로 적고, '히'로만 나거나 '이'나 '히'로 나는 것은 '-히'로 적는다.

04 ㉠ 가늠 : 목표나 기준에 맞고 안 맞음을 헤아려 봄, 사물을 어림잡아 헤아림
㉡ 가름 : 둘 이상으로 따로따로 나누는 일, 승부나 등수를 정하는 일
㉢ 갈음 : 어떤 것을 다른 무엇으로 바꾸어 대신함

05 제시문의 '형님'은 친족을 이르는 호칭이다. 그러나 ①의 형씨는 잘 알지도 못하는 사이에서 상대방을 조금 높여 이르는 말로 친족을 호칭하는 말이 아니다. ② '아저씨'는 통상 알지 못하는 어른을 호칭하는 것으로만 알고 있으나 부모와 같은 항렬에 있는 아버지의 친형제를 제외한 남자를 이르는 말이며, ③ '아주머니' 역시 일반적인 여성을 조금 높여 이르는 호칭어로만 알고 있으나 형의 아내를 친근하게 부르는 말이기도 하다.

06 순우리말과 비속어의 관계이다. 상통은 얼굴을, 골통은 머리를 속되게 이르는 말이다.

07 ① 각주구검(刻舟求劍) : 배에 금을 긋고 칼을 찾음
② 반포보은(反哺報恩) : 자식이 부모가 길러 준 은혜를 갚음
④ 연목구어(緣木求魚) : 나무에 올라가서 물고기를 구함
⑤ 상전벽해(桑田碧海) : 뽕나무밭이 푸른 바다가 된다는

뜻으로, 세상일의 변천이 심함을 비유적으로 이르는 말

08 '작은 어려움을 피하고 보니 더 큰 어려움이 닥쳐온다'는 뜻으로 '설상가상(雪上加霜)'이 어울린다.

09 (나)는 '한국 문맹률의 극적인 반전을 우리는 어떻게 이해해야 할까?'라고 하고, (라)는 한국 문맹률의 조사 사례를 들어서 문맹률이 급격히 줄었다는 것을 말하고 있으므로, (라)가 (나)보다 먼저 온다는 것을 알 수 있다. (가)는 세계 최저의 문맹률을 달성한 원인에 대한 내용이므로 (라)의 뒤에 오는 것이 옳다. (다)는 '그러나'라는 접속어를 통해 화제가 바뀌고 있으므로 (가)의 뒤에 오는 것이 자연스럽다.

10 지문은 물질 만능주의로부터 파생된 현대 사회의 폐해를 설명한 글이다.

11 정기가 흩어지고 나면 지각도 없어지므로 윤회설이 부정되지만, 조상에게 제사를 지내는 데에는 이치가 따르므로 제사는 여전히 의미 있는 행위가 된다는 것이 글의 결론이다.

12 젊은이들의 높아진 사회적 위상과 빨라진 생활 속도가 현대 광고를 젊은이 지향적으로 만들었다.

13 초파리 암컷이 정상 수컷과 교미를 했음에도 불구하고, 이후 재교미를 한 돌연변이 수컷 A와 B의 영향을 받은 것으로 보아 교미를 할 때마다 이전에 저장된 정자를 제거한다는 가설을 세울 수 있다.

14 인간 사회 자체가 '다양한 개인들이 모여 구성한 것이며 현실의 다양한 이해와 가치가 충돌하는 장'이므로, 철학자이더라도 선과 악, 옳고 그름을 명확히 판단할 수 있는 절대적 기준을 제시하기 어렵다. 개인들은 자신의 입장에서 자신의 이해관계를 관철시키기 위해 의견을 개진하고 서로 소통함으로써 합의를 도출하기도 하고 상대방을 설득하기도 하므로 개별 상황에 적합한 합의 도출을 통해 사회 갈등을 해소할 수 있다.

15 첫 문장을 보면 '화사스러움을 가누어 준다'는 말이 있는데, '가누어 주다'는 '가다듬어 바로잡다'라는 뜻이므로 ①이 내용과 일치하지 않음을 알 수 있다.

16 지문에서 필자가 반론의 대상으로 삼고 있는 의견으로 '도대체 진리의 탐구는 해서 무얼 하나, 진리 탐구로서의 학문의 목적이 현실 생활과 너무 동떨어진 것이 아닌가, 상아탑 속의 연구 생활은 일종의 도피가 아닌가'를 들 수 있다. 필자는 이러한 주장들을 사전에 철저하게 봉쇄하고 있는데, 이를 통해 자신의 주장을 강화하고 있다.

17 진술의 의도 및 태도를 정확히 파악하고 있는가를 묻는 문제로 화자의 근본적인 의도가 무엇인지 잘 파악해야 한다. 이 글에서 안중근 의사는 이토의 허위적 선전과 정책

에 대한 비판을 하면서 자신의 행위의 정당성을 주장하고 있다. 즉, 이토를 '한·일 두 나라의 친선을 저해하고 동양의 평화를 어지럽힌 장본인'으로 파악함으로써 자신의 행위가 정당함을 주장하고 있는 것이다.

18 '즉'이라는 접속어는 앞부분의 내용을 상세히 설명하는 기능을 갖는다. 따라서 주어진 글과 상통하는 내용이 뒤에 이어져야 할 것이다.

19 과거에는 전화와 같은 느린 정보 전달 수단 때문에 상황 대처 능력이 느렸음을 지적하고 있다. 즉, 상황 대처 능력은 정보 수집 속도에 비례한다는 관점이다.

20 구결문은 '한문 문장을 그대로 두고 필요한 곳에 구결(입곁)을 달아 이해의 편의를 도모한 문장'이라고 하였으므로 구결(입곁)이 없이도 문장의 의미를 기본적으로 파악할 수 있다는 것을 알 수 있다.
① 서두체 표기는 우리말의 문법 형태소를 보충해야 전체적인 의미를 파악할 수 있다.
② 이두체 표기는 문법 형태소가 다양한 방법으로 표기된다.
③ 향찰체 표기는 국어 문장의 모습을 그대로 보여 주는 차자 표기 방식이므로 우리말 어순을 따른다.

21 첫 문단에서는 고려 산대 잡극의 내용을, 둘째 문단에서는 그 연행 시기를 화제로 하고 있다. 글의 성격으로 보아 첫 문단이 중심 문단이고, 둘째 문단은 부연에 해당하는 뒷받침 문단임을 알 수 있다.

22 (가)는 개인과 사회가 조화·협력하거나 갈등·모순을 빚는 현상을 말한 것이고, (나)는 그 원인의 일단을 분석한 것이다.

23 ②, ③, ⑤ 아직 '우리 것'으로 서술 초점이 옮겨졌는지 알 수 있는 근거가 없다.
④ 우리의 태도를 비판, 반성하는 것인지 아직 이 글만으로는 알기 어렵다.

24 한국의 대중문화는 근대 이후 서구 문화의 충격, 특히 미국 문화에 큰 영향을 받았으며 한일 회담의 타결 이후에는 기존 서구 문화의 영향에 더해 일본 문화의 영향까지 받게 되었다.

25 〈보기〉는 대중화 과정에서 나타나는 역기능에 대한 내용으로, 기회 불균등으로 인해 초래되는 사회 현상이다.

02 자료해석

정답
P.519

01. ③ 02. ③ 03. ④ 04. ④ 05. ② 06. ① 07. ② 08. ④
09. ③ 10. ② 11. ④ 12. ② 13. ① 14. ③ 15. ② 16. ③
17. ① 18. ④ 19. ④ 20. ④

01 배의 속도를 x, 유속을 y라 하면 내려갈 때 속도와 올라올 때 속도는 각각
$$x+y=10\left(=\frac{10}{1}\right)\cdots㉠,\ x-y=2\left(=\frac{10}{5}\right)\cdots㉡$$
㉠식과 ㉡식을 연립하여 풀면
$$x=6(km/h),\ y=4(km/h)$$
따라서 배의 속도는 6km/h이다.

02 전체 일의 양을 1이라 하고 일을 끝내는데 형은 x일, 동생은 y일 걸린다고 하면 형의 하루 작업량은 $\frac{1}{x}$, 동생의 하루 작업량은 $\frac{1}{y}$이므로
$$\frac{15}{x}+\frac{15}{y}=1\cdots㉠,\ \frac{14}{x}+\frac{18}{y}=1\cdots㉡$$
㉠식과 ㉡식을 연립하여 풀면
$$x=20(일),\ y=60(일)$$
따라서 형 혼자서 일을 하면 20일이 걸린다.

03 A상품의 원가를 x, B상품의 원가를 y라고 하면
$$x+y=18,000\cdots㉠,\ 0.35x-0.1y=3,150\cdots㉡$$
㉠식과 ㉡식을 연립하여 풀면
$$x=11,000(원),\ y=7,000(원)$$
따라서 A상품의 원가는 11,000원이다.

04 작년 학생 수를 x라 하면 올해 학생 수는
$$x(1-0.08)=828\ \Rightarrow\ x=900(명)$$

05 현재 아들의 나이를 x, 아버지의 나이를 y라고 하면
$$y=\frac{8}{3}x\cdots㉠,\ y+7=\frac{11}{5}(x+7)\cdots㉡$$
㉠식과 ㉡식을 연립하여 풀면 $x=18(세),\ y=48(세)$
따라서 현재 아들의 나이는 18세이다.

06 형이 가진 사탕의 수를 x, 동생이 가진 사탕의 수를 y라 하면
$$x-1=y+1\cdots㉠,\ x+1=2(y-1)\cdots㉡$$
㉠식과 ㉡식을 연립하여 풀면 $x=7(개),\ y=5(개)$
따라서 아버지가 동생에게 준 사탕의 수는 5개이다.

07 이긴 횟수를 x, 진 횟수를 y라 하고, 올라가는 것을 $+$로, 내려가는 것을 $-$로 표시하면
$x+y=10$ … ㉠, $4x-2y=22$ ⇒ $2x-y=11$ … ㉡
㉠식과 ㉡식을 연립하여 풀면 $x=7$(회), $y=3$(회)
따라서 이긴 횟수는 7회이다.

08 13cm, 17cm짜리 초는 각각 1분에 $\frac{2}{5}$ cm, $\frac{3}{5}$ cm씩 타서 없어진다. 두 개의 초의 길이가 같아지는 때를 t라고 하면 $13-\frac{2}{5}t=17-\frac{3}{5}t$ ⇒ $t=20$(분 후)

09 ① 2016년 봄 ~ 여름 : $|25.3-11.6|=13.7$
② 2016년 여름 ~ 가을 : $|14.1-25.3|=11.2$
③ 2017년 봄 ~ 여름 : $|25.9-12.0|=13.9$
④ 2017년 여름 ~ 가을 : $|14.4-25.9|=11.5$

10 국어 성적이 80점인 학생들의 수학 성적은 다음과 같다.

수학성적	40	60	80	100
학생 수	2	3	㉴	1

따라서 평균을 구하면
$\frac{2\times40+3\times60+80\times㉴+100}{2+3+㉴+1}=70$
⇒ $80+180+80\times㉴+100=70(6+㉴)$
⇒ $㉴=6$(명)

11 $(2+1)+(2+3)+(1+㉮+7+2)$
$+(2+3+6+1)+(1+2+4)=50$
⇒ $㉮=13$(명)

12 ① 4인 가구가 차지하는 비율은 2009년에 증가하였다.
③ 2010년에 4인 가구가 차지하는 비율은 1인 가구가 차지하는 비율의 약 4배이다. ⇒ $\frac{40.1}{18.8}≒2.1$배
④ 4인 가구의 변화율이 가장 큰 것은 2010년(40.1)과 2011년(23.6) 사이이다.

13 ② 600만 원 이상에서 재사용률이 감소한다.
③ 비율이 같다고 인원수가 같은 것은 아니다 왜냐하면 각 항목에 대한 인원수는 다르기 때문이다.
④ 42.2%로 과반수를 넘지 않는다.

14 2시간 이하의 인터넷 사용자
일반 사용자군 = 10.5%, 인터넷 중독자군 = 3.8%
두 사용자군의 비율은 $\frac{10.5}{3.6}≒2.91$배이다.

15 ① 온라인 전문쇼핑몰의 지속적인 성장세와 마찬가지로 온라인ㆍ오프라인 쇼핑몰도 꾸준히 성장세가 지속되고 있다.
③ 온라인 또는 온라인ㆍ오프라인 쇼핑몰은 꾸준히 성장세를 보이고 있다.

④ 온라인ㆍ오프라인 쇼핑몰의 전자상거래액이 가장 크게 증가한 분기는 2/4분기이고, 온라인 전문쇼핑몰의 전자상거래액이 가장 적은 분기는 1/4분기로 일치하지 않는다.

16 B, C, D사의 연간 순이익을 구하면 다음과 같다.

(단위 : 백억 원)

구분	2005	2006	2007	2008	2009	2010
B	4	5	6	5	4	3
C	9	7.5	6	4.5	6	7.5
D	10.5	9	7.5	6	4.5	3
합계	23.5	21.5	19.5	15.5	14.5	13.5

A사의 연간 매출액은 매년 증가하고 있으므로 B, C, D사의 순이익의 합이 가장 많이 감소한 2008년을 기준으로 판단한다. 2008년의 경우 A사의 매출액은 5천억 원이 증가하고 B, C, D사의 순이익의 합은 4백억 원 감소하였으므로 연간 순이익 총합이 전년에 비해 감소되지 않으려면 A사의 연간 이익률을 x라고 했을 때 '5천억$\times\frac{x}{100}=4$ 백억'을 만족해야 한다. 따라서 A사의 연간 이익률은 최소 8%가 되어야 한다.

17 ① 2017년의 경우 실업자 훈련인원은 증가한데 반해 실업자 훈련지원금은 감소하였다.

18 ④ 2011년도와 2013년도, 2015년도의 경우 A사의 증가분보다 B, C사의 감소분이 더 크므로 전체 시장규모는 감소하였다.

19 제조업의 2003년 노동생산성지수는
$110.2\times\frac{106}{100}≒116.8$이다.

20 광업의 1999년 노동생산성지수를 x라 하면
$\frac{100-x}{x}\times100=6.3\%$에서 $x≒94.1$이다.
2002년 노동생산성지수는
$100\times\frac{105.8}{100}\times\frac{102.6}{100}≒108.6$이므로
1999년보다 $\frac{108.6-94.1}{94.1}\times100≒15.4(\%)$ 증가하였다.

03 공간능력

P.527

정답

01. ④	02. ④	03. ④	04. ②	05. ③	06. ④	07. ③	08. ②
09. ①	10. ②	11. ②	12. ④	13. ①	14. ①	15. ①	16. ③
17. ②	18. ③						

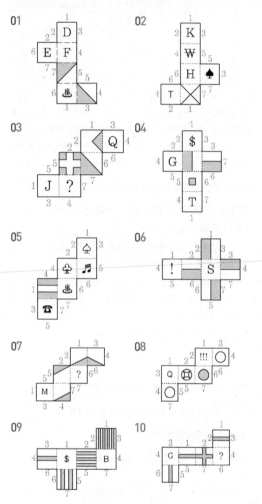

11 4층 : 6개, 3층 : 11개, 2층 : 14개, 1층 : 15개
　　따라서 6＋11＋14＋15 ＝ 46(개)

12 4층 : 1개, 3층 : 3개, 2층 : 5개, 1층 : 11개
　　따라서 1＋3＋5＋11 ＝ 20(개)

13 3층 : 1개, 2층 : 5개, 1층 : 20개
　　따라서 1＋5＋19 ＝ 25(개)

14 6층 : 3개, 5층 : 5개, 4층 : 9개, 3층 : 15개, 2층 :
　　17개, 1층 : 26개

따라서 3＋5＋9＋15＋17＋26 ＝ 75(개)

15 왼쪽 열부터 개수를 세면,
　　첫째 열 1층, 둘째 열 3층, 셋째 열 3층, 넷째 열 4층,
　　다섯째 열 6층에 해당하는 보기는 ①이다.

16 왼쪽 열부터 개수를 세면,
　　첫째 열 4층, 둘째 열 2층, 셋째 열 1층, 넷째 열 4층,
　　다섯째 열 1층에 해당하는 보기는 ③이다.

17 왼쪽 열부터 개수를 세면,
　　첫째 열 1층, 둘째 열 5층, 셋째 열 1층, 넷째 열 3층,
　　다섯째 열 3층에 해당하는 보기는 ②이다.

18 왼쪽 열부터 개수를 세면,
　　첫째 열 2층, 둘째 열 3층, 셋째 열 2층, 넷째 열 1층,
　　다섯째 열 1층, 여섯째 열 3층, 일곱째 열 3층, 여덟째
　　열 2층, 아홉째 열 4층, 열째 열 2층(1층은 없음)에 해
　　당하는 보기는 ③이다.

04 지각속도

정답   P.536

01. ②	02. ②	03. ②	04. ①	05. ①	06. ②	07. ①	08. ①
09. ②	10. ②	11. ②	12. ①	13. ②	14. ②	15. ②	16. ②
17. ②	18. ②	19. ①	20. ②	21. ②	22. ③	23. ①	24. ②
25. ①	26. ②	27. ①	28. ②	29. ③	30. ②		

01 79 13 53 **87** 61 – ♣ ▣ ♡ ☏ ◈
    87 = △, 98 = ☎

02 45 53 87 98 **27** – ☆ ♡ △ ☏ ⑩
    27 = ♤, 47 = ⑩

03 39 79 **45** 87 61 – ◐ ♣ ♤ △ ◈
    45 = ☆, 27 = ♤

06 제웃 퍼뮤 쮜큐 **뜌렛** 츄뷔 – art yth hgs **eyw** ptd
    뜌렛 = ked, 퉤술 = eyw

09 뀌텃 뻬쑤 혜뎨 켸톄 쮜큐 – une **ptd** pst csi hgs
    뻬쑤 = dbo, 츄뷔 = ptd

10 퍼뮤 혜뎨 뀌텃 **뜌렛** 퉤술 – yth pst une **dbo** eyw
    뜌렛 = ked, 뻬쑤 = dbo

11 ha kℓ **mm** km mg – 398 745 862 278 **403**
    mg = 136, kg = 403

13 mm cm kℓ dℓ **km** – 862 547 745 490 **136**
    km = 278, mg = 136

14 mℓ **mm** kg μℓ mg – 984 **547** 403 621 136
    mm = 862, cm = 547

15 μℓ ha **km** dℓ cm – 621 398 **745** 490 547
    km = 278, kℓ = 745

16 ≳ ÷ **ㄷ** ≈ ㄱ – 활① 표ㅛ 낫⊕ 맙① 접⊕
    ㄷ = 해⊤, ✕ = 낫①

17 ✕ ⤬ 으 **ㅂ** ↔ – 낫⊕ 끝⊖ 참ㅠ 접⊕ 쏨⊕
    ㅂ = 예⊕, ㄱ = 접⊕

18 ≳ ÷ ✕ **ㄷ** ≈ – 활① 표ㅛ 낫⊕ 해⊤ 참ㅠ
    ≈ = 맙①, 으 = 참ㅠ

20 ≳ ÷ 으 **ㅂ** ≈ – 활① 표ㅛ 끝⊖ 예⊕ 맙①
    으 = 참ㅠ, ✕ = 끝⊖

21 F1 F3 F5 F7 F9 F7 F5 F4 F8 F10 F12 F3 F9 F10 F6 F4 F7 F4 F9 F11 F2 F4 F2 F1 F12 F8 F11 F4 F6 F9

22 AOBO**C**DPFOIRPHLFJCVPSEGDMOCPDNSNLALXK OXB**C**NVWEOTK**C**EPALQPDL**C**NDLS

23 ♫♫♬♪♫♪♫♫♫♬♪♪♪♪♪♬♪♫♫♫♫♬♫♬♪♪♫ ♯♪♫♫♬♫♬♪♬♫♫♬♫♫♬♫♫♫

24 びふさしすめんなにす**ぇ**よるれわすをぁけさすらゆやも らるろぼみゑをんす**あ**えゆ

25 九入八人万人丁八儿乃入刀人力八丁入勹人九丁人入九刀 儿人入九万人入八人力九

26 오자신축술미인묘신진축유자술사해축신진**오**사유해묘축 미**진**인신묘술유자해**진**미신유축술진오

27 **촉촉**한 **초코칩** 나라에 살던 안**촉촉**한 **초코칩**이 **촉촉**한 **초 코칩** 나라의 **촉촉**한 **초코칩**을 보고 **촉촉**한 **초코칩**이 되고 싶어

28 714356897613468958437659432876431219837649135 9467684736146598476164973

29 (j)(k)(i̠)(m)(n)(p)(r)(s)(v)(f)(i̠)(d)(b)(z)(t)(i̠)(l)(f)(w)(i̠)(j)(l)(i̠)(f)(t) (r)(i̠)(v)(u)(t)(i̠)(h)(j)(l)(r)(l)(t)(i̠)(f)(j)(l)

30 ↕gh↕ie! i ojdl↕jc?ioid↕lg ! ioa2il7j] mn?j7eos7pi ↕ [fi7j ! hhd7i?cjo7leh7jrpi

정답 및 해설

01 언어논리

01. ③	02. ②	03. ④	04. ④	05. ③	06. ②	07. ⑤	08. ③
09. ③	10. ③	11. ②	12. ③	13. ②	14. ②	15. ④	16. ①
17. ④	18. ②	19. ⑤	20. ③	21. ⑤	22. ④	23. ①	24. ②
25. ④							

01 부상(浮上)은 '물 위로 떠오르는 것', '어떤 현상이 보통 때보다 더 큰 관심을 끌거나 불우한 처지에 있던 사람이 갑자기 좋은 자리로 올라서는 일'을 뜻하므로 적절하지 않다. 빙산은 떠오르는 것이 아니라 바다 위를 떠다니는 것이므로 '물 위나 물속, 또는 공기 중에 떠다님'을 의미하는 '부유(浮遊)'가 적절하다.

02 손놀림이 재다, 동작이 재다 : 움직임이 빠르고 날쌔다.
① 잘난 체하며 뽐내다.
③ 여러모로 따져 보고 헤아리다.
④ 총이나 포에 탄환 따위를 넣다.
⑤ 물건을 차곡차곡 포개어 쌓아 두다.

03 죽은 자식 나이 세기 : 이왕 그릇된 일을 자꾸 생각하여 보아야 소용없다는 말
④ 망양보뢰(亡羊補牢) : 이미 어떤 일을 실패한 뒤에 뉘우쳐도 아무 소용이 없음을 이르는 말
① 본말전도(本末顛倒) : 일의 원줄기를 잊고 사소한 부분에만 사로잡힘
② 맥수지탄(麥秀之嘆) : 고국의 멸망을 한탄함을 이르는 말
③ 반포지효(反哺之孝) : 까마귀 새끼가 자라서 그 어버이에게 먹이를 먹여 주는 일, 자식이 부모의 은혜에 보답함을 비유적으로 이르는 말
⑤ 와각지쟁(蝸角之爭) : 달팽이의 더듬이 위에서 싸운다는 뜻으로, 하찮은 일로 벌이는 싸움을 이르는 말

04 '투항(投降)'은 '적에게 항복함'이라는 뜻으로, '완강하다'와 호응할 수 없는 단어이다. 따라서 '투항'보다 '저항(抵抗)'이 적절하다.

05 ① 할수 → 할 수 : 의존 명사는 띄어 쓴다.
② 두부 한모 → 두부 한 모 : 단위를 나타내는 단어는 띄어 쓴다.
④ 세 시간내지 다섯 시간 → 세 시간 내지 다섯 시간 : 두 말을 이어 주거나 열거할 적에 쓰이는 말은 띄어 쓴다.
⑤ 말것이다 → 말 것이다 : 의존 명사이므로 띄어 쓴다.

06 ② 굽은 나무가 선산 지킨다 : 쓸모없어 보이는 것이 도리어 제구실을 하게 됨을 비유적으로 이르는 말
① 개천에서 용 난다 : 미천한 집안이나 변변하지 못한

부모에게서 훌륭한 인물이 나는 경우를 이르는 말
③ 끝 부러진 송곳 : 있기는 있되 쓸모없게 된 것을 비유적으로 이르는 말
④ 국수 먹은 배 : 실속 없고 헤픈 경우를 비유적으로 이르는 말
⑤ 염불에는 맘이 없고 잿밥에만 맘이 있다 : 맡은 일에는 정성을 들이지 아니하면서 잇속에만 마음을 두는 경우를 비유적으로 이르는 말

07 배심원은 재판에 있어 평결을 하는 사람이며 국회의원은 법을 만드는 사람이다.

08 ① 소꿉놀이, ② 숨바꼭질, ④ 쓰레받기, ⑤ 걷혀

09 ㉠은 언어에 비해 눈이 인간의 진실한 감정을 표현할 수 있음을 말하고 있다. ①과 ②는 언어로는 표현할 수 없는 복잡 미묘한 감정을 눈은 표현할 수 있다는 말이며, ④는 눈빛을 통해 감추어진 진실을 파악할 수 있다는 것이다. ⑤는 상대하는 사람에 대한 감정이 눈빛으로 드러날 수 있다는 말이다. 하지만 ③의 '눈짓'은 의사 전달의 수단으로 인식되고 있으므로 이와 관련이 없다.

10 동양화의 여백의 미를 설명하기 위해 우선 산점투시에 대해 논한다. 즉 산점투시의 개념을 통해 동양화에 있어서 여백의 미를 상세하게 풀어 가고 있다. (다)에 '산점투시'라는 개념이 가장 먼저 등장하고, 이 개념을 활용한 '동양화의 구도'가 (가)에서 설명된다. 이러한 동양화의 구도에서 만들어지는 '여백'이 이어 (라)에 등장하고, 마지막으로 (나)에서 '여백의 미학적 역할'을 설명한다.

11 죽음의 편재성이 회피 대상이 아니라는 결론이 도출되기 위해서는 죽음의 공포를 불러일으키는 것이 회피 대상이 아니라는 전제가 있어야 한다.

12 본문은 개발도상국이 선진국과 달리 산업화로 인한 많은 문제점을 겪고 있다고 설명하고 있다.

13 도박을 하는 이유로 다양한 놀이방식의 부재와 인간관계의 폐쇄성, 스트레스 해소 등을 들고 있다.

14 ㉡의 앞 문장에 '개인들의 정체성 형성에 커다란 변화를 가져다주었다'는 내용이 있는 것으로 보아 이에 대한 결과를 말하고 있는 〈보기〉가 ㉡에 와야 한다.

15 묘진은 자신의 재주를 과신한 나머지 오만함으로 인해 낙방하고 말았다. 그러므로 매사에 겸손하게 임하고 주어진 일을 성실하게 수행해야 한다는 교훈을 얻을 수 있다.

16 ㉠은 앞 문장의 논지를 보강하는 뒷받침 문장이다. 그러므로 앞 문장의 주장을 먼저 확인해야 한다. 앞 문장은 자연 개발에 대해 개발을 주장하는 측의 주장이며 개발의 과정에서 자연의 손실을 감내해야 한다는 것이다. 그러므

로 인간의 삶을 위해 자연 개발의 필연성을 제시하고, 이 과정에서 자연 환경의 훼손은 어쩔 수 없다는 ①의 진술이 뒷받침 문장으로 가장 적절하다.

17 글 마지막 부분인 '비록 유전에서는 소형 화기가 조총의 성능을 당해내지 못했지만, 해전에서는 함선에 탑재한 대형 화포의 화력이 조총의 성능을 압도하였다'에서 ④의 내용을 확인할 수 있다.

18 의사들의 가설은 '참이 되는 상황과 거짓이 되는 상황을 명료하게 판정할 수 있는' 특성을 갖지 못했기 때문에 가짜 환자를 구별해 낼 수 없었다.

19 ⑤ 가톨릭은 어떤 사회적 조건에 처해 있든 간에 이러한 경향을 나타내지 않았고 현재도 그러하다. 종교집단에 따라 경제적 태도에 차이가 난다.
① 일부 유럽 국가들의 프로테스탄트는 종교적 이유로 박해를 받을 때조차 적극적인 경제활동으로 사회의 자본주의 발전에 기여했다.
② 독일에서 가톨릭은 정치 영역에서 배제되었지만, 영리활동에 적극적으로 참여하지 않았다.
③ 독일 가톨릭의 경제적 태도는 다른 종교적 소수집단에 폭넓게 나타나는 보편적인 경향과도 다르다.
④ 프로테스탄트와 가톨릭은 대조적이다.

20 제시문은 다른 사람들이 하는 대로 행동하는 것에 대해 이야기하고 있다. 이와 가장 다른 행동은 ③이다.

21 제시문의 요지는 글의 마지막 부분에 나타나 있다.

22 지문은 고도의 문법요소가 필요한 상황에 대해 설명하고 있는 글이다.

23 사람이 깨어 있을 때 뇌의 파장은 1초에 8회 정도로 규칙적이다.

24 과학과 윤리를 다른 차원의 것으로 보기 때문에 ②가 정답이 된다.

25 ①, ③은 ④의 전제일 뿐이고, ②는 인간이 윤리적 행동을 위해 어떻게 해야 하는가를 설명하고 있으므로 지문의 내용과 관련성이 적다. ⑤는 인간이 선택의 의지를 지닌 동물임을 말하고 있으므로 지문의 내용과 관련이 없다.

02 자료해석

정답 P.564

01. ① 02. ① 03. ④ 04. ② 05. ④ 06. ③ 07. ③ 08. ④
09. ② 10. ② 11. ② 12. ① 13. ④ 14. ④ 15. ② 16. ④
17. ② 18. ③ 19. ④ 20. ④

01 시속 5km로 걸은 거리를 x, 시속 3km로 걸은 거리를 y라 하면

$x+y=20 \cdots \bigcirc$, $\dfrac{x}{5}+\dfrac{y}{3}=6 \cdots \bigcirc\bigcirc$

$\bigcirc$식과 $\bigcirc\bigcirc$식을 연립하여 풀면 $x=5(km)$, $y=15(km)$
따라서 5km 이상을 시속 5km로 걸어야 한다.

02 A관과 B관의 분당 주입량은 각각 $\dfrac{1}{15}$, $\dfrac{1}{21}$이고, 두 관을 동시에 사용할 때 분당 주입량은 $\dfrac{1}{15}+\dfrac{1}{21}=\dfrac{4}{35}$이므로 7분 동안 두 관을 사용했을 때의 주입량은 $\dfrac{4}{35}$ $\times 7=\dfrac{4}{5}$이다.

나머지 $\dfrac{1}{5}$을 A관이 채우는 데 걸리는 시간을 t라 하면

$\dfrac{1}{15} \times t=\dfrac{1}{5}$이므로 $t=3(분)$이다.
따라서 물통을 가득 채우는 데 걸리는 시간은 $7+3=10(분)$이다.

03 세호, 재범이 각각 혼자서 일을 할 때 걸리는 시간을 x일, y일이라 하면
$\dfrac{1}{x}+\dfrac{1}{y}=\dfrac{3}{20} \cdots \bigcirc$, $\dfrac{8}{x}+\dfrac{5}{y}=1 \cdots \bigcirc\bigcirc$
$\bigcirc$식과 $\bigcirc\bigcirc$식을 연립하여 풀면 $x=12(일)$, $y=15(일)$
따라서 세호 혼자하면 12일이 걸린다.

04 원가를 x라 하면 할인된 가격 $0.8x$에서 5%의 수수료 $0.05 \times 0.8x=0.04x$를 빼고 나면 $0.76x$이다.
따라서 판매 수입금은 원래 가격의 76%이다.

05 1학년 a원, 2학년 b원, 3학년 c원, 4학년 d원, 졸업생 e원이라고 가정하면
수학과 : $a+2b+3c=97,000 \cdots \bigcirc$
경제학과 : $2a+3b+4c=133,000 \cdots \bigcirc\bigcirc$
영문학과 : $b+2d+e=41,000 \cdots \bigcirc\bigcirc\bigcirc$
국문학과 : $2d+e=40,000 \cdots \textcircled{ㄹ}$
$\textcircled{ㄹ}$을 $\bigcirc\bigcirc\bigcirc$에 대입하면 $b=1,000(원)$
구한 b값을 $\bigcirc$과 $\bigcirc\bigcirc$식에 대입하면, $a+3c=95,000$, $a+2c=65,000$
위 두 식을 연립하면 $c=30,000(원)$, $a=5,000(원)$

부록
정답 및 해설

따라서 답은 30,000원이다.

06 1차 서류전형 합격자는 $1,200 \times 0.9 = 1,080$(명)이고, 이 중 $1,080 \times 0.85 = 918$(명)이 면접시험에 응시하였다.

따라서 최종 합격자는 $918 \times \dfrac{1}{17} = 54$(명)이다.

07 구하려는 값을 x라 하면

$45 - x = 4(15 - x) \Rightarrow x = 5$(년)

08 첫 달에 갑이 지불한 금액을 x, 을이 지불한 금액을 y라 하면 두 번째 달에 갑이 지불한 금액은 $0.6x$, 을이 지불한 금액은 $1.5y$이므로

$1.6x + 2.5y = 980,000 \cdots \bigcirc$

$1.6x + 20,000 = 2.5y \cdots \bigcirc$

$\bigcirc$식과 $\bigcirc$식을 연립하여 풀면

$x = 300,000$(원), $y = 200,000$(원)

09 화물량이 많은 공항부터 순서대로 나열하면 인천 - 김포 - 제주 - 김해 - 청주 - 대구 - 광주 순이다. 따라서 제주공항은 세 번째이다.

10 ② 1년 뒤 A사 사용자 구성비는 전체의 $48\%(= 40 \times 0.75 + 30 \times 0.1 + 30 \times 0.5)$이다.

① A사의 현재 사용자 구성비는 전체의 40%이고, 1년 뒤 A사 사용자 구성비는 전체의 48%이다.

③ 1년 뒤 B사 사용자 구성비는 전체의 $28.5\%(= 40 \times 0.15 + 30 \times 0.65 + 30 \times 0.1)$이다.

④ 1년 뒤 C사 사용자 구성비는 전체의 $23.5\%(= 40 \times 0.1 + 30 \times 0.25 + 30 \times 0.4)$이므로 A사나 B사보다 구성비가 작다.

11 1개월간 가구별 하수도 사용량은 $300 \div 6 \div 4 = 12.5$ (cm^3)이다. 이는 사용구분에서 0~30 이하 구분에 해당한다. 따라서 단가는 m^3당 300원이고, 총 요금은 $300 \times 300 = 90,000$(원)이다.

12 건축 면적 $= \dfrac{연면적}{층수}$이므로 이를 건폐율을 구하는 공식에 대입하여 정리하면

층수 $= \dfrac{연면적 \times 100}{건폐율 \times 대지면적}$이므로 각 건물의 층수는 다음과 같다.

- A : $\dfrac{600}{0.5 \times 300} = 4$(층)

- B : $\dfrac{1,080}{0.6 \times 300} = 6$(층)

- C : $\dfrac{720}{0.6 \times 200} = 6$(층)

- D : $\dfrac{800}{0.5 \times 200} = 8$(층)

따라서 층수가 가장 낮은 건물은 A이다.

13 한민우의 초과 근무수당은

$20 \times 16,000 \times 1.5 = 480,000$(원)이다.

14 박상국 : $94 - 85 = 9$(점),

윤영조 : $90 - 85 = 5$(점),

박세중 : $93 - 88 = 5$(점),

이재영 : $96 - 84 = 12$(점)

15 ㉠ 옳음. 여성 고용비율이 가장 높은 산업은

$\dfrac{200}{250} \times 100 = 80\%$가 여성인 숙박업이다.

㉣ 옳음. 제조업과 건설업을 합한 사업체 수는 1,050으로 전체 2,000개의 반을 넘는다.

㉡ 틀림. 제조업에서 남성이 차지하는 비율은

$\dfrac{1,500}{3,300} \times 100 = 45.5\%$이다.

㉢ 틀림. 광업에서 여성이 차지하는 비율은

$\dfrac{100}{600} \times 100 = 16.7\%$이고, 농업에서 여성이 차지하는 비율은 $\dfrac{150}{400} \times 100 = 37.5\%$이다.

16 ④ 전체 유출량이 가장 적은 연도는 2006년이다. 이때의 사고 건수에 대한 유출량 비율을 살펴보면 가장 낮은 선박종류는 어선이다.

① 2006년의 경우 2005년보다 사고 건수는 늘었지만 유출량은 오히려 감소하였다.

② 2007년의 경우 2006년보다 화물선 사고 건수는 감소한 반면 유출량은 증가한 것으로 보아 유출량을 가장 많이 줄이는 방법이 화물선 사고 건수를 줄이는 것이라고 볼 수 없다.

③ 2005~2007년은 전체 사고 건수에 대한 유조선 사고 건수 비율이 감소하지만 2008년부터는 그 비율이 다시 증가하고 있다.

17 황자총통의 총통 무게를 x라 하면

$155 : 93.0 = 36 : x \Rightarrow x = 21.6$kg

18 ⓛ 옳음. 네 가지 약물 중 완치된 환자 수가 많은 약물부터 나열하면 B(26명) − D(23명) − A(21명) − α(14명)이다.
　ⓒ 옳음. 질병의 종류에 따라 완치된 환자 수는 가(20명), 나(27명), 다(37명)으로 '다' 질병이 가장 많다.
　ⓐ 틀림. 완치된 전체 남성 환자 수는 41명으로 완치된 전체 여성 환자 수 43명보다 적다.
　ⓔ 틀림. 주어진 자료로는 남성 전체 환자 수 대비 완치된 남성 환자 수의 비율은 알 수 없다.

19 각 조달원의 총합을 구하여 표시하면 다음과 같다.
(단위 : 가구)

사고 후 사고 전	수돗물	정수	약수	생수	계
수돗물	40	30	20	30	120
정수	10	50	10	30	100
약수	20	10	10	40	80
생수	10	10	10	40	70
계	80	100	50	140	370

① 사고 전에 가장 많은 수의 가구가 이용하는 식수 조달원은 수돗물이다.
② 사고 전에 비해 사고 후에 이용 가구 수가 감소한 식수 조달원은 수돗물, 약수로 2개이다.
③ 어느 가구가 어느 식수 조달원을 사용했는지 알 수 없으므로 구할 수 없다.

20 ④ 전체 여성취업자 중 50대 여성취업자가 차지하는 비율은 2017년(약 20.3%)이 2011년(약 14.8%)보다 높다.

03 공간능력

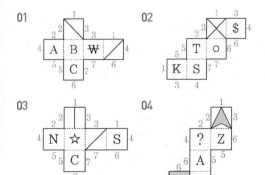

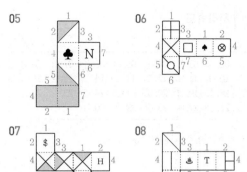

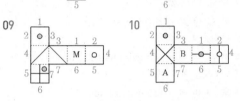

09　10

11 3층 : 1개, 2층 : 7개, 1층 : 11개
따라서 1+7+11 = 19(개)

12 4층 : 10개, 3층 : 11개, 2층 : 12개, 1층 : 12개
따라서 10+11+12+12 = 45(개)

13 5층 : 7개, 4층 : 11개, 3층 : 15개, 2층 : 19개, 1층 : 28개
따라서 7+11+15+19+28 = 80(개)

14 5층 : 10개, 4층 : 14개, 3층 : 18개, 2층 : 22개, 1층 : 28개
따라서 10+14+18+22+28 = 92(개)

15 맨 뒤쪽을 4층이라고 가정하고 개수를 세면,
4층 : 5개, 3층 : 5개, 2층 : 3개, 1층 : 1개
이에 해당하는 보기는 ④이다.

16 왼쪽 열부터 개수를 세면,
첫째 열 2층, 둘째 열 5층, 셋째 열 4층, 넷째 열 1층, 다섯째 열 1층, 여섯째 열 4층, 일곱째 열 4층, 여덟째 열 3층(1~2층은 없음)에 해당하는 보기는 ④이다.

17 맨 뒤쪽을 4층이라고 가정하고 개수를 세면,
4층 : 7개, 3층 : 3개, 2층 : 4개, 1층 : 2개
이에 해당하는 보기는 ①이다.

18 왼쪽 열부터 개수를 세면,
첫째 열 4층, 둘째 열 3층, 셋째 열 4층, 넷째 열 1층, 다섯째 열 1층, 여섯째 열 2층, 일곱째 열 1층, 여덟째 열 2층에 해당하는 보기는 ③이다.

04 지각속도

01. ②	02. ①	03. ②	04. ①	05. ②	06. ①	07. ②	08. ①
09. ②	10. ①	11. ①	12. ②	13. ②	14. ②	15. ②	16. ①
17. ②	18. ②	19. ②	20. ①	21. ②	22. ②	23. ②	24. ④
25. ①	26. ②	27. ④	28. ③	29. ①	30. ④		

01 ∿ ⌘ ⌗ ▨ ▢ – cm Pa μg lm cd
　⌘ = Wb, ♯ = Pa

03 ⌘ ≅ ▢ ⌗ ⋒ – Wb Bq lm μg dB
　▢ = cd, ▨ = ℓm

05 ≅ ∝ ▢ ⌗ ⌘ – Bq sr cd kt Wb
　⌗ = μg, ∃ = kt

07 ㄼ ㄳ ㄵ ㅄ ㄶ – d3r g7v o6s tu9 t1e
　ㄵ = m4y, ㅄ = o6s

09 ㄶ ㅄ ㅅ ㄼ ㄹㄹ – t1e o6s b6r m4y 0it
　ㄼ = d3r, ㄵ = m4y

12 ↵ ↕ ↔ ⇌ ↑ – 반소사 상아탑 등용문 무산몽 금의행
　↔ = 육허기, → = 등용문

13 ⇌ → ↳ ↑ ↔ – 무산몽 등용문 연리지 과불급 육허기
　↑ = 금의행, ↓ = 과불급

14 ↕ ↑ ↓ → ↔ – 상아탑 금의행 과불급 반포조 비익조
　→ = 등용문, ← = 반포조

15 ↔ ⇌ ↳ ↔ → – 비익조 무산몽 반소사 육허기 등용문
　↳ = 연리지, ↵ = 반소사

17 ⇒ ↘ ⇔ ↖ ↘ – Toy Tie Tue Tnt Tie
　⇔ = Teg, ⇌ = Tue

18 ⇔ ⇌ ↕ ╱ ╱ – Teg Tai Ter Top Tad
　⇌ = Tue, ⇐ = Tai

19 ⇔ ⇐ ↕ ↘ ╱ – Teg Tai Tbc Tie Tad
　↕ = Ter, ↕ = Tbc

21 ξ λ ε ξ η θ ι γ κ λ ξ π γ χ η ζ λ δ γ β ς τ γ φ λ
　ψ ω γ σ π λ ρ δ γ ε ξ η λ γ μ ξ π λ ρ β γ δ ξ η κ λ

22 夲大本太欠文攵大本太攵木大欠文攵木木夲本本攵夲大木
　文攵犬夲丈六木大攵本文太攵欠

23 she sells sea shells by the sea shore shells she
　sells are surely seashells

24 산새가 속삭이는 산림 숲속에서 수사슴을 샅샅이 수색해
　식사하고 산속 샘물로 세수하는 사람

25 tidbwpdoqusdpxdpsdeqfpdjnmsqldkfjpntodqwndkcld
　qspowenerpfndqklcpdntndkqcns

26 37482726461612842793752894265272427282946562
　1368554127212187546187285

27 ⨪ ↑ ⎈ ↑ † ☢ ‡ ♯ ↑ ‡ † ‡ ♯ ‡ † ↑ † ‡ ♯ ‡ ↑ †
　♯ ‡ ✗ † † ‡ ♯ ☖ † ♯ † ‡ ⊠ † † ‡ ↑

28 ↑ ↑ ⇕ ↑ ↑ ↑ ↑ ↑ ↥ ↑ ↓ ↓ ↑ ↥ ↑ ↑ ↑ ↑ ↓ ↓ ⇓
　⇕ ↓ ↓ ↑ ↑ ↥ ↑ ↑ ↑ ↥ ↑ ↑ ↥ ↓ ↥ ↑

29 「 [L 「 」 」「 L 　l「」「 「 」 L 」 L 「 L 「」 {[」 L 「」
　「} L L「 「 」 L 「 」 L 「 [L 」」 L「」「

30 ≤ ≥ ≥ ≤ ≥ ≤ ≥ ≥ ≤ ≥ ≥ ≤ ≤ ≤ ≤ ≩ ≥ ≥ ≤ ≥ ≤ ≤ ≤ ≥ ≪ ≥ ≤ ≥ ≤ ≤
　✗ ≥ ≥ ≥ ≤ ≦ ≤ ≤ ≪ ⩮ ‡ ≤ ≥ ≥ ≤

나만의 정리노트